ICT 建设与运维岗位能力培养丛书
全国职业技能大赛“网络系统管理”

U0309688

Windows Server 2019 网络服务器配置与管理（微课版）

黄君美　李　琳　简碧园　主　编
正月十六工作室　组　编

電子工業出版社
Publishing House of Electronics Industry
北京 · BEIJING

内 容 简 介

本书围绕 Windows 服务管理核心技能要求，引入行业标准、职业岗位标准和企业应用需求，依据网络工程业务实施流程展开项目实战，旨在通过真实企业网络工程项目案例，在实践中不断提升读者的 Windows 管理核心能力，助力读者快速成为一名准网络系统管理工程师。

本书分为三部分：第一部分讲述服务器的基础配置，包括安装 Windows Server 2019 系统、管理信息中心的用户与组等 4 个项目；第二部分讲述基础服务部署，包括信息中心文件共享服务的部署、实现公司各部门局域网的互联互通等 6 个项目；第三部分讲述高级服务部署，包括部署信息中心的 NAT 网络服务、部署企业的邮件服务等 4 个项目。

本书内容丰富，配套 PPT、微课视频、项目实践拓展等资源，适合作为职业院校和应用型本科院校的理实一体化教材，也适合作为网络系统从业人员的学习与实践指导用书。

未经许可，不得以任何方式复制或抄袭本书之部分或全部内容。
版权所有，侵权必究。

图书在版编目（CIP）数据

Windows Server 2019 网络服务器配置与管理：微课版 / 黄君羡，李琳，简碧园主编. —北京：电子工业出版社，2022.1

ISBN 978-7-121-42749-7

Ⅰ. ①W… Ⅱ. ①黄… ②李… ③简… Ⅲ. ①Windows 操作系统—网络服务器—高等学校—教材 Ⅳ. ①TP316.86

中国版本图书馆 CIP 数据核字（2022）第 014816 号

责任编辑：朱怀永　　　　文字编辑：李书乐
印　　刷：三河市君旺印务有限公司
装　　订：三河市君旺印务有限公司
出版发行：电子工业出版社
　　　　　北京市海淀区万寿路 173 信箱　邮编：100036
开　　本：787×1092　1/16　印张：25.5　字数：646.4 千字
版　　次：2022 年 1 月第 1 版
印　　次：2025 年 2 月第 7 次印刷
定　　价：68.80 元

凡所购买电子工业出版社图书有缺损问题，请向购买书店调换。若书店售缺，请与本社发行部联系，联系及邮购电话：（010）88254888，88258888。

质量投诉请发邮件至 zlts@phei.com.cn，盗版侵权举报请发邮件至 dbqq@phei.com.cn。

本书咨询联系方式：（010）88254608，zhy@phei.com.cn。

ICT建设与运维岗位能力系列教材编委会

（以下排名不分顺序）

主　任：

罗　毅　广东交通职业技术学院

副主任：

白晓波　全国互联网应用产教联盟

武春岭　全国职业院校电子信息类专业校企联盟

黄君羡　中国通信学会职业教育工作委员会

王隆杰　深圳职业技术学院

委　员：

许建豪　南宁职业技术学院

邓启润　南宁职业技术学院

彭亚发　广东交通职业技术学院

梁广明　深圳职业技术学院

李爱国　陕西工业职业技术学院

李　焕　咸阳职业技术学院

詹可强　福建信息职业技术学院

肖　颖　无锡职业技术学院

安淑梅　锐捷网络股份有限公司

王艳凤　广东唯康教育科技股份有限公司

陈　靖　联想教育科技股份有限公司

秦　冰　统信软件技术有限公司

李　洋　深信服科技股份有限公司

黄祖海　中锐网络股份有限公司

张　鹏　北京神州数码云科信息技术有限公司

孙　迪　华为技术有限公司

刘　勋　荔峰科技（广州）科技有限公司

蔡宗山　职教桥数据科技有限公司

序　言

职业院校技能大赛工作是我国教育制度的创新，是教育工作的一次重大设计，对我国职业教育发展有着重要意义。通过职业技能大赛，逐步形成了“普通教育有高考、职业教育有大赛”的教育教学改革目标；通过职业技能大赛，实现大赛的成果能“覆盖所有学校、覆盖所有专业、覆盖所有老师、覆盖所有学生”的良好职业教育改革局面。以此来促进职业院校人才培养模式变革，增强职业院校办学活力，实现校企合作、工学结合，按照社会人才市场需求，培养企业急需的高素质劳动者和技能型人才。

而人才的培养关键是在教学方式改革与教学资源的分享上，通过大赛促进职业教育专业调整、课程改革、教材建设及教学内容和教学方法改革。近年来开展的职业技能大赛，彻底改变了传统学科教学模式和以课堂、教师、教材为中心的教学方法，实现了课堂教学与就业岗位“零距离”对接。

但由于教育资源分布的不均衡，造成了部分区域无法分享到更多的教学资源，不能及时了解和大赛相关的课程资源，不了解大赛涉及的新工艺、新技术和新里程。此外，部分学校对技能大赛认识存在误区，过分重视大赛的结果，只重视个别学生的技能训练，而忽视了大赛的普惠性。为解决大赛“最后一公里”资源的获取困难，电子工业出版社联合网络系统管理赛项技术支持单位锐捷网络股份有限公司，以及近年来锐捷网络学院中部分竞赛成绩突出的院校，历经一年的时间，完成了和大赛相关的知识整理，并对重要的知识点进行了项目式讲解。

这次开发的资源涉及和大赛相关的资源转化课程包括《IPv6 应用技术》《无线局域网应用技术》《Windows Server 2019 服务器配置与管理》等，旨在将大赛资源转化的成果，以课程形式引入到学校的日常教学中，让没有机会参加竞赛的学生在日常教学中，也能分享到大赛的精华成果，实现教育部所倡导的大赛普惠性原则和要求。

通过本套系列资源的开发、出版，旨在解决大赛“好更好、差更差”造成的两极分化，积极提升院校的平均教学水平，实现教育法所要求的教育公正和机会均等原则。

锐捷网络股份有限公司

2021.12.1

前　　言

正月十六工作室集合IT厂商、IT服务商、资深教师组成教材开发团队，聚焦产业发展动态，持续跟进ICT岗位需求变化，基于工作过程系统化开发项目化课程和立体化教学资源。旨在打造全球有影响力的网络类岗位能力系列课程，让每位网络人都能快捷养成职业能力、持续助力职业生涯发展。

本书前期经过在职业院校教学、企业培训中的试用，巧妙地融合了教材开发团队多年的教学与培训经验，采用了简单易懂的方式，通过场景化的项目案例将理论与技术应用密切结合，旨在让学生通过标准化的业务实施流程熟悉工作过程，通过项目拓展进一步巩固业务能力，养成规范的职业行为。全书通过14个精心设计的项目让学生逐步掌握Windows Server 2019网络服务器的配置与管理，争取成为一名优秀的IT系统管理工程师。

本书极具职业特征，具有如下特点。

1. 课证融通、校企双元开发

本书由高校教师和企业工程师联合编撰。书中关于系统服务的相关技术及知识点引入了微软服务技术标准和微软MCP认证考核标准；课程项目导入了荔峰科技、中锐网络等服务商的典型项目案例和标准化业务实施流程；高校教师团队依据高职网络专业人才培养要求和教学标准，考虑学生的认知特点，将企业资源进行教学化改造，形成工作过程系统化课程，本书内容符合系统管理工程师岗位技能培养要求。

2. 项目贯穿、课产融合

递进式场景化项目重构课程序列。本书围绕系统管理工程师岗位对系统服务部署项目实施与管理核心技术技能的要求，基于工作过程系统化方法，依据TCP/IP由低层到高层这一规律，设计了14个进阶式项目案例，并将网络知识分块融入各项目中，详见图1。学生通过进阶式项目的学习，能够掌握相关的知识和技能，培养系统管理工程师的岗位能力。

用业务流程驱动学习过程。本书中的课程项目依据企业工程项目实施流程分解为若干工作任务。通过项目描述、项目分析、相关知识为任务做铺垫；任务实施过程由任务规划、任务实施和任务验证构成，符合工程项目实施的一般规律，如图2所示。学生通过14个项目的渐进学习，能够逐步熟悉IT系统管理工程师岗位中Windows Server 2019服务器配置与管理知识的应用场景，熟练掌握业务实施流程，养成良好的职业素养。

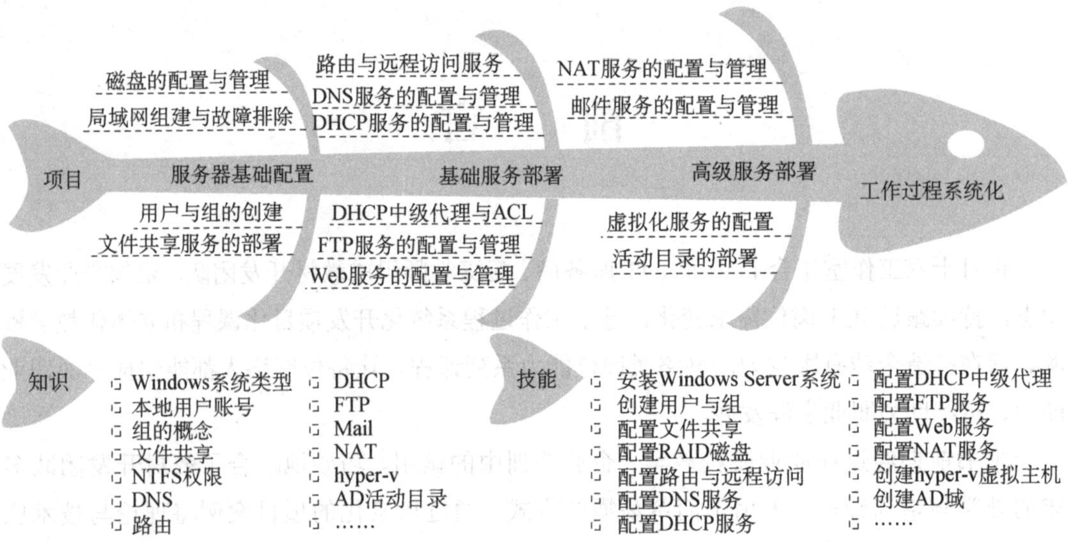

图 1

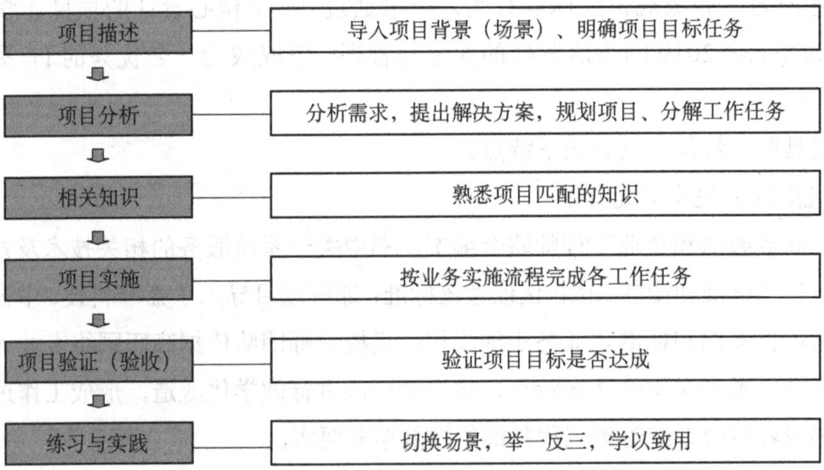

图 2

3. 实训项目具有复合性和延续性

考虑企业真实工作项目的复合性，工作室精心设计了课程实训项目。实训项目不仅考核与本项目相关的知识、技能和业务流程，还涉及前序知识与技能，强化了各阶段知识点、技能点之间的关联，让学生熟悉知识与技能在实际场景中的应用。

本书若作为教学用书，则参考学时为 40～72 学时，各项目的参考学时如表 1 所示。

表 1

内容模块	课程内容	学时
课程概述	Windows Server 2019 概述	1～2
服务器基础配置	项目 1 安装 Windows Server 2019 系统	1～2
	项目 2 管理信息中心的用户与组	2～4
	项目 3 管理公司服务器的本地磁盘	2～4

（续表）

内容模块	课程内容	学时
局域网组建	项目 4 部署业务部局域网	2～4
	项目 5 信息中心文件共享服务的部署	2～4
	项目 6 实现公司各部门局域网的互联互通	2～4
基础服务部署	项目 7 部署企业的 DNS 服务	2～4
	项目 8 部署企业的 DHCP 服务	2～4
	项目 9 部署企业的 FTP 服务	2～4
	项目 10 部署企业的 Web 服务	2～4
高级服务部署	项目 11 部署信息中心的 NAT 网络服务	4～6
	项目 12 部署企业的邮件服务	4～6
	项目 13 部署信息中心的虚拟化服务	4～6
	项目 14 部署企业的活动目录服务	4～6
课程考核	综合项目实训/课程考评	4～8
课时总计		40～72

本书由正月十六工作室组编，相关编者信息如表 2 所示。

表 2

单位名称	姓名
正月十六工作室	欧阳绪彬
锐捷网络	黎明
中锐网络	任超
荔峰科技	刘勋
广东交通职业技术学院	黄君羡、李琳、简碧园、钟志平
顺德职业技术学院	陈志涛、朱义勇
淄博职业学院	杨忠
广东岭南职业技术学院	顾荣
广东青年职业学院	林坤林

本书在编写过程中，参阅了大量的网络技术资料和书籍，特别引用了 IT 服务商的大量项目案例，在此，对这些资料的贡献者表示感谢。

由于作者水平有限，书中难免存在疏漏之处，望广大读者批评指正。

编　者

2021 年 10 月

目　录

项目1　安装 Windows Server 2019 系统

项目学习目标

项目教学课件

（1）了解 Windows Server 2019 系统的功能。

（2）掌握 Windows Server 2019 系统的安装。

（3）掌握和培养服务器安装操作系统的业务实施流程和职业素养。

项目描述

随着 Jan16 公司业务的发展，服务器资源日趋紧张，原先租赁的网络系统服务也即将到期。Jan16 公司为保障公司业务发展的安全和稳定，拟在公司数据中心机房搭建自己的网络服务平台。为此，公司新购置了一批服务器和 Windows Server 2019 数据中心版操作系统。

Jan16 公司希望基于 Windows Server 2019 系统搭建自己的 DNS 服务、DHCP 服务、FTP 服务和 Web 服务等。因此，公司让实习生小锐尽快了解 Windows Server 2019 系统，并将 Windows Server 2019 系统安装到新购置的服务器上。

项目分析

Windows Server 2019 系统是微软公司开发的服务器操作系统，安装它需要先了解其功能，并掌握裸机安装服务器操作系统的技能。因此，小锐需要尽快了解 Windows Server 2019 系统的功能和部署方式，并将系统安装到服务器上。

相关知识

1.1　Windows Server 2019 系统简介

Windows Server 2019 系统是一款云操作系统，可以让最终用户、开发人员和 IT 人员都能享受到云计算的优势。Windows Server 2019 系统提供了多项新功能，其围绕混合云、安全性、应用程序平台、超融合基础设施 4 个关键主题进行优化和改善的方面如下。

- Server Core 应用兼容性按需功能：Server Core 应用兼容性按需功能（FOD）包含带桌面体验的 Windows Server 的一部分二进制文件和组件，无须添加 Windows Server 桌面体验图形环境，因此显著提高了 Windows Server 核心安装选项的应用兼容性。
- Windows Defender 高级威胁防护（ATP）：ATP 的深度平台传感器和响应操作可暴露内存和内核级别的攻击，并可抑制恶意文件和终止恶意进程。
- 软件定义网络（SDN）的安全性：不管是在本地运行，还是作为服务提供商在云中运行，SDN 提供的多种功能提高了客户运行工作负荷的安全。
- Windows 上的 Linux 容器：可以使用相同的 Docker 守护程序在同一容器主机上运行基于 Windows 和 Linux 的容器，这样不仅可以使用异构容器的主机环境，而且也具有一定的灵活性。

1.2 Windows Server 2019 的版本

Windows Server 2019 操作系统的版本主要有 3 个，分别是 Essentials、Standard 和 Datacenter。

（1）Windows Server 2019 Essentials（基础版）：面向中小型企业，用户个数限定在 25 以内，设备数量限定在 50 台以内。该版本简化了界面，预先配置了云服务连接，不支持虚拟化。

（2）Windows Server 2019 Standard（标准版）：提供完整的 Windows Server 功能，限制使用两台虚拟主机，支持 Nano 服务器的安装。

（3）Windows Server 2019 Datacenter（数据中心版）：提供完整的 Windows Server 功能，不限制虚拟主机的数量，还增加了一些新功能，如存储空间直通、存储副本，以及新的受防护的虚拟机和软件定义的数据中心场景所需的功能。

1.3 Windows Server 2019 系统的最低配置要求

在安装 Windows Server 2019 操作系统之前应先了解其系统要求，Windows Server 2019 系统的最低配置要求如下。

- 处理器：1.4GHz 的 64 位处理器。
- 内存：512MB（对于带桌面体验的服务器其内存最小为 2GB）。
- 硬盘空间：32GB。
- 网络适配器：至少有千兆位吞吐量的以太网适配器。

项目规划

Jan16 公司购置的 Windows Server 2019 数据中心版提供了完整的 Windows Server 功能，经核查，公司新购置的服务器完全能满足 Windows Server 2019 对硬件的要求，但新购置的服务器还未安装操作系统，小锐需要使用 Windows Server 2019 光盘将系统安装到服务器上，具体涉及以下步骤：

（1）设置 BIOS 使服务器从安装光盘引导启动；

（2）根据系统安装向导提示安装 Windows Server 2019。

安装 Windows Server 2019 系统

项目实施

1. 设置 BIOS 使服务器从安装光盘引导启动

启动计算机，进行 BIOS 设置。即更改计算机的启动顺序，将第一启动驱动器设置为光驱，保存后重启。

2. 根据系统安装向导提示安装 Windows Server 2019

（1）重启计算机后，将 Windows Server 2019 的安装光盘放到光驱中，系统会自动加载如图 1-1 所示的安装程序。

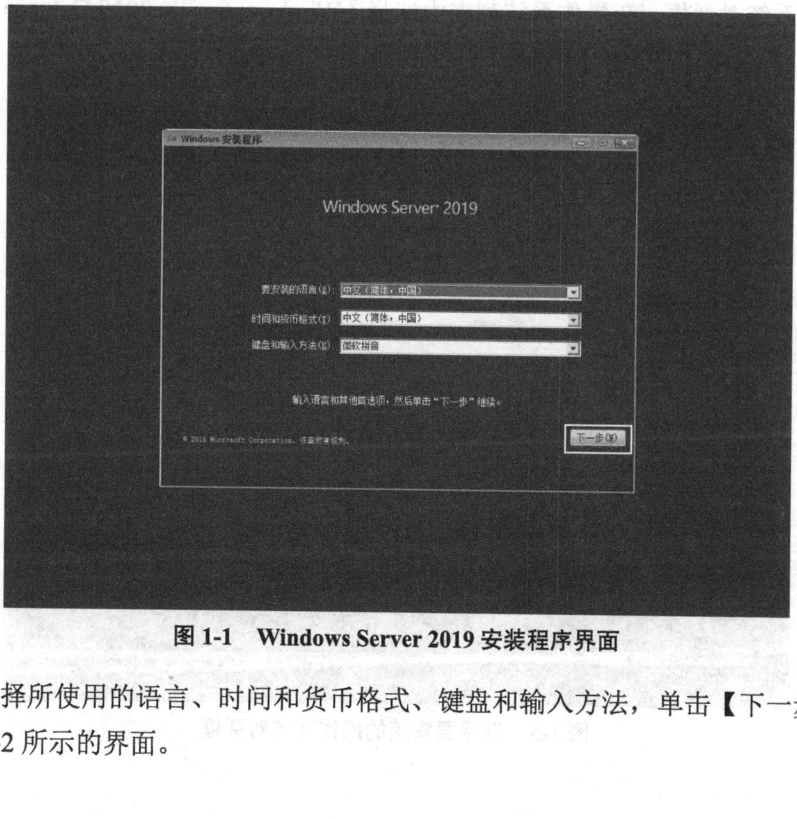

图 1-1　Windows Server 2019 安装程序界面

（2）选择所使用的语言、时间和货币格式、键盘和输入方法，单击【下一步】按钮，进入如图 1-2 所示的界面。

一般情况下，安装程序的默认语言为【中文（简体，中国）】，时间和货币格式为【中文（简体，中国）】，键盘和输入方法为【微软拼音】。因此，也可以直接使用默认设置。

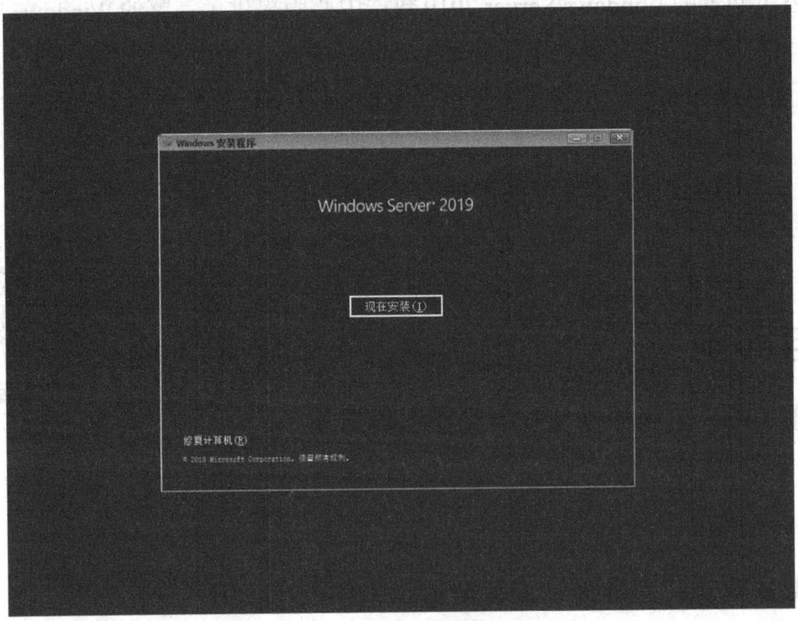

图 1-2　现在安装界面

（3）单击【现在安装】按钮，然后单击【下一步】按钮，进入如图 1-3 所示的选择要安装的操作系统对话框，在操作系统列表中选择【Windows Server 2019 Datacenter（桌面体验）】选项，并单击【下一步】按钮。

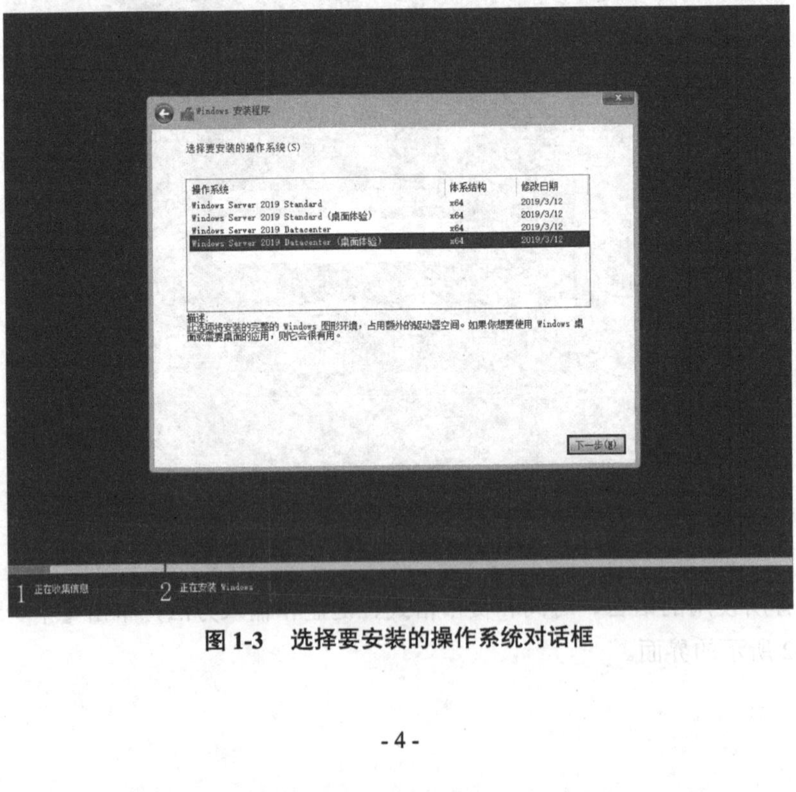

图 1-3　选择要安装的操作系统对话框

（4）在如图 1-4 所示的许可条款对话框中，勾选【我接受许可条款】复选框，并单击【下一步】按钮。

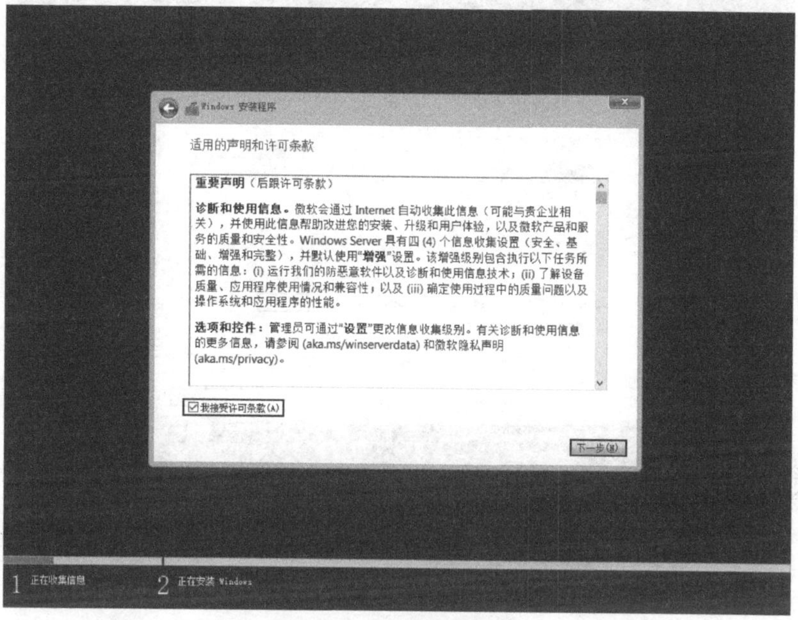

图 1-4　许可条款对话框

（5）在如图 1-5 所示的【你想执行哪种类型的安装？】对话框中，单击【自定义：仅安装 Windows（高级）(C)】，进行全新安装。

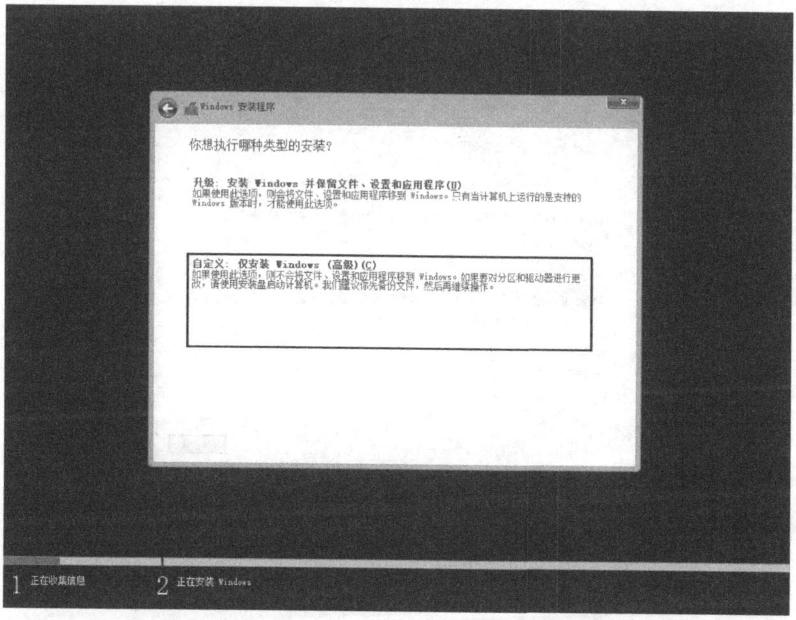

图 1-5　【你想执行哪种类型的安装？】对话框

（6）在如图 1-6 所示的【你想将 Windows 安装在哪里？】对话框中，利用【新建】项可进行磁盘的分区操作。

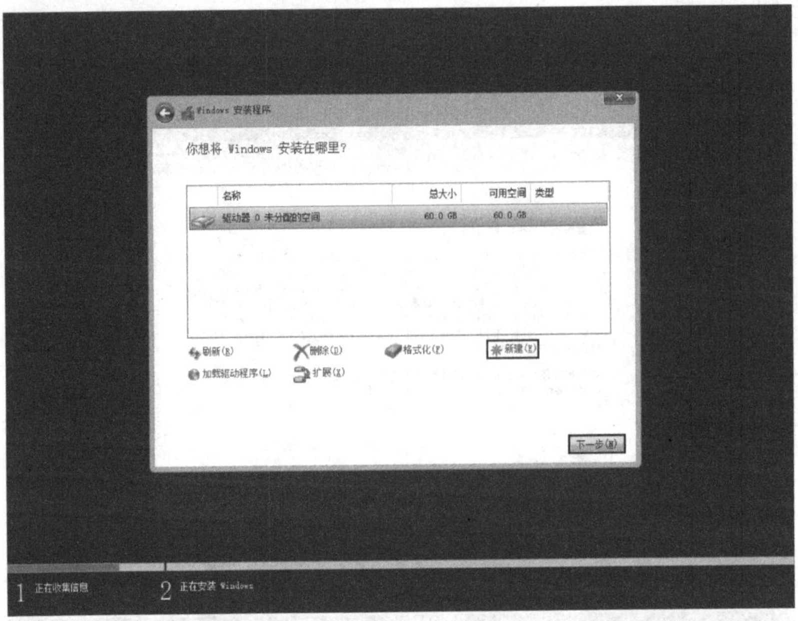

图 1-6 【你想将 Windows 安装在哪里？】对话框

（7）单击【新建】项，在【大小】文本框中输入 20480，即 20GB，然后单击【应用】按钮，即可完成一个 20GB 主分区的创建，结果如图 1-7 所示。新建的 20GB 主分区包括系统保留分区和 19.4GB 主分区。

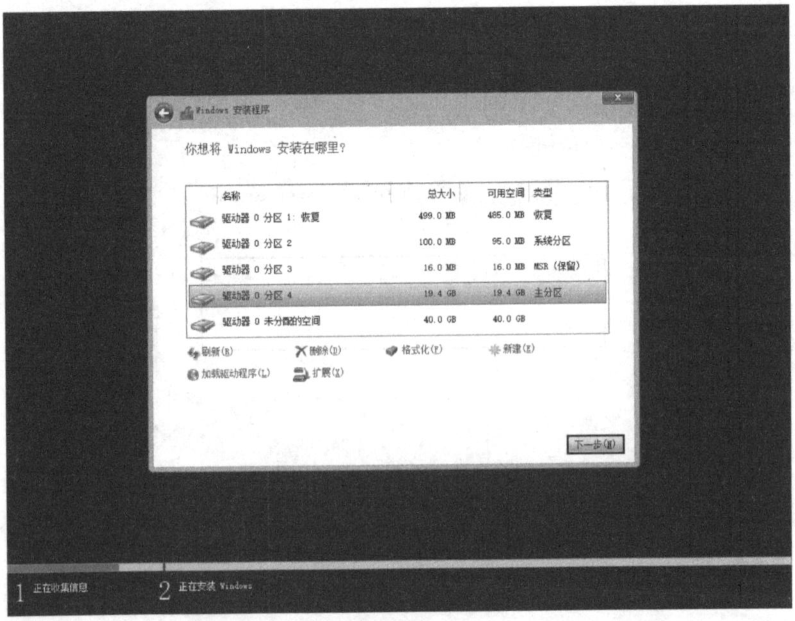

图 1-7 创建分区

（8）选择刚刚新建的分区 4，单击【下一步】按钮，安装程序将自动进行复制 Windows

文件、准备要安装的文件、安装功能、安装更新、完成安装等操作。此外在安装过程中，系统会根据需要自动重新启动。系统自动安装的过程如图 1-8 所示。

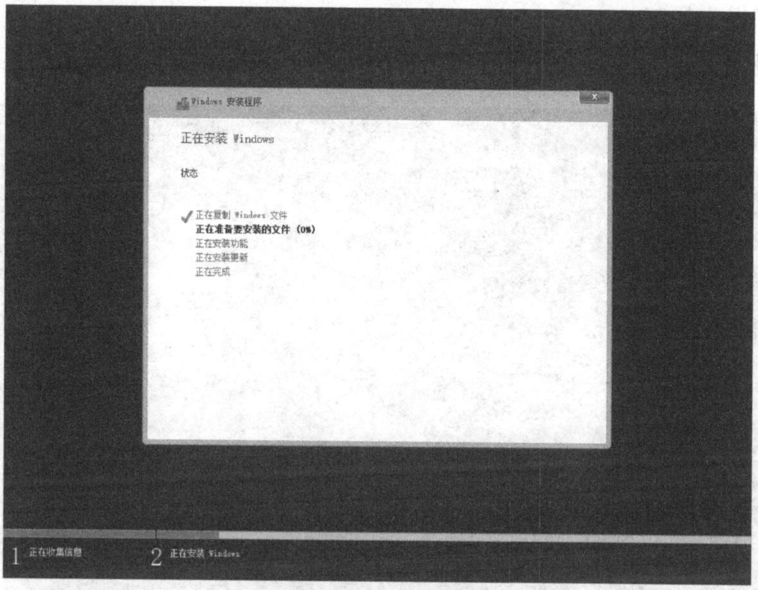

图 1-8　系统自动安装的过程

（9）安装完成后，系统会进入如图 1-9 所示的界面。在【密码】和【重新输入密码】文本框中分别输入密码，单击【完成】按钮后，将完成系统管理员密码的设置并进入系统。

注意：在 Windows Server 2019 中密码必须设置为强密码，即密码必须是由大小写字母、符号和数字混合组成，否则将提示【无法更新密码。为新密码提供的值不符合字符域的长度、复杂性或历史要求】。

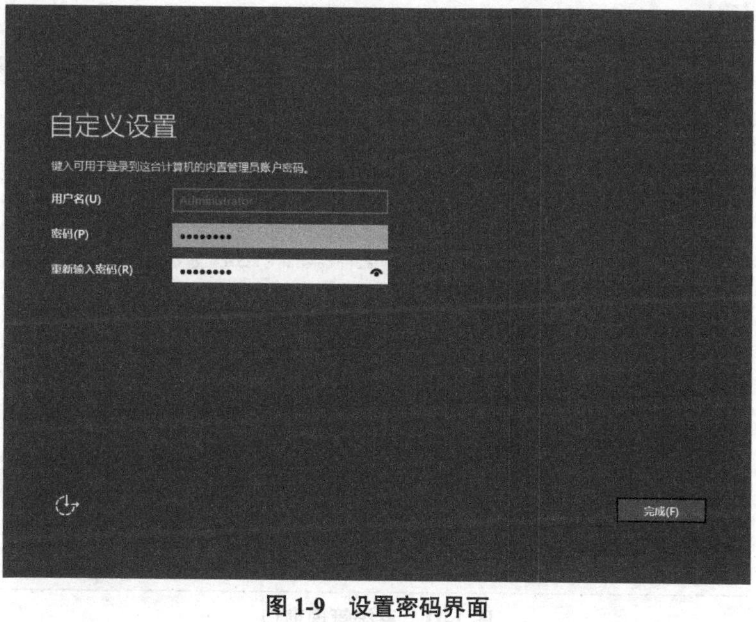

图 1-9　设置密码界面

项目验证

项目验证操作如下。

（1）在设置完成 Administrator 管理员密码后，会进入如图 1-10 所示的系统登录界面。

图 1-10　系统登录界面

（2）登录系统后，右键单击桌面左下角的开始图标，单击【系统】选项，打开如图 1-11 所示的系统管理窗口，该窗口表明系统已安装成功。

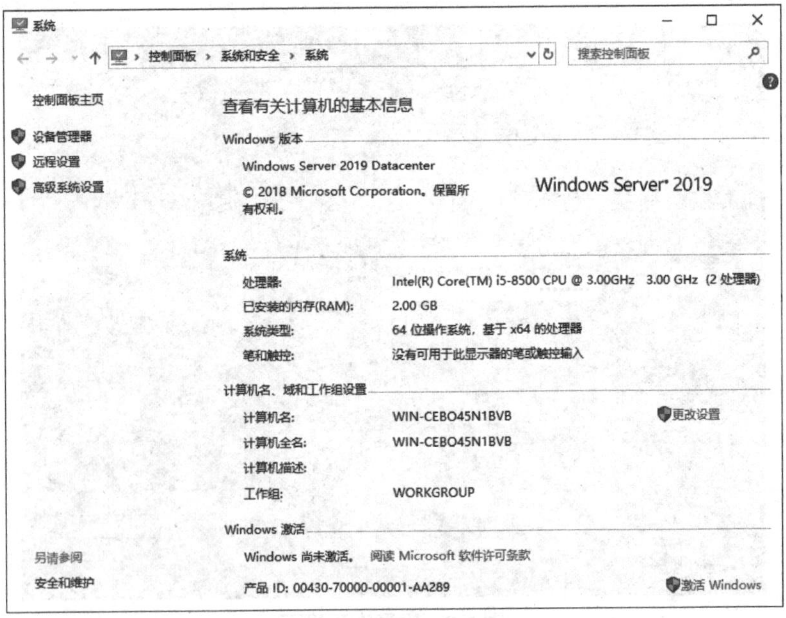

图 1-11　系统管理窗口

（3）在【Windows 激活】栏中显示系统尚未激活，用户可以通过购买的 Windows 激活码来正式激活 Windows。

练习与实践 1

一、理论题

1. Windows Server 2019 操作系统不同于以往版本的特点是（　　）。

A. 软件定义网络（SDN）的安全性

B. Server Core 应用兼容性按需功能

C. 支持服务器虚拟化

D. Windows Defender 高级威胁防护（ATP）

2. Windows Server 2019 的版本有（　　）。

A. Foundation　　B. Essentials　　C. Standard　　D. Datacenter

二、项目实训题

1. 项目背景

网络管理员通过本项目的两个任务已经熟悉了 Windows Server 2019 的部署，Jan16 公司希望小锐尽快完成另外一台服务器 Windows Server 2019 的安装。

2. 项目要求

（1）安装的系统版本为 Windows Server 2019 数据中心版，安装完成后截取系统信息界面。

（2）系统盘空间的大小为 100GB，其他分区待用，安装完成后截取磁盘管理系统界面。

（3）计算机名为 Jan16-y（y 为学号），安装完成后截取系统信息界面。

（4）设置管理员密码（密码为 1qaz@WSX），安装完成后，截取 Administrator 管理员的属性信息界面。

项目 2　管理信息中心的用户与组

项目学习目标

（1）掌握系统内置组、内置账户的概念与应用。
（2）掌握系统自定义用户和自定义组的概念与应用。
（3）掌握用户和组权限的继承性的概念与应用。
（4）掌握企业组织架构下用户和组的部署业务实施流程。

项目教学课件

项目描述

Jan16 公司信息中心由信息中心主任黄工、网络管理组张工和李工、系统管理组赵工和宋工 5 位工程师组成，组织架构图如图 2-1 所示。

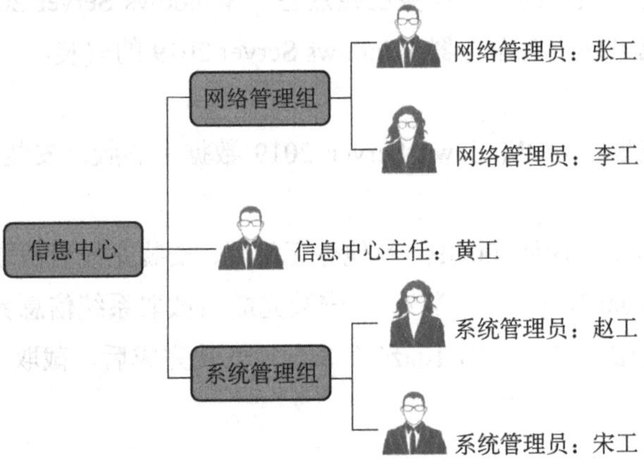

图 2-1　组织架构图

信息中心在一台服务器上安装了 Windows Server 2019 系统，用于部署公司网络服务，信息中心所有员工均需要使用该服务器。系统管理员根据员工的岗位工作管理职责为每个岗位规划了相应权限，员工的具体权限如表 2-1 所示。

表 2-1　信息中心员工的具体权限表

姓名	用户账户	隶属组	权限	备注
黄工	Huang	/	系统管理	信息中心主任
张工	Zhang	Netadmins	网络管理、虚拟化管理	网络管理组
李工	Li			

（续表）

姓名	用户账户	隶属组	权限	备注
赵工	Zhao	Sysadmins	系统管理	系统管理组
宋工	Song			

项目分析

Windows Server 2019 是微软的一个多用户多任务服务器操作系统，系统管理员通过创建用户账户为每个用户提供系统访问凭证。在实际项目中，基于安全考虑，系统管理员会根据每个用户的岗位职责来设置系统访问权限，所分配的权限仅针对其所管理的具体工作任务。

Windows Server 2019 服务器为满足不同岗位工作任务的要求，内置了大量的组账户，每个组账户对应特定的系统配置权限，系统管理员可以配置用户账户的隶属组来为每个用户分配系统配置权限。也就是说，对用户账户的授权其实是通过设置用户账户隶属组来完成的。

因此，本项目需要工程师熟悉 Windows Server 2019 中用户和组的管理工作，主要包括以下任务：

（1）管理信息中心的用户账户，为信息中心的员工创建用户账户。

（2）管理信息中心的组账户，为信息中心的各岗位创建组账户，根据岗位工作任务分配用户访问权限。

相关知识

2.1　本地用户账户

本地用户账户是指安装了 Windows Server 2019 的计算机在本地安全目录数据库中建立的账户。本地账户只能登录建立该账户的计算机，以及访问该计算机的系统资源。

本地用户账户建立在非域控制器的 Windows Server 2019 独立服务器、成员服务器及其他 Windows 客户端上时，本地账户只能在本地计算机上登录，无法访问域中其他计算机资源。

每台本地计算机上都有一个管理账户数据的数据库，称为安全账户管理器（SAM）。SAM 数据库文件的路径为\Windows\system32\config\SAM。在 SAM 中，每个账户被赋予唯一的安全识别号 SID，用户若要访问本地计算机，就必须要经过该计算机 SAM 中的 SID 验证。

2.2 内置账户

Windows Server 2019 中还有一种账户叫内置账户，它与服务器的工作模式无关。当 Windows Server 2019 安装完毕后，系统会在服务器上自动创建一些内置账户，Administrator 和 Guest 是最重要的两个。

- Administrator（系统管理员）：拥有最高的权限，管理 Windows Server 2019 系统和域。系统管理员的默认名字是 Administrator，用户可以更改系统管理员的名字，但不能删除该账户。该账户无法被禁止，永远不会到期，不受登录时间和登录设备的限制。
- Guest（来宾）：是为临时访问计算机的用户提供的，该账户自动生成，且不能被删除，但用户可以更改其名字。Guest 只有很少的权限，默认情况下，该账户被禁止使用。例如，当希望局域网中的用户都可以登录自己的计算机，但又不愿意为每个用户建立一个账户时，就可以启用 Guest。

2.3 组的概念

为了简化对用户账户的管理工作，Windows Server 2019 提出了组的概念。组是指具有相同或者相似特性的用户集合，当要给一批用户分配同一个权限时，就可以将这些用户都归到一个组中，只要给这个组分配某权限，组内的用户就都会自动拥有该权限。这里的组就相当于一个班级或一个部门，班级里的学生、部门里的工作人员就是用户。

例如，同一个班级的学生可能需要访问很多相同的资源，这时不用逐个向该班级的学生授予对这些资源的访问权限，只需要使这些学生都成为同一个组的成员，这样就可以使学生们自动获得该组的权限。如果某个学生有退学、转专业等变动，只需将该学生从组中删除，即可撤销其所有的访问权限。与逐个撤销对各资源的访问权限相比，这种方式十分方便，大大减少了管理员的工作量。

在 Windows Server 2019 中，用户只能通过用户账户登录计算机，不能通过组账户登录计算机。

2.4 内置本地组

内置本地组是在系统安装时默认创建的，并被授予特定的权限以方便计算机的管理。常见的内置本地组有下面几个。

- Administrators：在系统内具有最高权限，例如赋予权限、添加系统组件、升级系统、配置系统参数和配置安全信息等。内置的系统管理员账户是 Administrators 组的成员。如果一台计算机加入域中，则域管理员自动加入该组，并且有系统管理员的权限。属于 Administrators 组的用户都具备系统管理员的权限，拥有对这台计算机最大的控制权，内置的系统管理员 Administrator 就是此本地组的成员，而且无法将其从此组中删除。

- Guests：内置的 Guest 账户是该组的成员，一般是在域中或计算机中没有固定账户的用户临时访问域或计算机时使用。该账户在默认情况下不允许对域或计算机中的设置和资源进行更改。出于安全考虑，Guest 账户在 Windows Server 2019 安装好之后是被禁用的，如果需要可以手动启用。应该注意分配给该账户的权限，因为该账户经常是黑客攻击的主要对象。
- IIS_IUSRS：这是 Internet 信息服务（IIS）使用的内置组。
- Users：是一般用户所在的组，所有创建的本地账户都自动属于此组。Users 组对系统有基本的权限，如运行程序，但其权限会受到很大的限制。比如其可以对系统有基本的权限，如运行程序、使用网络，但不能关闭 Windows Server 2019，不能创建共享目录和使用本地打印机。如果这台计算机加入域，则域用户自动被加入该组。
- Network Configuration Operatiorns：该组的成员可以更改 TCP/IP 设置，并且可以更新和发布 TCP/IP 地址。该组中没有默认的成员。

2.5 内置特殊组

除了以上所述的内置本地组和内置域组外，还有一些内置特殊组。特殊组存在于每台装有 Windows Server 2019 系统的计算机内，用户无法更改这些组的成员。也就是说，无法在“Active Directory 用户和计算机”或“本地用户和组”内看到并管理这些组，这些组只有在设置权限时才会被看到。以下列出了 3 个常用的内置特殊组。

- Everyone：包括所有访问该计算机的用户，如果 Everyone 指定了权限并启用了 Guest 账户时一定要小心，Windows 会将没有有效账户的用户当成 Guest 账户，该账户将会自动得到 Everyone 的权限。
- Creator Owner：文件等资源的创建者就是该资源的 Creator Owner。不过，如果创建者是属于 Administrators 组内的成员，则其 Creator Owner 为 Administrators 组。
- Hyper-V Administrators：虽然一般情况下都是由系统管理员进行虚拟机的设置，但是有时候也需要一些受限用户来操作虚拟机，也就是普通用户。默认情况下，普通用户是没有虚拟机管理权限的，但是可以通过添加用户（aaa）、添加 Hyper-V 管理员组（Hyper-V Admins，HVA）的方式将普通用户设置为 Hyper-V 管理员。

任务 2-1　管理信息中心的用户账户

任务规划

为了满足 Jan16 公司信息中心对安装了 Windows Server 2019 的服务器的访问需求，要求系统管理员根据表 2-1 为每个员工创建用户账户，并通过用户属性管理界面修改账户的相关信息。此外还要求新用户登录系统时，可自行修改登录密码。

在 Windows Server 2019 的用户管理界面中为信息中心的员工创建账户时，可通过以下操作步骤实现：

（1）通过向导式菜单为员工创建账户。

（2）通过用户属性管理界面修改账户的相关信息。

（3）在任务验证中以新用户身份登录系统，测试新用户第一次登录是否可以更改密码。

任务实施

管理信息中心的用户账户

1. 通过向导式菜单为员工创建账户

（1）以系统管理员 Administrator 身份登录服务器，在【服务器管理器】窗口中单击【工具】菜单，在弹出的下拉式菜单中单击【计算机管理】，打开【计算机管理】窗口。

（2）在【计算机管理】窗口中，打开【用户】管理界面，如图 2-2 所示。

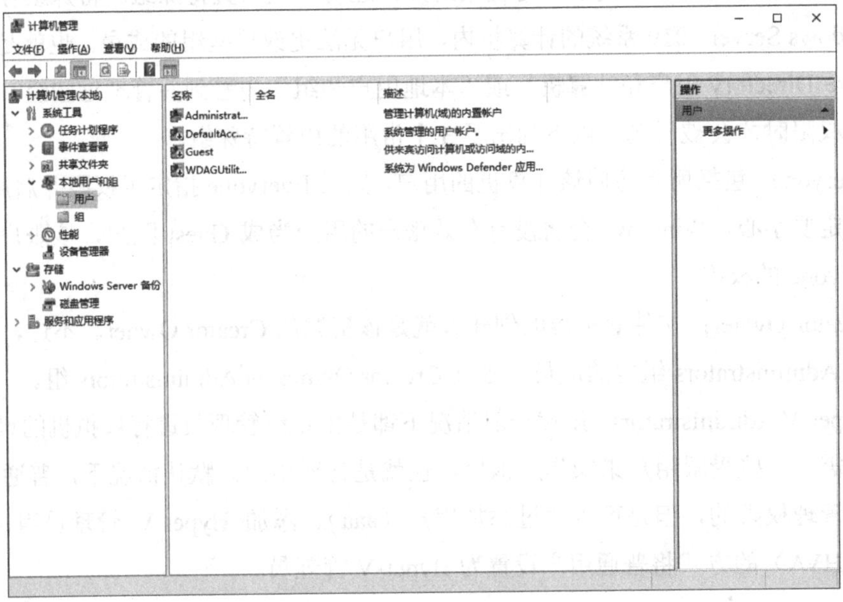

图 2-2 【用户】管理界面

（3）右击【用户】图标，在弹出的快捷菜单中选择【新用户(N)…】命令，在打开的【新用户】对话框中输入需要创建用户的相关信息即可完成新用户的创建。图 2-3 所示为新用户 Huang 的创建信息。

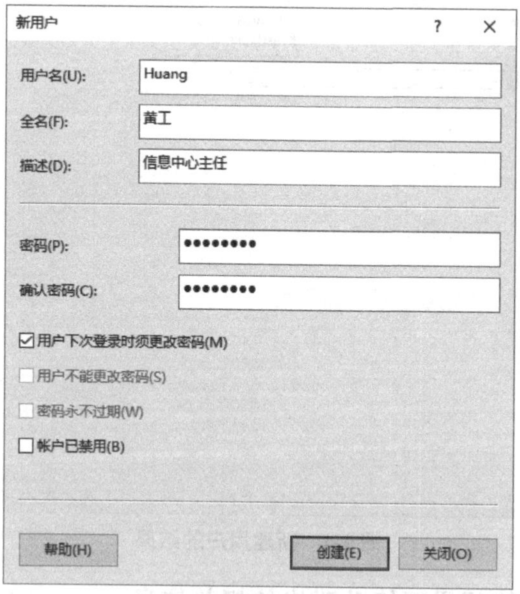

图 2-3　新用户 Huang 的创建信息

【新用户】对话框中各选项的释义如下。

- 用户名：系统本地登录时使用的名称。
- 全名：用户的全称，属于辅助性的描述信息，不影响系统的功能。
- 描述：关于该用户的说明文字，方便管理员识别用户，不影响系统的功能。
- 密码：用户登录时使用的密码。
- 确认密码：为防止密码输入错误，需再输入一遍。
- 用户下次登录时须更改密码：用户首次登录时，使用管理员分配的密码，当用户再次登录时，强制用户更改密码，用户更改后的密码只有自己知道，这样可保证账号的安全性。当取消勾选【用户下次登录时须更改密码】复选框，【用户不能更改密码】和【密码永不过期】这两个选项将可用。
- 用户不能更改密码：只允许用户使用管理员分配的密码。
- 密码永不过期：密码默认的有限期为 42 天，超过 42 天系统会提示用户更改密码，选中此复选框表示系统永远不会提示用户修改密码。
- 账户①已禁用：选中此复选框表示任何人都无法使用这个账户登录，适用于企业内某员工离职时，防止他人冒用该账户登录。

（4）填入相关信息后，单击“创建”按钮完成用户创建。单击【关闭】按钮后，在计

① 软件界面“帐户”中的帐为错别字，应为账户。本书中保持软件界面的原样，正文统一使用规范文字。

算机管理控制台中就可以看到刚刚新创建的用户了，结果如图 2-4 所示。

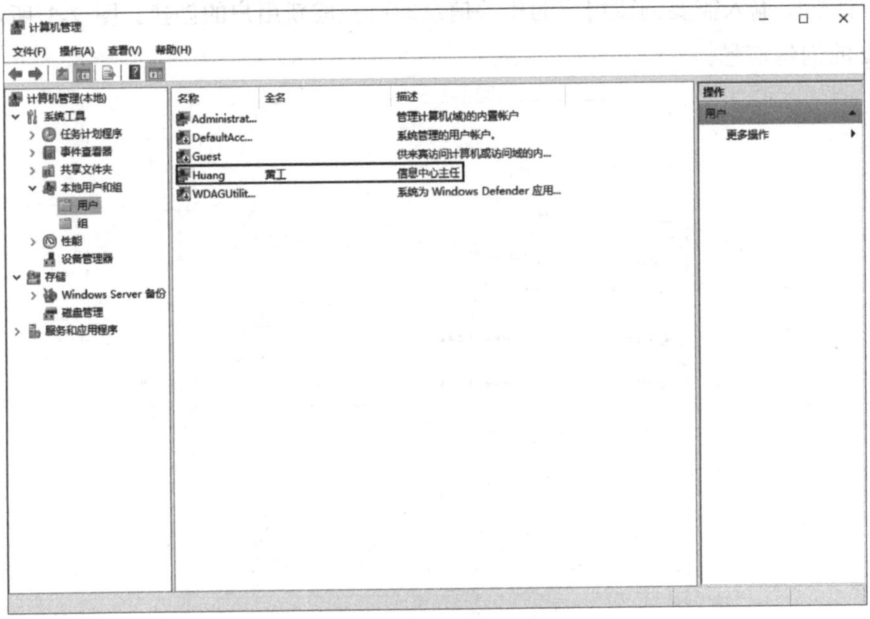

图 2-4　新建用户的结果

2. 通过用户属性管理界面修改账户的相关信息

（1）打开【计算机管理】主窗口，在用户账户【Huang】的右键快捷菜单中，管理员可根据实际需要选择菜单中的相关命令对账户进行管理操作。如图 2-5 所示为用户账户的右键快捷菜单。

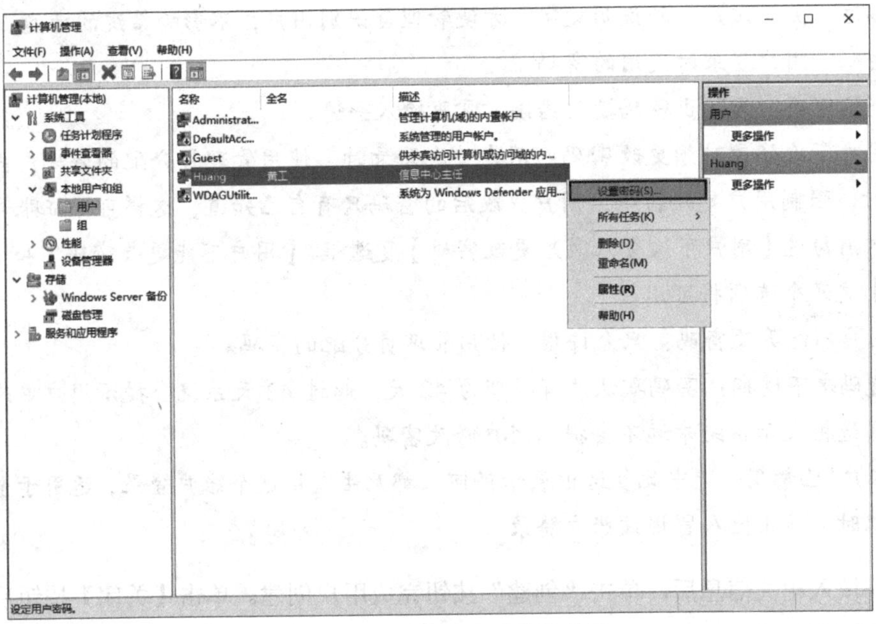

图 2-5　用户账户的右键快捷菜单

用户账户右键快捷菜单中各命令的释义如下。

- 选择【设置密码】命令可以更改当前用户账户的密码。
- 选择【删除】命令可以删除当前用户账户。
- 选择【重命名】命令可以更改当前用户账户的名称。
- 选择【属性】命令，在弹出的用户属性对话框中可以进行禁用或激活用户、把用户加入组、编辑用户信息等设置。例如，停用【Huang】账户，则在【常规】选项卡中选中【账户已禁用】复选框，然后单击【确定】按钮返回计算机管理控制台，这时，可以看到停用的账户有一个蓝色向下的箭头标记。

（2）参考前序步骤，继续完成网络管理组用户【Li】和【Zhang】及系统管理组用户【Song】和【Zhao】的账户创建，结果如图 2-6 所示。

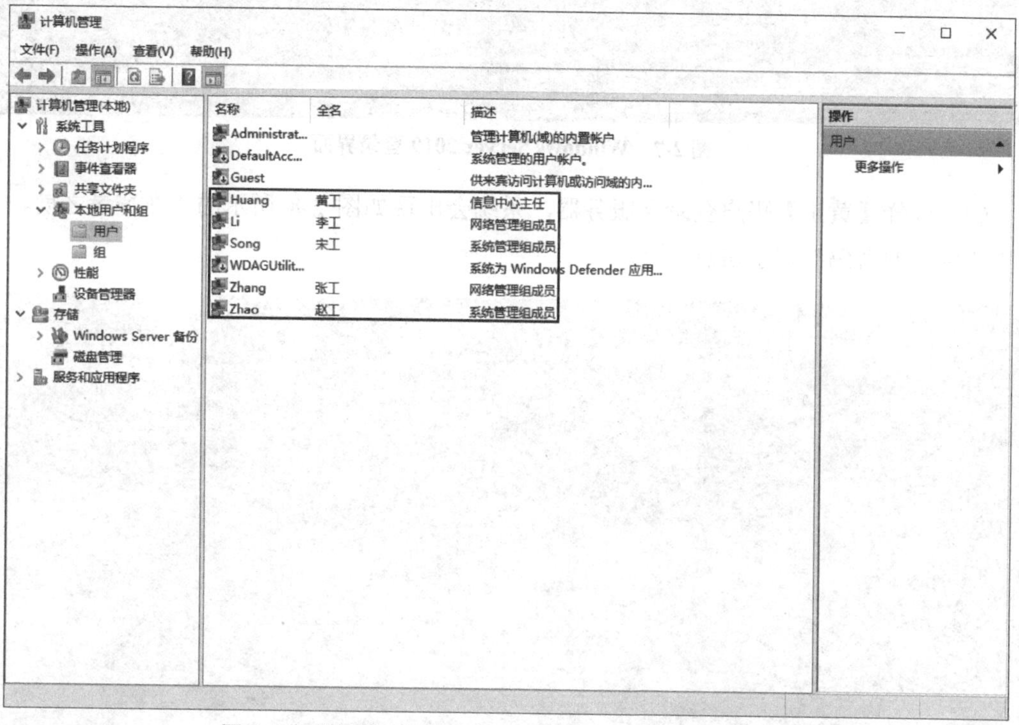

图 2-6　网络管理组用户和系统管理组用户账户创建结果

任务验证

（1）创建新用户、注销【Administrator】账户后，在 Windows Server 2019 登录界面就可以看到【宋工】【张工】【李工】【赵工】【黄工】的登录账户选项，如图 2-7 所示。

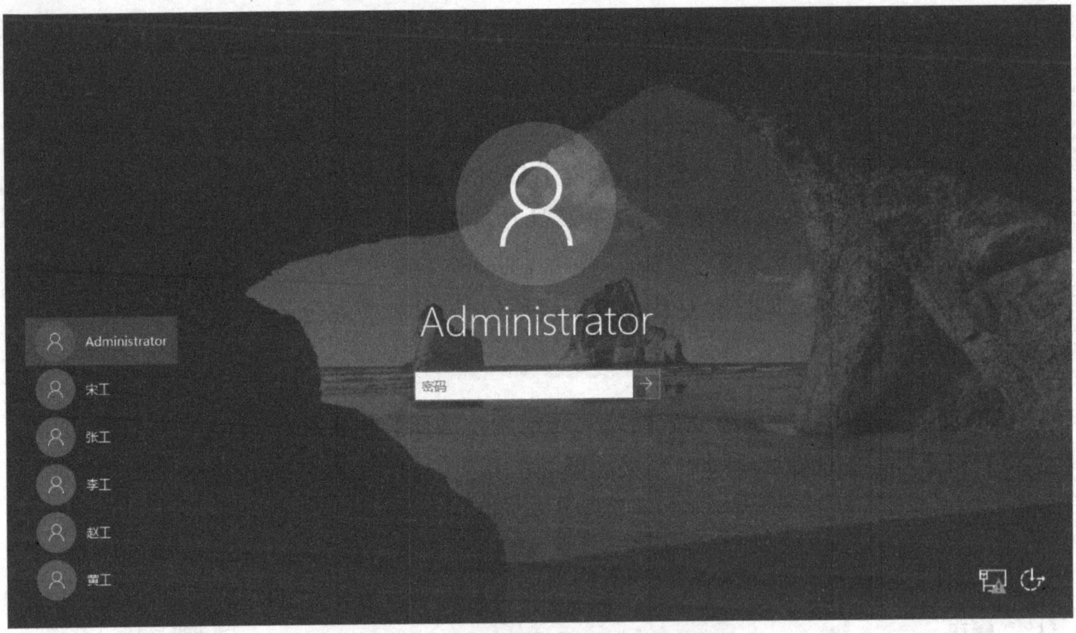

图 2-7　Windows Server 2019 登录界面

（2）选择【黄工】账户登录到服务器，系统会出现如图 2-8 所示的“在登录之前，必须更改用户的密码”提示信息。

图 2-8　选择【黄工】账户登录

（3）更改密码后，Windows Server 2019 系统将以【黄工】账户登录，结果如图 2-9 所示。

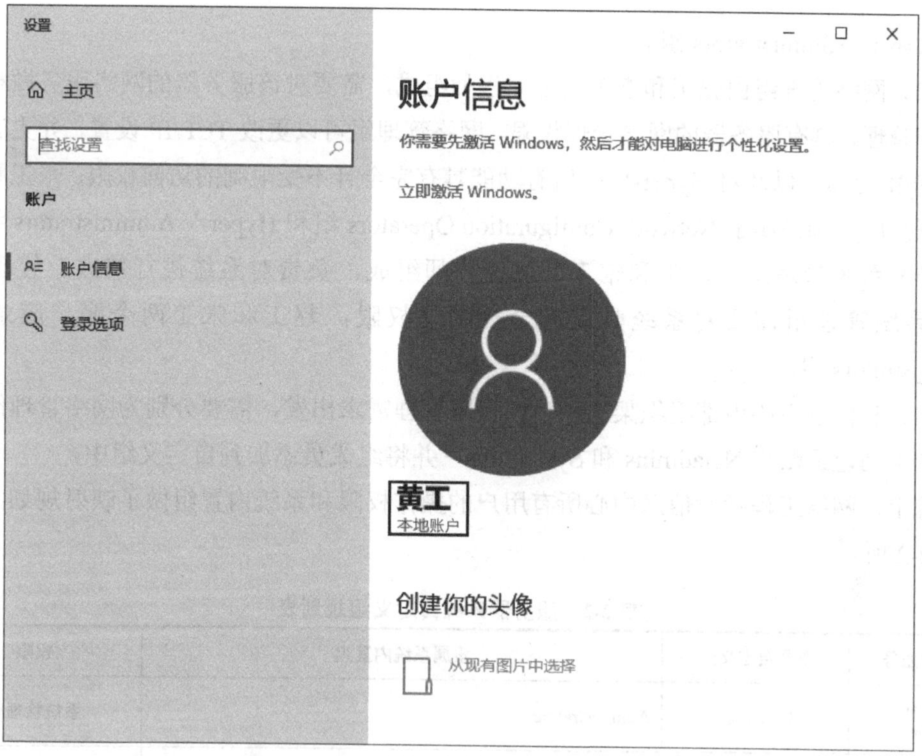

图 2-9　账户【黄工】成功登录系统的界面

任务 2-2　管理信息中心的组账户

任务规划

Jan16 公司信息中心网络管理组员工试用了基于 Windows Server 2019 系统的服务器一段时间后，决定先在服务器上部署业务系统并对其进行测试，等确定该系统能稳定支撑公司业务后再做业务系统的迁移，并在这台服务器上创建共享，同时将系统测试文档统一存放在网络共享中。

公司业务系统的管理涉及信息中心网络管理组和系统管理组的所有员工，公司信息中心需要为每位员工账户授予管理权限。

根据图 2-1 中描述的信息中心组织架构、表 2-1 描述的信息中心员工的具体权限和 Windows Server 2019 系统内置组的权限，网络工程师对用户隶属组账户做了如下分析。

（1）该公司信息中心黄工是信息中心主任，具有完全控制权限，并且可以向其他用户分配用户权限和访问控制权限，拥有服务器管理的最高权限，即 Administrator 账户，该账户应隶属于 Administrators 组。

（2）网络管理组由张工和李工两位工程师组成，需要对该服务器的网络服务做相关的配置和管理，具有服务器的网络管理权限。网络管理组可以更改 TCP/IP 设置，并更新和发布 TCP/IP 地址，以及对 Hyper-V 的所有功能具有完全且不受限制的访问权限。张工和李工两个账户应分别隶属于 Network Configuration Operators 组和 Hyper-V Administrators 组。

（3）系统管理组由赵工和宋工两位工程师组成，负责对系统进行修改、管理和维护，系统管理组需要对系统具有完全控制的权限，赵工和宋工两个账户应隶属于 Administrators 组。

（4）从信息中心内部组织架构和后续权限管理需求出发，需要分别为网络管理组和系统管理组创建组账户 Netadmins 和 Sysadmins，并将组成员添加到自定义组中。

综上，网络工程师对信息中心所有用户的操作权限和系统内置组做了映射规划，结果如表 2-2 所示。

表 2-2　服务器系统自定义组规划表

用户账号	隶属自定义组	隶属系统内置组	权限
Zhao Song	Sysadmins	Administrators	系统管理员
Zhang Li	Netadmins	Network Configuration Operators、Hyper-V Administrators	网络管理、 虚拟化管理
Huang	/	Administrators	系统管理员

因此，本任务主要的操作步骤如下：

（1）创建本地组账户，并将用户账号添加到本地组账户中。

（2）设置用户账户的隶属内置组账户，赋予用户适当的系统权限。

说明：自定义组的权限管理与应用将在项目 5 中进行介绍。

管理信息中心的组账户

任务实施

1. 创建本地组账户，并配置其隶属的系统内置组

（1）以 Administrator 账户登录 Windows Server 2019 服务器，在【计算机管理】主窗口中打开【组】管理界面。在【组】的右键快捷菜单中单击【新建组(N)...】命令，在弹出的【新建组】对话框中输入组名【Netadmins】，并将用户【Zhang】和【Li】加入 Netadmins 组，结果如图 2-10 所示。

（2）单击【创建】按钮完成 Netadmins 组及其成员的加入操作，并以类似操作完成 Sysadmins 组及其成员的创建与加入操作，结果如图 2-11 所示。

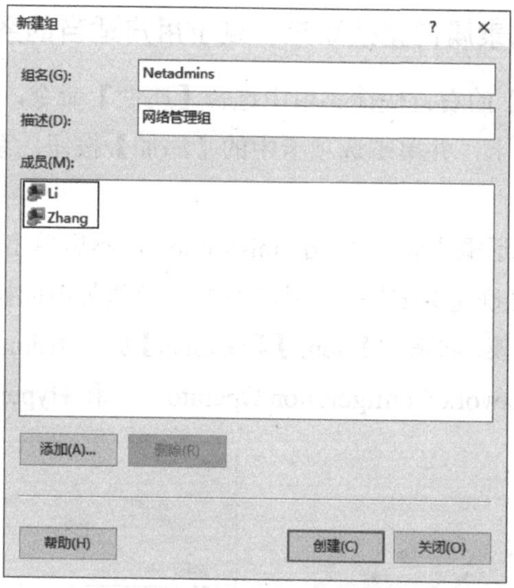

图 2-10　新建组操作界面

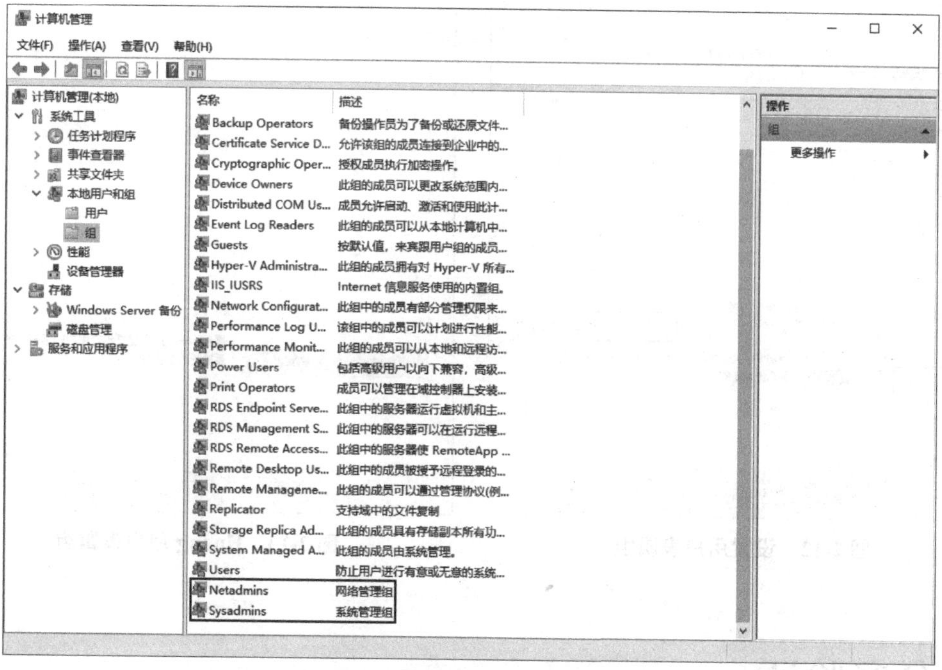

图 2-11　组及成员的创建与加入

备注：在【组】管理界面中，除了可以新建组，还可以对现有组进行编辑，右击需要修改的组，再利用快捷菜单进行【添加到组】【删除】等操作，具体操作说明如下。

- 选择【添加到组】命令可以更改当前组的成员，增加成员或删除成员。
- 选择【删除】命令可以删除当前组账户。
- 选择【重命名】命令可以更改当前组账户的名称。
- 选择【属性】命令可以修改组的描述、更改当前组的成员、增加成员及删除成员。

2. 设置用户账户的隶属内置组账户，赋予用户适当的系统权限

（1）在账户【Huang】的右键快捷菜单中选择【属性】命令，打开【Huang 属性】对话框。打开【隶属于】选项卡，并单击选项卡中的【添加】按钮，系统弹出如图 2-12 中所示的【选择组】对话框。

（4）在【选择组】对话框中输入“Administrators”，然后单击【检查名称】按钮完成管理员组的自动添加，单击【确定】按钮完成用户添加入管理员组的操作，结果如图 2-13 所示。

（5）按照以上操作步骤，将账户【Song】和【Zhao】加入 Administrators 组，将账户【Li】和【Zhang】分别加入 Network Configuration Operators 组和 Hyper-V Administrators 组中。

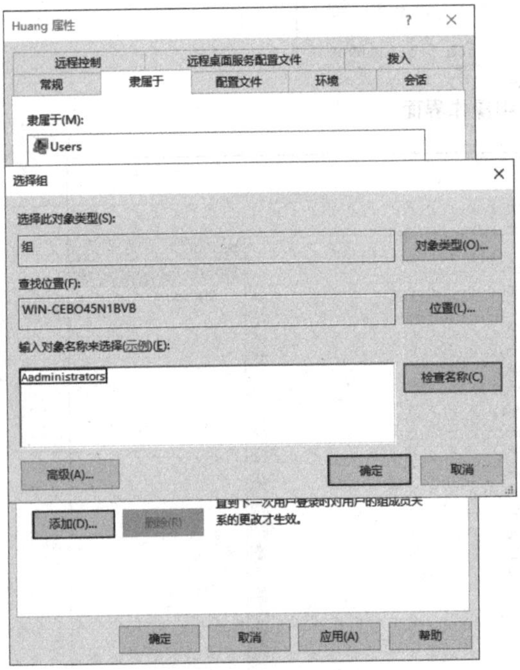

图 2-12　设置用户隶属组

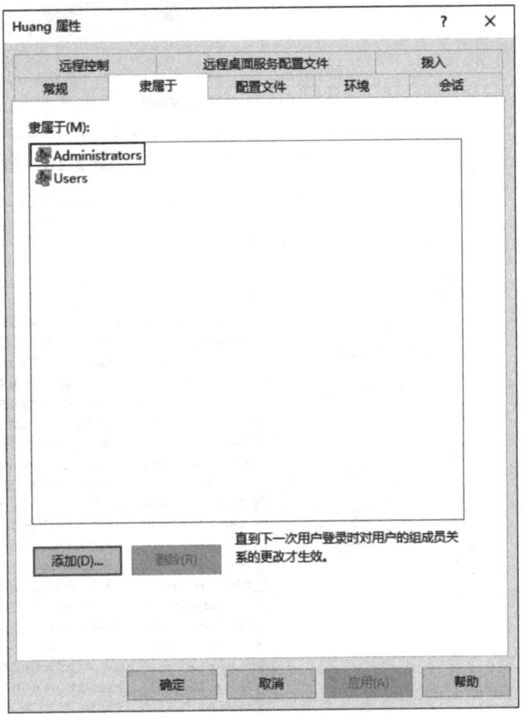

图 2-13　Huang 用户隶属组

任务验证

自定义用户一开始仅具有普通的系统操作权限，但通过将用户账户添加到系统内置组账户后，它通过组的继承性关系可以获得系统内置组相应的权限。因此，本任务中的用户账户可以通过组的继承性关系获得对应隶属系统内置组的权限。

例如，【Li】隶属于 Network Configuration Operators 组和 Hyper-V Administrators 组，因此【Li】账户具有修改网络连接和 Hyper-V 的权限，在需要修改网络连接时，可以在系统弹出的如图 2-14 所示的【用户账户控制】界面中输入【Li】账户的密码来获得修改网络连

接配置的权限，进而完成网络连接的修改操作。

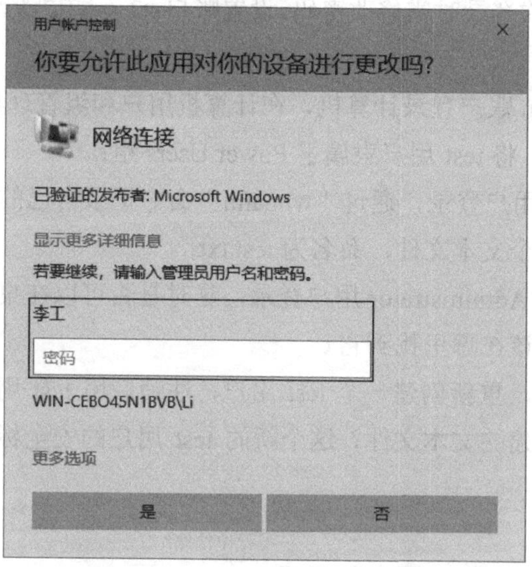

图 2-14　【用户账户控制】界面

练习与实践 2

一、理论题

1. Windows Server 2019 中默认的管理员账户是（　　）。

A. Admin　　B. Root　　C. Supervisor　　D. Administrator

2. Windows Server 2019 中的内置本地组不包括（　　）。

A. Administrators　　B. Guest　　C. IIS_IUSRS　　D. Users

3.（　　）账户默认情况下是禁用的。

A. Administrator　　B. Power users　　C. Guest　　D. Administrators

4.一个用户可以加入（　　）个组。

A. 1　　B. 2　　C. 3　　D. 多

5. 关于用户账户，以下说法正确的是（　　）。

A. 用户账户的权限由它的隶属组决定，权限继承隶属组的权限

B. 用户账户的密码必须使用复杂性密码

C. Windows Server 2019 允许创建两个相同用户名称的用户账户，因为它们的 SID 不同

D. 为方便用户访问 Windows Server 2019，Guest 用户账户默认是未禁用的

二、项目实训题

实训一

1. 在 Windows Server 2019 中建立本地组 STUs 和本地账户 st1、st2、st3，并将这三个

账户加入 STUs 组中。

2. 设置账户 st1 下次登录时需修改密码，设置账户 st2 不能更改密码并且密码永不过期，停用账户 st3。

3. 用 Administration 账户登录计算机，在计算机用户和组管理界面中进行如下操作。

（1）创建用户 test，将 test 用户隶属于 Power Users 组；

（2）注销后用 test 用户登录，通过"whoami"命令记录自己的安全标识符；

（3）在桌面创建一个文本文件，命名为 test.txt；

（4）注销后重新用 Administrator 用户登录，这时是否可以在桌面上看到刚才创建的文本文件，如果看不到应该在哪里找到它？

（5）删除 test 用户，重新创建一个 test 用户，注销后用 test 用户登录，此时是否还可以在桌面上看到刚刚创建的文本文件？这个新的 test 用户的安全标识符是否和原先删除的 test 一样？

实训二

1. 项目背景

公司研发部由研发部主任赵工、软件开发组钱工和孙工、软件测试组李工和简工 5 位工程师组成，其组织架构图如图 2-15 所示。

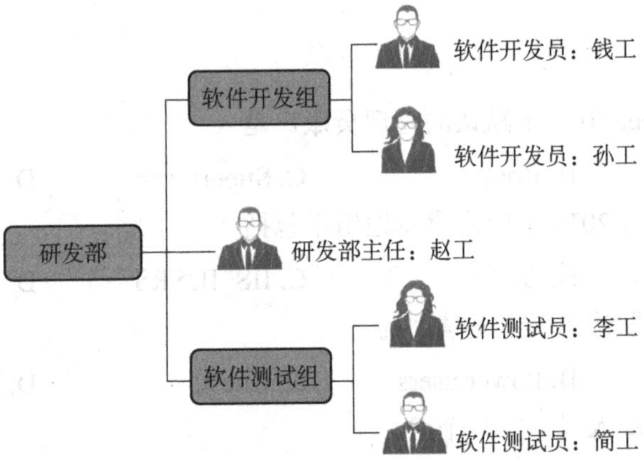

图 2-15 实训二的组织架构图

研发部为满足新开发软件产品部署的需要，特采购了一台安装有 Windows Server 2019 系统的服务器。研发部根据员工的岗位工作需要，为每个岗位规划了相应权限，员工的具体权限如表 2-3 所示。

表 2-3 研发部员工权限分配表

姓名	用户账户	权限	备注
赵工	Zhao	系统管理员	信息中心主任
钱工	Qian	系统管理员	软件开发组
孙工	Sun		

（续表）

<table>
<tr><th>姓名</th><th>用户账户</th><th>权限</th><th>备注</th></tr>
<tr><td>李工</td><td>Li</td><td rowspan="2">网络管理、
系统备份、
打印管理</td><td rowspan="2">软件测试组</td></tr>
<tr><td>简工</td><td>Jian</td></tr>
</table>

2. 项目要求

（1）根据项目背景规划、研发部员工用户账户权限、自定义组信息和用户隶属组关系完成研发部用户和组账户权限规划，完成后填入表 2-4 中。

表 2-4　研发部用户和组账户权限规划表

自定义组名称	隶属系统内置组	组成员	权限

（2）根据表 2-4 的规划，在研发部的服务器上实施（要求所有用户第一次登录系统时均需要修改密码），并截取以下系统界面。

① 截取用户管理界面。

② 截取组管理界面。

项目 3　管理公司服务器的本地磁盘

项目教学课件

项目学习目标

（1）掌握基本磁盘、主分区、扩展分区、逻辑分区的概念与应用。

（2）掌握动态磁盘、扩展卷、RAID-0 卷、RAID-1 卷、RAID-5 卷的概念与应用。

（3）掌握 RAID-1 和 RAID-5 卷故障与恢复的概念与应用。

（4）掌握企业服务器磁盘部署的业务实施流程。

项目描述

Jan16 公司新购置了一台服务器，规划作为公司新的文件服务器。Windows Server 2019 系统在磁盘管理上继承了 2012 版本的各种优势，并支持 SATA SSD 和 NVMe 等新型磁盘设备。工程师小锐已安装了 Windows Server 2019 Datacenter 操作系统。

考虑到公司文件系统中数据的安全性、稳定性和可靠性等多重因素，公司希望系统管理员尽快熟悉 Windows Server 2019 系统在本地磁盘管理方面的管理与配置业务，以便为后续文件服务器的数据和服务迁移做好准备，服务器磁盘的基本情况如表 3-1 所示。

表 3-1　服务器磁盘信息表

编号	磁盘名称	容量	用途	未分配空间
1	磁盘 0	60GB	系统盘	20GB
2	磁盘 1	120GB	数据盘	120GB
3	磁盘 2	120GB	数据盘	120GB
4	磁盘 3	120GB	数据盘	120GB
5	磁盘 4	120GB	数据盘	120GB

为了让公司管理员小锐尽快熟悉服务器存储的管理业务，服务器供应商给小锐分配了以下操作考核任务，以便检验小锐是否具备服务器本地存储的管理能力，具体要求如下。

（1）使用系统盘的剩余空间创建一个分区 E，并使用 NTFS 文件系统格式化分区。

（2）对 E 盘进行压缩，然后对压缩后出现的未分配空间创建一个分区 F，使用 NTFS 文件系统格式化分区，并验证被压缩的分区文件是否可以访问。

（3）将磁盘 1、磁盘 2、磁盘 3、磁盘 4 转换为动态磁盘。

（4）在磁盘 1 中创建一个简单卷 G，大小为 120GB。

（5）使用扩展卷功能，利用磁盘 2 的空间将简单卷 G 扩展到 150GB。

（6）使用磁盘 2 和磁盘 3 创建一个带区卷 H，大小为 60GB。

（7）使用磁盘 2 和磁盘 3 创建一个镜像卷 I，大小为 30GB。

（8）使用磁盘 2、磁盘 3 和磁盘 4 创建一个 RAID 卷 J，大小为 60GB。

项目分析

Windows Server 2019 提供了丰富的本地磁盘管理功能，它支持 FAT32、NTFS、ReFS 等文件系统，支持基本磁盘和动态磁盘，管理员可以根据业务需要部署相应的磁盘管理系统和文件系统。

因此，本项目需要工程师熟悉 Windows Server 2019 的文件系统、基本磁盘和动态磁盘的配置与管理，涉及以下工作任务。

（1）基本磁盘的配置与管理，按项目要求完成主分区、扩展分区和逻辑分区的划分，并在此基础上，实现各分区文件系统的管理。

（2）动态磁盘的配置与管理，按项目要求完成简单卷、跨区卷、带区卷、镜像卷、RAID-5 卷的创建。

相关知识

1. 主引导记录

主引导记录（MBR）也被称为主引导扇区，是计算机开机以后访问硬盘时必须要读取的第一个扇区。在深入讨论主引导扇区内部结构时，有时也将其开头的 446 字节的内容特指为“主引导记录”（MBR），其后是 4 个 16 字节的“磁盘分区表”（DPT）和 2 字节的“结束标志”（55AA）。因此，在使用主引导记录这个术语的时候，需要根据具体情况判断其到底是指整个主引导扇区，还是指主引导扇区的前 446 字节。

2. GUID 分区表

GUID 分区表（简称 GPT，使用 GUID 分区表的磁盘称为 GPT 磁盘）是源自 EFI 标准的一种较新的磁盘分区表结构标准。与普遍使用的主引导记录（MBR）分区方案相比，GPT 提供了更加灵活的磁盘分区机制。

- EFI 系统分区——新式计算机用它来启动（引导）机器和操作系统。
- Windows 操作系统驱动器（C:）——这是安装 Windows 的位置，通常是用户放置剩余应用和文件的位置。
- 恢复分区（OEM 分区）——这是存储特殊工具以帮助用户在启动出错或遇到其他严重问题时恢复 Windows 的位置。

尽管磁盘管理可能会将 EFI 系统分区和恢复分区显示为 100% 空闲，但事实上这些分区通常非常满，其中存储着用户计算机正常运行时所需的重要文件。

3. MBR 和 GPT 的区别

- 主引导记录（MBR）磁盘使用标准 BIOS 分区表。GUID 分区表（GPT）磁盘使用统一可扩展的固件接口（UEFI）。
- GPT 磁盘的优势之一是每个磁盘上可以超过 4 个分区，对于大于 2TB 的磁盘则需要分区。
- 只要磁盘不包含分区或卷，就可以将磁盘从 MBR 更改为 GPT 的分区样式。
- MBR 磁盘不支持每个磁盘上超过 4 个分区。对于大于 2TB 的磁盘，不建议使用 MBR 的分区方法。
- 只要磁盘为空并且未包含任何卷，就可以将磁盘从 GPT 更改为 MBR 分区样式。

3.1 文件系统

在操作系统中，文件系统是文件命名、存储和组织的综合结构体。Windows Server 2019 系统支持 FAT、NTFS 和 ReFS 三种类型的文件系统。

1. FAT 文件系统

FAT（File Allocation Table），即文件分配表，就是用来记录文件所在位置的表格。FAT16 使用 16 位的空间来表示每个扇区（Sector）配置文件的情形，最多支持 2GB 的分区。

FAT32 是 Windows 系统硬盘分区格式的一种。这种格式采用 32 位的文件分配表，大大增强了对磁盘的管理能力，突破了 FAT16 对每个分区的容量只有 2GB 的限制。由于现在硬盘生产成本的下降，其容量越来越大，运用 FAT32 分区格式后，我们可以将一个大硬盘定义成一个分区而不必分为几个分区来使用，这大大方便了对磁盘的管理。但由于 FAT32 分区不支持大于 4GB 的单个文件，且性能不佳、易产生磁盘碎片，目前已被性能更优异的 NTFS 分区格式所取代。

2. NTFS 文件系统

NTFS（New Technology File System）是一种能够提供各种 FAT 版本所不具备性能的文件系统，且是一个具有安全性、可靠性和先进特性的高级文件系统。比如，NTFS 可通过标准事务日志功能与恢复技术确保卷的一致性。即如果系统出现故障，NTFS 能够使用日志文件与检查点信息来恢复文件系统的一致性。

NTFS 还提供了安全性和在所有 FAT 版本中没有的高级功能。例如，为共享资源、文件夹及文件设置访问许可权限，使用磁盘配额对用户使用磁盘空间进行管理等。

3. ReFS 文件系统

ReFS（Resilient File System）称为弹性文件系统，是新引入的一个文件系统。目前只能用于存储数据，还不能引导系统，并且在移动媒介上也无法使用。

ReFS 与 NTFS 大部分是兼容的，其主要目的是为了保持较高的稳定性。ReFS 文件系统可以自动验证数据是否损坏，并尽力恢复数据。如果和引入的 Storage Spaces（存储空间）联合使用则可以提供更佳的数据防护，同时对于文件的处理性能也会有所提升。

3.2　基本磁盘

磁盘根据使用方式可以分为两类：基本磁盘和动态磁盘。

基本磁盘只允许将同一硬盘上的连续空间划分为一个分区。我们平时使用的磁盘类型一般都是基本磁盘。如图 3-1 所示，在基本磁盘上最多只能建立 4 个分区，并且扩展分区的数量最多只能是 1 个，因此 1 个硬盘最多可以有 4 个主分区或者 3 个主分区加 1 个扩展分区。如果想在一个硬盘建立更多的分区，就需要创建扩展分区，然后在扩展分区上划分逻辑分区。

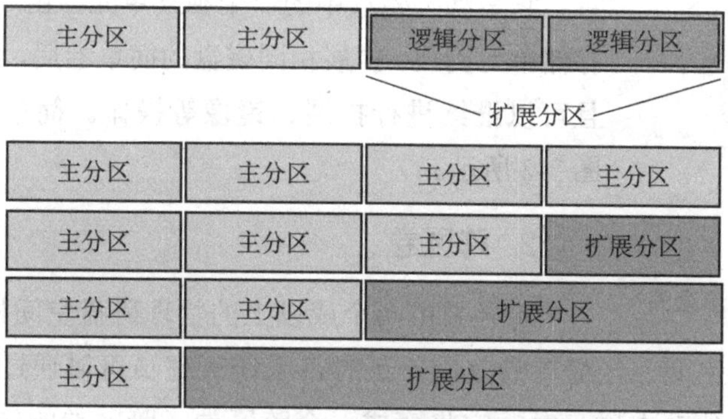

图 3-1　主分区、扩展分区与逻辑分区

3.3　动态磁盘

动态磁盘是磁盘的另一种属性，它没有分区的概念，以“卷”命名。相对于基本磁盘的分区动态磁盘只能隶属于一个磁盘，但动态磁盘的卷则可以跨越多达 32 个物理磁盘，可满足更多大存储应用场景的要求。

动态磁盘和基本磁盘相比有以下优势。

（1）卷集或分区的数量。动态磁盘在一个硬盘上可创建的卷集个数没有限制，而基本磁盘在一个硬盘上最多只能有 4 个主分区。

（2）磁盘空间管理。动态磁盘可以把不同磁盘的分区创建成一个卷集，并且这些分区可以是非邻接的，这样，磁盘空间就是几个磁盘分区空间的总和。基本磁盘则不能跨硬盘分区，并且要求分区必须是连续的空间，因此，每个分区的容量最多只能是单个硬盘的最大容量。

（3）磁盘容量管理。动态磁盘允许在不重新启动机器的情况下调整动态磁盘的容量，而且不会丢失和损坏已有的数据；而基本磁盘的容量调整后需要重启机器才能生效。

（4）磁盘配置信息管理和容错。动态磁盘将磁盘配置信息存放在磁盘中，如果是 RAID 容错系统，这些信息将会被复制到其他动态磁盘上。当某个硬盘损坏时，系统会自动调用另一个硬盘的数据，确保数据的有效性，而基本磁盘将配置信息存放在引导区，没有容错功能。

动态磁盘是针对大容量、高 I/O、高可靠等需求设置的，系统管理员可以通过在动态磁盘中创建简单卷、跨区卷、带区卷、镜像卷、RAID-5 卷等卷集（Volume）类型来满足不同应用场景的需求。

1. 简单卷

它是动态磁盘中的一个独立单元，由一块磁盘的一个连续存储单元构成。扩展相同磁盘的简单卷后，该卷仍然为简单卷，且可以继续进行扩展、镜像等操作。简单卷的结构示意图如图 3-2 所示。

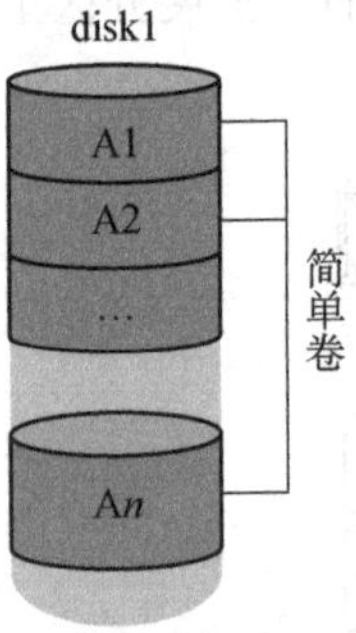

图 3-2　简单卷的结构示意图

2. 跨区卷

跨区卷由两个或以上的物理磁盘空间构成，主要用来提供大容量的数据存储空间。当简单卷空间不足时，系统管理员可以通过扩展卷扩容，如果扩容到计算机的其他动态磁盘时，它将变成一个跨区卷，跨区卷的结构示意图如图 3-3 所示。

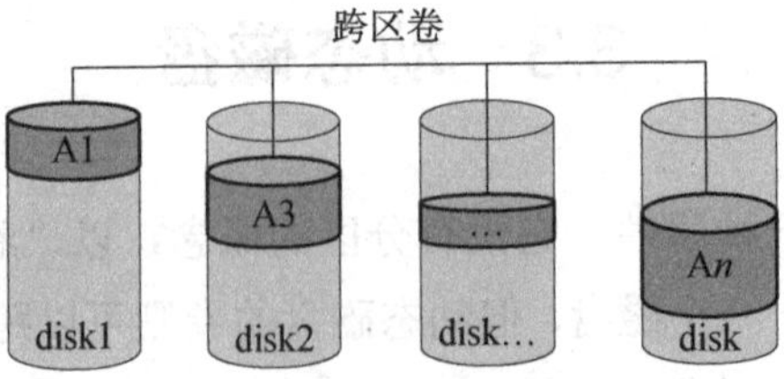

图 3-3　跨区卷的结构示意图

跨区卷存储信息时，先存储完其中一个成员的磁盘，然后再存储下一个，因此，它不能提升卷的读写性能，但是可以利用不同磁盘的未分配空间组成一个更大的逻辑连续的存储空间，提升卷的容量。

跨区卷创建后，系统不能删除它的任何一个磁盘空间（部分），系统管理员只能通过删除整个跨区卷来释放磁盘空间。

3. 带区卷

带区卷（RAID-0）是两个或两个以上物理磁盘的等容量可用空间组成的一个逻辑卷。系统在带区卷上读写时，它会同时在多个磁盘上进行均衡的读写数据操作，从而提高了卷的 I/O 性能。但是，如果其中一个硬盘出现故障将会导致整个带区卷不可用。带区卷的结构示意图如图 3-4 所示。

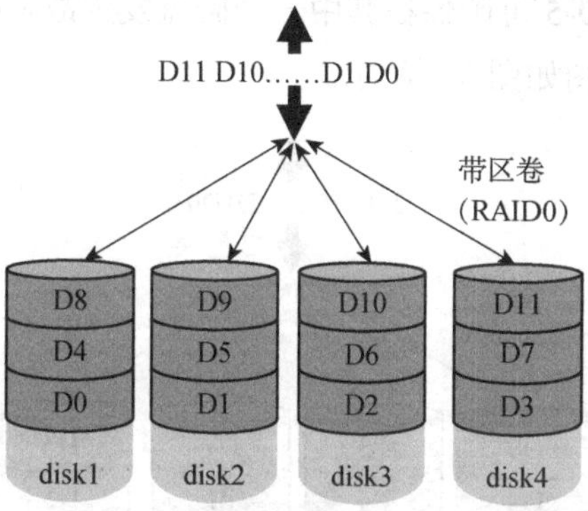

图 3-4　带区卷的结构示意图

因此，带区卷主要用于对磁盘读写速率要求较高且需要存储空间容量较大的场合，如视频监控服务、视频点播服务等。

4. 镜像卷

镜像卷（RAID-1）是两个物理磁盘的等容量可用空间组成的一个逻辑卷，它将数据同时存储在两块磁盘中，因此具有容错功能，并可确保在其中一个磁盘发生故障时，保存的数据仍可被读取。镜像卷的结构示意图如图 3-5 所示。

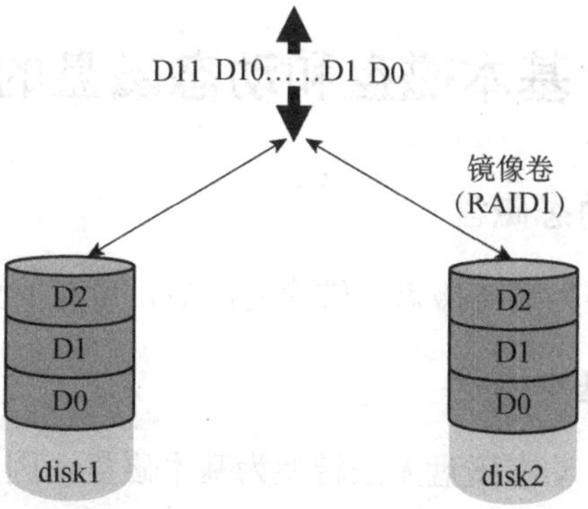

图 3-5　镜像卷的结构示意图

镜像卷磁盘的写入性能等同于普通卷，但读取数据时，可以同时从两个硬盘中读取，因此读取性能会有所提高，其常用于关键业务系统等对数据安全要求较高的场景。

5. RAID-5 卷

RAID-5 卷是三个或三个以上物理硬盘的等容量可用空间组成的一个逻辑卷，它将数据分成相同大小的数据块，均匀地保存在各硬盘中，同时，为了实现容错性，它按特定的规则把用于奇偶校验的冗余信息也均匀地保存到各硬盘中。这些校验数据是由被保存的数据通过计算得来的，当一个磁盘损坏或部分数据丢失时，可以通过剩余数据和校验信息来恢复丢失的数据。因此，RAID-5 可确保在其中一个磁盘发生故障时，保存的数据仍可以被读取。RAID-5 卷的结构示意图如图 3-6 所示。

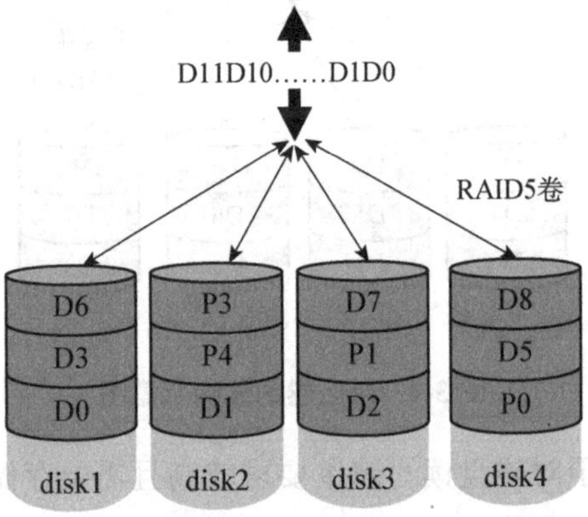

图 3-6　RAID-5 卷的结构示意图

RAID-5 卷在写入数据时，因要计算奇偶校验信息，所以其速度稍慢一些；但在读数据时，可以同时读取多个硬盘数据，性能提升较大。因此，相对于 RAID-1，RAID-5 在磁盘的利用率和读取性能上较优，存储成本较低，是目前运用最广泛的存储方案，常用于各种应用场景。

3.4　基本磁盘和动态磁盘的转换

1. 基本磁盘转换为动态磁盘

基本磁盘可以直接转换为动态磁盘，转换完成后，所有的分区将转换为简单卷。

2. 动态磁盘转换为基本磁盘

当动态磁盘存在卷时，动态磁盘无法转换为基本磁盘。因此，系统管理员需要将卷中的数据迁移，然后删除所有的卷，这时才可以将动态磁盘转换为基本磁盘。

任务 3-1 基本磁盘的配置与管理

任务规划

Jan16 公司要求小锐熟悉 Windows Server 2019 文件系统中和基本磁盘配置与管理相关的功能，具体内容如下。

（1）使用系统盘的剩余空间创建一个分区 E，使用 NTFS 文件系统格式化分区。

（2）对 E 盘进行压缩，然后对压缩后出现的未分配空间创建一个分区 F，使用 NTFS 文件系统格式化分区。

（3）验证被压缩的分区是否可以正常访问。

在 Windows Server 2019 磁盘管理界面中，右击磁盘的未分配空间位置，利用弹出的快捷菜单可以对磁盘进行分区管理操作，包括新建分区（如新建简单卷）、查看属性等，选择相应的命令后，根据弹出的配置向导界面可以快速完成新建分区的操作。

在 Windows Server 2019 磁盘管理界面中，右击已有的磁盘分区，利用弹出的快捷菜单可以对磁盘进行分区管理操作，包括格式化、扩展分区、压缩等，选择相应的命令后，根据弹出的配置向导界面可以快速完成格式化、磁盘压缩等操作。

为此，本任务可通过以下几个步骤完成。

（1）对系统盘的未分配空间创建一个分区 E，并格式化为 NTFS 格式。

（2）在 E 盘创建一个测试数据文件，然后对 E 盘进行磁盘压缩操作。

（3）对磁盘压缩释放出来的未分配空间创建分区 F。

基本磁盘的配置与管理

任务实施

1. 对系统盘的未分配空间创建一个分区 E，并格式化为 NTFS 格式

（1）右击开始按钮，在弹出快捷菜单中选择【磁盘管理】命令，打开【磁盘管理】界面，如图 3-7 所示。

在【磁盘管理】界面中，可以看到磁盘的基本信息包括：磁盘类型、大小、是否联机，分区（或卷）的大小、类型及空间使用情况等。其中，磁盘 0 为一个 60GB 的基本磁盘，包含一个主分区（C 盘），大小为 40GB，类型为 NTFS；一个 500MB 的 OEM 分区，一个 100M 的 EFI 系统分区，其余约 20GB 为未分配空间。

（2）选择磁盘 0 的未分配空间，在右键快捷菜单中选择【新建简单卷(I)】命令，如图 3-8 所示。

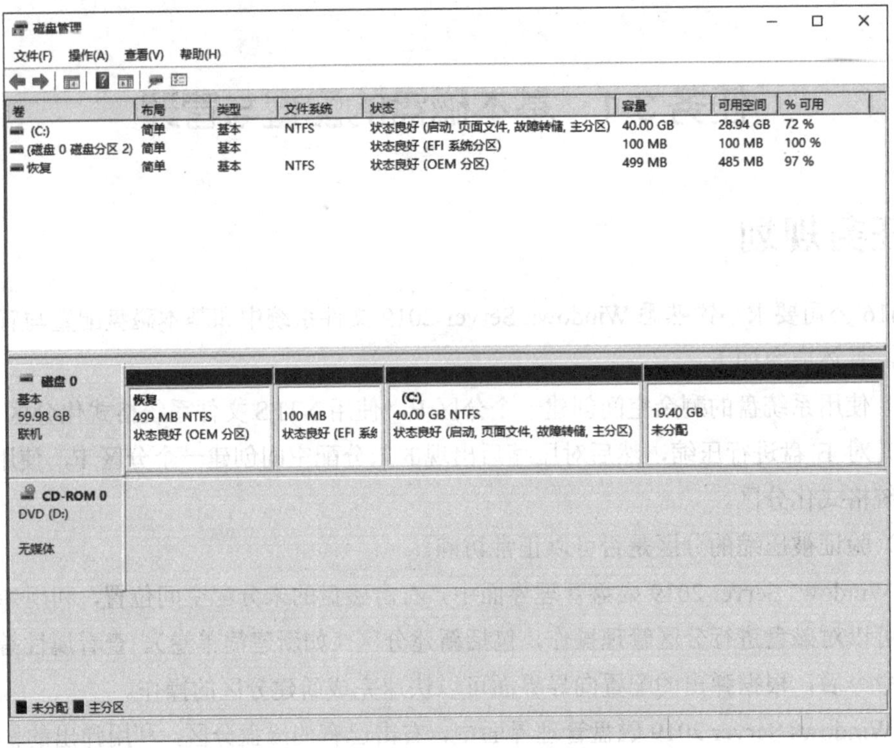

图 3-7 【磁盘管理】界面

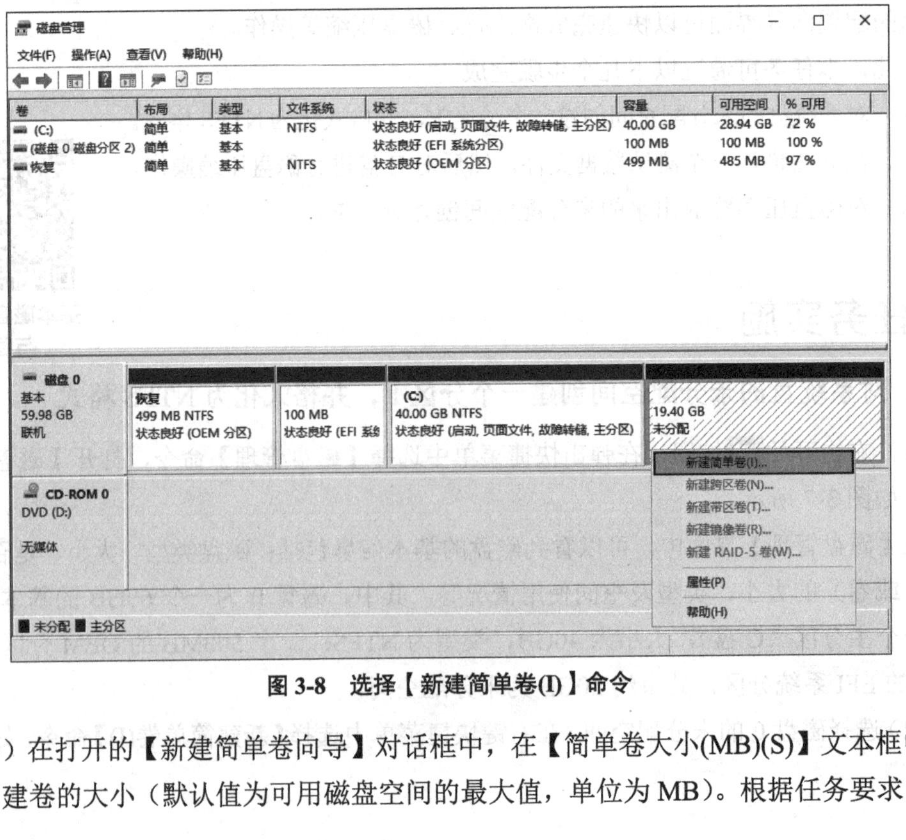

图 3-8 选择【新建简单卷(I)】命令

（3）在打开的【新建简单卷向导】对话框中，在【简单卷大小(MB)(S)】文本框中输入需要创建卷的大小（默认值为可用磁盘空间的最大值，单位为 MB）。根据任务要求，选择默认大小（最大空间约 20GB），结果如图 3-9 所示，然后单击【下一步(N)】按钮。

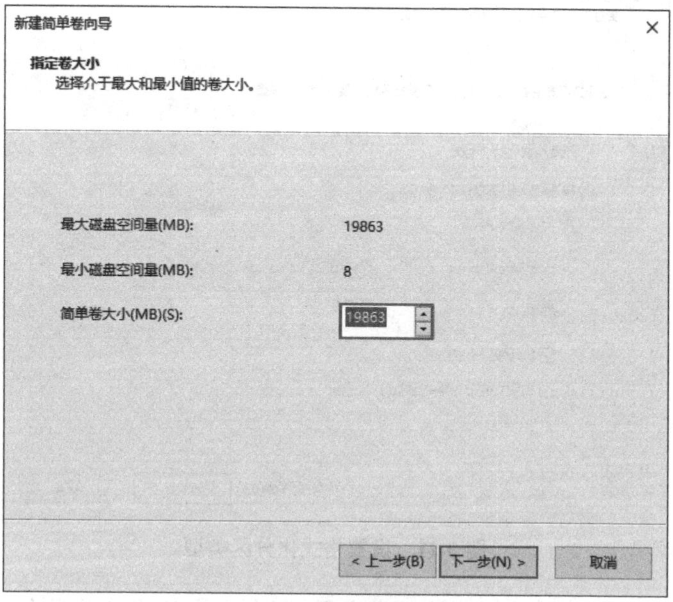

图 3-9　设置新建简单卷大小

（4）在如图 3-10 所示的【新建简单卷向导-分配驱动器号和路径】对话框中，选择驱动器号 E，然后单击【下一步】按钮。

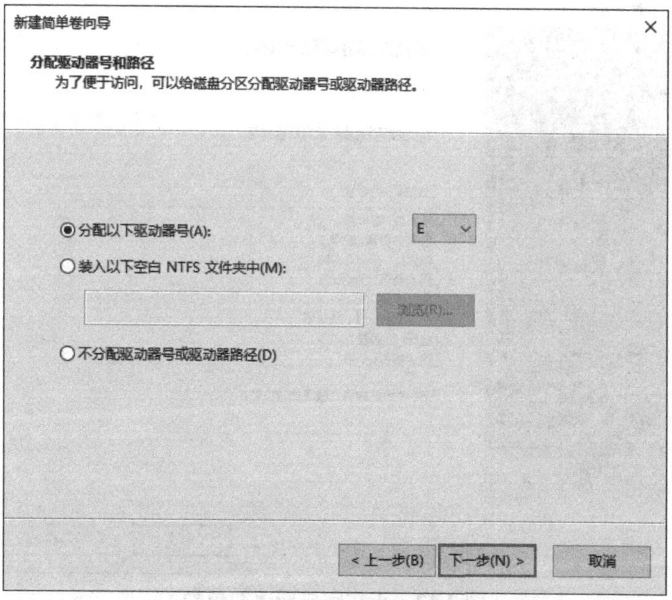

图 3-10　指定驱动器号

（5）在如图 3-11 所示的【新建简单卷向导-格式化分区】对话框中，设置【文件系统】为 NTFS，其他选项按默认选项设置，然后单击【下一步】按钮。

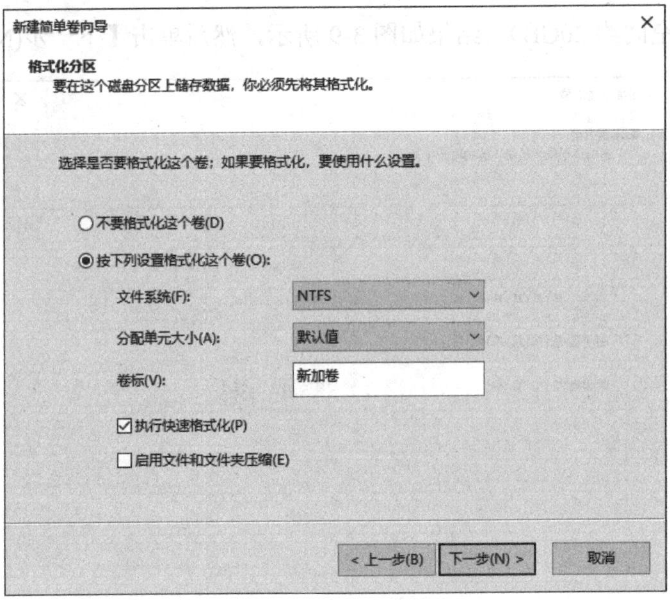

图 3-11　设置格式化分区类型

（6）在如图 3-12 所示的【新建简单卷向导-正在完成新建简单卷向导】对话框中，核对新建简单卷的相关设置信息，确认无误后单击【完成】按钮，即可完成新建简单卷的操作。

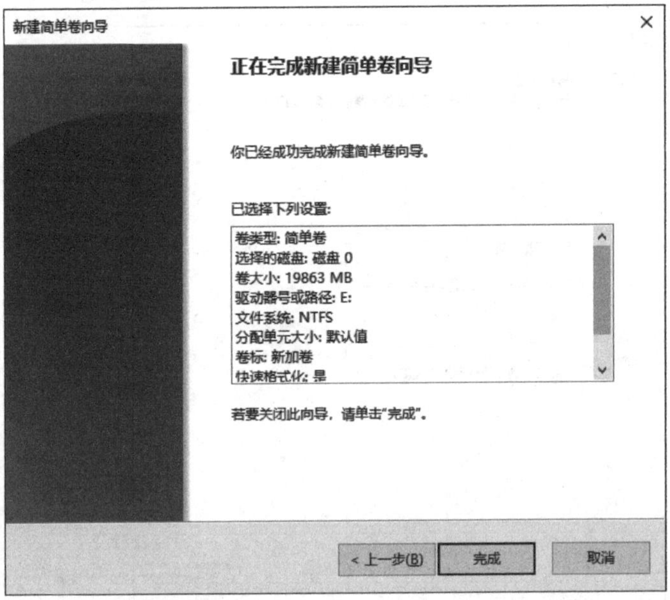

图 3-12　正在完成新建简单卷

2. 在 E 盘创建一个测试数据文件，然后对 E 盘进行磁盘压缩操作

当我们需要减少卷的磁盘空间时，可以采用压缩卷的方式来释放磁盘空间，该操作不

会导致数据丢失，但是在进行压缩卷时，可压缩的空间大小最大为压缩前总空间的 50%，并且不得超过可用空间的大小。

接下来小锐将对刚刚新建的 E 盘进行压缩，并在释放的空间中新建磁盘 F。操作前小锐先在 E 盘新建了一个文本文件——压缩卷测试.txt，文件内容如图 3-13 所示。

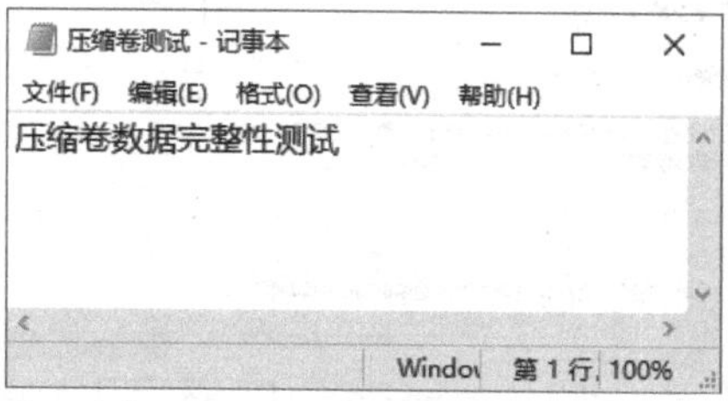

图 3-13　压缩卷测试文本内容

磁盘压缩操作的具体步骤如下。

（1）右击需要进行压缩的卷【E 盘】，在弹出的快捷菜单中选择如图 3-14 所示的【压缩卷(H)】命令。

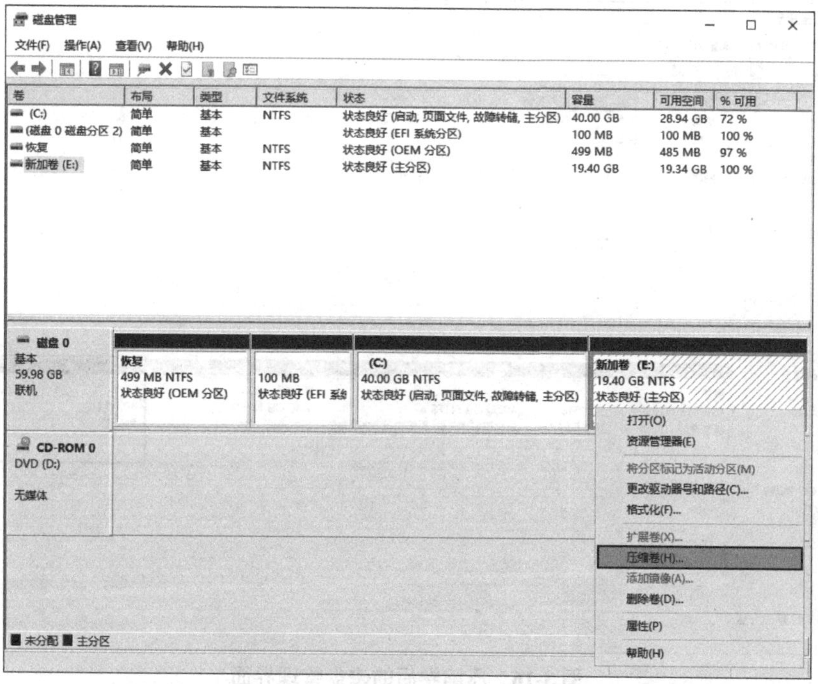

图 3-14　选择【压缩卷(H)】命令

（2）打开如图 3-15 所示的【压缩 E:】对话框，系统会自动进行可压缩空间的计算，得出当前可用于压缩的空间量。

然后，在【输入压缩空间量】文本框中输入需要压缩的空间量，这里选择 10240（约 10GB），在【压缩后的总计大小】文本框中会实时显示压缩后的剩余空间大小，单击【压缩】按钮将执行压缩卷操作。

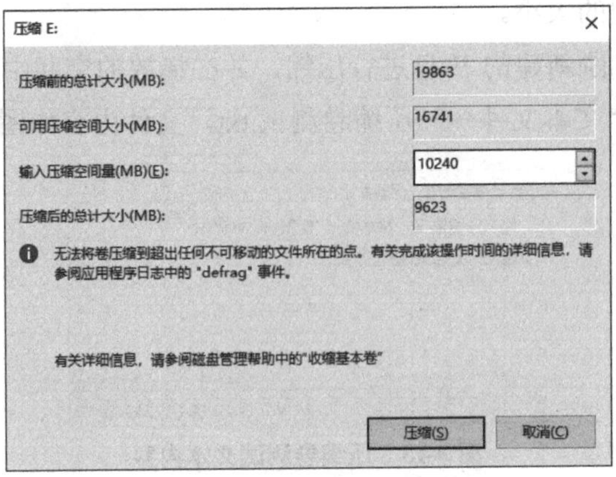

图 3-15 【压缩 E:】对话框

（3）压缩卷操作完成后，可以看到 E 卷的大小变小了，同时出现了一个 10GB 的未分配空间，结果如图 3-16 所示。

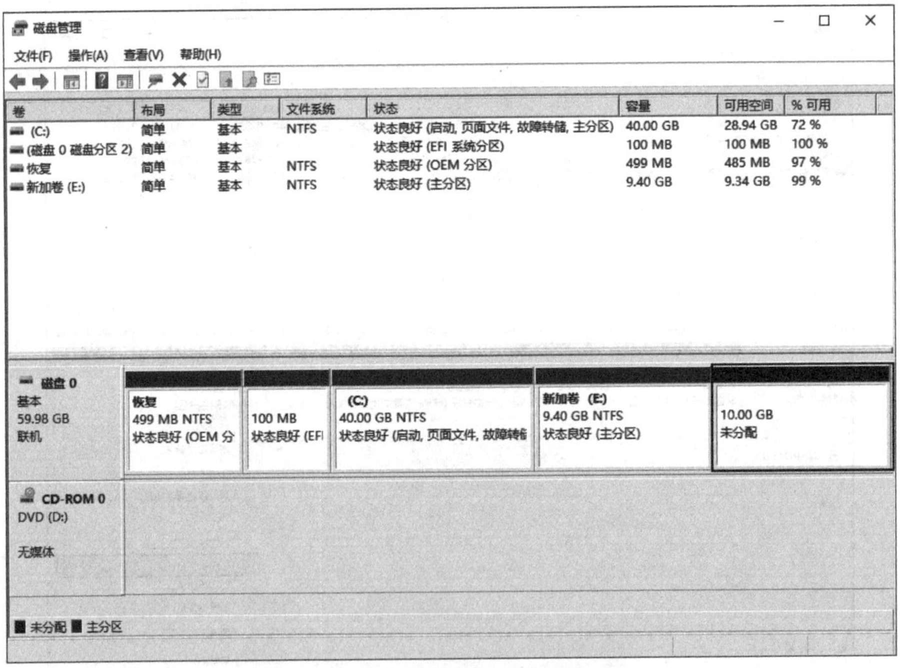

图 3-16 压缩卷后的磁盘管理界面

3. 对磁盘压缩释放出来的未分配空间创建分区 F

参照上述 2 的操作步骤，在压缩后的未分配空间中创建简单卷 F，结果如图 3-17 所示。

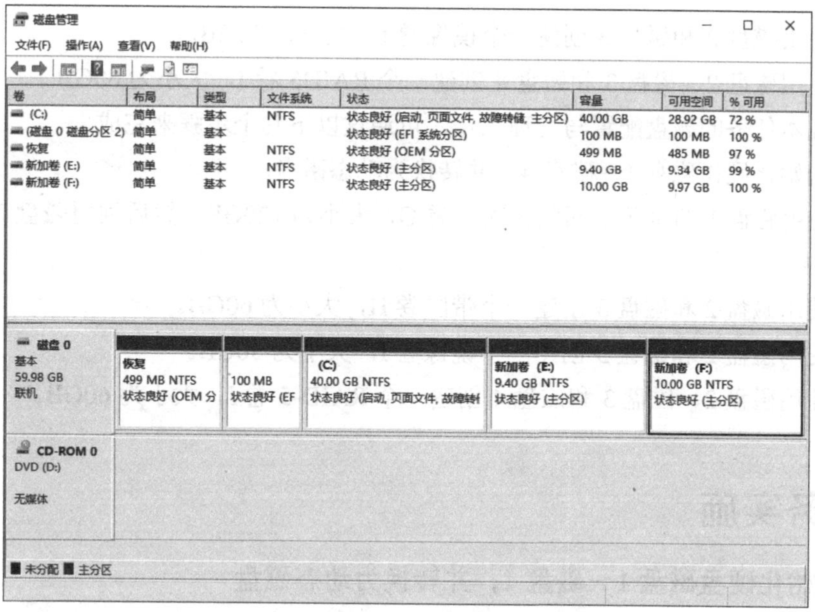

图 3-17　新建卷 F 后的磁盘管理界面

任务验证

任务完成后管理员查看 E 盘分区的数据文件，结果如图 3-18 所示，从中可以看到数据既没有丢失也没有损坏，可见磁盘压缩不会造成数据的损坏。

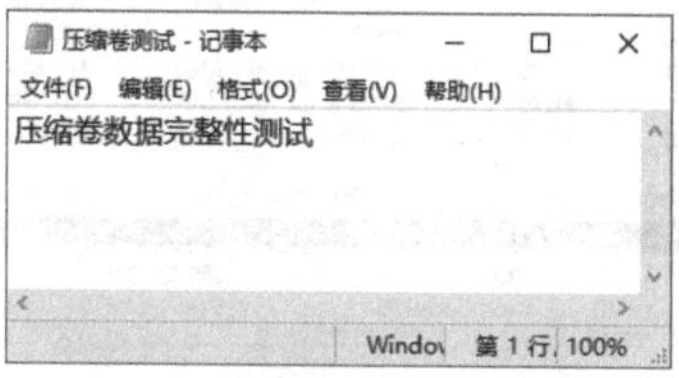

图 3-18　卷压缩测试结果

动态磁盘的配置与管理

任务 3-2　动态磁盘的配置与管理

任务规划

Jan16 公司要求小锐熟悉 Windows Server 2019 文件系统中和动态磁盘配置与管理相关的功能，具体要求如下。

（1）在磁盘 1 中创建一个简单卷 G，大小为 120GB。

（2）使用扩展卷功能，利用磁盘 2 的空间，将简单卷 G 扩展到 150GB。

（3）使用磁盘 2 和磁盘 3 创建一个带区卷 H，大小为 60GB。

（4）使用磁盘 2 和磁盘 3 创建一个镜像卷 I，大小为 30GB。

（5）使用磁盘 2、磁盘 3 和磁盘 4 创建一个 RAID5 卷 J，大小为 60GB。

要实现本任务的磁盘配置与管理工作，可通过以下几个步骤来完成。

（1）初始化硬盘磁盘 1～磁盘 4，并转换为动态磁盘。

（2）使用磁盘 1 的全部空间创建简单卷 G，大小为 120GB，然后利用磁盘 2 将卷 G 扩展到 150GB。

（3）使用磁盘 2 和磁盘 3 创建一个带区卷 H，大小为 60GB。

（4）使用磁盘 2 和磁盘 3 创建一个镜像卷 I，大小为 30GB。

（5）使用磁盘 2、磁盘 3 和磁盘 4 创建一个 RAID-5 卷 J，大小为 60GB。

任务实施

1. 初始化硬盘磁盘 1～磁盘 4，并转换为动态磁盘

（1）将 4 块硬盘全部安装在存储服务器，重启进入 Windows Server 2019 后，在【计算机管理】界面中选择【磁盘管理】命令，即可进入如图 3-19 所示的【磁盘管理】界面，从图中可以看到有 4 块新硬盘，磁盘容量均为 120GB，且都为没有初始化状态。

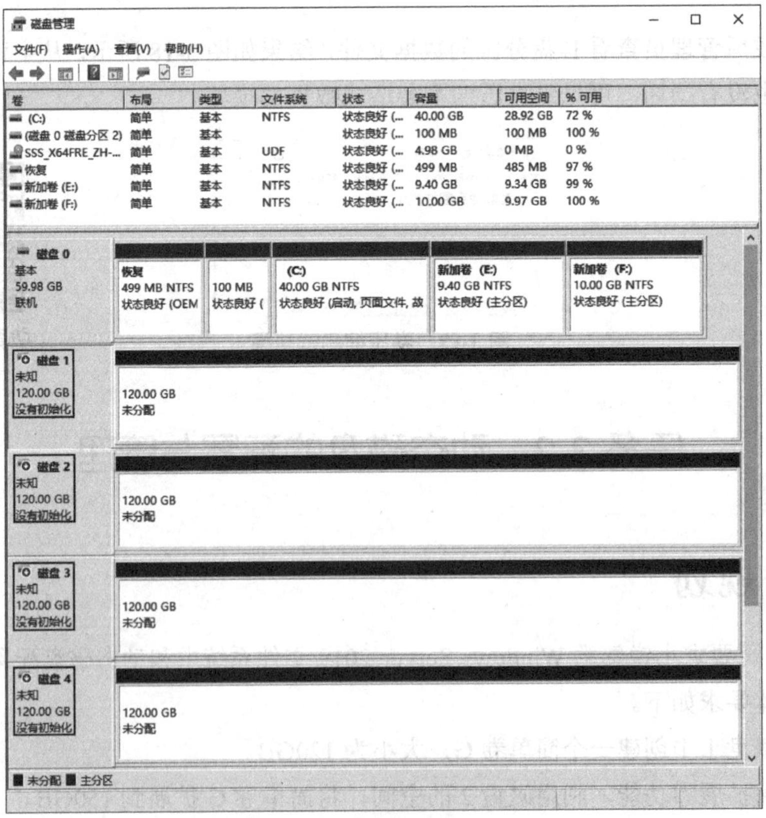

图 3-19 【磁盘管理】界面

（2）对所有新硬盘进行联机操作后，右击【磁盘 1】图标，在弹出的快捷菜单中选择【初始化磁盘】命令，打开如图 3-20 所示的【初始化磁盘】对话框。勾选磁盘 1～磁盘 4，分区形式选择【MBR】选项，单击【确定】按钮，完成磁盘的初始化，此时 4 块硬盘的状态为如图 3-21 所示的基本磁盘模式。

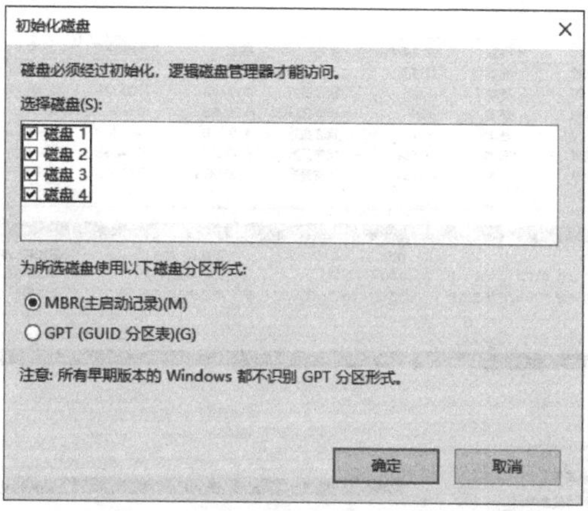

图 3-20　【初始化磁盘】对话框

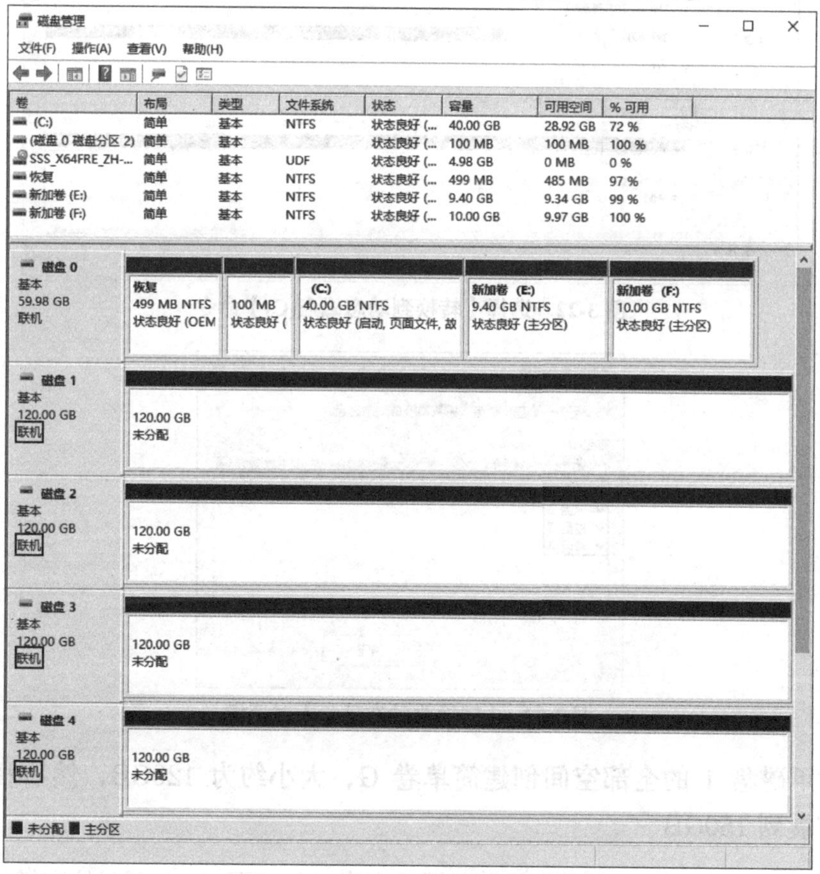

图 3-21　完成磁盘初始化磁盘的状态

（3）右击【磁盘 1】图标，在弹出的如图 3-22 所示的右键快捷菜单中选择【转换到动态磁盘(c)】命令，在打开的如图 3-23 所示的对话框中勾选【磁盘 1】【磁盘 2】【磁盘 3】和【磁盘 4】复选框，单击【确定】按钮，完成基本磁盘到动态磁盘的转换。

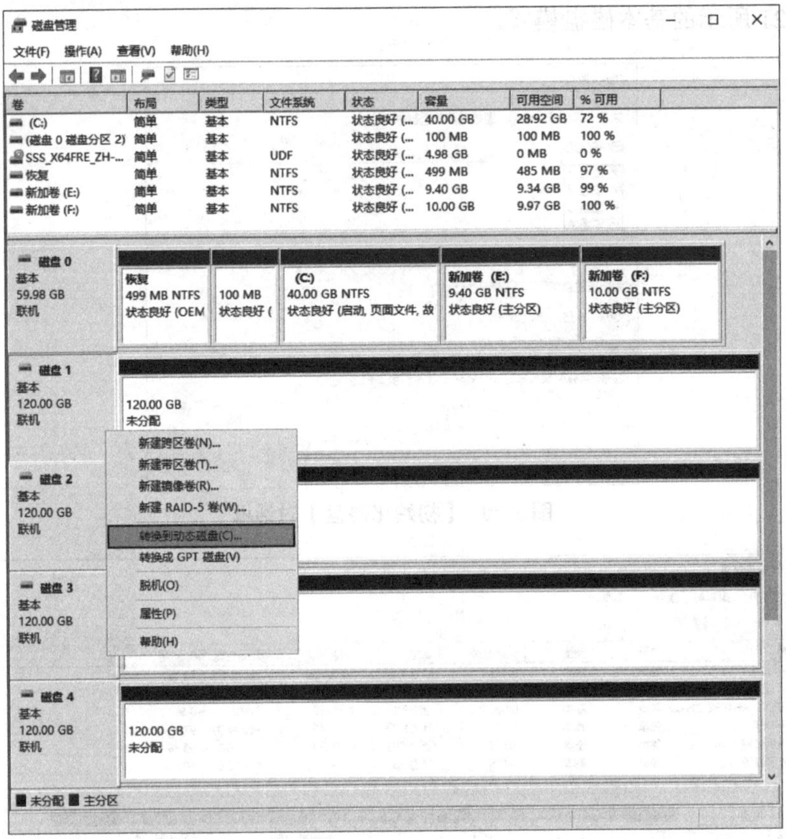

图 3-22 选择【转换到动态磁盘(C)】命令

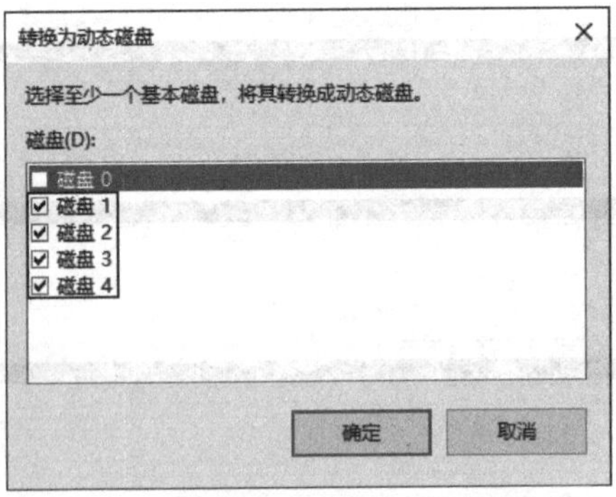

图 3-23 【转换为动态磁盘】对话框

2. 使用磁盘 1 的全部空间创建简单卷 G，大小约为 120GB，然后利用磁盘 2 将卷 G 扩展到 150GB

（1）右击【磁盘 1】的【未分配】区域，在弹出的如图 3-24 所示的右键快捷菜单中选择【新建简单卷(I)】命令，在弹出的对话框中单击【下一步】按钮，接着出现如图 3-25 中所示的【新建简单卷向导-指定卷大小】对话框，将【简单卷大小(MB)(S)】设置为全部空间大小（空间约为 120GB）。

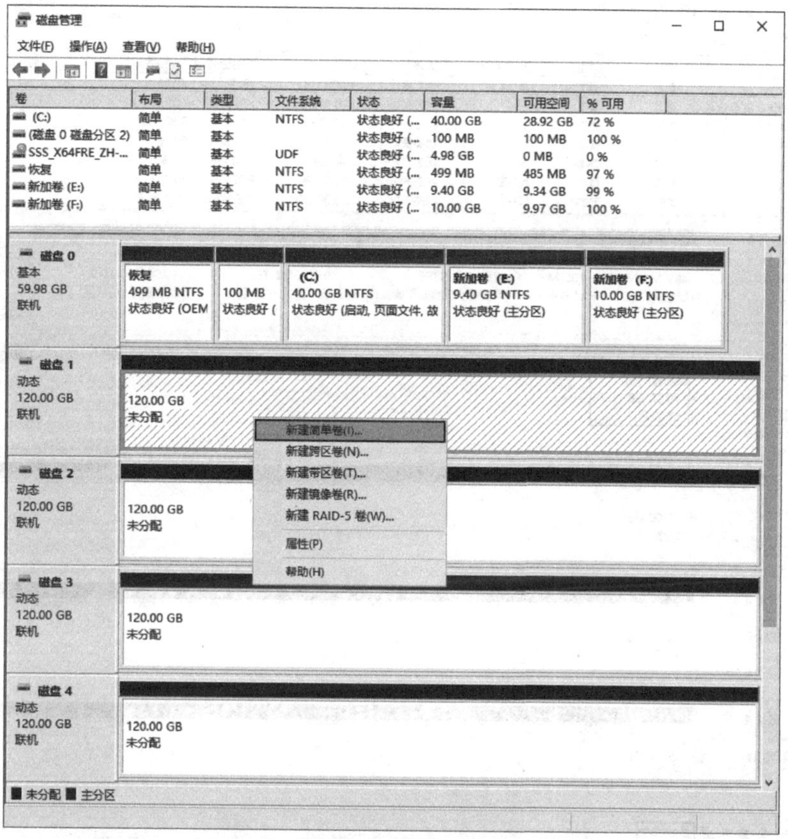

图 3-24　选择【新建简单卷(I)】命令

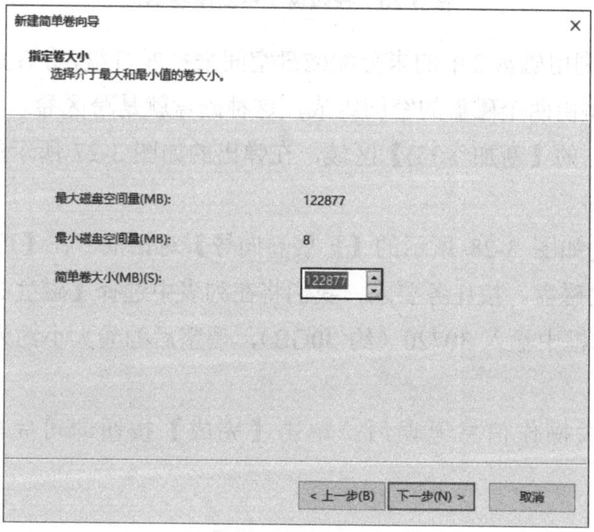

图 3-25　分配磁盘空间

（2）将磁盘 1 分配为 G 盘，文件格式为 NTFS，格式化完成后，可以看到在磁盘 1 创建了一个大小为 120GB 的 G 盘，结果如图 3-26 所示。

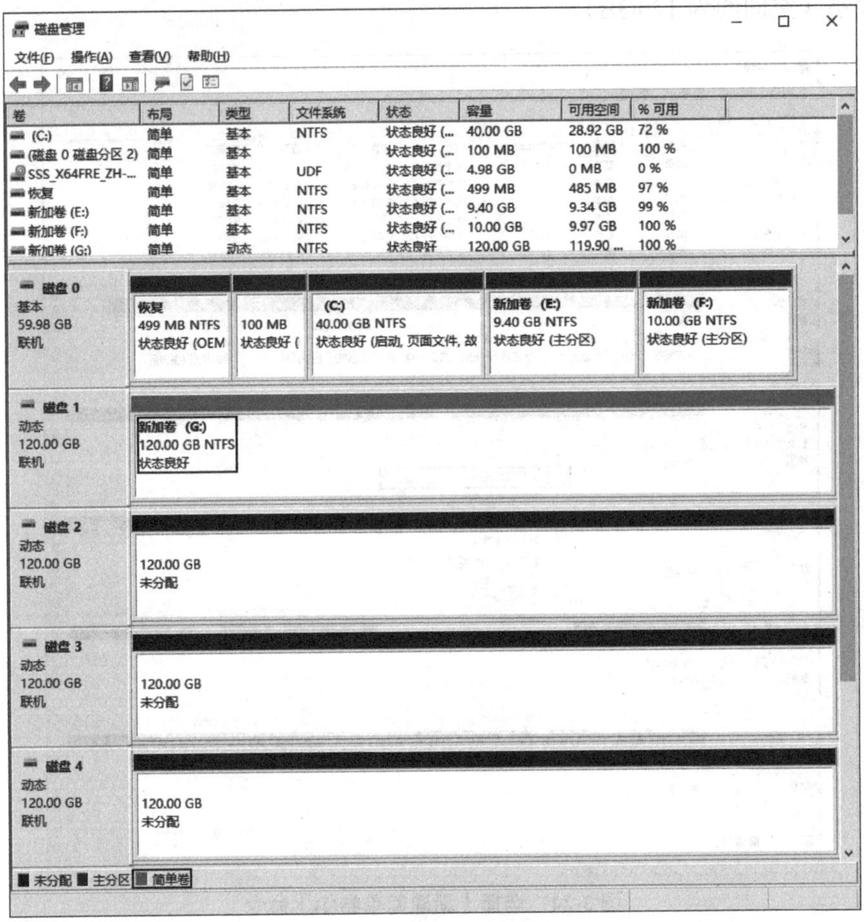

图 3-26　在磁盘 1 中新建卷 G

接下来，我们将利用磁盘 2 中的未分配磁盘空间来扩展 G 盘，将 G 盘空间增加到 150GB 左右。完成后 G 盘将由两个磁盘的空间组成，这种磁盘就是跨区卷。

（3）选择磁盘 1 的【新加卷(G)】区域，在弹出的如图 3-27 所示的右键快捷菜单中选择【扩展卷(X)】命令。

（4）系统弹出的如图 3-28 所示的【扩展卷向导】对话框，在【可用(V)】磁盘列表中列出了可用于扩展的磁盘。按任务要求，我们将在列表中选择【磁盘 3】，并在【选择空间量（MB）(E)】文本框中输入 30720（约 30GB），调整后的卷大小约为 150GB，然后单击【下一步】按钮。

（5）在确认相关操作信息无误后，单击【完成】按钮即可完成 G 卷磁盘空间的扩展。

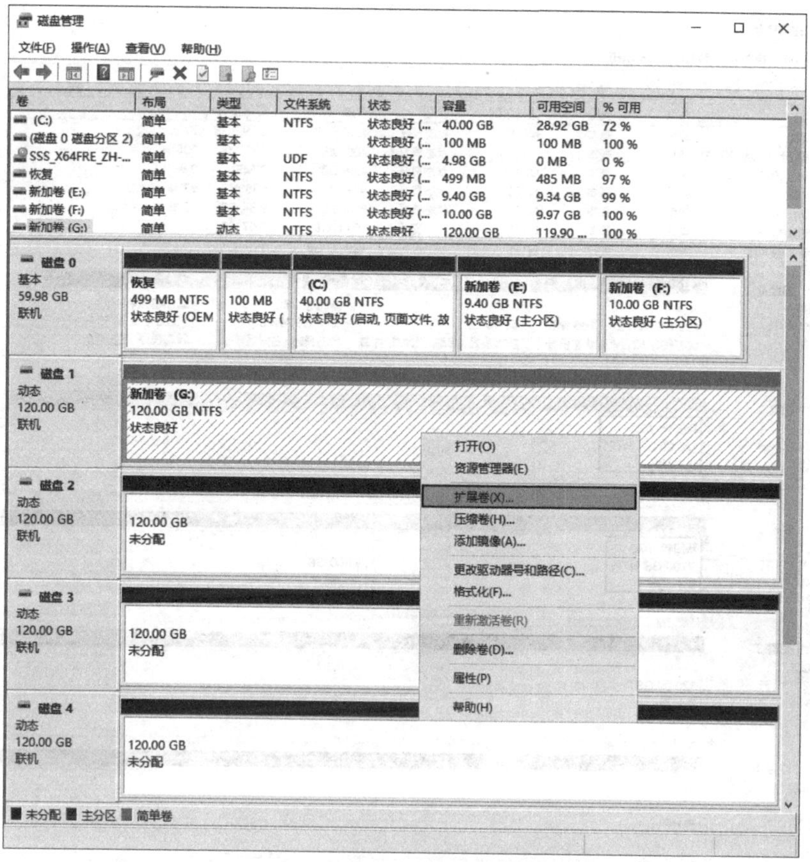

图 3-27　选择【扩展卷(X)】命令

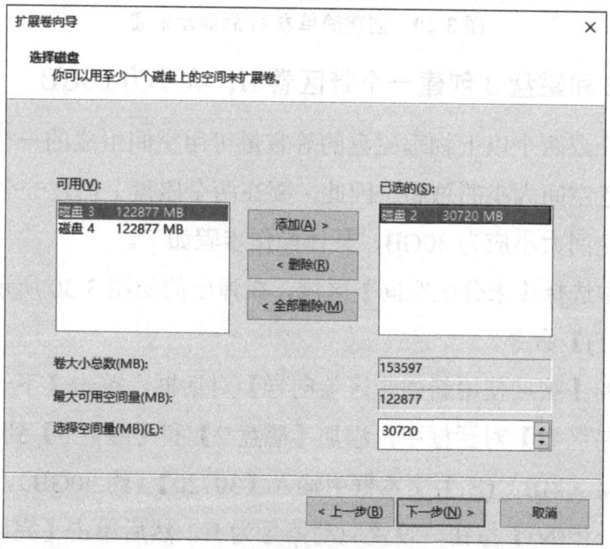

图 3-28　【扩展卷向导】对话框

（6）打开如图 3-29 所示的【磁盘管理】界面，可以看到原来 120GB 的简单卷 G 已变成容量为 150GB 的跨区卷。

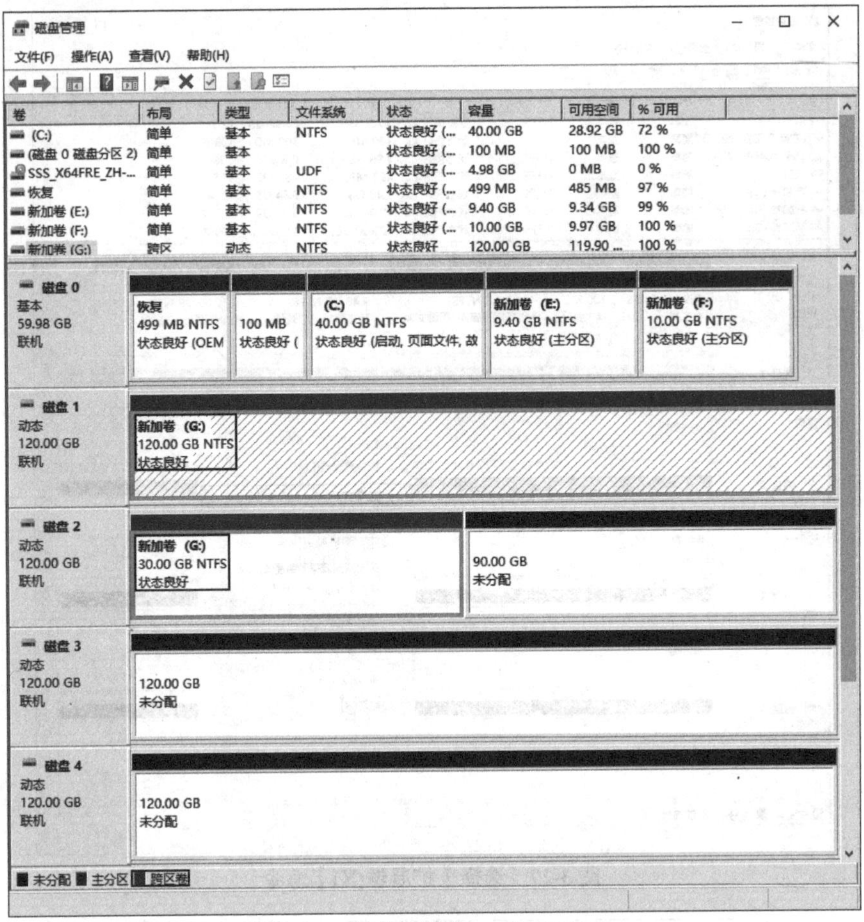

图 3-29　创建简单卷 G 后显示信息

3. 使用磁盘 2 和磁盘 3 创建一个带区卷 H，大小为 60GB

带区卷是由两个或两个以上物理磁盘的等容量可用空间组成的一个逻辑卷，它的空间大小是所有物理磁盘空间大小的总和。因此，要在两个磁盘上创建一个 60GB 的带区卷，则每个磁盘使用的空间大小应为 30GB，具体操作步骤如下。

（1）在磁盘 2 中选择【未分配空间】区域，在弹出的如图 3-30 所示的右键快捷菜单中选择【新建带区卷(T)】命令。

（2）系统弹出的【欢迎使用新建带区卷向导】对话框，单击【下一步】按钮。在如图 3-31 所示的【新建带区卷】对话框中，添加【磁盘 2】和【磁盘 3】到已选的磁盘列表中，然后在【选择空间量（MB）(E)】文本框中输入【30720】（约 30GB）。

（3）单击【下一步(N)】按钮，设置驱动器号为 H，然后单击【完成】按钮完成带区卷的创建，结果如图 3-32 所示。

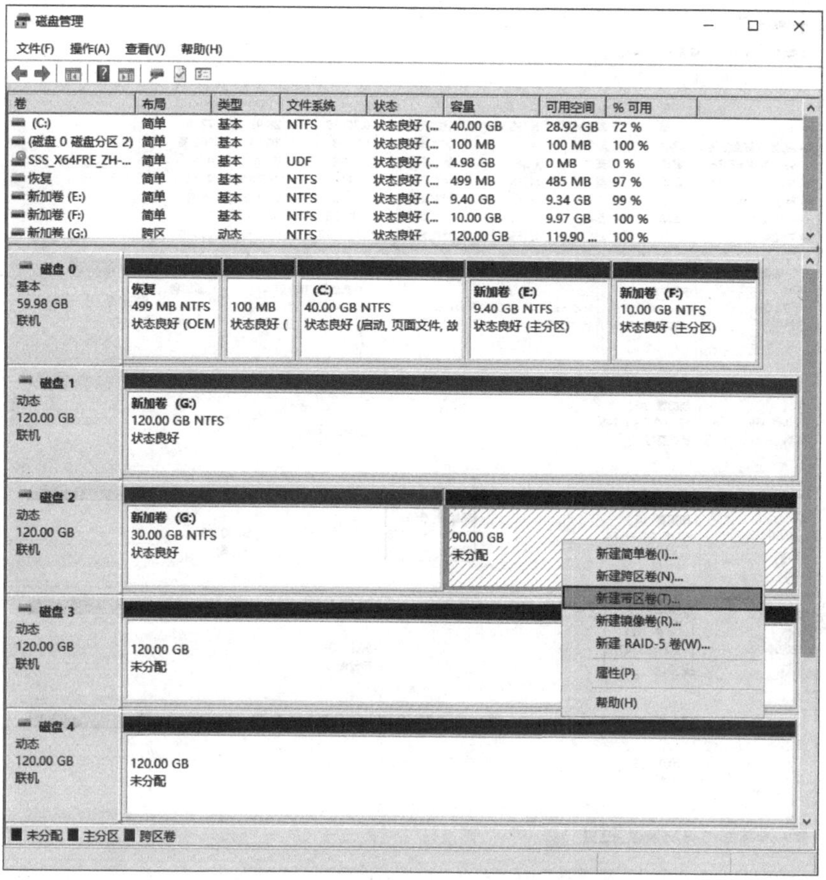

图 3-30　选择【新建带区卷(T)】命令

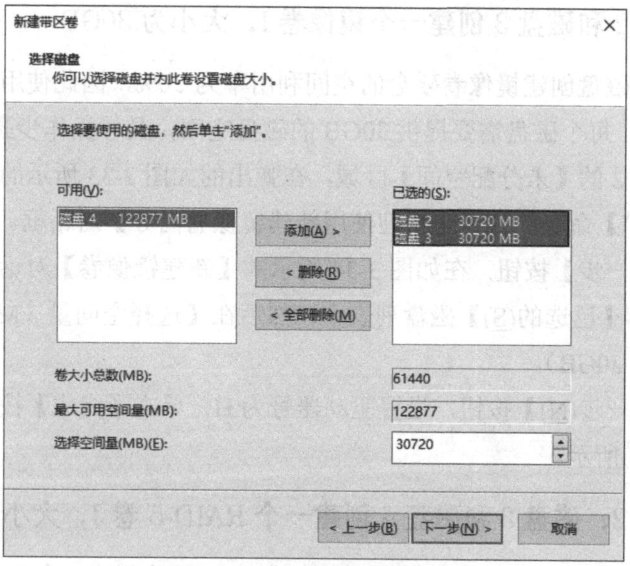

图 3-31　【新建带区卷】对话框

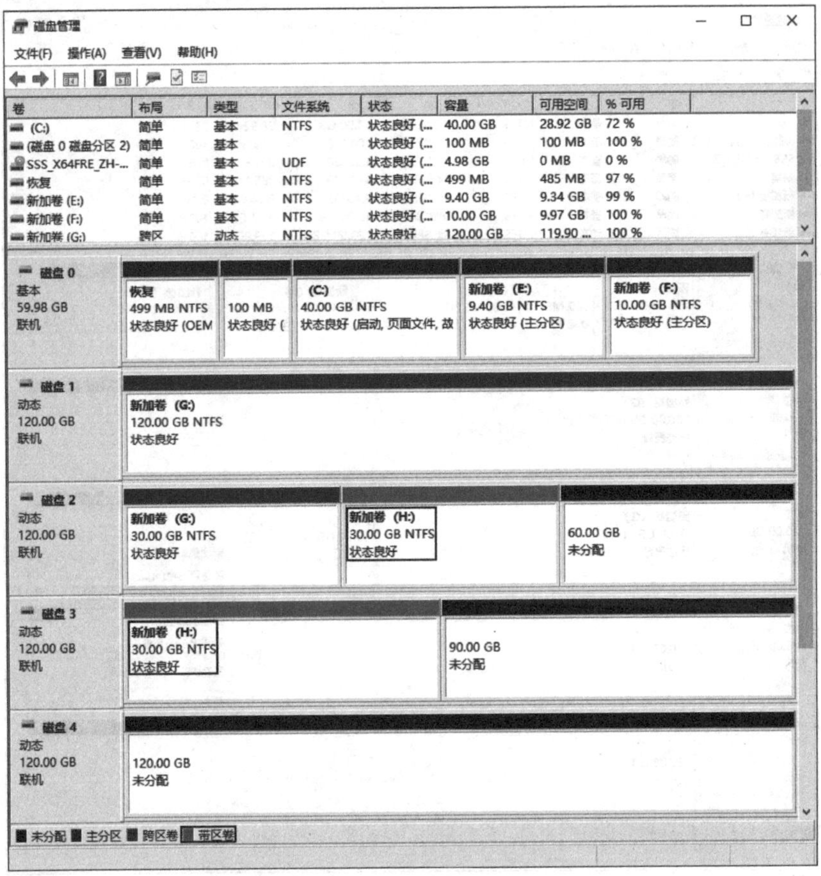

图 3-32　带区卷创建完成界面

4. 使用磁盘 2 和磁盘 3 创建一个镜像卷 I，大小为 30GB

由于使用两个磁盘创建镜像卷磁盘的空间利用率为 50%，因此使用两个磁盘创建一个 30GB 的镜像卷时，每个磁盘需要提供 30GB 的磁盘空间，具体操作步骤如下。

（1）选中磁盘 2 的【未分配空间】区域，在弹出的如图 3-33 所示的右键快捷菜单中选择【新建镜像卷(R)】命令，打开【欢迎使用新建镜像卷向导】对话框。

（2）单击【下一步】按钮，在如图 3-34 所示的【新建镜像卷】对话框中，添加【磁盘 2】和【磁盘 3】到【已选的(S)】磁盘列表中，然后在【选择空间量（MB）(E)】文本框中输入【30720】（约 30GB）。

（3）单击【下一步(N)】按钮，设置驱动器号为 H，单击【完成】按钮完成镜像卷的创建，结果如图 3-35 所示。

5. 使用磁盘 2、磁盘 3 和磁盘 4 创建一个 RAID-5 卷 J，大小为 60GB

使用 3 块磁盘创建 RAID5 卷的磁盘利用率为 2/3，因此创建一个 60GB 的 RAID5 卷磁盘每个磁盘需要提供约 30GB 的磁盘空间。本任务的操作步骤如下。

（1）选中磁盘 2 的【未分配空间】区域，在弹出的如图 3-36 所示的右键快捷菜单中选

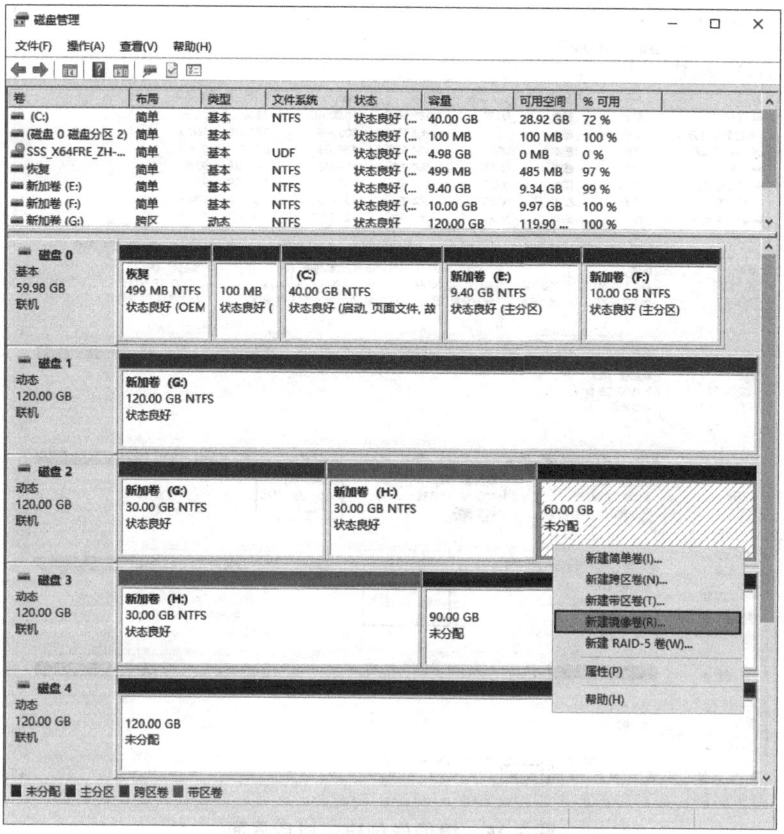

图 3-33 选择【新建镜像卷(R)】命令

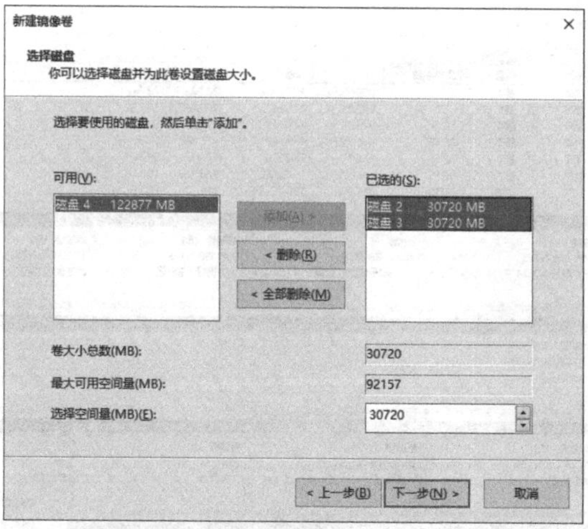

图 3-34 【新建镜像卷】对话框

择【新建 RAID-5 卷(W)】命令，打开【欢迎使用新建 RAID-5 卷向导】对话框。

（2）单击【下一步】按钮，在如图 3-37 所示的【新建 RAID-5 卷】对话框中，添加【磁盘 2】、【磁盘 3】和【磁盘 4】到【已选的(S)】磁盘列表中，然后在【选择空间量（MB）(E)】文本框中输入【30717】（约 30GB）。

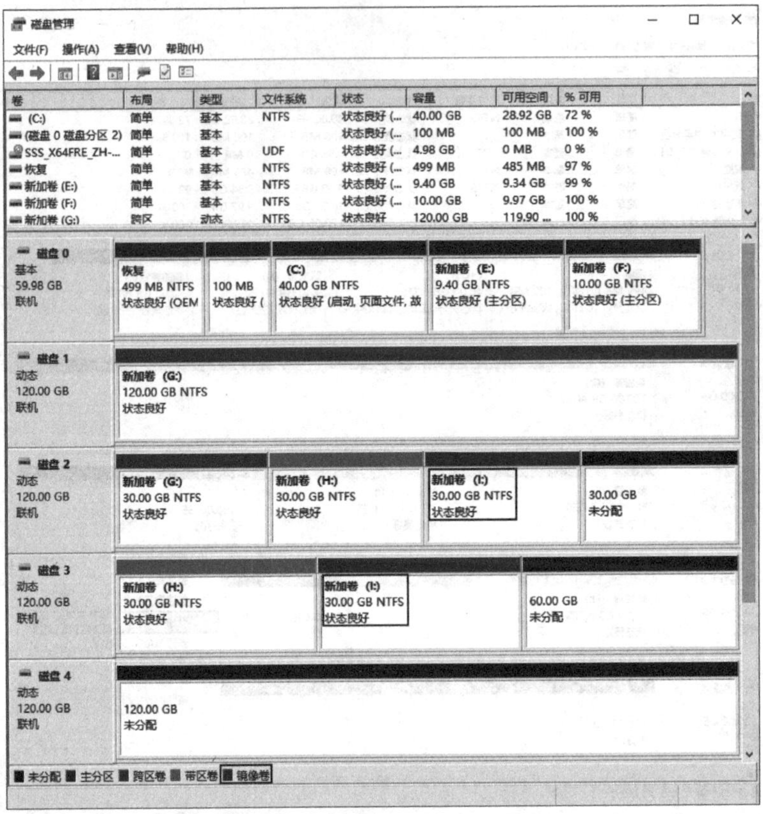

图 3-35　镜像卷创建完成后界面

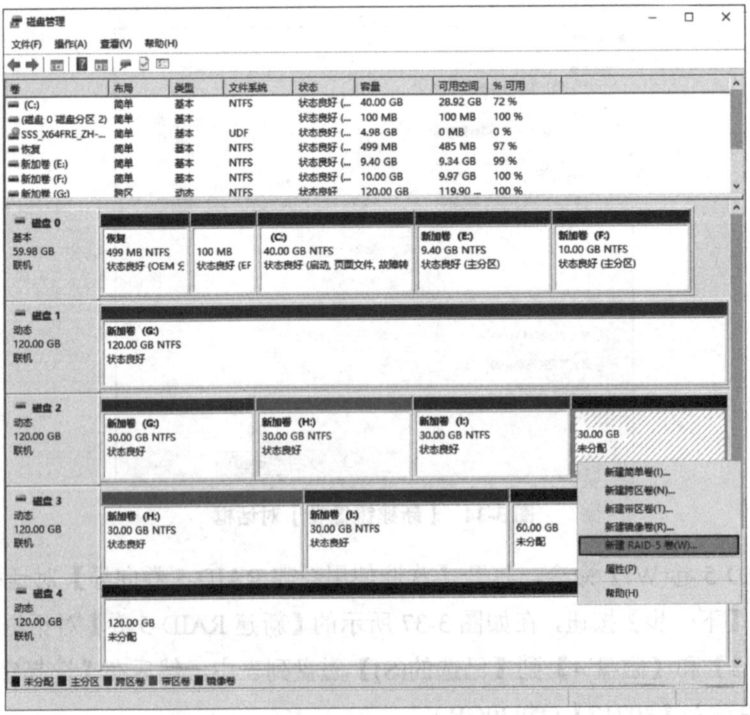

图 3-36　选择【新建 RAID-5 卷(W)】命令

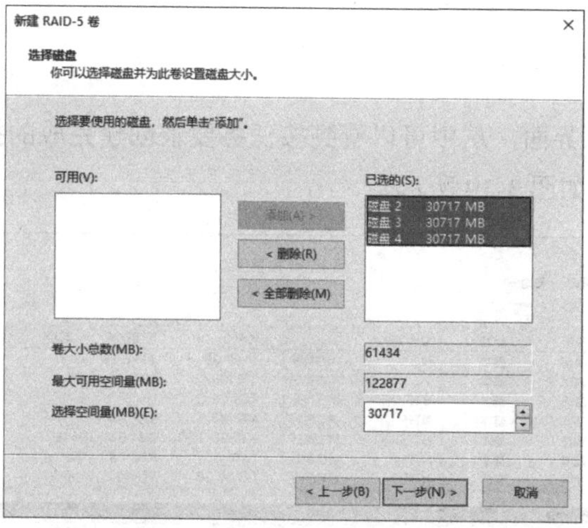

图 3-37　【新建 RAID-5 卷】对话框

（3）单击【下一步(N)】按钮，设置驱动器号为 H，然后单击【完成】按钮完成 RAID-5 卷的创建，结果如图 3-38 所示。

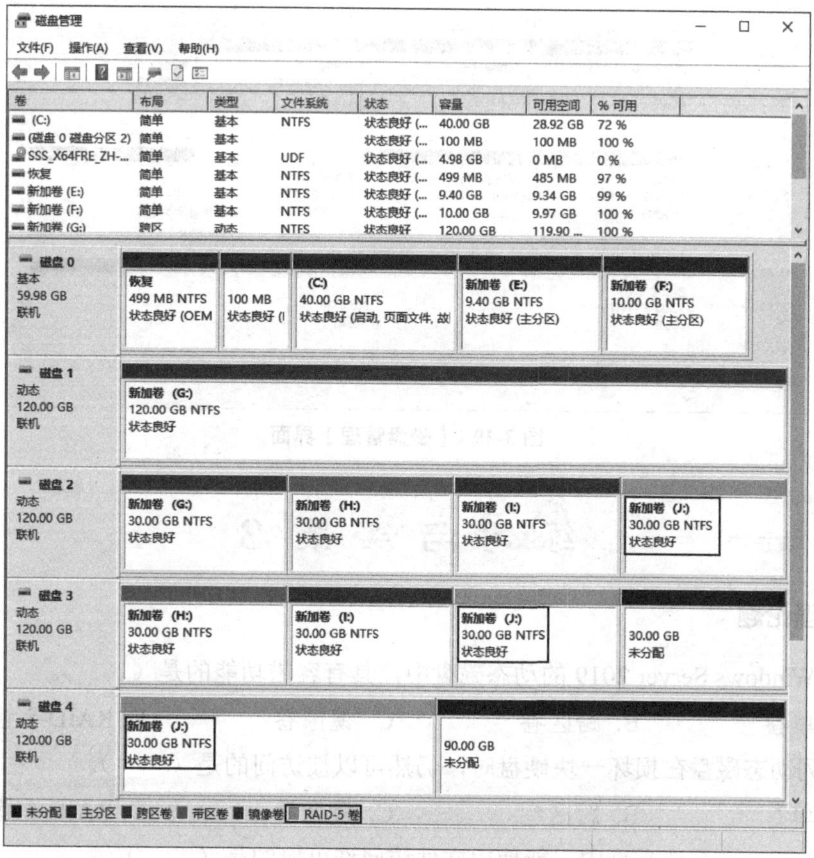

图 3-38　RAID-5 卷创建完成后的界面

任务验证

打开【磁盘管理】界面，从中可以看到按任务要求创建完成的扩展卷、跨区卷、镜像卷和 RAID-5 卷，结果如图 3-39 所示。

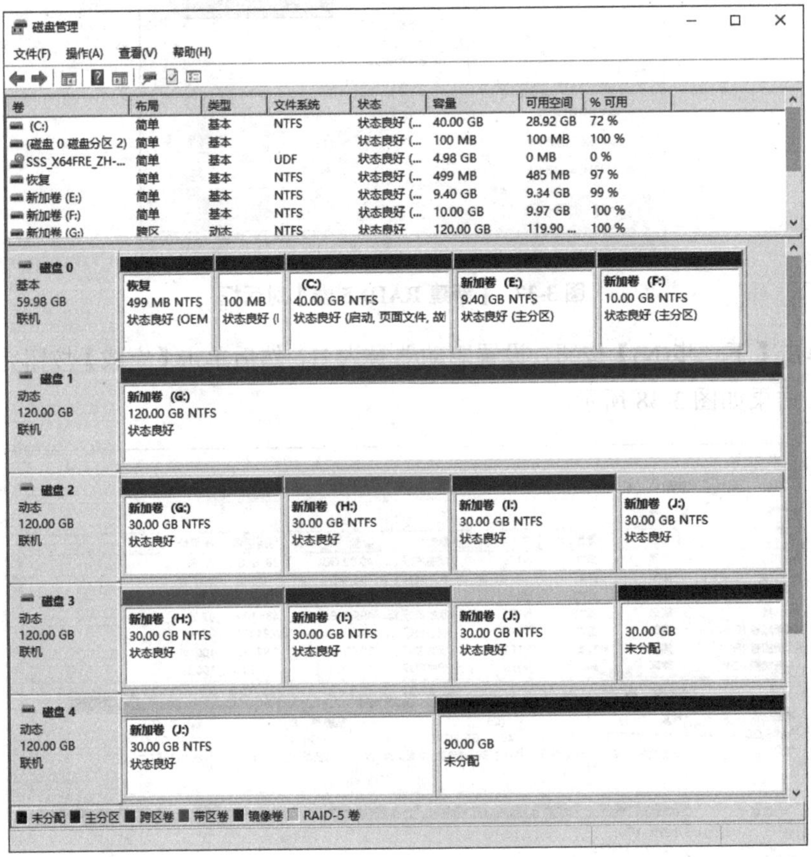

图 3-39 【磁盘管理】界面

练习与实践 3

一、理论题

1. 在 Windows Server 2019 的动态磁盘中，具有容错功能的是（　　）。

A. 简单卷　　B. 跨区卷　　C. 镜像卷　　D. RAID-5 卷

2. 下列动态磁盘在损坏一块硬盘时，仍然可以被访问的是（　　）。

A. 简单卷　　B. 跨区卷　　C. 镜像卷　　D. RAID-5 卷

3. 在以下文件系统类型中，能使用文件访问许可权的是（　　）。

A. FAT16　　B. EXT　　C. NTFS　　D. FAT32

4. 以下四种卷中，空间利用率只有 50%的是（　　）。

A. 跨区卷　　B. 带区卷　　C. 镜像卷　　D. RAID-5 卷

5. 以下四种卷中，至少需要 3 块以上磁盘的是（　　）。

A. 跨区卷　　B. 带区卷　　C. 镜像卷　　D. RAID-5 卷

二、项目实训题

实训一

1. 项目背景

Jan16 公司有市场部、项目部、业务部、财务部 4 个部门，因业务的快速发展，公司规模不断扩大、文件越来越多。为了方便文件的集中管理，公司要求小正对公司各个部门的文件统一管理，为此公司采购了一台服务器，并安装了 Windows Server 2019 系统专门用于进行管理文件。

服务器配备了 4 块新硬盘，容量均 1TB。公司要求小正根据公司文件管理规划，按要求完成该服务器磁盘的配置与管理。

2. 任务要求

（1）将新磁盘联机、初始化，并转化为动态磁盘。

（2）使用磁盘 1、2 创建一个带区卷 E，提供给业务部存放文件，大小为 500GB。

（3）使用磁盘 2、3 创建一个镜像卷 F，提供给项目部存放文件，大小为 300GB。

（4）使用磁盘 1、2、3 创建一个 RAID-5 卷 G，提供给财务部存放文件，大小为 500GB。

（5）使用磁盘 1、2、3、4 的剩余空间创建一个跨区卷 H，提供给市场部使用。

3. 提交项目实施的关键界面截图

（1）动态磁盘的界面截图。

（2）创建一个带区卷 E，大小为 500GB，并提交磁盘管理界面的截图。

（3）创建一个镜像卷 F，大小为 300GB，并提交磁盘管理界面的截图。

（4）创建一个 RAID-5 卷 G，大小为 500GB，并提交磁盘管理界面的截图。

（5）创建一个跨区卷 H，并提交磁盘管理界面的截图。

实训二

1. 项目背景

Jan16 公司有一台安装了 Windows Server 2019 操作系统的服务器，该服务器有 4 块硬盘，容量分别为 100GB、110GB、120GB、130GB，请根据以下要求管理该服务器的磁盘。

2. 项目要求

（1）创建一个 2GB 的带区卷 D，并在新建的卷上创建一个文本文件（输入一些数据），卸载一个硬盘（模拟存储中一个硬盘损坏的情况），查看能否成功读取刚刚创建的文件？

（2）创建一个 2GB 的镜像卷 E，并在新建的卷上创建一个文本文件（输入一些数据），卸载一个硬盘（模拟存储中一个硬盘损坏的情况），查看能否成功读取刚刚创建的文件；重新添加一个硬盘到计算机，看能否在新硬盘上重建 RAID-5？

（3）创建一个 2GB 的 RAID-5 卷 F，并在新建的卷上创建一个文本文件（输入一些数据），卸载一个硬盘（模拟存储中一个硬盘损坏的情况），查看能否成功读取刚刚创建的文件？重新添加一个硬盘到计算机，看能否在新硬盘上重建RAID-5？如果同时损坏2块硬盘，RAID 的数据能否重建？

3. 提交项目实施的关键界面截图

（1）带区卷任务。

- 截取带区卷 D 被卸载一个硬盘时的磁盘管理界面。
- 带区卷 D 是否还可以读写文件？请截取关键截图，并简要分析原因。

（2）镜像卷任务。

- 截取镜像卷 E 被卸载一个硬盘时的磁盘管理界面。
- 镜像卷 E 是否还可以读写文件？请截取关键截图，并简要分析原因。
- 镜像卷 E 是否可以重建？如果可以，请截取任务实现的关键截图。

（3）RAID 卷任务。

- 截取 RAID 卷 F 被卸载一个硬盘时的磁盘管理界面。
- RAID 卷 F 是否还可以读写文件？请截取关键截图，并简要分析原因。
- RAID 卷 F 是否可以重建？如果可以，请截取任务实现的关键截图。
- 截取RAID卷F被卸载2个硬盘时的磁盘管理界面。RAID卷F是否还可以读写文件？请截取关键截图，并简要分析原因。RAID 卷 F 是否可以重建？如果可以，请截取任务实现的关键截图。

项目 4　部署业务部局域网

项目教学课件

项目学习目标

（1）了解标准以太网、快速以太网、千兆以太网和万兆以太网的概念。

（2）掌握 IP 地址的分类、专用 ID 地址和特殊 ID 地址的概念与应用。

（3）掌握局域网 ARP 的概念、工作原理和应用。

（4）掌握和培养局域网的组建与维护、局域网常见故障检测与排除业务的实施流程和职业素养。

项目描述

Jan16 公司新成立了业务部，为了方便业务部员工使用 QQ、淘宝、微信等互联网平台开展品牌推广活动，公司为每个员工配备了一台计算机，并为部门部署了一台文件服务器，用于存放公司简介、产品简介、市场营销软文等内容。

公司要求网络管理员尽快为这批计算机配置IP地址，实现客户机和文件服务器的互联，并做好局域网的维护工作，为后续接入信息中心网络和文件共享服务部署做好准备。业务部的网络拓扑规划图如图 4-1 所示。

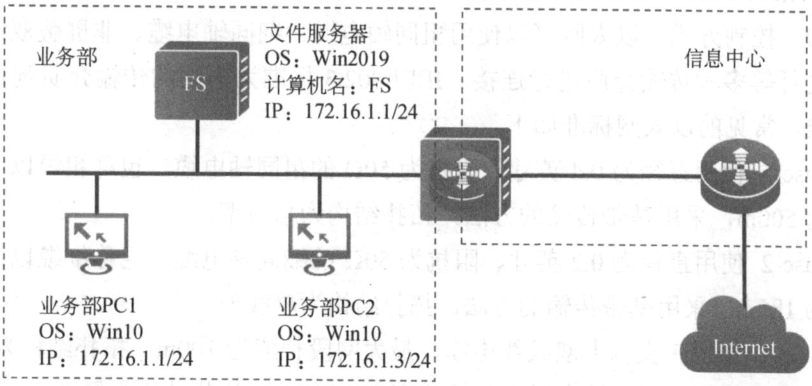

图 4-1　业务部的网络拓扑规划图

项目分析

组建局域网需要了解以太网的定义、ARP、IP 地址和 MAC 通信等相关知识；进行局域网的运维需要熟悉局域网的组建、局域网的故障检测和局域网的故障排除等技能。

本项目中使用的计算机安装了 Windows Server 2019 和 Windows 10 操作系统，根据项目目标，管理员需要为这些计算机配置 IP 地址，然后测试员工使用的计算机和服务器之间是否能相互通信，主要涉及以下工作任务。

（1）为业务部计算机和服务器配置 IP 地址，完成业务部局域网的组建；

（2）掌握局域网常见的维护与管理技能，及时处理局域网出现的问题。

相关知识

4.1 以太网

以太网最早由 Xerox（施乐）公司创建，并且在 1980 年由 DEC、Intel 和 Xerox 三家公司联合开发成为一个标准。以太网是应用最为广泛的局域网，包括标准的以太网（10Mb/s）、快速以太网（100Mb/s）和 10Gb/s 以太网。以太网采用 CSMA/CD 访问控制方式，并且符合 IEEE802.3 标准。

IEEE802.3 规定了物理层的连线、电信号和介质访问层协议的内容。以太网是当前应用最普遍的局域网技术。早在 20 世纪末，百兆以太网发展飞速，目前千兆以太网甚至 10Gb/s 以太网正在国际组织和领导企业的推动下不断拓展应用范围。

1. 标准以太网

标准以太网只有 10Mb/s 的吞吐量，使用的是带有冲突检测的载波侦听多路访问（CSMA/CD）控制方式。以太网可以使用粗同轴电缆、细同轴电缆、非屏蔽双绞线、屏蔽双绞线和光纤等多种传输介质进行连接。IEEE802.3 标准为不同的传输介质制定了不同的物理层标准，常见的以太网标准如下。

- 10Base-5 使用直径为 0.4 英寸、阻抗为 50Ω 的粗同轴电缆，也称粗缆以太网，最大网段长度为 500m，采用基带传输的方法，拓扑结构为总线型。
- 10Base-2 使用直径为 0.2 英寸、阻抗为 50Ω 的细同轴电缆，也称细缆以太网，最大网段长度为 185m，采用基带传输的方法，拓扑结构为总线型。
- 10Base-T 使用 3 类以上双绞线电缆，最大网段长度为 100m，拓扑结构为星型。
- 10Base-F 使用光纤传输介质，传输速率为 10Mb/s，拓扑结构为星型。

2. 快速以太网

随着网络的发展，传统的以太网技术已经难以满足用户数量与网络数据流量日益增长的需求。1993 年 10 月，Grand Junction 公司推出了世界上第一台快速以太网集线器 Fastch10/100 和网络接口卡 FastNIC100，使得快速以太网技术得以应用。1995 年 3 月，IEEE

宣布的 IEEE802.3u 100BASE-T 快速以太网标准（Fast Ethernet）推动了快速以太网技术的发展。

快速以太网技术可以有效地保障用户在布线基础设施上的投资，它支持 3、4、5 类双绞线及光纤的连接，能有效地利用现有的设施。常见的快速以太网标准如下。

- 100BASE-TX 是一种使用 5 类以上双绞线的快速以太网技术。它使用两对双绞线，一对用于发送数据，另一对用于接收数据，支持全双工的数据传输，信号频率为 125MHz。它的最大网段长度为 100m，拓扑结构为星型。
- 100BASE-FX 是一种使用光缆的快速以太网技术，可使用单模和多模光纤（62.5um 和 125um）。多模光纤连接的最大距离为 550m，单模光纤连接的最大距离为 3000m。它支持全双工的数据传输，拓扑结构为星型。100BASE-FX 特别适合有电气干扰的环境、有较大连接距离的环境或高保密的环境等。

3. 千兆以太网

千兆以太网是一种高速局域网，它可以提供 1Gb/s 的通信带宽，采用和传统 10MB、100MB 以太网同样的 CSMA/CD 协议、帧格式和帧长，因此可以实现在原有低速以太网基础上平滑、连续性的升级。由于千兆以太网采用了与传统以太网、快速以太网完全兼容的技术规范，因此千兆以太网除了继承传统以太网的优点，还具有升级平滑、实施容易、性价比高和易管理等优点，千兆以太网技术适用于大中规模的园区网主干，是一种从千兆主干、百兆主干交换到桌面的主流网络应用模式。

千兆以太网技术有两个标准：IEEE802.3z 和 IEEE802.3ab。IEEE802.3z 定义了光纤和短程铜线连接方案的标准。IEEE802.3ab 定义了 5 类双绞线上较长距离连接方案的标准。

1）IEEE802.3z

IEEE802.3z 定义了基于光纤和短距离铜缆的全双工链路标准，实现了 1000Mb/s 的传输速度。IEEE802.3z 千兆以太网的标准如下。

- 1000Base-SX 的传输介质是直径为 62.5um 或 50um 的多模光纤，传输距离为 220m～550m。
- 1000Base-LX 的传输介质是直径为 9um 或 10um 的单模光纤，传输距离为 5000m。
- 1000Base-CX 的传输介质是 150Ω 屏蔽双绞线（STP），传输距离为 25m。
- 1000Base-TX 的传输介质是 6 类以上双绞线，用两对线发送，两对线接收，每对线支持 500Mb/s 的单向数据传输，速率为 1Gb/s，最大电缆长度为 100m。由于每对线缆本身不进行双向传输，线缆之间的串扰就大大降低。这种技术对网络的接口要求比较低，不需要非常复杂的电路设计，降低了网络接口的成本。但要达到 1000Mb/s 的传输速率，带宽就要求超过 100MHz，所以要求使用 6 类以上双绞线（2 对线接收，2 对线发送，网络设备无须回声消除技术，因此只有 6 类或更高的布线系统才支持）。

2）IEEE802.3ab

IEEE802.3ab 定义了基于 5 类 UTP 的 1000Base-T 标准，其目的是在 5 类 UTP 上实现 1000Mb/s 的传输速度。IEEE802.3ab 标准的意义主要有两点。

- 保护用户在 5 类 UTP 布线系统上的投资。
- 1000Base-T 是 100Base-T 自然扩展，与 10Base-T、100Base-T 完全兼容。不过，在 5 类 UTP 上达到 1000Mb/s 的传输速率需要解决 5 类 UTP 的串扰和衰减问题。

IEEE802.3ab 千兆以太网的标准如下：

1000BASE-T 的传输介质为 5 类以上双绞线，用两对线发送，两对线接收，每对线支持 250Mb/s 的双向数据速率（半双工），速率为 1Gb/s，最大电缆长度为 100m。如果要全双工传输数据，则要求网络设备支持串扰/回声消除技术，并且布线系统必须为超 5 类以上。1000BASE-T 不支持 8B/10B 编码方式，采用更加复杂的编码方式。1000BASE-T 的优点是用户可以在原来 100BASE-T 的基础上进行平滑升级到 1000BASE-T。

4. 万兆以太网

万兆以太网规范包含在 IEEE802.3 标准的补充标准 IEEE802.3ae 中，旨在完善 IEEE802.3 协议，提高以太网带宽，将以太网应用扩展到城域网和广域网，并与原有的网络操作和网络管理保持一致。

万兆以太网是一种数据传输速率高达 10Gb/s、通信距离可延伸到 40km 的以太网，它是在以太网技术的基础上发展起来的，但它只适用全双工通信，并只能使用光纤传输介质，所以它不再使用 CSMA/CD 协议。除此之外，万兆以太网和以上 3 种以太网间的不同之处还在于万兆以太网标准中包含了广域网的物理层协议，所以万兆以太网不仅可以应用于局域网，也可应用于城域网和广域网，它能使局域网和城域网实现无缝连接，因此其应用范围更为广泛。网络技术人员可以采用统一的网络技术构建高性能的园区网、城域网和广域网。

10GB 以太网最主要的特点如下。

- 保留 IEEE802.3 以太网的帧格式；
- 保留 IEEE802.3 以太网的最大帧长和最小帧长；
- 只使用全双工工作方式，完全改变了传统以太网的半双工的广播工作方式；
- 只使用光纤作为传输媒体而不使用铜线；
- 使用点对点链路，支持星型结构的局域网；
- 10GB 以太网的数据传输速率非常快，不直接和端用户相连；
- 创造了新的物理介质关联（PMD）层。

4.2 IP 与 IP 地址

Internet 上使用的一个关键的底层协议是网际协议，通常称为 IP。IP 是联网计算机共同遵守的通信协议，使 Internet 成为一个允许连接不同类型计算机和不同操作系统的网络。要使两台计算机彼此之间进行通信，必须让两台计算机使用同一种语言。通信协议正像是两台计算机交换信息时所使用的语言，它规定了通信双方在通信中应共同遵守的约定。

计算机的通信协议详细地制定了计算机在彼此通信中的所有要求。例如，每台计算机发送信息的格式和含义、特定情况下规定发送的特殊信息，以及接收方的计算机应做出的应答等。IP 具有能适应各种网络硬件的灵活性，对底层网络硬件几乎没有任何要求，任何一个网络只要可以从一个地点向另一个地点传送二进制数据，就可以使用 IP 加入 Internet。如果希望在 Internet 上进行交流和通信，则连上 Internet 的每台计算机都必须遵守 IP，因此使用 Internet 的每台计算机都必须运行 IP，以便时刻准备发送或接收信息。

IP 对于网络通信有着重要的意义：网络中的计算机通过安装 IP，使许许多多的局域网组成了一个庞大而又严密的通信系统，从而使 Internet 看起来好像是真实存在的，但实际上它是一种并不存在的虚拟网络，只不过是利用 IP 把全世界上所有愿意接入 Internet 的局域网连接起来，使得它们彼此之间都能够通信。

（一）IP 地址及其分类

IP 地址是按照 IP 规定的格式，为每个正式接入 Internet 的主机所分配的、供全世界标识的唯一通信地址。目前全球广泛应用的 IP 是 4.0 版本，记为 IPv4，因而 IP 地址又称为 IPv4 地址，本节所讲 IP 地址除特殊说明外均指 IPv4 地址。

下面介绍 IP 地址的结构和编址方式。IP 地址由 32 位二进制数字组成，用来标识网络中的一个逻辑地址。习惯上把这个 32 位的数字划分为 4 个 8 位组，之间用“.”隔开，然后分别用 0～255 的十进制数来表示这 4 个 8 位组，这就是所谓的点分十进制，这样方便记忆。

IP 地址由网络地址（Netid）和主机地址（Hostid）两部分构成，图 4-2 所示是一个 IP 地址结构图。网络地址确定了该台主机所在的物理网络，它的分配必须全球统一；主机地址确定了在某一物理网络上的一台主机，它可由本地分配，不需要全球一致。

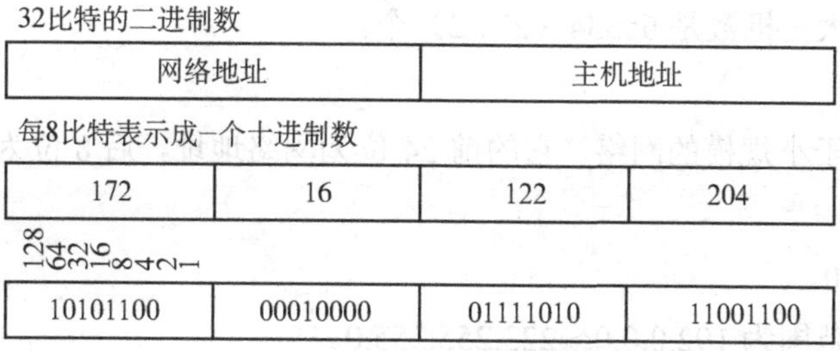

图 4-2　IPv4 地址结构图

根据网络规模，IP 地址分为 A～E 五类，其中 A、B、C 类被称为基本类，用于主机地址，D 类地址用于组播地址，E 类地址用于保留地址。目前，IP 地址仅有 A～C 三类，如图 4-3 所示。

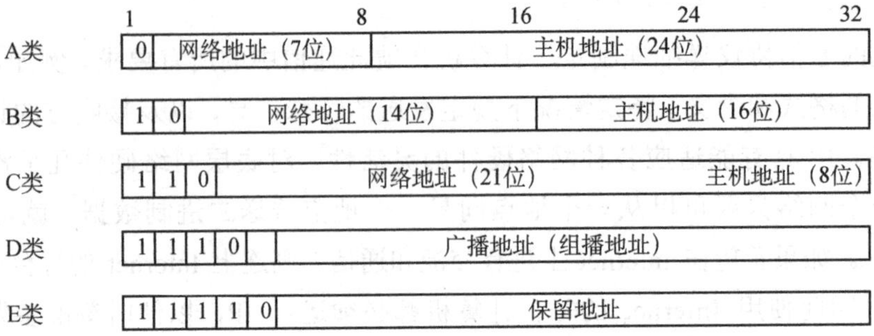

图 4-3　IP 地址编址方案

1）A 类地址

A 类地址适用于超大型网络，它前 8 位为网络号，后 24 位为主机号，其特点如下。

- 第 1 位为 0。
- 网络地址的范围为 1.0.0.0～126.0.0.0。
- 子网掩码为 255.0.0.0。
- 最大网络数为 127 个（1～126 是可用的，127 用于本地软件回路测试本主机）。

网络中的最大主机数是 1677214（$2^{24}-2$）个。其中，减 2 的原因是去掉一个主机地址全为 0 的地址和一个主机地址全为 1 的地址。全为 0 的主机地址表示该网络的地址，全为 1 的主机地址表示该网络的广播地址。

2）B 类地址

B 类地址适用于中等规模的网络，它的前 16 位为网络地址，后 16 位为主机地址，其特点如下。

- 前 2 位为 10。
- 网络地址的范围为 128.0.0.0～191.255.0.0。
- 子网掩码为 255.255.0.0。
- 最大网络数为 16384。
- 网络中的最大主机数是 65534（$2^{16}-2$）个。

3）C 类地址

C 类地址适用于小规模的网络，它的前 24 位为网络地址，后 8 位为主机地址，其特点如下。

- 前 3 位为 110。
- 网络地址的范围为 192.0.0.0～223.255.255.0。
- 子网掩码为 255.255.255.0。

- 最大网络数为 254。
- 网络中的最大主机数是 254 个。

4）D 类地址

D 类地址用于多播。多播就是同时把数据发送给一组主机，只有那些已经登记了可以接受多播地址的主机才能接受多播数据包。D 类地址的特点如下。

- 前 4 位为 1110。
- 网络地址的范围为 224.0.0.0～239.255.255.255。
- 子网掩码为 255.255.255.255。

5）E 类地址

E 类地址为保留地址，其特点是前 4 位为 1111。

（二）专用地址与特殊地址

1. 专用 IP 地址

IP 地址中还存在 3 个地址段，它们仅在内部网中使用，不会被路由器转发到公网中。假如一个内部网络采用 TCP/IP，那么对于内部的计算机也必须为其分配 IP 地址。也就是说，这些计算机的 IP 地址仅用于内部通信，而无须向互联网管理机构申请全球唯一的 IP 地址，这样处理可以节约大量的 Internet IP 地址。

为避免内部 IP 地址和 Internet IP 地址相冲突，IP 地址管理机构规定了下列地址仅用于内部通信而不用于全球地址，具体如下。

- A 类地址中的 10.0.0.0～10.255.255.255。
- B 类地址中的 172.16.0.0～172.32.255.255。
- C 类地址中的 192.168.0.0～192.168.255.255。

这些 IP 地址被称为专用地址（Private Address）或者私有地址。

2. 特殊 IP 地址

除了以上介绍的各类 IP 地址，还有一些特殊的 IP 地址，它们中有的不能用作设备的 IP 地址，也不能用于互联网，具体如下。

1）环回地址

127 网段的所有地址都被称为环回地址，主要用于测试网络协议是否正常工作。例如，使用“ping 127.0.0.1”命令就可以测试本地 TCP/IP 是否已经正常安装。在系统内部，环回地址还可用于机器内进程间的通信。在 Windows 系统中，环回地址还被称为“localhost”，不允许出现在任何网络中。

2）0.0.0.0

该地址用于表示默认路由，如果网络中设置了网关，那么系统会自动产生一条目的地址为 0.0.0.0 的默认路由。

此外，0.0.0.0 还可以在 IP 数据包中用作源 IP 地址。例如，在 DHCP 环境中，客户机启动时还没有 IP 地址，它在向 DHCP 服务器申请 IP 时，就用 0.0.0.0 作为自己的 IP，目标地址为 255.255.255.255。

3）255.255.255.255

该地址用于向局域网内所有的主机通信，由于路由器会过滤这样的数据包，所以该地址仅用于局域网内部。

4）主机地址全为 1 的地址

全为 1 的主机地址被称为广播地址，主机用这类地址将一个 IP 数据包发送到本地网络的所有设备上，通常路由器会过滤这类地址，但是允许通过配置将该数据包发送到特定网络的主机上。广播地址只能用作目的地址。

5）主机地址全为 0 的地址

全为 0 的主机地址称为网络地址，用于表示本地网络。

6）169.254/16

如果局域网中没有部署 DHCP 服务，那么客户机在试图自动获取 IP 地址时会因没有响应而为自己随机分配一个该网段的 IP 地址，用于与相同状况的客户机通信。如果网络中主机的 IP 地址属于该网段，那么网络中很可能出现了故障。

除了私有地址和特殊地址，其余的 A、B、C 类地址都可以在互联网中使用，它们被称为公网地址（Public Address）。

4.3 MAC 地址与 ARP

1. MAC 地址

MAC（Medium/Media Access Control，介质访问控制）地址是烧录在网卡里的。MAC 地址也叫硬件地址，是由 48bit 长（6byte）、十六进制的数字组成的，如 00-1F-3B-43-CF-97。

在网络底层的物理传输过程中，一般是通过物理地址来识别主机的，它一般也是全球唯一的。如以太网卡，其物理地址是 48bit 的整数，如 00-1F-3B-43-CF-97 以机器可读的方式存入主机接口中。以太网地址管理机构将以太网地址，也就是 48bit 的不同组合分为若干独立的连续地址组，生产以太网网卡的厂家就购买其中一组，具体生产时，再逐个将唯一的地址赋予以太网卡。

形象地说，MAC 地址就如同身份证号码，具有全球唯一性。

2. ARP

IP 数据包常通过以太网发送，但以太网设备并不识别 32 位的 IP 地址，它们是通过 48 位的以太网地址来传输以太网数据包的。因此，必须要把 IP 目的地址转换成以太网目的地址。在以太网中，一个主机要和另一个主机进行直接通信，必须要知道目标主机的 MAC

地址。但这个 MAC 地址是如何获得的呢？它是通过地址解析协议获得的。ARP（Address Resolution Protocol）用于将网络中的 IP 地址解析为硬件地址（MAC 地址），从而保证通信的顺利进行。

1）ARP 报头结构

ARP 和 RARP 使用相同的报头结构，如图 4-4 所示。

硬件类型		协议类型
硬件地址长度	协议长度	操作类型
发送方的硬件地址(0~3字节)		
源物理地址(4~5字节)		源IP地址(0~1字节)
源IP地址(2~3字节)		目标硬件地址(0~1字节)
目标硬件地址(2~5字节)		
目标IP地址(0~3字节)		

图 4-4　ARP 报头结构

硬件类型：指明了发送方想知道的硬件接口类型，以太网的值为 1。

协议类型：指明了发送方提供的高层协议类型，IP 为 0800（十六进制）。

硬件地址长度和协议长度：指明了硬件地址和高层协议地址的长度，这样 ARP 报文就可以在任意硬件和任意协议的网络中使用。

操作类型：用来表示这个报文的类型，ARP 请求为 1，ARP 响应为 2，RARP 请求为 3，RARP 响应为 4。

发送方的硬件地址（0～3 字节）：源主机硬件地址的前 3 字节。

源物理地址（4～5 字节）：源主机硬件地址的后 3 字节。

源 IP 地址（0～1 字节）：源主机硬件地址的前 2 字节。

源 IP 地址（2～3 字节）：源主机硬件地址的后 2 字节。

目标硬件地址（0～1 字节）：目标主机硬件地址的前 2 字节。

目标硬件地址（2～5 字节）：目标主机硬件地址的后 4 字节。

目标 IP 地址（0～3 字节）：目标主机的 IP 地址。

2）ARP 的工作原理

ARP 的工作流程如图 4-5 所示。

ARP 工作的具体步骤如下。

（1）每台主机都会在自己的 ARP 缓冲区（ARP Cache）建立一个 ARP 列表以表示 IP 地址和 MAC 地址的对应关系。

（2）当源主机需要将一个数据包发送到目的主机时，会首先检查自己的 ARP 列表中是否存在与该 IP 地址对应的 MAC 地址。如果有，就直接将数据包发送到这个 MAC 地址；如果没有，就向本地网段发起一个 ARP 请求的广播包来查询此目的主机对应的 MAC 地址。此 ARP 请求数据包里包括源主机的 IP 地址、硬件地址及目的主机的 IP 地址。

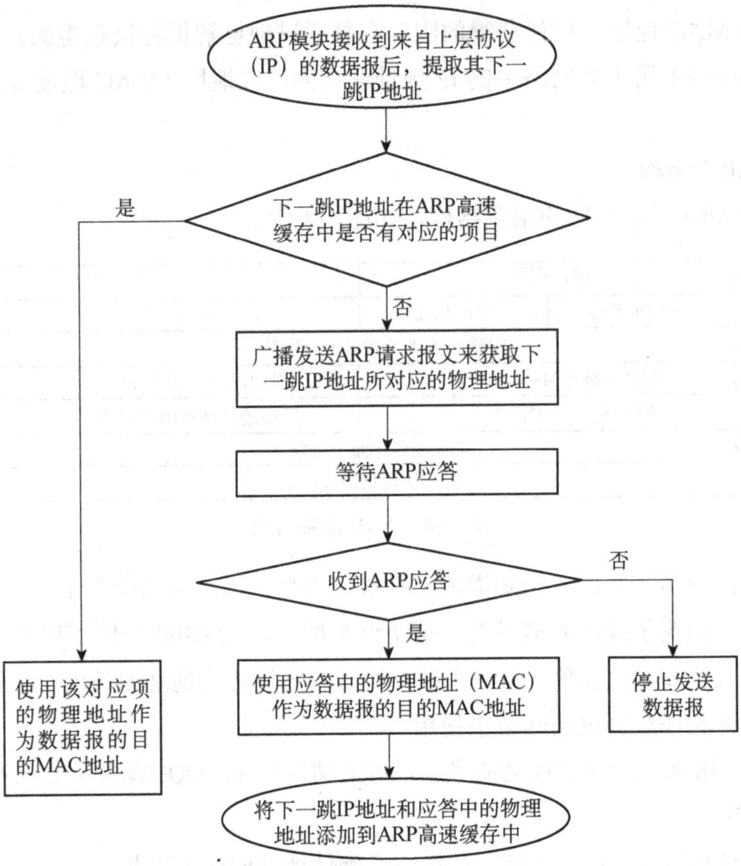

图 4-5　ARP 的工作流程图

（3）网络中所有的主机收到这个 ARP 请求后，会检查数据包中的目的 IP 地址是否和自己的 IP 地址一致。如果不一致，就忽略此数据包；如果一致，该主机首先将发送端的 MAC 地址和 IP 地址添加到自己的 ARP 列表中，如果 ARP 列表中已经存在该 IP 地址的信息，则将其覆盖，然后给源主机发送一个 ARP 响应数据包，告诉对方自己是它需要查找的 MAC 地址。

（4）源主机收到 ARP 响应数据包后，将得到的目的主机的 IP 地址和 MAC 地址添加到自己的 ARP 列表中，并开始传输数据。如果源主机一直没有收到 ARP 响应数据包，表示 ARP 查询失败。

任务 4-1　组建业务部局域网

任务规划

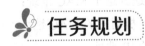

业务部拥有 3 台计算机，其网络拓扑图如图 4-6 所示。

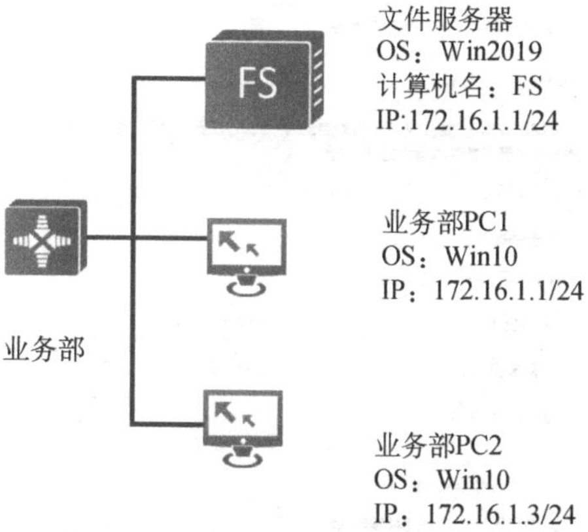

组建业务部局域网

图 4-6　业务部网络拓扑图

网络管理员需要根据网络拓扑图为这些计算机配置 IP 地址，从而实现业务部计算机间的互联互通，主要通过以下几个步骤来完成。

（1）根据网络拓扑图为计算机和服务器配置 IP 地址。

（2）为方便测试，暂时禁用计算机和服务器的防火墙。

任务实施

1. 根据网络拓扑图为计算机和服务器配置 IP 地址

为服务器和计算机配置 IP 地址的过程相同，下面以服务器 FS 的 IP 地址配置过程为例，实施步骤如下。

（1）右击桌面左下角的【Windows】图标，在弹出的快捷菜单中选择【网络连接(W)】命令。

（2）在弹出的【网络连接(W)】窗口中，右击需要配置的网络适配器，在弹出的快捷菜单中选择【属性(R)】命令。

（3）在弹出的网络适配器属性对话框中双击【Internet 协议版本 4（TCP/IPv4）】选项。

（4）在弹出的【Internet 协议版本 4（TCP/IPv4）属性】对话框（见图 4-7）中，选中【使用下面的 IP 地址(S)】单选按钮。

（5）在【IP 地址(I)】文本框中输入【172.16.1.1】，在【子网掩码(U)】文本框中输入【255.255.255.0】，其余保持默认设置，最后单击【确定】按钮，完成 IP 地址的配置。

参考前面步骤，继续完成 PC1 和 PC2 的 IP 配置。

配置好 IP 地址后，Windows 系统需要将它写入系统配置文件中，用户可以执行“ipconfig/all”命令查看系统配置文件，确认 IP 配置结果是否正确。

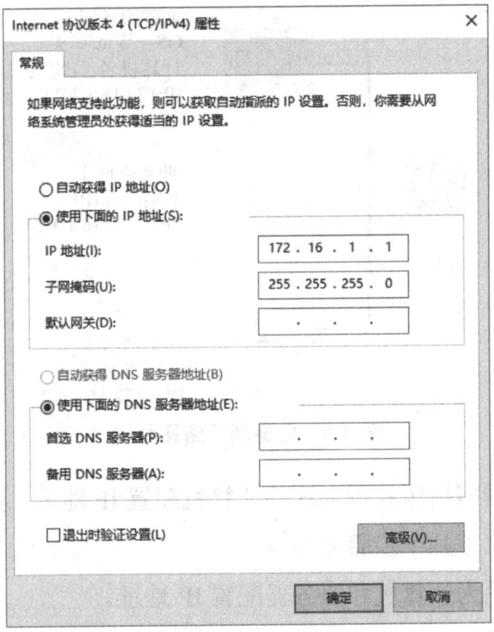

图 4-7 【Internet 协议版本 4（TCP/IPv4）属性】对话框

（6）使用键盘的“Windows+R”快捷键，打开运行窗口，输入“cmd”命令，打开命令提示符窗口，在命令提示符窗口中执行“ipconfig/all”命令可以查看计算机的 TCP/IP 配置信息。服务器 FS、计算机 PC1 和 PC2 的 IP 地址和 MAC 地址如图 4-8 至 4-10 所示。

```
C:\>ipconfig/all
......(省略部分显示信息)
    物理地址. . . . . . . . . . . . . : 00-0C-29-2C-33-B7
    IPv4 地址 . . . . . . . . . . . . : 172.16.1.1
    子网掩码  . . . . . . . . . . . . : 255.255.255.0
......(省略部分显示信息)
```

图 4-8 服务器 FS 的 IP 地址和 MAC 地址

```
C:\>ipconfig/all
......(省略部分显示信息)
    物理地址. . . . . . . . . . . . . : 00-0C-29-8C-85-44
    IPv4 地址 . . . . . . . . . . . . : 172.16.1.2
    子网掩码  . . . . . . . . . . . . : 255.255.255.0
......(省略部分显示信息)
```

图 4-9 计算机 PC1 的 IP 地址和 MAC 地址

```
C:\>ipconfig/all
......(省略部分显示信息)
    物理地址. . . . . . . . . . . . . : 00-0C-29-66-B3-76
    IPv4 地址 . . . . . . . . . . . . : 172.16.1.3
    子网掩码  . . . . . . . . . . . . : 255.255.255.0
......(省略部分显示信息)
```

图 4-10 计算机 PC2 的 IP 地址和 MAC 地址

注意：在实际运用中，经常会出现图形界面的配置结果与“ipconfig/all”命令执行结果不一致的情况，这表明通过图形界面配置的 IP 地址并没有写入系统 IP 的配置文件中。此时，可以通过“插拔网线”“禁用/启用网卡”等方式解决。

2. 为方便测试，暂时禁用计算机和服务器的防火墙

Windows Server 2019 默认启用了 Windows 防火墙，当没有更改任何设置时，用户在使用“ping IP”命令测试计算机间的连通性时，执行的结果为“请求超时”，如图 4-11 所示。

```
C:\>ping 172.16.1.2
正在 Ping 172.16.1.2 具有 32 字节的数据:
请求超时。
请求超时。
请求超时。
请求超时。
172.16.1.2 的 Ping 统计信息:
  数据包: 已发送 = 4，已接收 = 0，丢失 = 4 (100% 丢失)
```

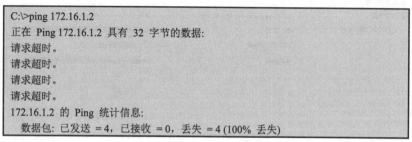

图 4-11　防火墙阻止 ping 命令执行结果

因此，为满足网络测试的需求，可以暂时禁用计算机的 Windows 防火墙，步骤如下。

（1）打开如图 4-12 所示的【网络和共享中心】窗口，单击左下角的【Windows Defender 防火墙】链接。

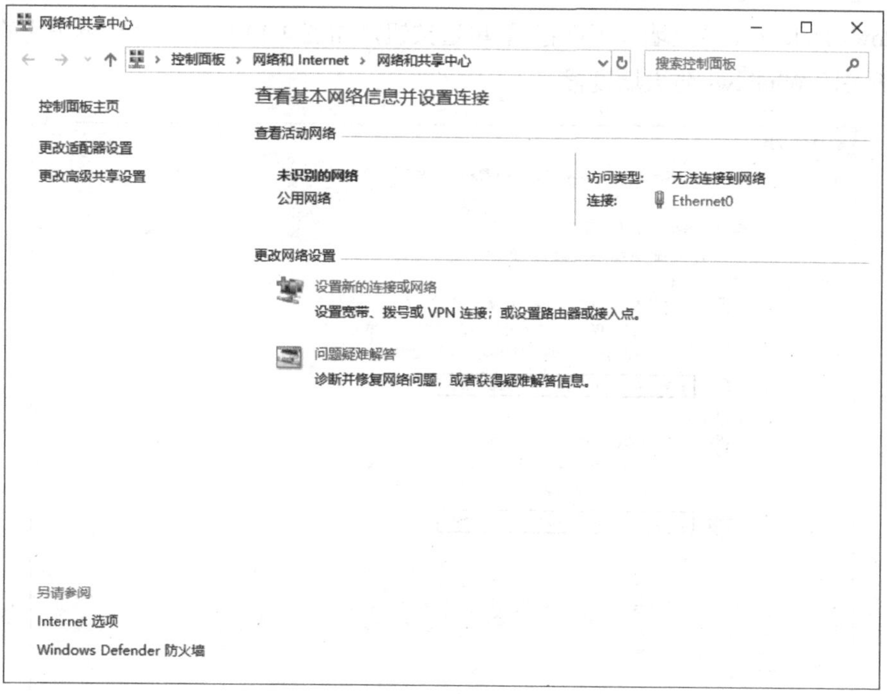

图 4-12　【网络和共享中心】窗口

（2）进入如图 4-13 所示的【Windows Defender 防火墙】管理窗口，单击窗口中左侧的

【启用或关闭 Windows Defender 防火墙】链接。

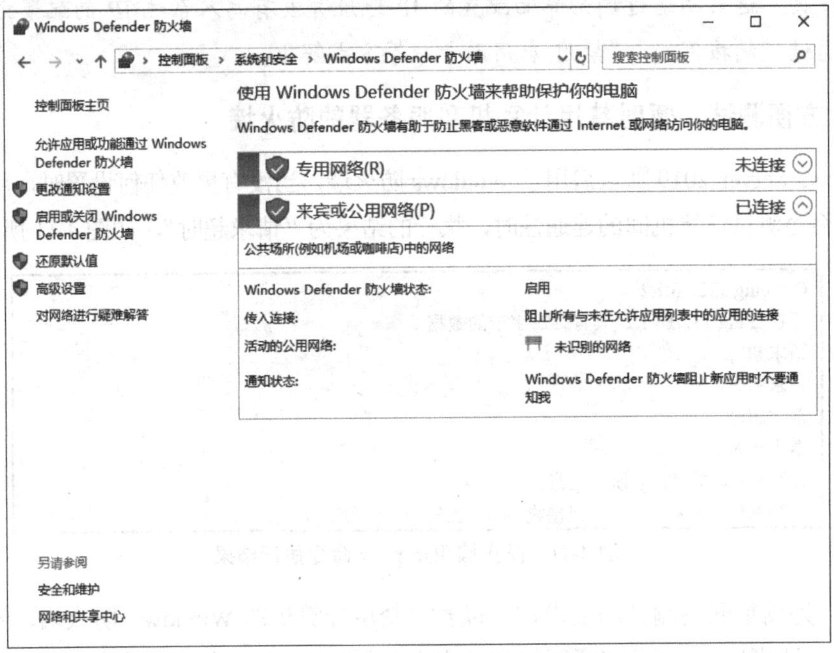

图 4-13 【Windows Defender 防火墙】管理窗口

（3）进入【自定义设置】窗口后，选中【专用网络设置】和【公用网络设置】的【关闭 Windows Defender 防火墙（不推荐）】单选按钮，如图 4-14 所示，然后单击【确定】按钮，完成关闭 Windows 防火墙设置。

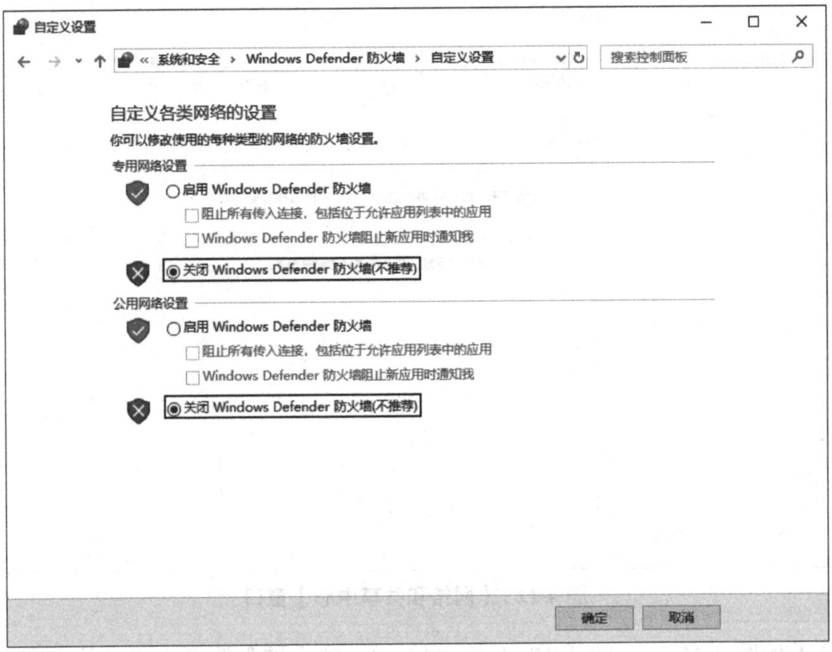

图 4-14 【自定义设置】窗口

任务验证

在本任务中，已经为计算机和服务器配置了 IP 地址，并记录了它们对应的 MAC 地址，接下来可通过“ping”命令测试计算机的连通性，然后通过“arp”命令查看计算机间是否相互学习到对方的 IP 地址到 MAC 地址的映射信息。

在确认 IP 地址正确配置后，就可以通过“ping”命令测试计算机间能否相互通信。在 3 台机器中分别使用“ping IP”命令来测试本机能否访问另外两台计算机。

（1）在服务器 FS 上运行“ping”命令的执行结果，如图 4-15 所示。

```
C:\>ping 172.16.1.2
正在 Ping 172.16.1.2 具有 32 字节的数据:
来自 172.16.1.2 的回复: 字节=32 时间=1ms TTL=128
来自 172.16.1.2 的回复: 字节=32 时间<1ms TTL=128
来自 172.16.1.2 的回复: 字节=32 时间<1ms TTL=128
来自 172.16.1.2 的回复: 字节=32 时间<1ms TTL=128
172.16.1.2 的 Ping 统计信息:
    数据包: 已发送 = 4，已接收 = 4，丢失 = 0 (0% 丢失)，
往返行程的估计时间(以毫秒为单位):
    最短 = 0ms，最长 = 0ms，平均 = 0ms
C:\>ping 172.16.1.3
正在 Ping 172.16.1.3 具有 32 字节的数据:
来自 172.16.1.3 的回复: 字节=32 时间<1ms TTL=128
来自 172.16.1.3 的回复: 字节=32 时间<1ms TTL=128
来自 172.16.1.3 的回复: 字节=32 时间<1ms TTL=128
来自 172.16.1.3 的回复: 字节=32 时间<1ms TTL=128
172.16.1.3 的 Ping 统计信息:
    数据包: 已发送 = 4，已接收 = 4，丢失 = 0 (0% 丢失)，
往返行程的估计时间(以毫秒为单位):
最短 = 0ms，最长 = 0ms，平均 = 0ms
```

图 4-15　PC1 的“ping”命令执行结果

由图 4-15 可以看出，服务器 FS 可以同 PC1 和 PC2 通信，执行“arp -a”命令可以进一步查看计算机学习到的 IP 地址到 MAC 地址的映射信息。

（2）在服务器 FS 执行“arp -a”命令的结果如图 4-16 所示，从中可以看到服务器 FS 已经学习到 PC1 和 PC2 的 MAC 地址。

```
C:\>arp –a
接口: 172.16.1.1 --- 0x5
  Internet 地址         物理地址              类型
  172.16.1.2            00-0c-29-8c-85-44     动态
  172.16.1.3            00-0c-29-66-b3-76     动态
```

图 4-16　PC1 的“arp-a”命令执行结果

（3）计算机 PC1 和 PC2 使用“ping IP”和“arp -a”命令进行计算机的连通性和查看

MAC 地址的学习情况验证，用户可以自行验证。

任务 4-2　局域网的维护与管理

局域网的维护与管理

任务规划

业务部员工使用了局域网一段时间后，发现部分计算机突然无法和其他计算机相互通信，因此网络管理员需要及时对网络故障进行检测，找到网络故障位置并排除故障。

依据局域网的工作原理，可从物理层到数据链路层逐层进行故障排查，局域网故障的检查与排除可按照以下步骤实施。

（1）检测通信信号。

（2）检测 TCP/IP 是否正常加载。

（3）测试计算机的 TCP/IP 是否正确配置。

（4）测试计算机同局域网中其他主机的通信情况。

任务实施

1. 检测通信信号

计算机和交换机连通后，网卡和交换机对应端口的指示灯都会出现亮灯和闪烁现象。闪烁表示有数据在传输，灯的不同颜色标识着不同的传输速率。关于交换机和网卡灯的颜色信息可以查阅产品资料，不同厂商的标准略有不同。

当设备上的信号灯不亮时，可以通过以下步骤进行故障的定位与排除。

（1）重新接插跳线，如果故障依然存在可以更换跳线测试。

（2）当跳线不存在问题时，则可以使用“网络通断测线仪”对网络传输链路进行测试，该项测试可以检测端接模块和线缆内部是否存在短路、开路和接线故障。

最常见的故障是端接模块故障，由于网络面板内的端接模块常常进行拔插操作，并且常年暴露在空气中，金属表面容易发生氧化和老化，所以可能出现短路、开路（弹簧片没有弹性导致接触不良）等问题。如果出现了端接模块故障，则需要重新更换端接模块。

2. 检测 TCP/IP 是否正常加载

计算机在安装网络适配器驱动或者重新配置 TCP/IP 时，可能会导致系统的 TCP/IP 加载错误，并导致通信故障。

“127.0.0.1”是一个环回地址，用户可以通过执行“ping 127.0.0.1”命令来检测本地计算机是否成功装载了 TCP/IP。

“127.0.0.1”是给本机 loop back 接口所预留的 IP 地址，它是给上层应用联系本机用的。当数据到了 IP 层发现目的地址是自己，则会被回环驱动程序送回。因此，通过这个地址也可以测试 TCP/IP 的安装是否成功。

成功的测试结果如图 4-17 所示。

```
C:\>ping 127.0.0.1
正在 Ping 127.0.0.1 具有 32 字节的数据:
来自 127.0.0.1 的回复: 字节=32 时间<1ms TTL=128
来自 127.0.0.1 的回复: 字节=32 时间<1ms TTL=128
来自 127.0.0.1 的回复: 字节=32 时间<1ms TTL=128
来自 127.0.0.1 的回复: 字节=32 时间<1ms TTL=128
127.0.0.1 的 Ping 统计信息:
    数据包: 已发送 = 4，已接收 = 4，丢失 = 0 (0% 丢失),
往返行程的估计时间(以毫秒为单位):
    最短 = 0ms，最长 = 0ms，平均 = 0ms
```

图 4-17　“ping 127.0.0.1”命令执行结果

如果协议加载错误，则执行结果如图 4-18 所示。“错误代码 1231”是指不能访问的网络位置，目标主机无法到达。

```
C:\>ping 127.0.0.1
正在 Ping 127.0.0.1 具有 32 字节的数据:
PING: 传输失败，错误代码 1231。
PING: 传输失败，错误代码 1231。
PING: 传输失败，错误代码 1231。
PING: 传输失败，错误代码 1231。
127.0.0.1 的 Ping 统计信息:
  数据包: 已发送 = 4，已接收 = 0，丢失 = 4 (100% 丢失)
```

图 4-18　“ping 127.0.0.1”命令执行结果（协议加载错误）

当检测到 TCP/IP 未能正常加载时，可以通过以下步骤进行故障的定位与排除。

（1）右键单击桌面左下角的【Windows】图标，在弹出的快捷菜单中选择【设备管理器(M)】命令，在【设备管理器】对话框中单击【网络适配器】链接，可以看到本机安装的网络适配器的列表。如果计算机安装有多个网络适配器，用户则选择出现网络故障的网络适配器，然后在弹出的如图 4-19 所示的快捷菜单中选择【卸载设备(U)】命令，卸载该网络适配器的驱动程序。

（2）卸载完成后，右击【网络适配器】，在弹出的如图 4-20 所示的快捷菜单中选择【扫描检测硬件改动(A)】命令，系统将通过自动搜索新硬件完成刚刚卸载的网络驱动器驱动的安装，相应的 TCP/IP 驱动也将自动重新加载。

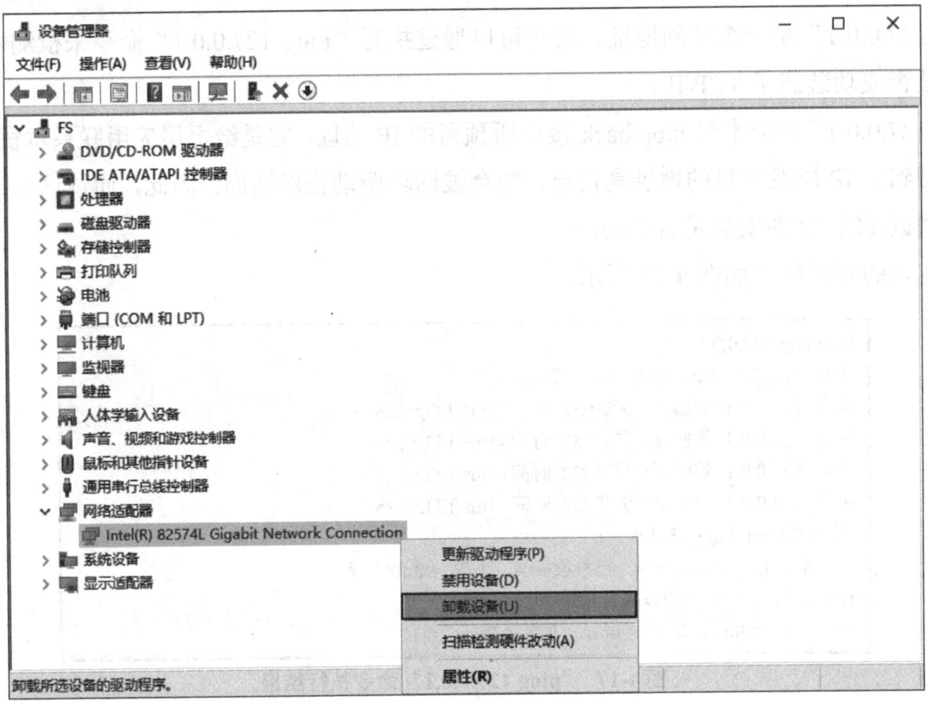

图 4-19　选择【卸载设备(U)】命令

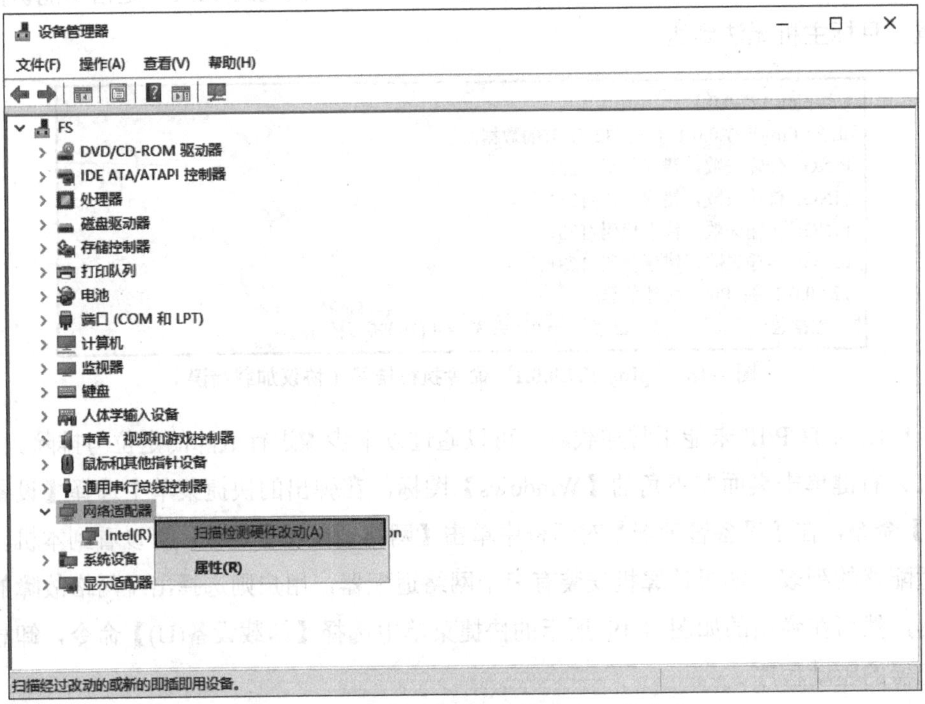

图 4-20　选择【扫描检测硬件改动(A)】命令

3. 测试计算机的 TCP/IP 是否正确配置

在给计算机配置 IP 地址时，计算机会将图形界面的配置结果写入系统配置文件中。但

Windows 系统写入配置文件的过程并不是 100%成功的，当写入失败时，计算机将无法正常通信。然而，这种故障往往较为隐蔽，我们需要通过执行“ipconfig/all”命令查看网络的详细配置信息来确认系统配置文件的 IP 地址是否写入成功。

例如，给一台计算机配置 IP 地址（IP：172.16.1.1，掩码：255.255.255.0）后，可以查看“ipconfig/all”命令的执行结果，正确的配置结果应如图 4-21 所示。

```
C:\>ipconfig/all
......(省略部分显示信息)
    物理地址. . . . . . . . . . . . . : 00-0C-29-2C-33-B7
    IPv4 地址 . . . . . . . . . . . . : 172.16.1.1(首选)
    子网掩码 . . . . . . . . . . . . : 255.255.255.0
......(省略部分显示信息)
```

图 4-21　“ipconfig/all”命令执行结果

如果系统写入失败，则该命令执行后显示的 IP 配置信息可能是如下几种情况。

① 变更前的 IP 地址。

② IP 地址为 0.0.0.0/0。

③ 169.254/16 网段的一个随机 IP（DHCP 获取失败导致）。

当检测到计算机的 TCP/IP 没有正确配置后，可以通过以下步骤进行故障的定位与排除。

（1）如果是上述第①②两种故障情况，可以通过选择下面的其中一种操作来排除故障。

方法 1：先禁用网卡，然后启用网卡。

方法 2：拔出网线，然后重新插上。

（2）如果是上述第③种故障情况，则是因为该计算机配置的 IP 地址和局域网其他计算机的 IP 地址一致，引发 IP 冲突。这时，计算机会给出警告对话框，提示 IP 地址冲突（如果出现 IP 冲突情况，计算机将给本机随机分配一个 169.254/16 网段的随机 IP）。IP 冲突下的 IP 配置信息如图 4-22 所示。

```
C:\>ipconfig/all
......(省略部分显示信息)
    DHCP 已启用 . . . . . . . . . . . : 否
    自动配置已启用. . . . . . . . . . : 是
    自动配置 IPv4 地址 . . . . . . . : 169.254.250.142(首选)
    子网掩码 . . . . . . . . . . . . : 255.255.0.0
    IPv4 地址 . . . . . . . . . . . . : 172.16.1.1(复制)
    子网掩码 . . . . . . . . . . . . : 255.255.255.0
......(省略部分显示信息)
```

图 4-22　IP 冲突下的 IP 配置信息

这时，用户应该重新核对局域网 IP 的分配情况，确认两台冲突的计算机对应的 IP 地址，并按正确的 IP 地址给计算机进行配置。

4. 测试计算机同局域网中其他主机的通信情况

确认计算机的 TCP/IP 正常加载和配置后，用户可以使用“ping”命令测试计算机与局域网中的其他计算机能否正常通信，正常通信的测试结果如图 4-23 所示。

```
C:\>ping 172.16.1.2
正在 Ping 172.16.1.2 具有 32 字节的数据:
来自 172.16.1.2 的回复: 字节=32 时间=1ms TTL=128
来自 172.16.1.2 的回复: 字节=32 时间<1ms TTL=128
来自 172.16.1.2 的回复: 字节=32 时间<1ms TTL=128
来自 172.16.1.2 的回复: 字节=32 时间<1ms TTL=128
172.16.1.2 的 Ping 统计信息:
    数据包: 已发送 =4，已接收 =4，丢失 =0 (0% 丢失),
往返行程的估计时间(以毫秒为单位):
    最短 =0ms，最长 =1ms，平均 =0ms
```

图 4-23 “ping 172.16.1.2”命令执行结果（正常通信）

但是如果出现网络故障，则“ping”命令会出现几种不同的响应结果，下面是几种常见的故障执行响应的排查步骤。

“ping”命令的执行结果为“请求超时”，如图 4-24 所示。

```
C:\>ping 172.16.1.3
正在 Ping 172.16.1.3 具有 32 字节的数据:
请求超时。
请求超时。
请求超时。
请求超时。
172.16.1.3 的 Ping 统计信息:
    数据包: 已发送 =4，已接收 =0，丢失 =4 (100% 丢失),
```

图 4-24 “ping 172.16.1.3”命令执行结果（请求超时）

此时，可以针对以下几种故障现象进行故障排除。

1）对方主机拒绝 ICMP 回复

如果目标主机运行了防火墙（如 Windows Server 2019 默认启用了“Windows 防火墙”或者其他操作系统安装了过滤软件，如 360 杀毒软件等），此时，在运行“ping”命令时就会出现“请求超时”现象。

在运行“ping”命令时，ARP 会尝试解析目标主机（IP）的 MAC 地址，如果对方存在，则会主动响应 ARP，此时本机会在 ARP 缓存中记录目标主机的 IP 地址到 MAC 地址的映射信息，我们就可以在命令提示符中运行“arp-a”命令查看结果，正常的结果如图 4-25 所示。

```
C:\>arp -a
接口: 172.16.1.1 --- 0x7
  Internet 地址        物理地址              类型
  172.16.1.3          00-0c-29-66-b3-76     动态
......(省略部分显示信息)
```

图 4-25 “arp-a”命令执行结果（正常）

能学习到目标主机的 MAC 地址就证明本机和目标主机间通信成功，测试期间临时关闭防火墙后，“ping”命令就可以收到对方的响应数据包。

因此，“ping”命令返回错误并不代表目标主机无法连通，此时可以通过 ARP 命令来进一步验证。

2）对方主机不存在

对方可能是运行 Windows Server 2008 或者更早期的操作系统，用户必须检查目标机器是否开机或 IP 地址配置是否正确。

如果对方的 IP 地址没有正确配置或者对方主机不存在，则在 Windows Server 2019 上运行命令的结果为“目标主机无法访问”，如图 4-26 所示。此时同样需要检查对方机器。

```
C:\>ping 172.16.1.4
正在 Ping 172.16.1.4 具有 32 字节的数据:
来自 172.16.1.1 的回复: 目标主机无法访问。
来自 172.16.1.1 的回复: 目标主机无法访问。
来自 172.16.1.1 的回复: 目标主机无法访问。
来自 172.16.1.1 的回复: 目标主机无法访问。
172.16.1.4 的 Ping 统计信息:
    数据包: 已发送 =4，已接收 =4，丢失 =0 (0% 丢失),
```

图 4-26 “ping 172.16.1.4”命令执行结果（目标主机无法访问）

3）本机 ICMP 通信故障

如果本机的 ARP 表没有学习到对方主机的 MAC 记录，则需要对目标主机进行进一步测试。

在对目标主机测试时，如果目标主机与其他计算机通信正常，而本机始终无法与其他计算机通信，则本机的 ICMP 可能出现故障了，这时可以参考本上文 3 进行排障。

补充：其他常见局域网通信故障的检查与排除。

1）永久链路性能故障

永久链路一般在工程验收时都做过验收测试，并且该链路出现故障的概率较低，除非是未进行验收的认证测试或者是使用时发生了改变链路通信质量的事件。

例 1：工程验收后又在线缆附近安装了大功率的电器，导致线缆经过该区域时受到强电磁场影响而导致的信号衰减和失真。

例 2：在没有专业人员的指导下改动网络链路也可能因为二次施工导致线缆内部结构被破坏从而产生串扰、回波损耗等故障。

如果怀疑线缆通信质量有问题可以通过福禄克/安捷伦线缆认证测试仪进行故障测试，由仪表的测试结果可以进行故障定位，进而进行修复。如果无法修复就只能重新布线。

2）网卡硬件故障

网络适配器在使用过程中，可能会由于静电、短路等原因导致网络适配器受损，并且有时只会损坏一些元件，并且这些元件的损坏只会影响网络的通信，计算机仍然可以正确识别网络适配器，并能正确安装相应驱动。这种故障的隐蔽性较强，用户如果尝试了以上所有的故障排查后仍然无法解决，可以尝试更换一个网络适配器来验证。

如果确认是网卡的硬件故障，则必须更换。

练习与实践 4

一、理论题

1. ARP 的主要功能是（　　）。

A. 将 IP 地址解析为物理地址　　B. 将物理地址解析为 IP 地址

C. 将主机名解析为 IP 地址　　D. 将 IP 地址解析为主机名

2. 以下选项中不属于数据链路层的功能的是（　　）。

A. 组帧　　B. 物理编址

C. 接入控制　　D. 服务点编址

3. 在 Cat5e 传输介质上运行千兆以太网的协议是（　　）。

A. 100BaseT　　B. 1000BaseT

C. 1000BaseTX　　D. 1000BaseLX

4. 以下对 MAC 地址的描述正确的是（　　）。

A. 由 32 位二进制数组成　　B. 由 48 位二进制数组成

C. 前 6 位二进制由 IEEE 分配　　D. 后 6 位十六进制由 IEEE 分配

5. IP 地址是 202.114.18.10，掩码是 255.255.255.252，其广播地址是（　　）。

A. 202.114.18.255　　B. 202.114.18.12

C. 202.114.18.11　　D. 202.114.18.8

6. 192.108.192.0 属于（　　）IP 地址。

A. A 类　　B. B 类　　C. C 类　　D. D 类

7. 如果子网掩码是 255.255.255.128，主机地址为 195.16.15.14，则在该子网掩码下最多可以容纳（　　）台主机。

A. 254　　B. 126　　C. 30　　D. 62

8. IP 地址是 202.114.18.190/26，其网络地址是（　　）。

A. 202.114.18.128　　B. 202.114.18.191

C. 202.114.18.0　　D. 202.114.18.190

9. 以下可以和 202.101.35.45/27 直接通信的 IP 是（　　）。

A. 202.101.35.31/27　　B. 202.101.36.12/27

C. 202.101.35.60/27　　D. 202.101.35.63/27

10. 以下地址不能用在互联网中的是（　　）。

A. 172.16.20.5　　B. 10.103.202.1

C. 202.103.101.1　　D. 192.168.1.1

11. 下列地址属于 RFC1918 指定的私有地址的是（　　）。

A. 10.1.2.1　　B. 191.108.3.5

C. 224.106.9.10　　D. 172.33.10.9

二、项目综合实训题

（一）项目背景与需求

Jan16 公司为满足财务部数字化办公的需求，近期采购了 4 台计算机，并已完成了综合布线，现需要将这 4 台计算机接入到一台交换机上，财务部的网络拓扑图如图 4-27 所示。

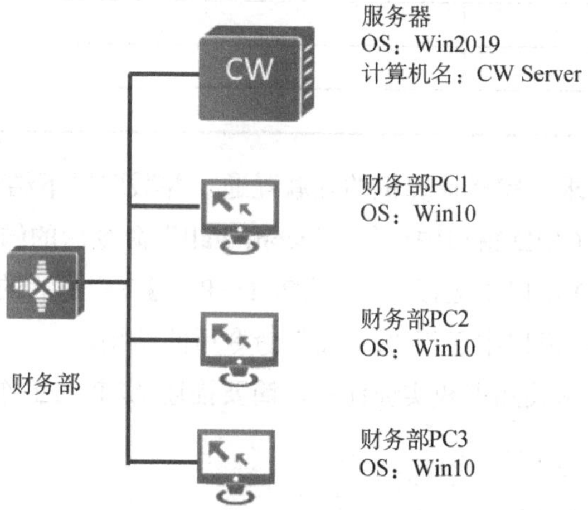

图 4-27　财务部的网络拓扑图

公司要求网络管理员尽快完成财务部局域网的组建，具体需求如下。

（1）考虑财务部的特殊性，财务部的计算机不接入公司网络，其独立运行。

（2）为财务部各计算机规划 IP 地址。

（3）为财务部的 4 台计算机配置 IP 地址。

（二）项目实施要求

（1）根据项目背景，补充完成表 4-1 至表 4-4 的相关信息。

表 4-1　服务器的 IP 信息规划表

服务器 IP 信息	
计算机名	
IP/掩码	
网关	

表 4-2　PC1 的 IP 信息规划表

PC1 的 IP 信息	
计算机名	
IP/掩码	
网关	

表 4-3　PC2 的 IP 信息规划表

PC2 的 IP 信息	
计算机名	
IP/掩码	
网关	

表 4-4　PC3 的 IP 信息规划表

PC3 的 IP 信息	
计算机名	
IP/掩码	
网关	

（2）根据项目的要求，完成计算机的互联互通，并截取以下结果。

- 在 4 台计算机的 CMD 窗口中运行“ipconfig/all”命令后的结果。
- 在服务器的 CMD 窗口中运行“ping【PC1～PC3】”命令后的结果。
- 在服务器的 CMD 窗口中运行“arp -a”命令后的结果。

（3）结合本项目的相关知识和实训任务，简要描述 ARP 的工作过程。

项目 5　信息中心文件共享服务的部署

项目教学课件

项目学习目标

（1）掌握文件共享、文件共享权限的概念与应用。

（2）掌握实名共享与匿名共享的概念与应用。

（3）掌握 NTFS 权限中标准访问权限和特殊访问权限的概念与应用。

（4）掌握文件共享权限与 NTFS 权限的协同应用。

（5）掌握和培养企业文件共享服务的部署业务实施流程和职业素养。

项目描述

Jan16 公司的信息中心由网络管理组和系统管理组构成，负责公司基础网络和应用服务的日常维护与管理。

维护与管理公司网络的过程需要填写大量的纸质日志和文档，为方便这些日志和文档的管理，部门决定采用电子文档的方式存放在公司的文件服务器上。本项目的相关信息如下。

（1）公司信息中心的组织结构如图 5-1 所示，信息中心的网络拓扑图如图 5-2 所示。

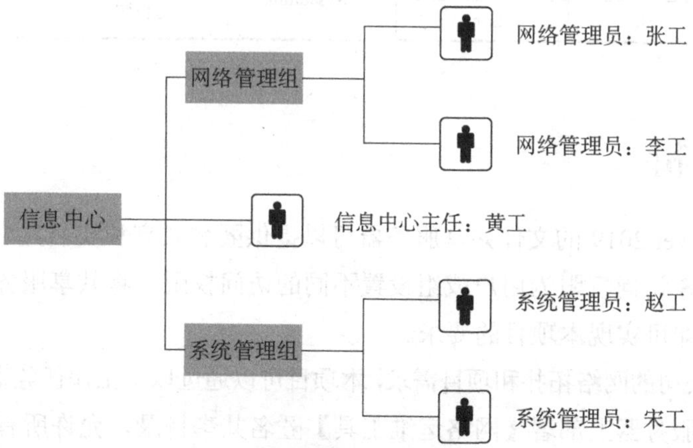

图 5-1　公司信息中心的组织结构图

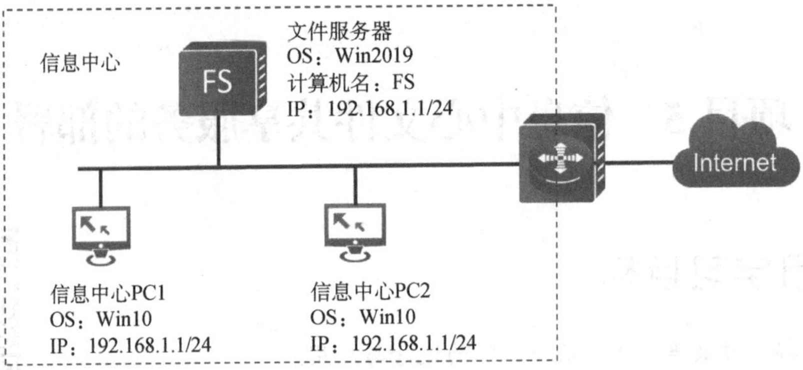

图 5-2　信息中心的网络拓扑图

（2）公司的文件服务器安装了 Windows Server 2019，要求其提供的共享目录如下。

① 为信息中心的所有员工提供一个网络运维工具的共享目录，允许上传和下载。

② 为信息中心的所有员工提供一个私有的共享空间，方便员工办公。

③ 为信息中心建立【信息中心日志文档】，并建立两个子目录【网络管理组】和【系统管理组】，要求网络管理组的员工既可以读/写【网络管理组】的文件夹，也可以读取【系统管理组】的文件夹，系统管理组的员工既可以读/写【系统管理组】的文件夹，也可以读取【网络管理组】的文件夹，从而方便维护信息中心员工的信息协同。

系统管理员根据以上要求，为每个岗位规划了相应权限，员工的具体账户信息和共享目录访问权限如表 5-1 所示。

表 5-1　信息中心员工的具体账户信息和共享目录访问权限

组别	姓名	用户账户	隶属组	共享目录访问权限
网络管理组	张工	Zhang	Netadmins	【网络管理组】有读/写权限，【系统管理组】有读取权限
	李工	Li		
系统管理组	赵工	Zhao	Sysadmins	【网络管理组】有读取权限，【系统管理组】有读/写权限
	宋工	Song		

项目分析

Windows Server 2019 的文件共享服务器可以提供匿名共享和实名共享服务，在权限上还可以基于 NTFS 访问权限为用户或组设置不同的访问权限，将共享服务权限和 NTFS 访问权限配合使用即可实现本项目的要求。

根据 Jan16 公司的网络拓扑和项目需求，本项目可以通过以下工作任务来完成，具体如下。

（1）在文件服务器上部署【网络运维工具】匿名共享目录，允许所有人上传和下载。

（2）在文件服务器上部署实名共享目录（个人网盘），仅允许信息中心的员工本人访问。

（3）在文件服务器上部署共享目录，实现网络管理组和系统管理组的信息协同。

相关知识

5.1　文件共享

文件共享是指主动地在网络上共享自己的计算机文件，供局域网中其他的计算机使用。在 Windows Server 2019 文件夹的右键快捷菜单中提供了文件夹的共享设置链接，在配置用户共享时，系统会自动安装文件共享服务角色和功能。在网络中专门用于提供文件共享服务的服务器称为文件服务器。

5.2　文件共享权限

在文件服务器上部署共享服务可以提供多种用户访问权限，常见的有读取和写入权限。

- 读取权限：允许用户浏览和下载共享目录及子目录的文件。
- 读/写权限：用户除具备读取的权限外，还可以新建、删除和修改共享目录及子目录的文件和文件夹。

5.3　文件共享的访问账户类型

文件服务器针对访问用户设置了两种账户类型：匿名账户和实名账户。

- 匿名账户：在 Windows 系统中匿名账户一般指“Guest”账户，但在匿名共享目录中授权时通常用“Everyone”账户进行授权。客户端要访问共享目录，需要在文件服务器启用“Guest”账户。
- 实名账户：用户在访问共享目录时需要输入特定的账户名称和密码，默认情况下这些账户都是由文件服务器创建的，并用于共享目录的授权。如果有大量的账户需要授权，则一般会新建组账户，然后通过在共享中对组账户的授权来间接完成用户账户的授权（用户账户继承组的权限）。

5.4　NTFS 权限

相对于 FAT 和 FAT32，NTFS 文件管理系统具有支持长文件名、对数据进行保护和恢复、提供更大的磁盘/卷空间、文件加密、磁盘压缩、磁盘限额等功能。因此，NTFS 文件系统目前已成为 Windows 服务器常见的文件管理系统。

NTFS 权限的配置与管理通常分为两类：标准访问权限和特殊访问权限。

1. 标准访问权限

标准访问权限主要是常用的 NTFS 权限，包括读取、写入、列出文件夹目录、读取及运行、修改、完全控制。

● 读取：用户可以查看目录中的文件夹和子文件夹，还可以查看文件夹的属性、权限和所有权。

● 写入：用户可以创建新文件夹和子文件夹，还可以更改文件夹的属性及查看文件夹的权限和所有权。

● 列出文件夹目录：用户除了可以“读取”目录中文件夹的所有权限，还可以遍历子文件夹。

● 读取及运行：用户除了可以“读取”目录中文件夹的所有权限，还可以运行文件夹下的可执行文件。“读取及运行”和“列出文件夹目录”几乎是相同的，只是在权限继承方面有所区别，“列出文件夹目录”权限只能由文件夹来继承，而“读取及运行”可以由文件夹和文件同时继承。

● 修改：除了能够执行“读取”“写入”“列出文件夹目录”“读取及运行”权限提供的操作，用户还可以删除、重命名文件和文件夹。

● 完全控制：用户可以执行所有其他权限的操作，可以取得所有权、更改权限及删除文件和子文件夹的权限。

2. 特殊访问权限

标准访问权限可以满足大部分场景，但对于权限管理要求严格的项目，标准访问权限就无法满足需求了，比如：

案例 1：只赋予指定用户建立文件夹的权限，但没有建立文件的权限。

案例 2：只赋予指定用户允许删除当前目录中的文件，但不允许删除当前目录中的子目录。

显然这两个案例都无法通过设置标准访问权限来完成，它需要用到更高级的特殊访问权限。特殊访问权限主要包括：遍历文件夹/运行文件、列出文件夹/读取数据、读取属性、读取扩展属性、创建文件/写入数据等。

● 遍历文件夹/运行文件：该权限允许用户在文件夹及其子文件夹之间移动（遍历）。

● 列出文件夹/读取数据：该权限允许用户查看文件夹中的文件名称、子文件夹名称和文件中的数据。

● 读取属性：该权限允许用户查看文件或文件夹的属性（如只读、隐藏等属性）。

● 读取扩展属性：允许或拒绝查看文件或文件夹的扩展属性。

● 创建文件/写入数据：该权限允许用户在文件夹中创建新文件，也允许将数据写入现有文件并覆盖现有文件中的数据。

● 创建文件夹/附加数据：该权限允许用户在文件夹中创建新文件夹或允许用户在现有

文件的末尾添加数据，但不能对文件现有的数据进行覆盖、修改，也不能删除数据。

- 写入属性：该权限允许用户更改文件或文件夹的属性，如只读或隐藏。
- 写入扩展属性：该权限允许用户对文件或文件夹的扩展属性进行修改。
- 删除子文件夹及文件：该权限允许用户删除文件夹中的子文件夹或文件。
- 删除：该权限允许用户删除当前文件夹和文件。
- 读取权限：该权限允许用户读取文件或文件夹的权限列表。
- 更改权限：该权限允许用户改变文件或文件夹上的现有权限。
- 取得所有权：该权限允许用户获取文件或文件夹的所有权，一旦获取了所有权，用户就可以对文件或文件夹进行全权控制。

5.5　文件共享权限与 NTFS 权限

在文件服务器中可以通过文件共享权限配置用户对共享目录的访问权限，但是如果该共享目录所在的磁盘为 NTFS 文件系统磁盘，则该目录的访问权限还会受到 NTFS 权限的限制。

因此，用户访问该共享文件夹时，将受到 NTFS 权限和共享权限的双重约束。当用户访问共享文件夹时，他对共享目录的访问权限为文件共享权限和 NTFS 权限的并集。例如，用户 user 对共享目录 share 具有写入权限，但 NTFS 权限限制 user 写入，则用户 user 将不具备该共享目录的写入权限，也就是只有文件共享权限和 NTFS 权限都允许写入，用户才允许写入，其他情况均为拒绝。也就是说，NTFS 权限和共享中最苛刻的限制累加到一起就是用户得到的访问权限。

在实际应用中，经常在文件共享权限中配置较大的权限，然后通过 NTFS 做针对性的限制来实现用户对文件服务器共享目录的访问权限配置。这个原则可以用简单的一句话来概括：“共享权限最大化，NTFS 权限最小化”。

任务 5-1　为信息中心部署网络运维工具下载服务

任务规划

Jan16 公司网络部需要在文件服务器上创建网络共享存储【网络运维工具】，并将日常运维工具放置在该共享存储中以方便信息中心的员工在维护和管理公司网络和计算机时下载安装，信息中心的员工对该共享有上传和下载的权限。

要实现本任务的文件共享服务，可通过以下 3 个步骤来完成。

（1）在文件服务器上创建 1 个【网络运维工具】文件夹。

（2）在文件服务器上启用【Guest】匿名账户。

（3）将【网络运维工具】文件夹设置为共享，共享权限为允许任何人读取和写入。

任务实施

1. 在文件服务器上创建一个【网络运维工具】文件夹

在 IP 为 192.168.1.1 的文件服务器的 C 盘下创建名为【网络运维工具】的文件夹。

2. 在文件服务器上启用【Guest】匿名账户

在【服务器管理器】窗口选择【工具】菜单中的【计算机管理】命令，在打开的【计算机管理】窗口中右击【本地用户和组】中的用户选项，在打开的快捷菜单中选择【Guest 属性】命令，打开【Guest 属性】对话框的【常规】选项卡，将 Guest 用户启用，设置如图 5-3 所示。

为信息中心部署网络运维工具下载服务

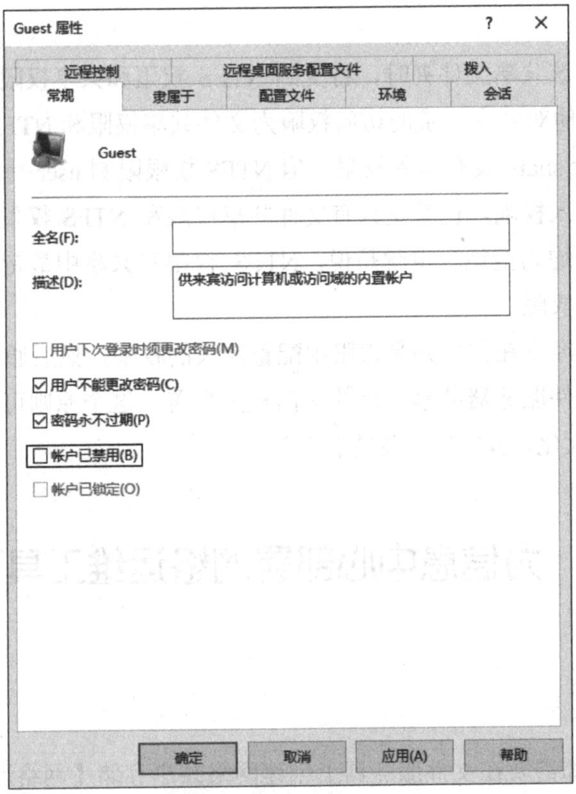

图 5-3　启用 Guest 用户

3. 将【网络运维工具】文件夹设置为共享，共享权限为允许任何人读取和写入

（1）选中并右击【网络运维工具】文件夹，在弹出的如图 5-4 所示的快捷菜单中选择

【授予访问权限(G)】子菜单下的【特定用户】命令。

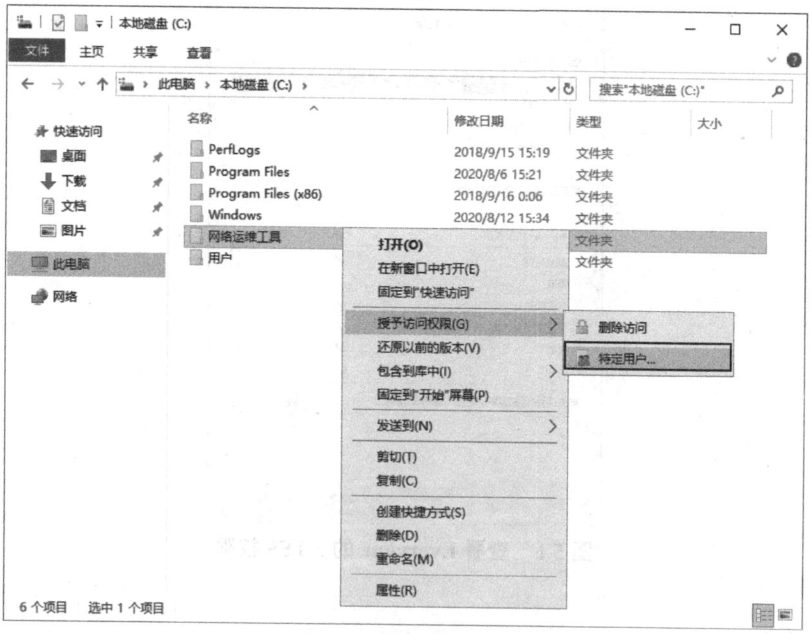

图 5-4 选择【特定用户】命令

（2）在打开的对话框的下拉列表中选择【Everyone】选项，单击【添加(A)】按钮，并赋予【Everyone】用户组“读取/写入”权限，结果如图 5-5 所示。

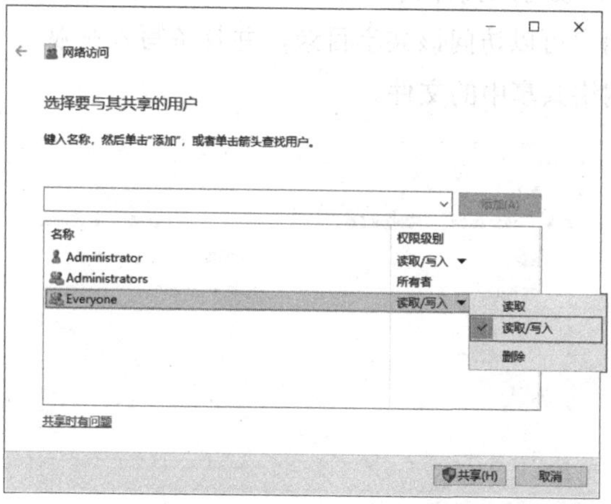

图 5-5 “读取/写入”共享权限配置

（3）单击【共享(H)】按钮，在弹出的【网络发现和文件共享】对话框中选择【是，启用所有公用网络的网络发现和文件共享】按钮，完成文件共享任务的实施。

（4）右击【网络运维工具】文件夹，在弹出的快捷菜单中选择【属性】命令，在打开的如图 5-6 所示的【网络运维工具 属性】对话框【安全】选项卡中，可以看到【Everyone】已具备了完全控制权限。

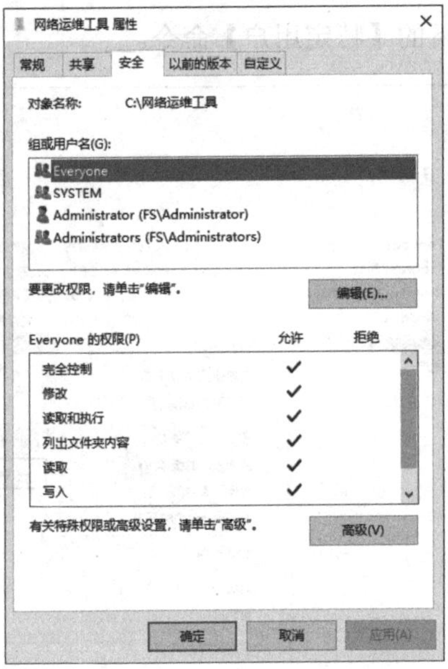

图 5-6　查看 Everyone 的 NTFS 权限

任务验证

在客户机上的资源管理器地址栏中运行“\\192.168.1.1”，在打开的网络共享文件夹中复制“test.txt”文件，完成写入文件到网络运维工具的共享目录中，其结果如图 5-7 所示。该图所示结果验证了用户可以访问该共享目录，并具备写入权限。下载权限的测试类似，经验证也可以拷贝该网络共享中的文件。

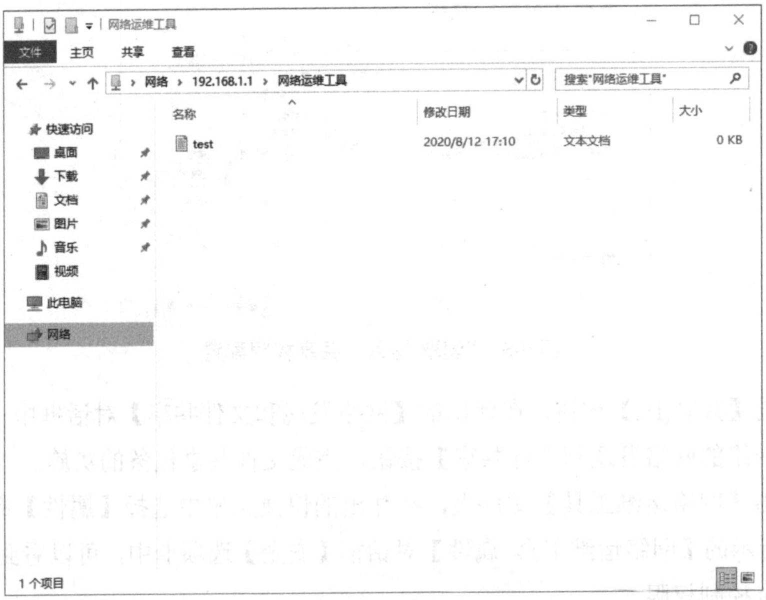

图 5-7　测试访问共享目录

任务 5-2　为信息中心员工部署个人网盘

任务规划

Jan16 公司网络部员工在维护公司内部网络和计算机时，还需要填写维护日志文档，员工希望在该文件服务器上建立个人目录用于存放该文档。

为满足员工对存储文档的需求，文件服务器将为部门的每位员工创建共享，用户可以将文件上传至自己的共享文件夹，并且该共享文件夹只有用户本人具备读取/写入权限，其他人不能访问。

要实现本任务的文件共享服务，可通过以下几个步骤来完成。

（1）创建员工账户。在文件服务器中为每位员工创建用户账户，本任务中将创建张工、李工、赵工和宋工 4 个用户账户。

（2）创建【维护日志文档】和对应员工的子文件夹。在文件服务器上创建【维护日志文档】目录用于存放员工的个人文档，然后在【维护日志文档】目录下为每位员工创建个人目录，目录以员工的用户名命名。

（3）共享目录的设置。设置【维护日志文档】为共享目录，共享权限为允许所有人读取和写入。

（4）设置员工个人文件夹的权限。为每个【员工子目录】设置 NTFS 权限，安全权限为仅允许对应员工账户的读取和写入。

为信息中心员工部署个人网盘

任务实施

1. 创建员工账户

在文件服务器上创建网络管理组用户 Zhang（张工）和 Li（李工）的账户，系统管理组用户 Zhao（赵工）和 Song（宋工）的账户，结果如图 5-8 所示。

2. 创建【维护日志文档】和对应员工的子文件夹

在文件服务器的 C 盘下创建名为【维护日志文档】的目录，并在该目录下创建【李工】【宋工】【张工】【赵工】4 个子文件夹，结果如图 5-9 所示。

3. 共享目录的设置

参考任务 5-1 设置【维护日志文档】文件夹为完全共享，允许所有人读取和写入，结果如图 5-10 所示。

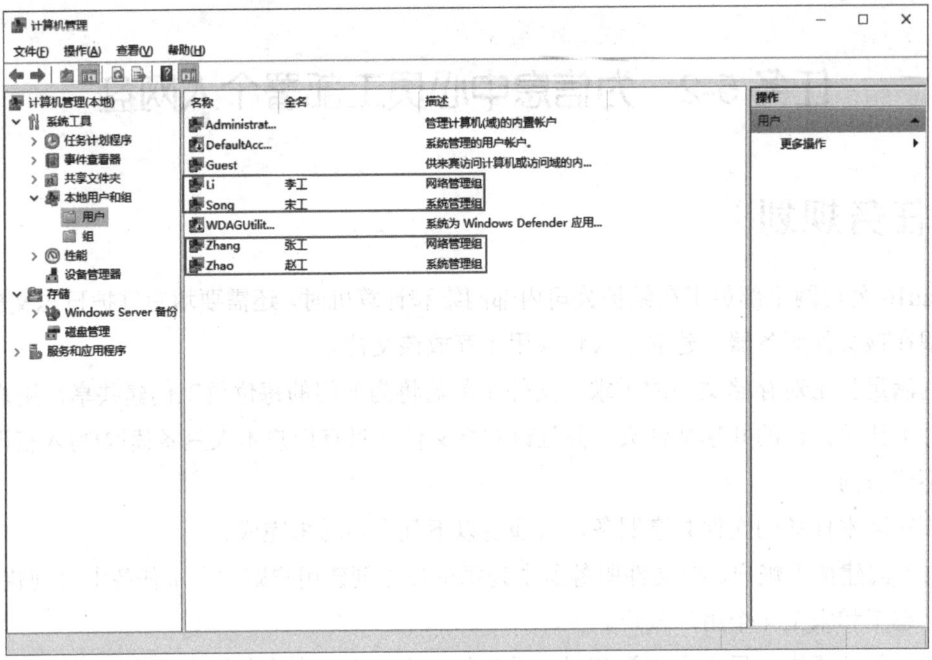

图 5-8　创建员工账户结果

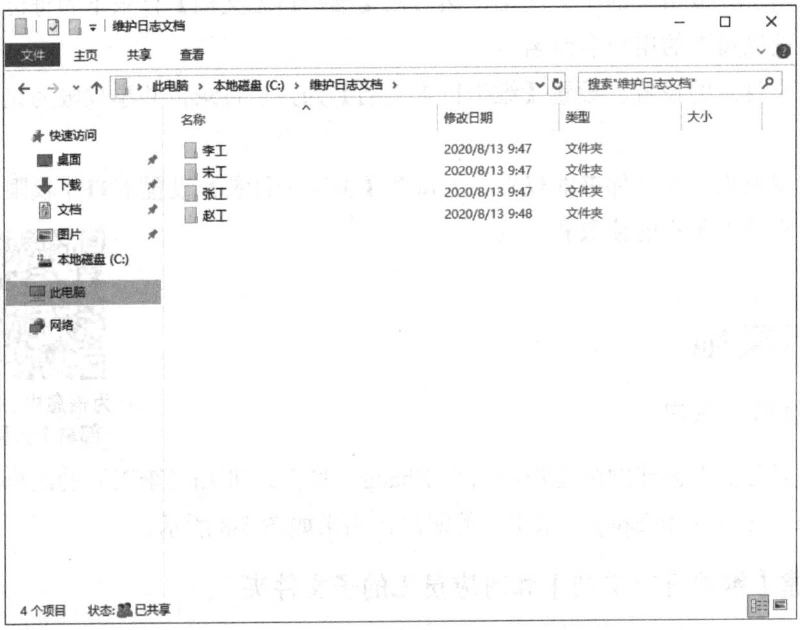

图 5-9 【维护日志文档】目录及其子目录

4. 设置员工个人文件夹的权限

设置员工个人文件夹（如【张工】）的 NTFS 权限为仅允许对应员工账户读取和访问，以【张工】目录为例，其配置后的结果如图 5-11 所示。

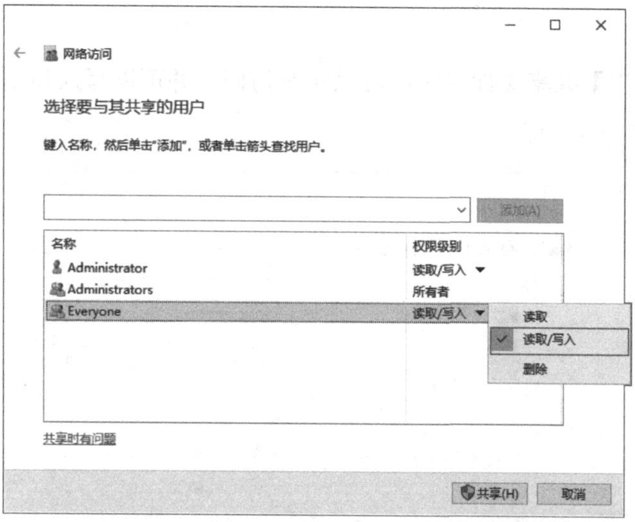

图 5-10 【维护日志文档】文件夹权限设置

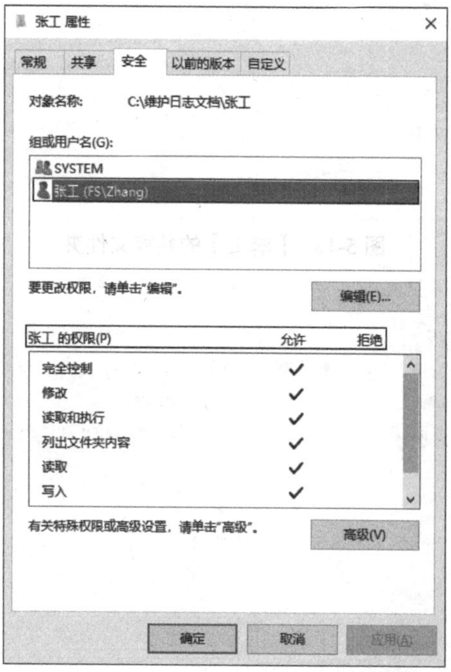

图 5-11 【张工】文件夹用户的 NTFS 权限

注意：配置员工账户目录的权限需要在【高级(V)】选项卡中取消该目录 NTFS 权限的继承性。

任务验证

（1）在 PC1 上用李工的账户访问文件服务器时，只显示【李工】的共享文件夹，结果如图 5-12 所示。

（2）访问【李工】共享文件夹时，可以正常访问，并可以写入和删除数据，结果如图 5-13 所示。

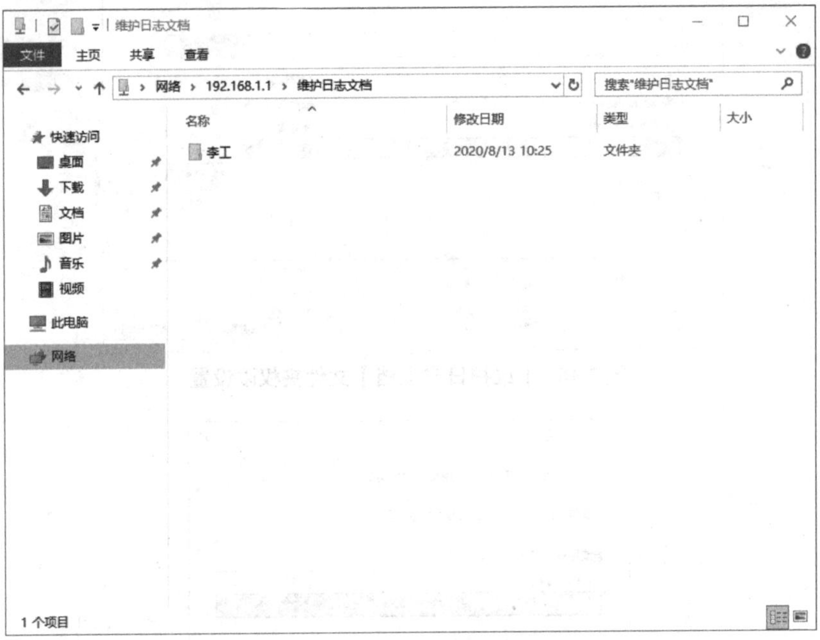

图 5-12 【李工】的共享文件夹

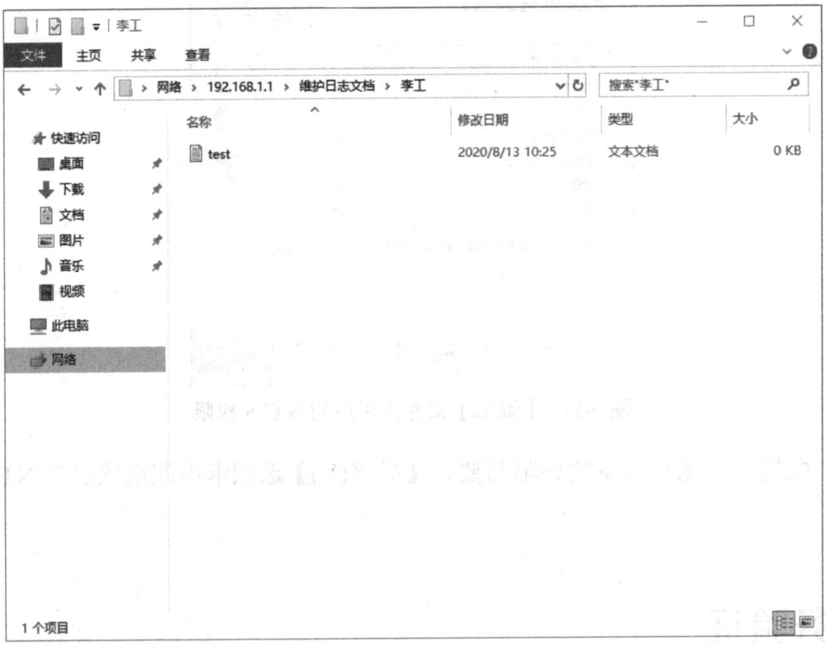

图 5-13 李工用户访问的【李工】共享文件夹

任务 5-3　为网络管理组和系统管理组部署资源协同空间

任务规划

网络部有网络管理组和系统管理组两个组，每个组在运维时也希望能够通过网络共享存储存放相关日志文档，各组的日志文档权限为：组内成员具备读取和写入权限，其他组成员仅具备读取权限。

要实现本任务的文件共享服务，需要通过以下几个步骤来完成。

（1）创建用户账户和组账户。

在文件服务器上为每位员工创建用户账户，为系统管理组和网络管理组分别创建组账户【Sysadmins】和【Netadmins】，然后将张工和李工账户加入【Netadmins】组中，将赵工和宋工账户加入【Sysadmins】组中。

（2）创建【信息中心日志文档】目录和【网络管理组】【系统管理组】子目录。

（3）设置【信息中心日志文档】共享权限。

将【信息中心日志文档】文件夹设置为共享，共享权限为允许【Netadmins】和【Sysadmins】两个组具有读取和写入权限；NTFS 访问权限为仅允许【Netadmins】和【Sysadmins】两个组具有读取权限。

（4）设置【网络管理组】和【系统管理组】两个子目录的 NTFS 权限。

对【网络管理组】和【系统管理组】子目录设置 NTFS 权限：允许【Netadmins】组对【网络管理组】目录具有读取和写入权限，允许【Sysadmins】组对【系统管理组】目录具有读取和写入权限。

为网络管理组和系统管理组部署资源协同空间

任务实施

1. 创建用户账户和组账户

为信息中心的员工创建用户账户，为网络管理组和系统管理组分别创建组账户【Netadmins】和【Sysadmins】，并将张工和李工账户添加到【Netadmins】组中，将赵工和宋工添加到【Sysadmins】组中，结果如图 5-14 所示。

2. 创建【信息中心日志文档】目录和【网络管理组】【系统管理组】子目录

在文件服务器的 C 盘中创建【信息中心日志文档】目录，并在该目录下创建【网络管理组】和【系统管理组】子目录，结果如图 5-15 所示。

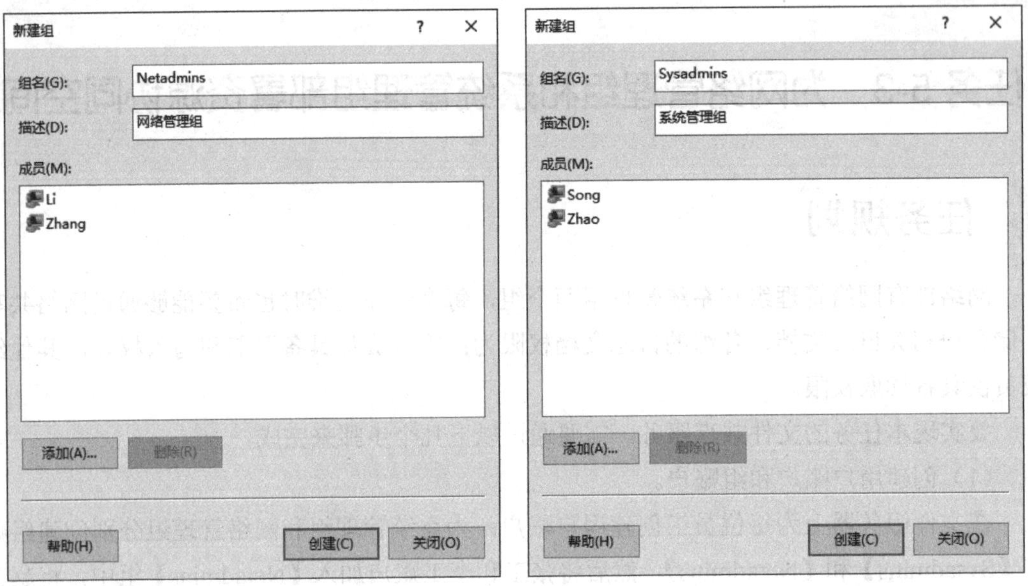

图 5-14　创建组账户

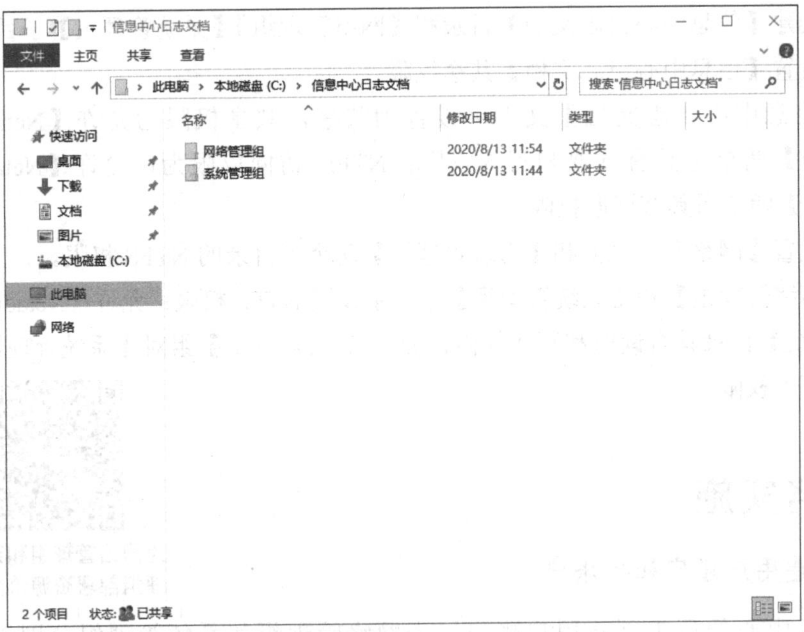

图 5-15　在文件服务器上创建目录和子目录

3. 设置【信息中心日志文档】共享权限

（1）将【信息中心日志文档】的共享权限设置为仅允许【Netadmins】和【Sysadmins】两个组账户具有“读取/写入”权限，结果如图 5-16 所示。

（2）配置【信息中心日志文档】文件夹的 NTFS 权限，NTFS 权限为仅允许【Netadmins】和【Sysadmins】两个组账户具有读取和执行权限（管理员账户权限暂不做处理），结果如图 5-17 所示。

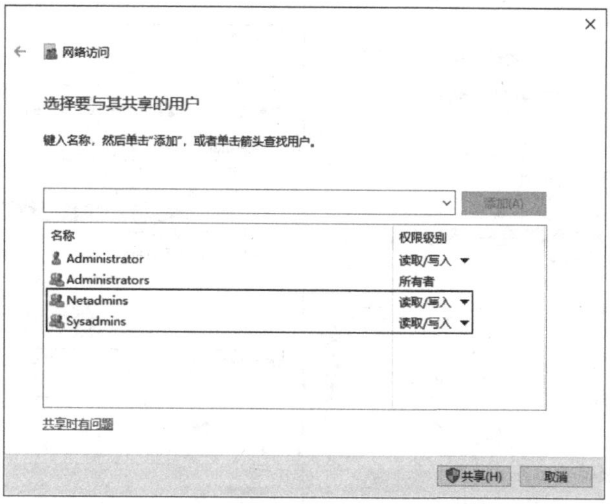

图 5-16　【信息中心日志文档】的共享权限设置

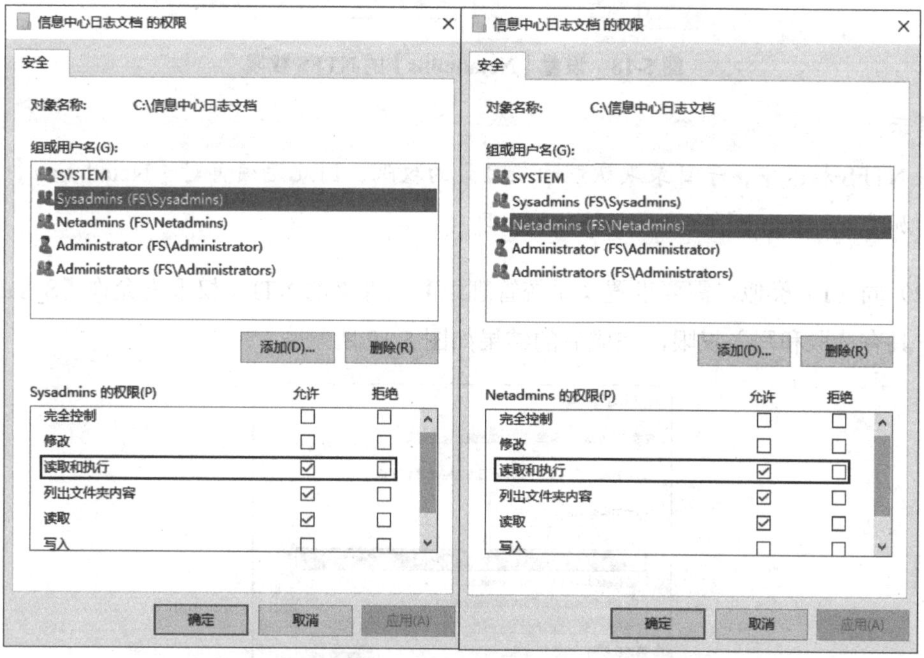

图 5-17　【信息中心日志文档】的 NTFS 权限设置

4. 设置【网络管理组】和【系统管理组】两个子目录的 NTFS 权限

（1）根据任务要求，需要设置【网络管理组】文件夹的 NTFS 权限为：允许【Netadmins】组账户具有读取和写入权限（【Sysadmins】组本身已经具备读取权限）。因此，在【网络管理组】子目录的右键快捷菜单中选择【属性】命令，在打开的【网络管理组 属性】对话框【安全】选项卡中，单击【编辑(E)】按钮打开【网络管理组 的权限】对话框，在该对话框中选择【Netadmins(FS\Netadmins)】组，然后追加修改和写入权限，结果如图 5-18 所示。

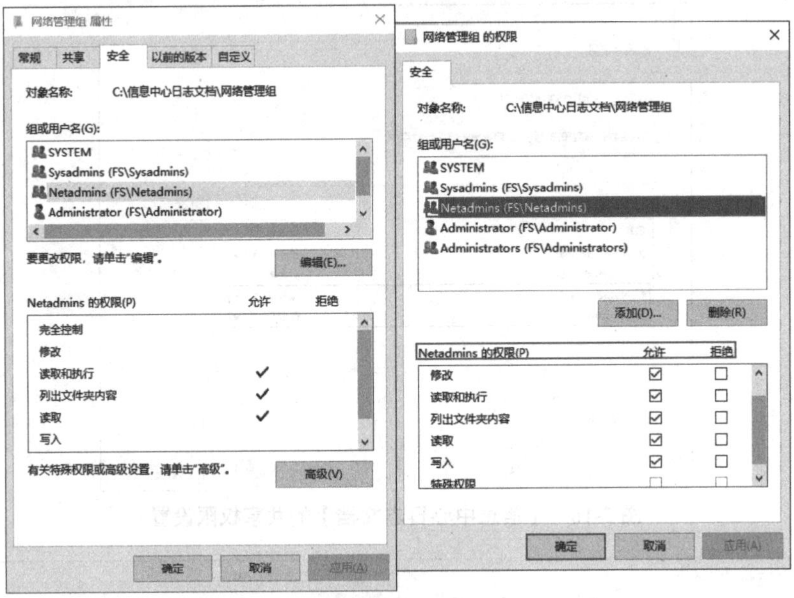

图 5-18　设置【Netadmins】的 NTFS 权限

> 提示：
>
> 在 NTFS 权限中，子目录默认继承父目录的权限，因此无须再对【Netadmins】授权，仅需增加【Netadmins】的写入和修改权限即可。

（2）同（1）类似，需要设置【系统管理组】文件夹的 NTFS 权限为允许【Sysadmins】组账户具有读取和写入权限，完成后的结果如图 5-19 所示。

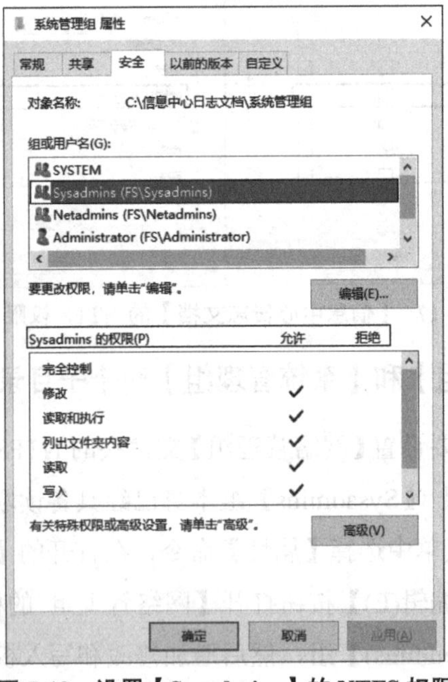

图 5-19　设置【Sysadmins】的 NTFS 权限

任务验证

（1）在 PC1 的资源管理器访问文件服务器的局域网共享地址："\\192.168.1.1\信息中心日志文档"，在弹出的对话框中输入用户张工的账户名和密码。

（2）用户张工在访问【系统管理组】文件夹并尝试删除该目录的文件时，系统会提示拒绝，结果如图 5-20 所示。这是由于【Netadmins】组仅能读取【系统管理组】目录的文件，但拒绝写入和修改文件，而张工隶属于【Netadmins】组，所以仅拥有读取权限，而无删除权限。

（3）用户张工可以访问【网络管理组】文件夹，并能成功上传一个测试文档，结果如图 5-21 所示。这是由于【Netadmins】组对该目录具有读取和写入权限，显然张工用户继承了组的权限。

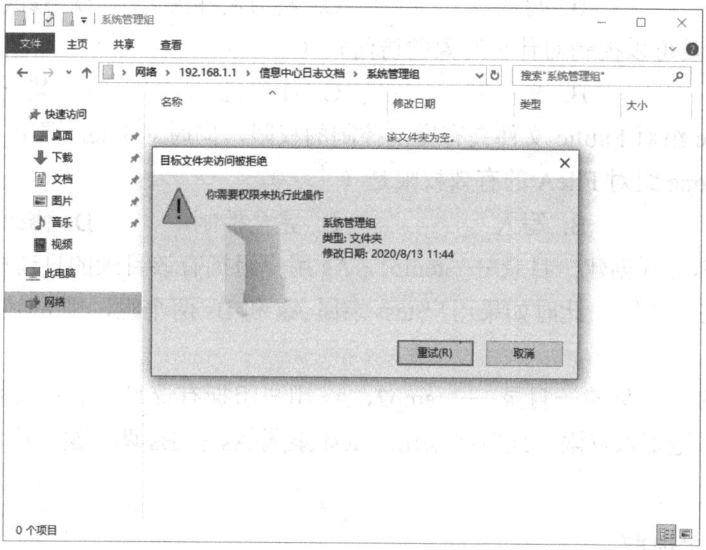

图 5-20　网络管理组用户无法删除系统管理组的文件

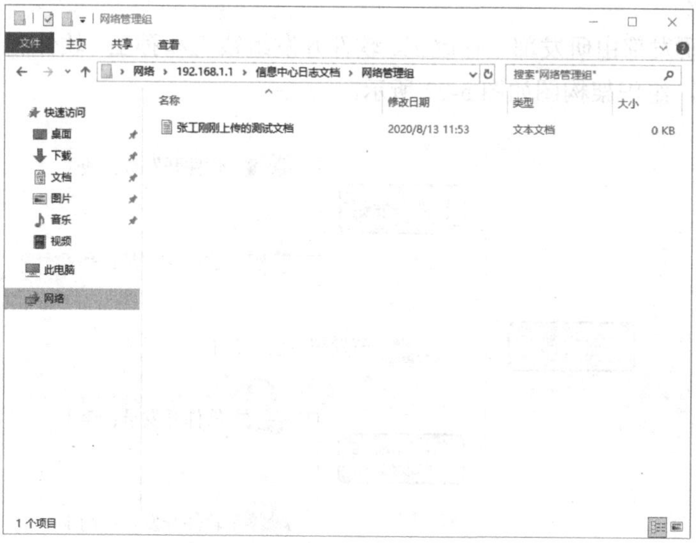

图 5-21　网络管理组用户写入文件

练习与实践 5

一、理论题

1. NTFS 权限可以应用在以下哪种文件系统上？（　　）

A. FAT32　　B. FAT　　C. NTFS　　D. EXT3

2. 以下属于 NTFS 权限的有（　　）

A. 读取　　B. 写入　　C. 完全控制　　D. 修改

3. 以下哪种 NTFS 文件夹权限可以执行对文件夹的删除操作？（　　）

A. 读取　　B. 写入　　C. 遍历文件夹　　D. 修改

4. NTFS 权限可以控制对什么对象的访问？（　　）

A. 文件　　B. 文件夹　　C. 计算机　　D. 某一个硬件

5. Everyone 组对 Public 文件夹有完全控制的权限，同时对 FileA 具有 NTFS 的读取权限。那么 Everyone 组对 FileA 的有效权限是（　　）。

A. 读取　　B. 写入　　C. 完全控制　　D. 修改

6. 在 NTFS 分区创建一目录——temp1，As 用户组拥有该目录的只读权限，Bs 用户组拥有该目录的写入权限。此时如果用户 test 隶属 As 和 Bs 两个组，则 test 用户对该目录有何种权限？

7. 在 NTFS 分区创建一目录——temp2，As 用户组拥有该目录的写入权限，Bs 用户组拥有该目录的拒绝写入权限。此时如果用户 test 隶属 As 和 Bs 两个组，则 test 用户对该目录有何种权限？

二、项目实训题

1. 项目背景

Jan16 公司研发部由研发部主任赵工、软件开发组钱工和孙工、软件测试组李工和简工 5 位工程师组成，组织架构图如图 5-22 所示。

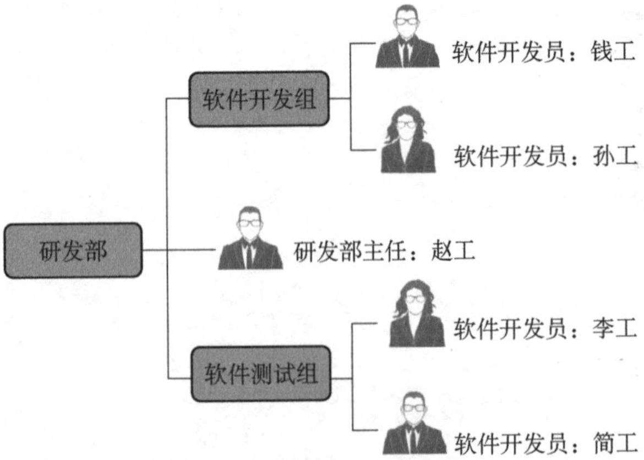

图 5-22　研发部组织架构图

研发部为满足内部项目开发协同的需求，要求在部门的 Windows Server 2019 服务器上部署文件共享服务，具体要求如下。

（1）为研发部所有员工提供一个【软件开发工具】共享目录，允许上传和下载。

（2）为研发部所有员工提供一个私有共享空间，方便员工办公。

（3）为研发部建立【软件开发日志文档】，并建立两个子目录【软件开发组】和【软件测试组】，要求软件开发组员工可以读写【软件开发组】文件夹，可以读取【软件测试组】文件夹，要求软件测试组员工可以读写【软件测试组】文件夹，可以读取【软件开发组】文件夹，从而方便研发部员工维护信息协同。

研发部各员工的账户信息如表 5-2 所示。

表 5-2 研发部员工账户信息表

姓名	用户账户	备注
赵工	Zhao	研发部主任
钱工	Qian	软件开发组
孙工	Sun	
李工	Li	软件测试组
简工	Jian	

2. 项目要求

（1）根据项目背景规划研发部自定义组信息和用户隶属组关系，完成后填入表 5-3 中。

表 5-3 研发部用户和组账户隶属规划表

组别	姓名	用户账户名称	隶属组名称	共享目录访问权限

（2）根据表 5-3 的规划和项目需求，在研发部的服务器上实施本项目，并进行以下系统配置界面截取操作。

① 截取用户管理界面，并截取所有用户属性对话框中的隶属组选项卡界面。

② 截取组管理界面。

③ 截取【软件开发工具】共享目录的 NTFS 权限界面。

④ 截取研发部个人空间相关共享目录的 NTFS 权限界面。

⑤ 截取【软件开发日志文档】【软件开发组】【软件测试组】目录的 NTFS 权限界面。

项目6　实现公司各部门局域网的互联互通

项目教学课件

项目学习目标

（1）掌握路由和路由器的概念。

（2）掌握直连路由、静态路由、默认路由、动态路由的概念与应用。

（3）掌握和培养园区网多中心互联服务部署的业务实施流程和职业素养。

项目描述

Jan16 公司有 2 个园区、2 个厂区，下设信息中心、研发部等部门，每个部门都建好了局域网，为了满足公司业务发展的需求，公司要求网络管理员将各局域网互联以实现公司内部的相互通信和资源共享，具体要求如下。

（1）实现信息中心和研发部的互联。

（2）实现中心园区 1、中心园区 2、厂区 1、厂区 2 的互联。

Jan16 公司网络拓扑如图 6-1 所示。

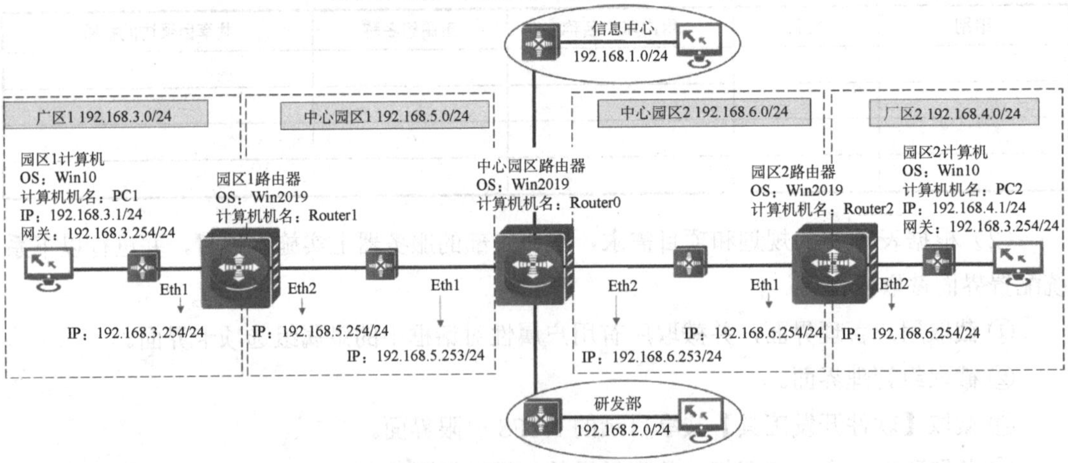

图 6-1　Jan16 公司网络拓扑

项目分析

在网络中，路由器用于实现局域网的互联，企业常常使用两种路由器：软件路由器和硬件路由器。Windows Server 2019 的路由和远程功能与服务就是一个典型的软件路由器，本项目中可以利用公司已有的 Windows Server 2019 作为局域网互联的路由器，实现局域网的互联。

根据该公司的网络拓扑和项目需求，本项目可以通过多种方式来完成，其中，实现公司所有区域网络的互联有多种方法，这里介绍直连路由、静态路由、默认路由和动态路由 4 种解决方案，具体如下。

（1）基于直连路由实现信息中心和研发部的互联，使用中心园区的 Router 0 服务器，通过直连路由配置实现两个部门网络的互联互通。

（2）基于静态路由实现公司所有区域的互联，通过在 Router 0、Router 1 和 Router 2 三台路由器上配置静态路由条目实现公司所有区域网络的互联。

（3）基于默认路由实现公司所有区域的互联，通过在 Router 0、Router 1 和 Router 2 三台路由器上配置默认路由条目实现公司所有区域网络的互联。

（4）基于动态路由实现公司所有区域的互联，通过在 Router 0、Router 1 和 Router 2 三台路由器上配置动态路由条目实现公司所有区域网络的互联。

相关知识

6.1　路由和路由器的概念

1. 路由

在网络通信中，路由（Route）是一个网络层的术语，作为名词它是指从某一网络设备出发去往某个目的地的路径，作为动词它是指跨越一个从源主机到目标主机的网络来转发数据包。

简言之，从源主机到目标主机的数据包转发过程就称为路由。在图 6-2 所示的网络环境中，主机 1 和主机 2 进行通信时就要经过中间的路由器，当这两台主机中间存在多条链路时，就会面临着多个数据包转发链路的选择问题。例如，数据包是沿着 R1→R2→R4 路径，还是按 R1→R3→R4 路径进行转发。

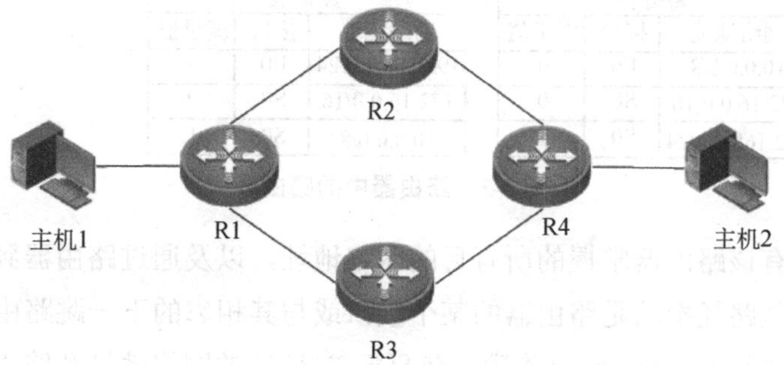

图 6-2　主机 1 到主机 2 的路径选择

在实际应用中，Internet 中路由器的数目会更多，因此两台主机之间数据包转发存在的路径也就更多，为了提高网络访问速度就需要一种方法来判断从源主机到达目标主机所经过的最佳路径，这就是路由技术。

2. 路由器

路由器（Router）是执行路由动作的一种网络设备，它能够将数据包转发到正确的目的地，并在转发过程中选择最佳的路径。路由器工作在网络层，用来连接不同的逻辑子网，它分为硬件路由器和软件路由器。

（1）硬件路由器：专门设计用于路由的设备。如锐捷、华为等公司生产的路由器系列产品。硬件路由器实质上也是一台计算机，不同于普通计算机的是它运行的操作系统主要用来进行路由维护，不能运行程序。硬件路由器的优点是路由效率高，缺点是价格较昂贵，配置也较为复杂。

（2）软件路由器：安装了有路由功能程序的计算机就称为软件路由器。由于路由器必须有多个接口连接不同的 IP 子网，所以充当软件路由器的计算机一般安装有多个网卡。软件路由器的优点是价格相对较低，且配置简单，缺点是路由效率低，一般只在小型网络中使用。

3. 路由表

路由表（Routing Table）是若干条路由信息的一个集合体。在路由表中，一条路由信息也被称为一个路由项或一个路由条目，路由设备根据路由表的路由条目做路径选择。

在现实生活中，人们如果想去某一个地方，在大脑中就会有一张地图，其中包含到达目的地可以走的多条路径，路由器中的路由表就相当于人脑中的地图。正是由于路由表的存在，路由器才可以依据路由表进行数据包的转发，如图 6-3 展示了两台路由器的路由表信息。

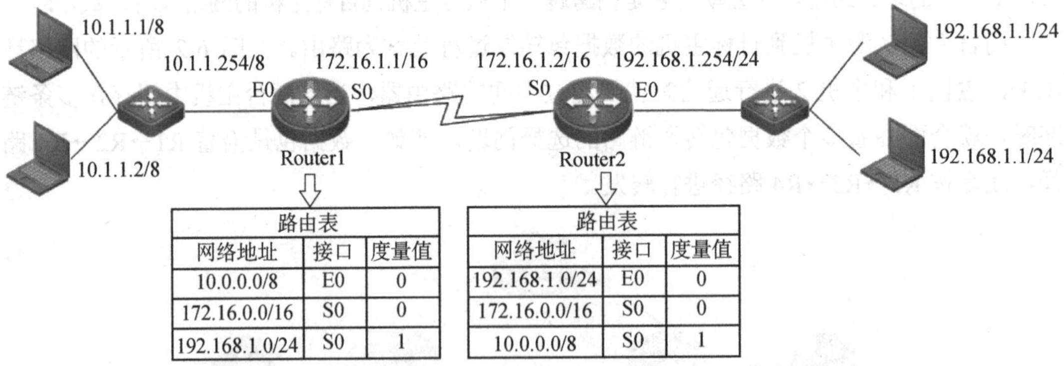

Router1 路由表

网络地址	接口	度量值
10.0.0.0/8	E0	0
172.16.0.0/16	S0	0
192.168.1.0/24	S0	1

Router2 路由表

网络地址	接口	度量值
192.168.1.0/24	E0	0
172.16.0.0/16	S0	0
10.0.0.0/8	S0	1

图 6-3　路由器中的路由表

在路由表中有该路由器掌握的所有目的网络地址，以及通过路由器到达这些网络地址的最佳路径。最佳路径指的是路由器的某个接口或与其相邻的下一跳路由器的接口地址。当路由器收到一个数据包时，它会将数据包目标 IP 地址的网络地址和路由表中的路由条目进行对比，如果有去往目标网络的路由条目，就根据该路由条目将数据包转发到相应的接口；如果没有相应的路由条目，就根据路由器的配置将数据包转发到默认接口或者丢弃。

每台计算机上都维护着一张路由表，并根据路由表的内容来与其他主机进行通信。执行【route print】命令可以查看计算机的路由表，结果如图 6-4 所示。

```
C:\>route print
......(省略部分显示信息)
IPv4 路由表
===========================================================================
活动路由:
        网络目标          网络掩码            网关            接口        跃点数
          0.0.0.0          0.0.0.0     192.168.1.1   192.168.1.100     30
        127.0.0.0        255.0.0.0        在链路上        127.0.0.1    306
        127.0.0.1  255.255.255.255        在链路上        127.0.0.1    306
      192.168.1.0    255.255.255.0        在链路上    192.168.1.100    286
      192.168.1.1  255.255.255.255        在链路上    192.168.1.100    286
    192.168.1.255  255.255.255.255        在链路上    192.168.1.100    286
        224.0.0.0        240.0.0.0        在链路上        127.0.0.1    306
        224.0.0.0        240.0.0.0        在链路上    192.168.1.100    286
  255.255.255.255  255.255.255.255        在链路上        127.0.0.1    306
  255.255.255.255  255.255.255.255        在链路上    192.168.1.100    286
===========================================================================
永久路由:
  网络地址          网络掩码        网关地址      跃点数
  0.0.0.0           0.0.0.0         10.1.1.254    默认
......(省略部分显示信息)
```

图 6-4　执行【route print】命令查看路由表

4. 路径选择过程

一般地，路由器会根据如图 6-5 所示的步骤进行路径选择。

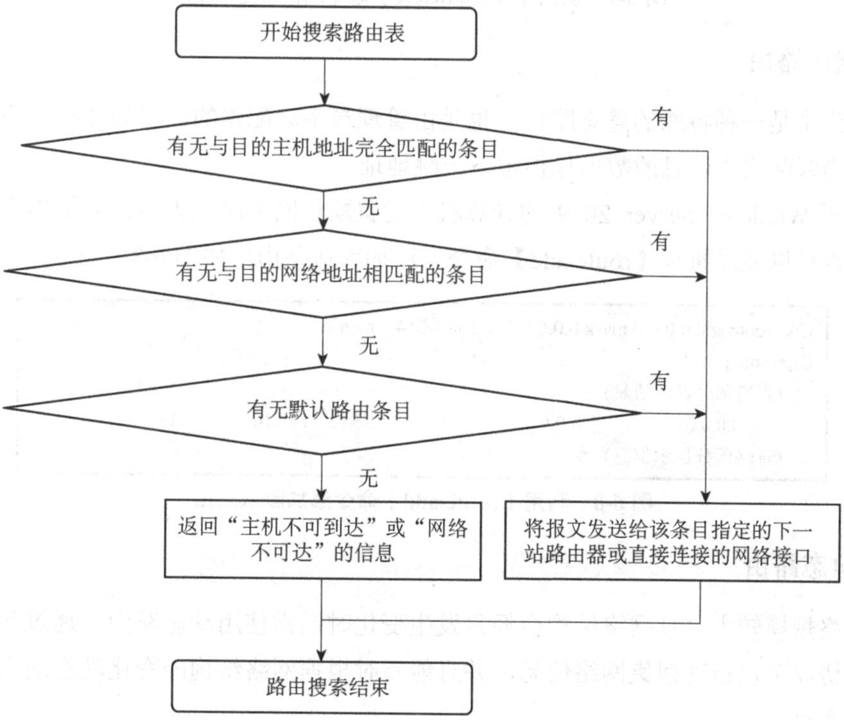

图 6-5　路由器的路径选择过程示意图

6.2 路由的类型

路由通常可以分为静态路由、默认路由和动态路由。

1. 静态路由

静态路由是由管理员手工进行配置的，在静态路由中必须明确指出从源主机到目标主机所经过的路径，一般在网络规模不大、拓扑结构相对稳定的网络中常使用静态路由。

使用具有管理员权限的用户账户登录 Windows Server 2019 计算机，打开命令提示窗口，执行【route add】命令可以添加静态路由，如图 6-6 所示。

```
C:\>route add 192.168.2.0 mask 255.255.255.0 192.168.1.1 metric 3
C:\>route print
……(省略部分显示信息)
  192.168.2.0      255.255.255.0          在链路上        192.168.1.1       33
……(省略部分显示信息)
```

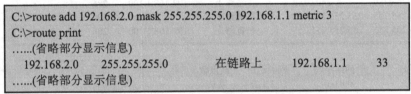

图 6-6 使用【route add】命令添加静态路由

执行【route delete】命令可以手动删除一条路由条目，如图 6-7 所示。

```
C:\> route delete 192.168.2.0
```

图 6-7 使用【route delete】命令删除静态路由

2. 默认路由

默认路由是一种特殊的静态路由，也是由管理员手动配置的，它为那些在路由表中没有找到明确匹配路由信息的数据包指定下一跳地址。

在安装 Windows Server 2019 的计算机上配置默认网关时就为该计算机指定了默认路由，同时也可以通过执行【route add】命令来添加默认路由，如图 6-8 所示。

```
C:\> route add 0.0.0.0 mask 0.0.0.0 192.168.1.254    metric 3
C:\>route print
......(省略部分显示信息)
        0.0.0.0           0.0.0.0         192.168.1.254    192.168.1.1    33
......(省略部分显示信息)
```

图 6-8 利用【route add】命令添加默认路由

3. 动态路由

当网络规模较大，且网络结构会经常发生变化时通常使用动态路由。通过在路由器上配置路由协议可以自动搜集网络信息，并且能及时根据网络结构的变化动态地维护路由表中的信息条目。

6.3 路由协议

路由设备之间要相互通信，需通过路由协议进行相互学习，构建一个到达其他设备的路由信息表，然后才能根据路由表实现 IP 数据包的转发。路由协议（Routing Protocol）的常见分类如下。

（1）根据不同的路由算法，可分为以下两种。

① 距离矢量路由协议：通过判断数据包从源主机到目的主机所经过的路由器的个数来决定选择哪条路由，如 RIP 等。

② 链路状态路由协议：不是根据路由器的数目选择路径，而是综合考虑从源主机到目的主机间的各种情况（如带宽、延迟、可靠性、承载能力和最大传输单元等）最终选择一条最优路径，如 OSPF、IS-IS 等。

（2）根据不同的工作范围，可分为以下两种。

① 内部网关协议（IGP）：在一个自治系统内进行路由信息交换的路由协议，如 RIP、OSPF、IS-IS 等。

② 外部网关协议（EGP）：在不同自治系统间进行路由信息交换的路由协议，如 BGP。

（3）根据手动配置或自动学习两种不同的路由表建立方式，可分为以下两种。

① 静态路由协议：由网络管理人员手动配置路由器的路由信息。

② 动态路由协议：路由器自动学习路由信息，动态建立路由表，如 RIP、OSPF 等。

6.4 RIP

RIP 最初是为 Xerox 网络系统的 Xerox parc 通用协议设计的，是 Internet 中常用的路由协议。RIP 通过计算从源主机到目标主机经过的最少跳数（hop）来选择最佳路径，它支持的最大跳数为 15 跳，即从源主机到目标主机的数据包最多可以被 15 个路由器转发，如果超过 15 跳，RIP 就认为目的地不可达。由于单纯以第几跳数作为路由的选择依据不能充分地描述路径特性，从而会导致所选的路径不是最优，因此 RIP 只适用于中小型的网络。

运行 RIP 的路由器默认情况下每隔 30 秒会自动向它的邻居发送自己的全部路由表信息，因此会浪费较多的带宽资源。同时，由于路由信息是一跳一跳地进行传递，因此 RIP 的收敛速度会比较慢。但当网络拓扑结构发生变化时，RIP 是通过触发更新的方式进行路由更新的，而不必等待到下一个发送周期。例如，当路由器检测到某条链路失败时，它将立即更新自己的路由表并发送新的路由，每个接收到该触发更新的路由器都会立即修改其路由表，并继续转发该触发更新。

任务 6-1 基于直连路由实现信息中心和研发部的互联

任务规划

Jan16 公司信息中心和研发部均设在中心园区，且前期信息中心和研发部均实现了内部互联。信息中心提供了一台安装有 Windows Server 2019 的双网卡服务器作为两个部门互联的路由器，其 IP 地址已根据图 6-9 做了规划，并按拓扑环境部署好了物理环境。工程师小锐需要根据网络拓扑配置 Windows Server 2019 路由来实现两个部门的网络互联。

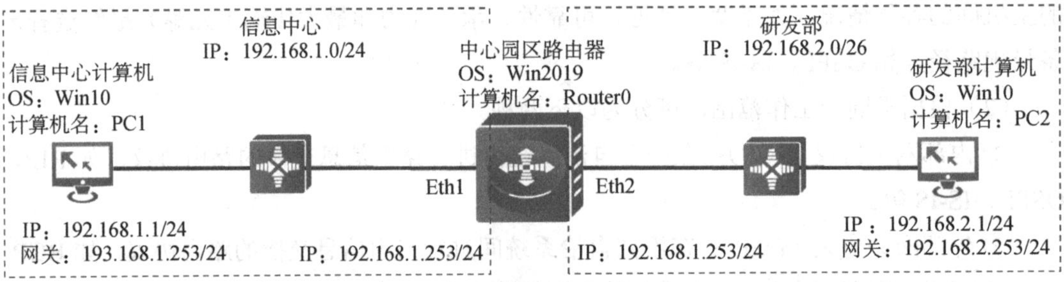

图 6-9 任务 6-1 的网络环境

在双网卡服务器上安装 Windows Server 2019 部署和启用路由与远程访问服务时，可通将该服务器配置为路由器来实现两个局域网的互联（直连网络）。因此，本任务可通过以下步骤来实施。

（1）设置信息中心和研发部客户机的 IP 地址、子网掩码和网关地址。

（2）在 Windows Server 2019 服务器上安装路由和远程访问服务。

（3）设置并启用路由和远程访问，实现信息中心和研发部的相互通信。

基于直连路由实现信息中心和研发部的互联

任务实施

1. 设置信息中心和研发部客户机的 IP 地址、子网掩码和网关地址

（1）使用具有管理员权限的用户账户登录 PC1 和 PC2，设置 IP 地址、子网掩码和默认网关，结果如图 6-10 和图 6-11 所示。

（2）在 PC1 中打开命令提示符窗口，执行“ping 192.168.1.253”命令检查其默认网关的通信情况，结果显示通信成功；执行“ping 192.168.2.1”命令检查其与另一子网 PC2 的通信情况，结果显示连接超时，如图 6-12 所示。

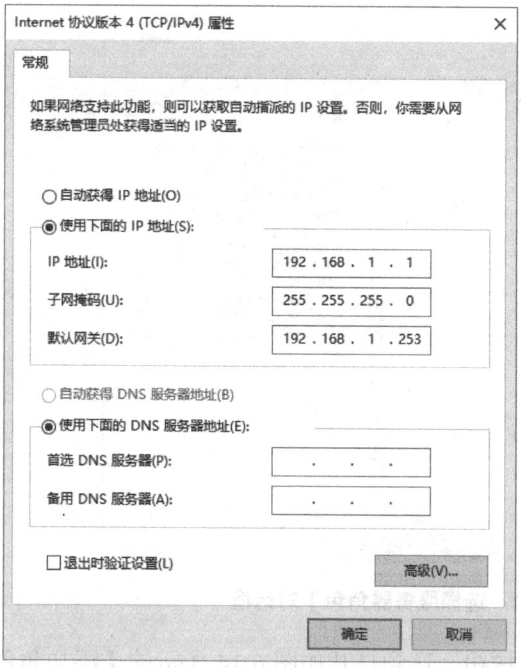

图 6-10 PC1 的 TCP/IP 配置

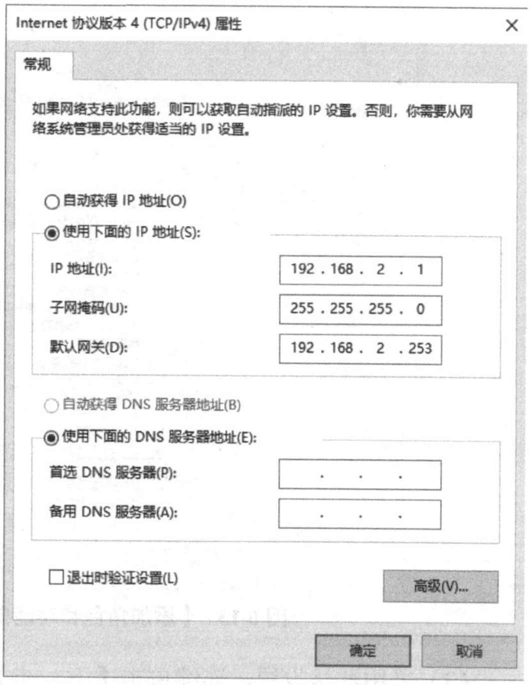

图 6-11 PC2 的 TCP/IP 配置

```
C:\>ping 192.168.1.253
……(省略部分显示信息)
Reply from 192.168.1.253: bytes=32 time<10ms TTL=128
……(省略部分显示信息)
C:\>ping 192.168.2.1
……(省略部分显示信息)
Request timed out.
……(省略部分显示信息)
```

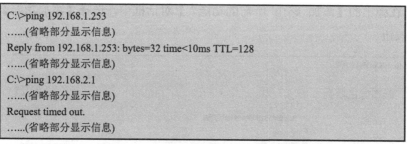

图 6-12 PC1 的【ping】命令测试结果

（3）同理可以对 PC2 做类似的测试，可以发现局域网内部和网关的通信良好，但是无法和另一个局域网的计算机通信。

特别提示：为了更好地显示【ping】命令的测试效果，建议先关闭 Windows 防火墙。

2. 在 Windows Server 2019 服务器上安装路由和远程访问服务

（1）在【服务器管理器】主窗口中单击【添加角色和功能】链接，打开【添加角色和功能向导】对话框。

（2）采用默认设置，连续单击【下一步】按钮，直到打开如图 6-13 所示的【添加角色和功能向导-选择服务器角色】对话框，勾选【远程访问】（路由功能服务组件）复选框。

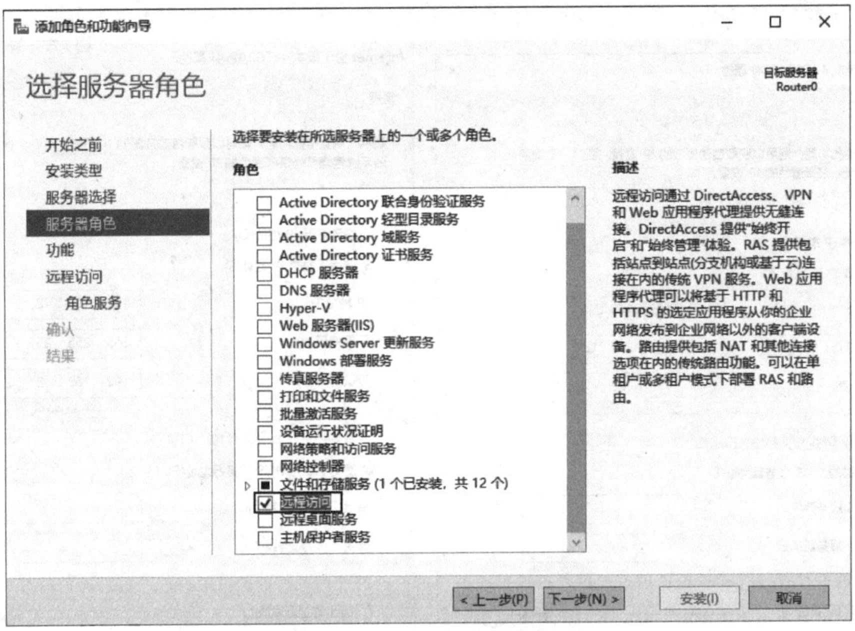

图 6-13 【添加角色和功能向导-选择服务器角色】对话框

（3）采用默认设置，连续单击【下一步】按钮，直到打开如图 6-14 所示的【添加角色和功能向导-选择角色服务】对话框，勾选【路由】和【DirectAccess 和 VPN(RAS)】复选框。同时，在弹出的【添加 路由 所需的功能？】对话框中，选择【添加功能】，然后单击【下一步】按钮。

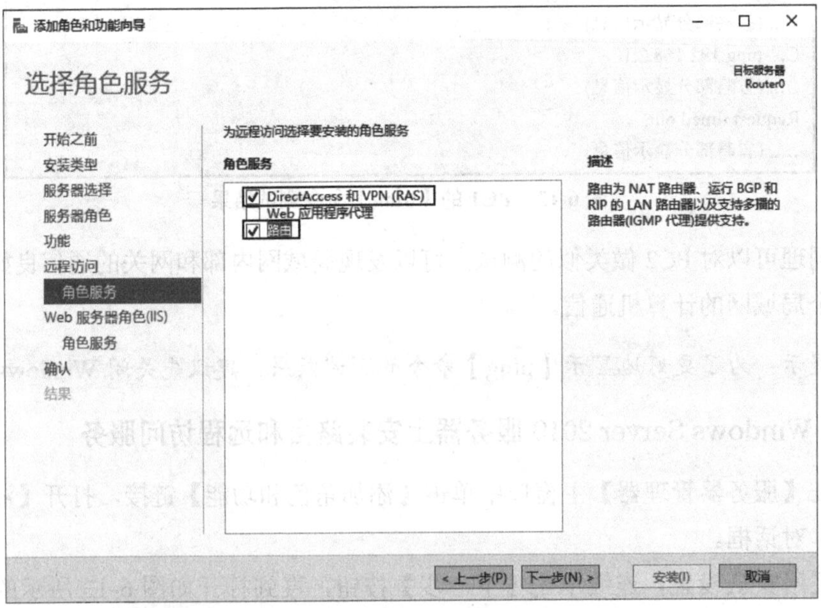

图 6-14 【添加角色和功能向导-选择角色服务】对话框

（4）采用默认设置，继续执行【添加角色和功能向导】中的步骤，完成路由和远程访问服务的安装。

3. 设置并启用路由和远程访问，实现信息中心和研发部的相互通信

（1）在【服务器管理器】中单击【工具】链接，在弹出的下拉式菜单中选择【路由和远程访问】命令，在打开的如图 6-15 所示的【路由和远程访问】窗口中选择并右击【ROUTER0（本地）】选项，在弹出的右键快捷菜单中选择【配置并启用路由和远程访问(C)】命令。

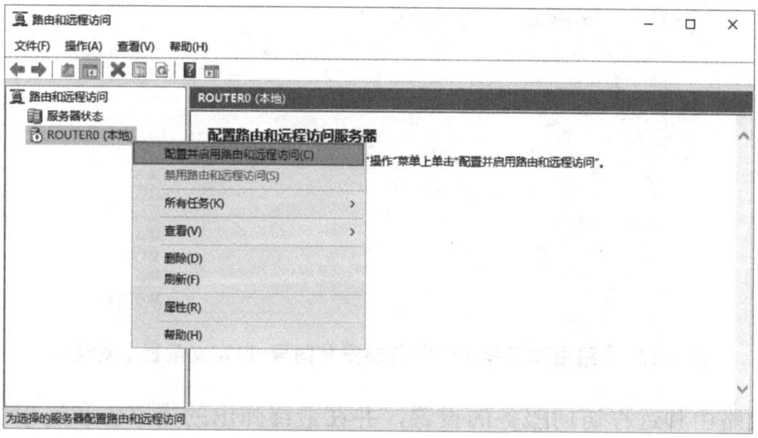

图 6-15　【路由和远程访问】窗口

（2）在弹出如图 6-16 所示的【路由和远程访问服务器安装向导-配置】对话框中，选中【自定义配置(C)】单选按钮，然后单击【下一步(N)】按钮。

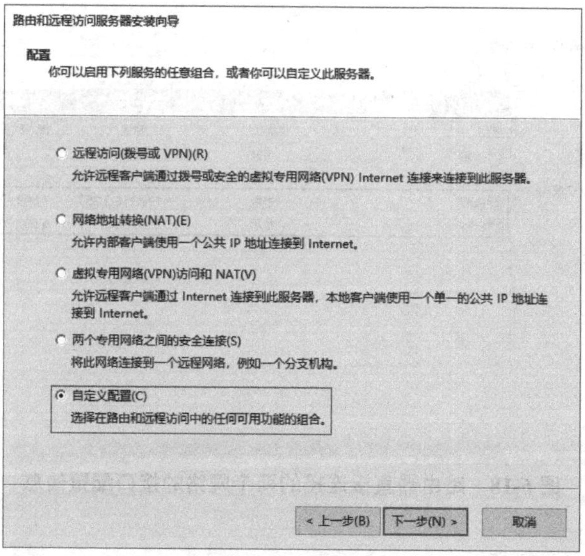

图 6-16　【路由和远程访问服务器安装向导-配置】对话框

（3）在如图 6-17 所示的【路由和远程访问服务器安装向导-自定义配置】对话框中，

勾选【LAN 路由(L)】（该功能用于提供不同局域网的互联路由服务）复选框，然后单击【下一步(N)】按钮。

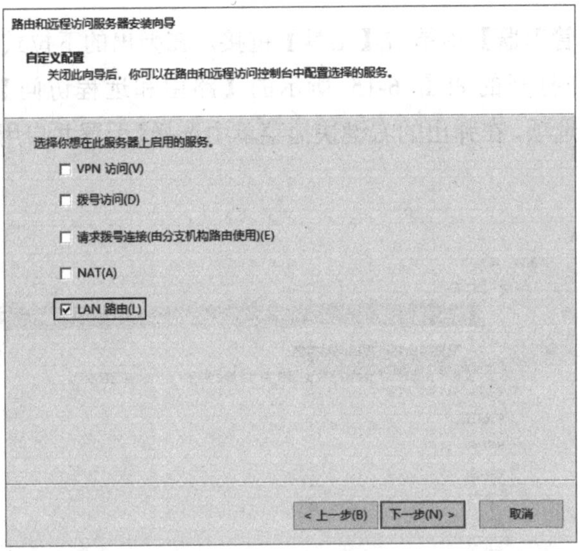

图 6-17 【路由和远程访问服务器安装向导-自定义配置】对话框

（4）完成路由和远程访问服务的设置，并在最终弹出的【路由和远程访问服务器安装向导-启用服务】对话框中选择【启用服务】，启动路由和远程访问服务。完成后，单击【IPv4】的【常规】链接，可以看到如图 6-18 所示的路由器直接连接的两个网络的接口配置信息。

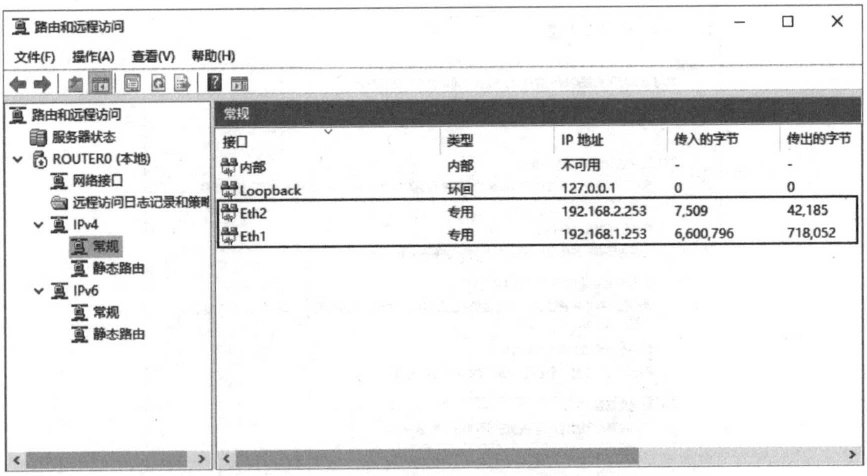

图 6-18 路由器直接连接的两个网络的接口配置信息

任务验证

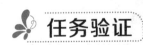

（1）在 PC1 上执行“ping 192.168.2.1”命令，再次检查与 PC2 的连接，由如图 6-19

所示信息可知，分属两个不同网段的两台 PC 可以相互通信了。

```
C:\>ping 192.168.2.1
……(省略部分显示信息)
Reply from 192.168.2.1: bytes=32 time<10ms TTL=127
……(省略部分显示信息)
```

图 6-19　将 PC1 配置为路由器之后测试不同子网的连通性

（2）同理，可以在 PC2 上执行“ping192.168.1.1”命令测试与 PC1 的连通性。TTL 值应为 127，该值表示数据包经过了一个路由器的转发，因为每经过一个路由器，TTL 值减 1。

任务 6-2　基于静态路由实现公司所有区域的互联

任务规划

Jan16 公司有 2 个厂区和 2 个园区，每个区域都已各自组建好局域网并分别通过园区 1 的路由器和园区 2 的路由器连接到园区中心，现需要配置静态路由以实现整个园区网的网络互联，公司园区网络拓扑如图 6-20 所示。

基于静态路由实现公司所有区域的互联

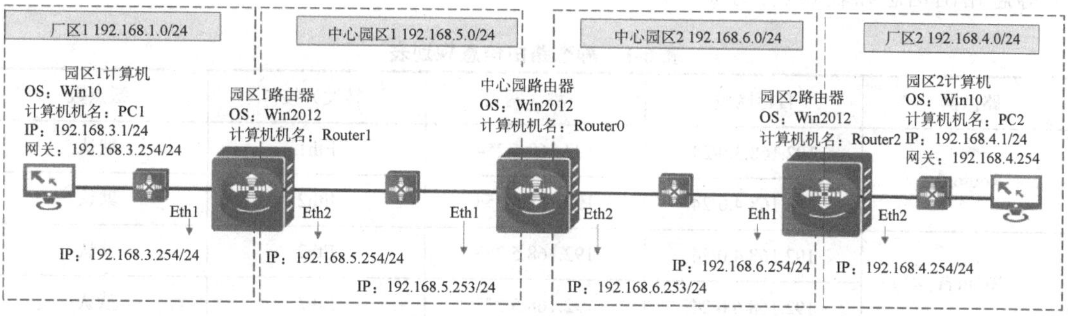

图 6-20　Jan16 公司园区网络拓扑

类似任务 6-1，首先，通过配置 Router0、Router1 和 Router2 三台 Windows Server 2019 服务器的路由来实现基本的直连网络互通；然后，在 Router0、Router1 和 Router2 上配置静态路由，则可以实现 3 个区域的互联互通。因此，本任务可通过以下步骤来实施。

（1）设置园区 1 生产中心和园区 2 生产中心的客户机 IP 地址、子网掩码和网关地址。

（2）在 Router0、Router1 和 Router2 三台 Windows Server 2019 服务器上部署和启用路由与远程访问服务。

（3）在 Router0、Router1 和 Router2 上配置静态路由，实现园区网络互联。

任务实施

1. 设置园区 1 生产中心和园区 2 生产中心的客户机 IP 地址、子网掩码和网关地址

（1）参考任务 6-1，完成 PC1 和 PC2 的 TCP/IP 设置。

（2）完成后对 PC1 和 PC2 进行网络的连通性测试，可以发现局域网内部和网关可以相互通信，但是无法和另一个局域网的计算机通信。

2. 在 Router0、Router1 和 Router2 三台 Windows Server 2019 服务器上部署和启用路由与远程访问服务

参考任务 6-1，完成 Router0、Router1 和 Router2 三台路由器路由和远程访问服务的部署和启用。

3. 在 Router0、Router1 和 Router2 上配置静态路由，实现园区网互通

参考任务 6-1，分别在 Router0、Router1 和 Router2 的路由和远程访问服务上启用【LAN 路由】功能。此时，如果进行局域网间的连通性测试可以发现 3 台路由器的相邻网络之间可以相互通信，但是非相邻网络还是不能相互通信。

因此，可以在 3 台路由器上配置静态路由，并为每台路由器的非直连网络添加静态路由条目信息来实现不同局域网间的互联互通。根据园区的网络拓扑图，各路由器需要添加的静态路由信息如表 6-1 所示。

表 6-1　静态路由信息规划表

路由器	目标网段	下一跳（网关）	（转发）接口	跃点数
Router0	192.168.3.0/24	192.168.5.254	Eth1	默认
	192.168.4.0/24	192.168.6.254	Eth2	默认
Router1	192.168.4.0/24	192.168.5.253	Eth2	默认
	192.168.6.0/24	192.168.5.253	Eth2	默认
Router2	192.168.3.0/24	192.168.6.253	Eth1	默认
	192.168.5.0/24	192.168.6.253	Eth1	默认

（1）如图 6-21 所示，在 Router0 的【路由和远程访问】窗口选中并右击【静态路由】，然后在弹出的右键快捷菜单中选择【新建静态路由(S)】命令，打开【IPv4 静态路由】对话框。

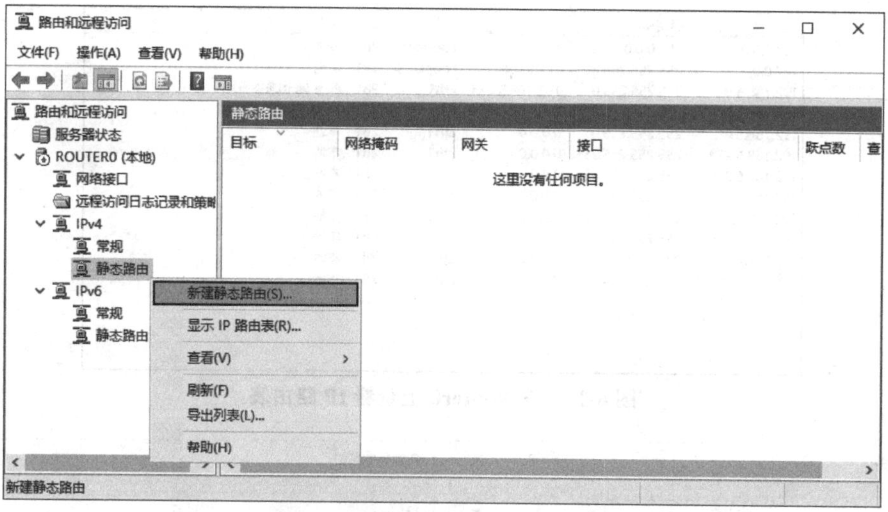

图 6-21　在 Router0 上新建静态路由

（2）按表 6-1 所示的静态路由信息规划表，在【IPv4 静态路由】对话框中输入静态路由条目，结果如图 6-22 所示。

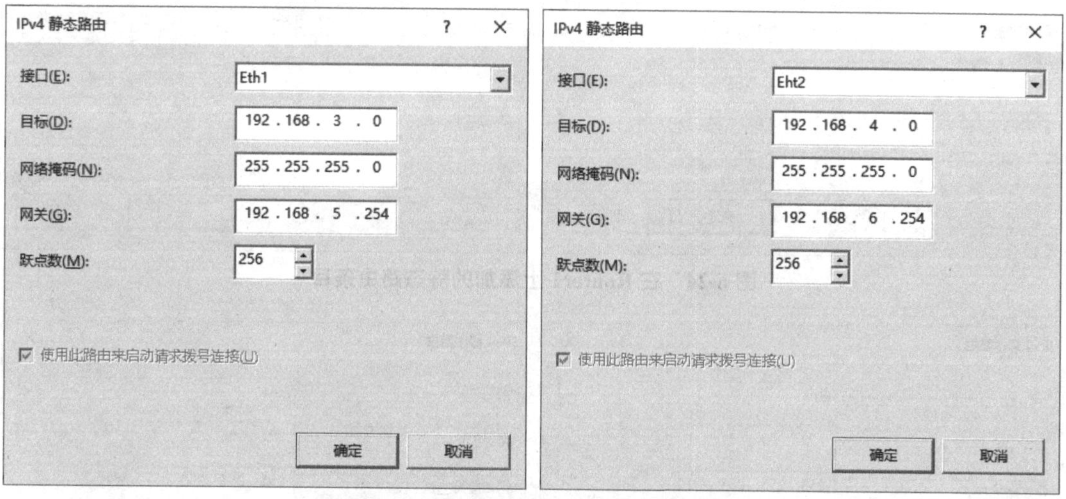

图 6-22　在 Router0 上添加静态路由条目

（3）完成后返回【路由和远程访问】窗口，在【静态路由】右键快捷菜单中选择【显示 IP 路由表】命令，在打开的【IP 路由表】窗口中可以看到该路由器的所有路由条目信息，其中包括刚刚添加的两条静态路由信息，结果如图 6-23 所示。

（4）由于通信是双向的，因此在 Router1 和 Router2 上也要创建静态路由。采用同样的方法，按静态路由信息规划表在 Router1 和 Router2 上也添加静态路由条目，结果如图 6-24 和图 6-25 所示。

目标	网络掩码	网关	接口	跃...	协议
127.0.0.0	255.0.0.0	127.0.0.1	Loopback	76	本地
127.0.0.1	255.255.255.255	127.0.0.1	Loopback	331	本地
192.168.3.0	255.255.255.0	192.168.5.254	Eth1	281	静态 (非请求拨号)
192.168.4.0	255.255.255.0	192.168.6.254	Eth2	281	静态 (非请求拨号)
192.168.5.0	255.255.255.0	0.0.0.0	Eth1	281	本地
192.168.5.253	255.255.255.255	0.0.0.0	Eth1	281	本地
192.168.5.255	255.255.255.255	0.0.0.0	Eth1	281	本地
192.168.6.0	255.255.255.0	0.0.0.0	Eth2	281	本地
192.168.6.253	255.255.255.255	0.0.0.0	Eth2	281	本地
192.168.6.255	255.255.255.255	0.0.0.0	Eth2	281	本地
224.0.0.0	240.0.0.0	0.0.0.0	Eth1	281	本地
255.255.255.255	255.255.255.255	0.0.0.0	Eth1	281	本地

图 6-23　在 Router0 上查看 IP 路由表

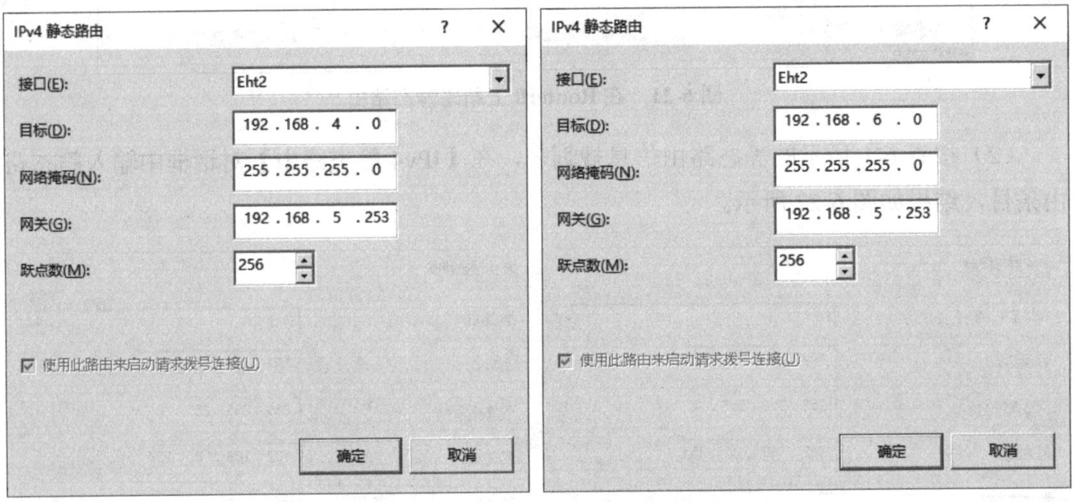

图 6-24　在 Router1 上添加的静态路由条目

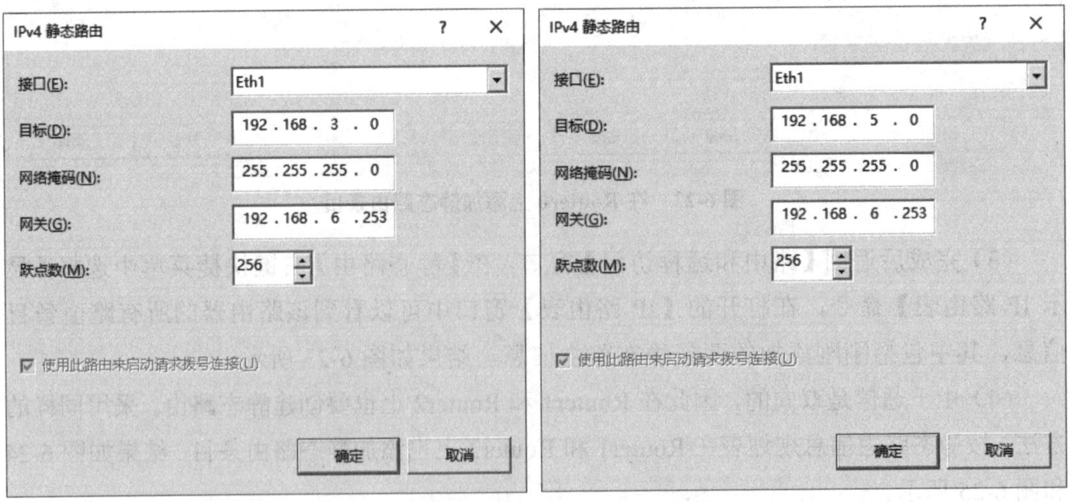

图 6-25　在 Router2 上添加的静态路由条目

任务验证

（1）在 PC1 上执行“ping 192.168.4.1”命令测试与 PC2 的连通性，结果如图 6-26 所示，两台计算机实现了相互通信。TTL 值为 125，说明该数据包经过了 Router0、Router1 和 Router2 三台路由器的转发（Windows 系统的 TTL 初始值默认为 128）。

```
C:\>ping 192.168.4.1
......(省略部分显示信息)
Reply from 192.168.4.1: bytes=32 time<10ms TTL=125
......(省略部分显示信息)
```

图 6-26　使用 PC1 测试园区网 3 个生产中心网络的互联情况

（2）同理，PC2 也可以同 PC1 通信。由此，通过静态路由的配置实现了园区网络的互联互通。

任务 6-3　基于默认路由实现公司所有区域的互联

任务规划

Jan16 公司有 2 个厂区和 2 个园区，每个区域都已各自组建好局域网并分别通过园区 1 的路由器和园区 2 的路由器连接到园区中心，现需要在边界路由器 Router1 和 Router2 上配置默认路由，在中心路由器 Router0 上配置静态路由以实现整个园区网的网络互联，公司园区网络拓扑如图 6-20 所示。

默认路由常用于边界路由器的配置，如果路由器的所有直连网络与外部网络的通信都是通过唯一一个接口转发出去的，则可将该接口配置为默认路由接口，且无须配置静态路由，图 6-20 中的 Router1 和 Router2 就是边界路由器。

本任务中，Router1 和 Router2 符合边界路由的条件，因此类似任务 6-2，在 Router0 上配置静态路由，在 Router1 和 Router2 上配置默认路由，也可以实现企业园区网络的互联互通。因此，本任务可通过以下操作步骤完成。

（1）在 Router0 上配置静态路由。

（2）在 Router1 和 Router2 上配置默认路由，实现园区网互通。

基于默认路由实现公司所有区域的互联

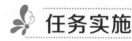

任务实施

1. 在 Router0 上配置静态路由

对路由器 Router0 执行与任务 6-2 相同的操作，完成静态路由的配置。

2. 在 Router1 和 Router2 上配置默认路由，实现园区网互通

参考任务 6-2，根据园区网络拓扑，各路由器需要添加的路由信息如表 6-2 所示。

表 6-2　路由信息规划表

路由器	目标网段	下一跳（网关）	（转发）接口	跃点数	备注
Router0	192.168.3.0/24	192.168.5.254	Eth1	默认	静态路由
	192.168.4.0/24	192.168.6.254	Eth2	默认	
Router1	0.0.0.0/0	192.168.5.253	Eth2	默认	默认路由
Router2	0.0.0.0/0	192.168.6.253	Eth1	默认	默认路由

从路由信息规划表中可以看出，目标网段为 0.0.0.0/0 的路由是默认路由，它是一种特殊的静态路由。

（1）分别在 Router1 和 Router2 上添加默认路由，如图 6-27 和图 6-28 所示。

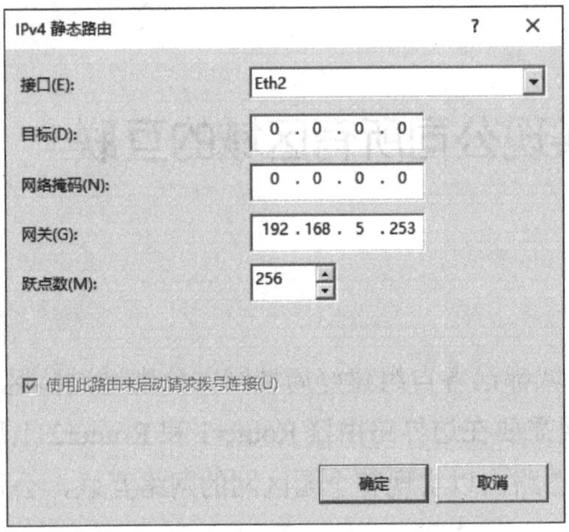

图 6-27　在 Router1 上添加的默认路由信息

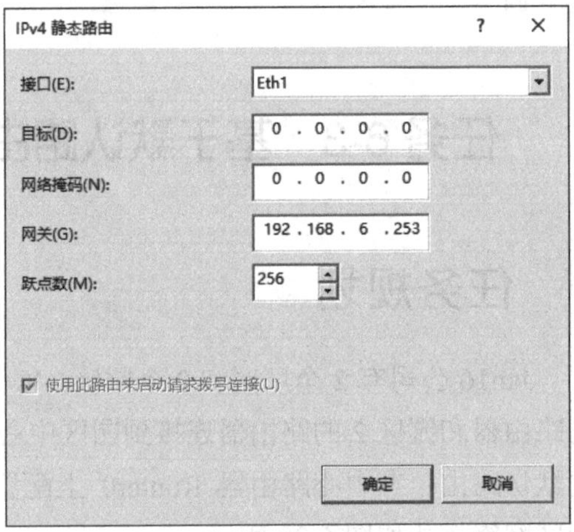

图 6-28　在 Router2 上添加的默认路由信息

（2）打开 Router1 的 IP 路由表，从中可以看到新创建的默认路由，如图 6-29 所示。

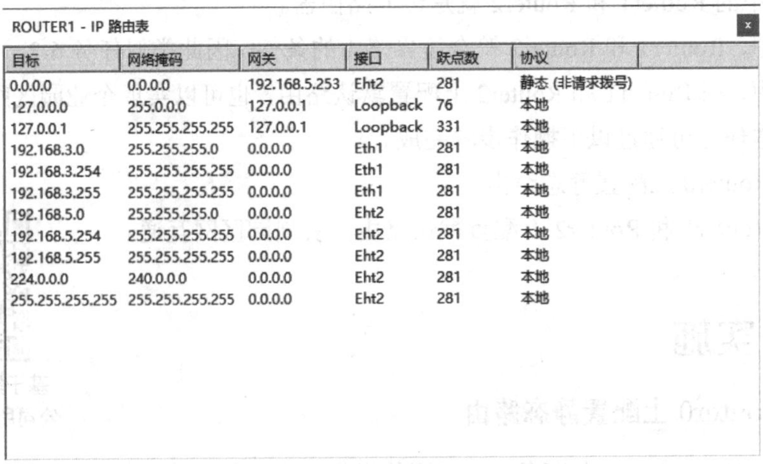
ROUTER1 - IP 路由表

目标	网络掩码	网关	接口	跃点数	协议
0.0.0.0	0.0.0.0	192.168.5.253	Eht2	281	静态 (非请求拨号)
127.0.0.0	255.0.0.0	127.0.0.1	Loopback	76	本地
127.0.0.1	255.255.255.255	127.0.0.1	Loopback	331	本地
192.168.3.0	255.255.255.0	0.0.0.0	Eth1	281	本地
192.168.3.254	255.255.255.255	0.0.0.0	Eth1	281	本地
192.168.3.255	255.255.255.255	0.0.0.0	Eth1	281	本地
192.168.5.0	255.255.255.0	0.0.0.0	Eht2	281	本地
192.168.5.254	255.255.255.255	0.0.0.0	Eht2	281	本地
192.168.5.255	255.255.255.255	0.0.0.0	Eht2	281	本地
224.0.0.0	240.0.0.0	0.0.0.0	Eht2	281	本地
255.255.255.255	255.255.255.255	0.0.0.0	Eht2	281	本地

图 6-29　在 Router1 上查看 IP 路由表

任务验证

在 PC1 上再次执行“ping 192.168.4.1”命令测试与 PC2 的连接，结果如图 6-30 所示，两台计算机相互通信成功，表示实现了园区网 3 个生产中心的互联。

```
C:\>ping 192.168.4.1
……(省略部分显示信息)
Reply from 192.168.4.1: bytes=32 time<10ms TTL=125
……(省略部分显示信息)
```

图 6-30　检测默认路由的连通性

任务 6-4　基于动态路由实现公司所有区域的互联

任务规划

基于动态路由实现公司所有区域的互联

Jan16 公司有 2 个厂区和 2 个园区，每个区域都已各自组建好局域网并分别通过园区 1 的路由器和园区 2 的路由器连接到园区中心，现需要在路由器 Router0、Router1 和 Router2 上配置 RIP 动态路由以实现整个园区网的网络互联，公司园区网络拓扑如图 6-20 所示。

在小型网络中使用静态路由即可满足网络互联的需求，但是如果网络中的子网较多而且网络地址经常变化时，就需要配置动态路由。Windows Server 2019 路由器支持 RIP，本任务将通过在园区网的 3 台路由器上启用 RIP 来实现企业园区网的互联互通。

RIP 动态路由是通过在路由器间交换路由信息来学习其他网络的路由条目的，因此，需要为每台路由器指定 RIP 的工作接口，这些接口用于和其他路由器交换 RIP 路由信息。根据园区网络拓扑，各路由器的 RIP 工作接口信息如表 6-3 所示。

表 6-3　路由器的 RIP 工作接口信息表

路由器	接口	相邻路由器	启用的路由协议
Router0	Eth1	Router1	RIPv2
	Eth2	Router2	RIPv2
Router1	Eth1	无	无
	Eth2	Router0	RIPv2
Router2	Eth1	Router0	RIPv2
	Eth2	无	无

因此，本任务将根据表 6-3，分别在 Router0、Router1 和 Router2 上配置 RIP 动态路由来实现园区网络的互通。

任务实施

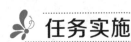

（1）如图 6-31 所示，在 Router1 的【路由和远程访问】窗口，选中并右击【IPv4】下的【常规】，在右键快捷菜单中选择【新增路由协议(P)】命令。

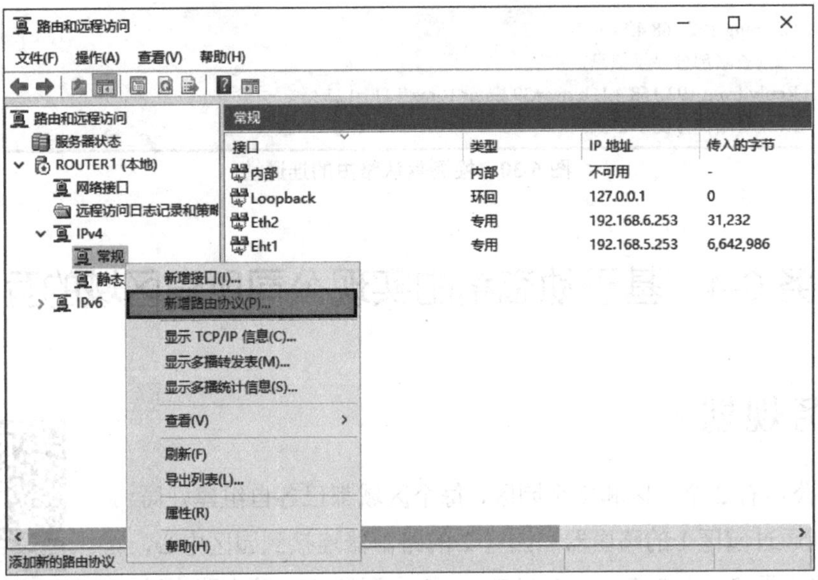

图 6-31 新增路由协议

（2）在弹出的如图 6-32 所示的【新路由协议】对话框中选择【RIP Version 2 for Internet Protocol】选项，然后单击【确定】按钮，完成路由器 RIP 功能的添加。

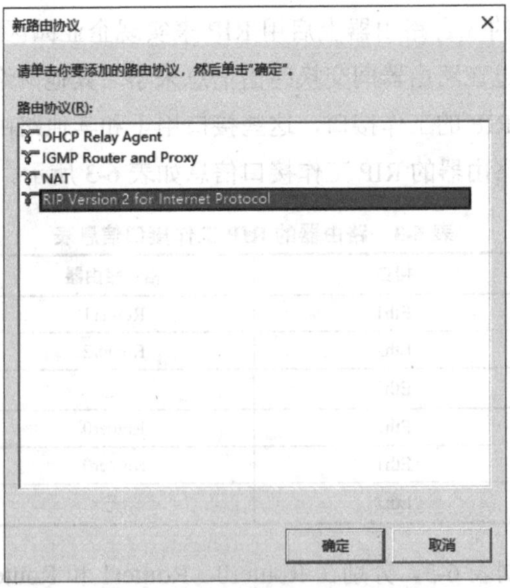

图 6-32 【新路由协议】对话框

（3）右击【RIP】，在弹出的如图 6-33 所示的右键快捷菜单中选择【新增接口(I)】命令。

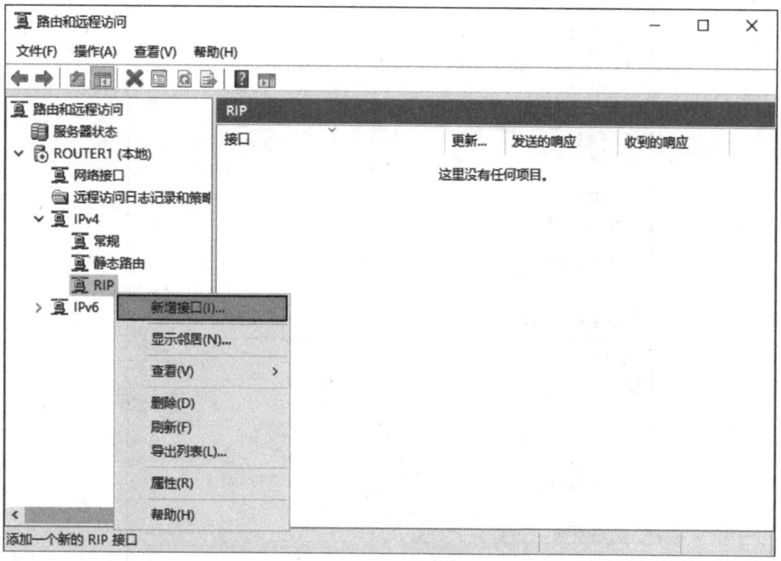

图 6-33　新增接口

（4）根据任务规划表，在弹出的【RIP Version 2 for Internet Protocol 的新接口】对话框中，Router1 应该选择【Eth2】接口启用 RIP，如图 6-34 所示。

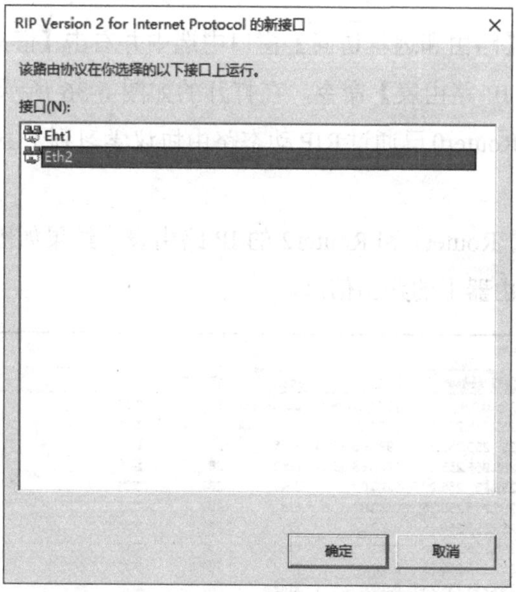

图 6-34　为路由器选择 RIP 的工作接口

（5）单击【确定】按钮，弹出如图 6-35 所示的【RIP 属性-Eth2 属性】对话框。

（6）按默认设置，单击【确定】按钮，完成 Router1 服务器 RIP 的配置。

（7）按照同样的方法，依据业务规划表，分别在 Router0、Router2 上启用 RIP。

（8）间隔一段时间后（建议超过 180 秒），路由器之间通过交换 RIP 数据包即可以学习到整个园区网所有网段的路由信息。

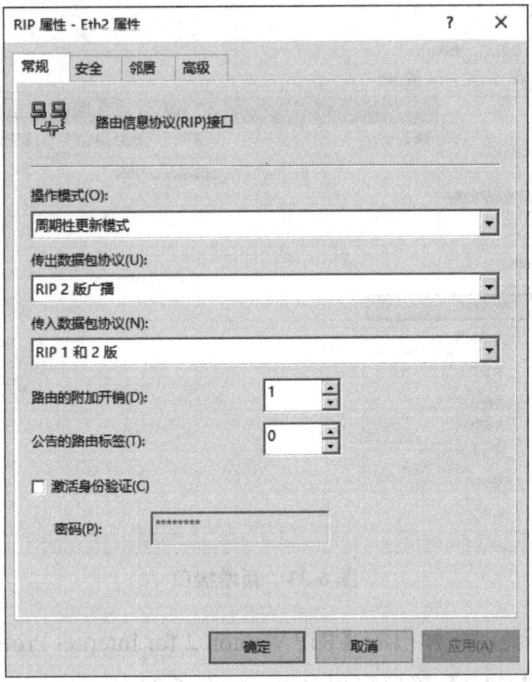

图 6-35 【RIP 属性-Eth2 属性】对话框

（9）在 Router0 的【路由和远程访问】窗口中选中并右击【静态路由】，在弹出的右键快捷菜单中选择【显示 IP 路由表】命令，在打开的如图 6-36 所示的【ROUTER0-IP 路由表】对话框中可以看到，Router0 已通过 RIP 动态路由协议学习到了 192.168.3.0 和 192.168.4.0 的路由信息。

（10）同理可以查看 Router1 和 Router2 的 IP 路由表，结果如图 6-37 和图 6-38 所示，它们均学习到了其他路由器上的路由信息。

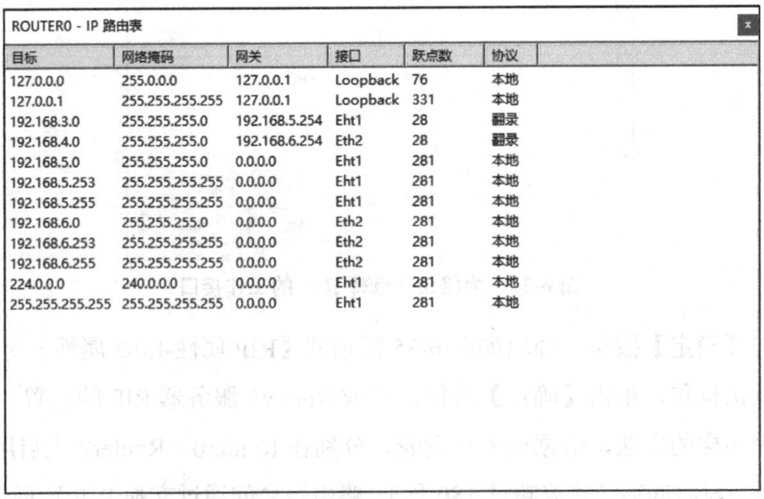
ROUTER0 - IP 路由表

目标	网络掩码	网关	接口	跃点数	协议
127.0.0.0	255.0.0.0	127.0.0.1	Loopback	76	本地
127.0.0.1	255.255.255.255	127.0.0.1	Loopback	331	本地
192.168.3.0	255.255.255.0	192.168.5.254	Eht1	28	翻录
192.168.4.0	255.255.255.0	192.168.6.254	Eth2	28	翻录
192.168.5.0	255.255.255.0	0.0.0.0	Eht1	281	本地
192.168.5.253	255.255.255.255	0.0.0.0	Eht1	281	本地
192.168.5.255	255.255.255.255	0.0.0.0	Eht1	281	本地
192.168.6.0	255.255.255.0	0.0.0.0	Eth2	281	本地
192.168.6.253	255.255.255.255	0.0.0.0	Eth2	281	本地
192.168.6.255	255.255.255.255	0.0.0.0	Eth2	281	本地
224.0.0.0	240.0.0.0	0.0.0.0	Eht1	281	本地
255.255.255.255	255.255.255.255	0.0.0.0	Eht1	281	本地

图 6-36 在 Router0 上查看 IP 路由表

ROUTER1 - IP 路由表

目标	网络掩码	网关	接口	跃点数	协议
127.0.0.0	255.0.0.0	127.0.0.1	Loopback	76	本地
127.0.0.1	255.255.255.255	127.0.0.1	Loopback	331	本地
192.168.3.0	255.255.255.0	0.0.0.0	Eth1	281	本地
192.168.3.254	255.255.255.255	0.0.0.0	Eth1	281	本地
192.168.3.255	255.255.255.255	0.0.0.0	Eth1	281	本地
192.168.4.0	255.255.255.0	192.168.5.253	Eht2	29	翻录
192.168.5.0	255.255.255.0	0.0.0.0	Eht2	281	本地
192.168.5.254	255.255.255.255	0.0.0.0	Eht2	281	本地
192.168.5.255	255.255.255.255	0.0.0.0	Eht2	281	本地
192.168.6.0	255.255.255.0	192.168.5.253	Eht2	28	翻录
224.0.0.0	240.0.0.0	0.0.0.0	Eht2	281	本地
255.255.255.255	255.255.255.255	0.0.0.0	Eht2	281	本地

图 6-37　在 Router1 上查看 IP 路由表

ROUTER2 - IP 路由表

目标	网络掩码	网关	接口	跃点数	协议
127.0.0.0	255.0.0.0	127.0.0.1	Loopback	76	本地
127.0.0.1	255.255.255.255	127.0.0.1	Loopback	331	本地
192.168.3.0	255.255.255.0	192.168.6.253	Eth1	29	翻录
192.168.4.0	255.255.255.0	0.0.0.0	Eth2	281	本地
192.168.4.254	255.255.255.255	0.0.0.0	Eth2	281	本地
192.168.4.255	255.255.255.255	0.0.0.0	Eth2	281	本地
192.168.5.0	255.255.255.0	192.168.6.253	Eth1	28	翻录
192.168.6.0	255.255.255.0	0.0.0.0	Eth1	281	本地
192.168.6.254	255.255.255.255	0.0.0.0	Eth1	281	本地
192.168.6.255	255.255.255.255	0.0.0.0	Eth1	281	本地
224.0.0.0	240.0.0.0	0.0.0.0	Eth1	281	本地
255.255.255.255	255.255.255.255	0.0.0.0	Eth1	281	本地

图 6-38　在 Router2 上查看 IP 路由表

任务验证

在 PC1 上再次执行“ping 192.168.4.1”命令测试与 PC2 的连接，结果如图 6-39 所示，两台计算机相互通信成功表示实现了园区网 3 个生产中心的互联。

```
C:\>ping 192.168.4.1
......(省略部分显示信息)
Reply from 192.168.4.1: bytes=32 time<10ms TTL=125
......(省略部分显示信息)
```

图 6-39　检测动态路由的连通性

练习与实践 6

一、理论题

1. 下列哪条路由是静态路由？（　　）

A. 路由器为本地接口生成的路由

B. 路由器上静态配置的路由

C. 路由器通过路由协议学来的路由

D. 路由器上目标为 255.255.255.255/32 的路由

2. 以下哪条命令可以在 Windows Server 2019 中查看本机的路由表？（　　）

A. ipconfig/all　　B. route print　　C. route table　　D. ping

3. 关于 Windows Server 2019 的路由功能，以下哪些说法不正确？（　　）

A. Windows 需要安装路由和远程访问角色并启用路由和远程访问服务才具备路由功能

B. Windows 的路由和远程访问服务无须定义就可以从接口自动学习 RIP 路由信息

C. Windows 启用路由和远程访问服务后就可以实现直连网络的互联互通

D. 0/0 是一种特殊的静态路由

4. 关于静态路由配置，以下哪些说法不正确？（　　）

A. 配置目标为 192.168.1.20/24 主机所在网络的静态路由时，目标网络为 192.168.1.0/24

B. 配置目标为 192.168.1.20/24 主机的静态路由时，目标网络为 192.168.1.20/24

C. 边界路由器可以配置默认路由，默认路由的目标网络为 0/0

D. 路由器需要为路由器直连网络配置静态路由信息来实现直连网络的互联

5. 关于 RIP 动态路由，以下哪些说法不正确？（　　）

A. RIP 是一种基于路由跳数的动态路由协议

B. RIP 支持的最大跳数为 16 跳

C. RIP 适用于大型区域网络的互联

D. RIPv2 兼容 RIPv1

二、项目实训题

1. 项目背景

Jan16 公司有 3 个园区，下设财务部、市场部、IT 信息中心 3 个部门，每个部门都建好了局域网，现为了满足公司业务发展的需求，公司要求网络管理员将各局域网互联来实现公司内部的相互通信和资源共享，具体要求和网络拓扑如下：

分别通过静态路由、默认路由和 RIP 动态路由的方式实现 3 个园区的互联，公司的网络拓扑图如图 6-40 所示。

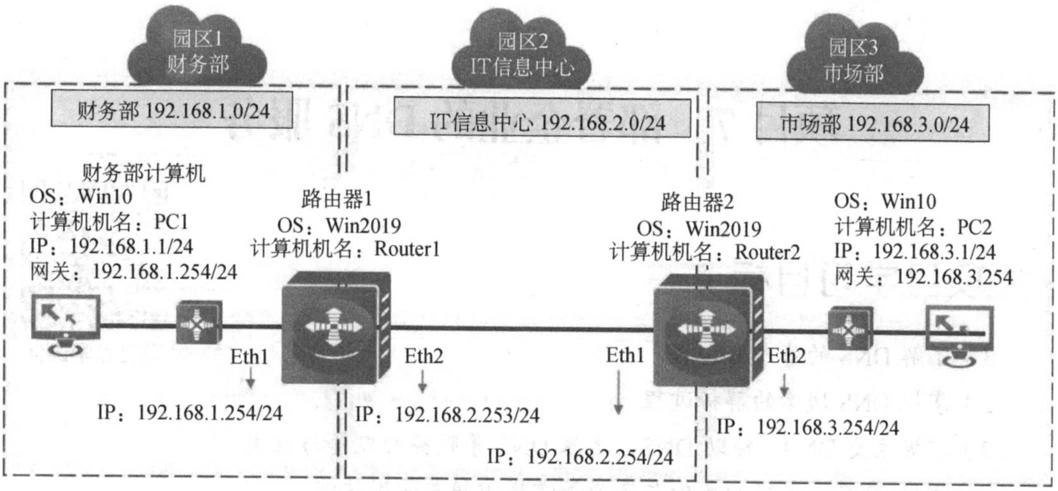

图 6-40　公司的网络拓扑图

2. 项目要求

（1）根据项目需求，完成公司 3 个园区的互联互通，并进行以下截取操作。

① 截取 PC1 和 PC2 的 ipconfig/all 命令执行结果。

② 截取 PC1 和 PC2 连通性测试界面。

③ 截取 Router1 和 Router2 在静态路由下的路由表。

④ 截取 Router1 和 Router2 在默认路由下的路由表。

⑤ 截取 Router1 和 Router2 在 RIP 动态路由下的路由表。

（2）参考验证命令 ping、route、tracert。

项目 7　部署企业的 DNS 服务

项目教学课件

项目学习目标

（1）了解 DNS 的基本概念。

（2）掌握 DNS 域名的解析过程。

（3）掌握主要 DNS、辅助 DNS、委派 DNS 等服务的概念与应用

（4）掌握 DNS 服务器的备份与还原等常规维护与管理技能。

（5）掌握和培养多区域企业组织架构下 DNS 服务的部署业务实施流程和职业素养。

项目描述

Jan16 公司总部位于北京，子公司位于广州，并在香港建有公司办事处，总公司和子公司建有公司大部分的应用服务器，办事处仅有少量的应用服务器。

现阶段，公司内部全部通过 IP 地址进行相互访问，员工经常抱怨 IP 地址众多且难以记忆，访问相关的业务系统非常麻烦，因此公司要求网络管理员尽快部署域名解析系统，实现基于域名来访问公司的业务系统，提高工作效率。

基于此，公司信息中心网络高级工程师针对公司的网络拓扑结构和服务器情况制定了一份 DNS 部署规划方案，具体内容如下。

（1）DNS 服务器的部署。主 DNS 服务器主要部署在北京，负责公司 Jan16.cn 域名的管理和总部计算机域名的解析；在广州子公司部署一个委派 DNS 服务器，负责 GZ.Jan16.cn 域名的管理和广州区域计算机域名的解析；在香港办事处部署一个辅助 DNS 服务器，负责香港区域计算机域名的解析。

（2）公司域名规划。公司为主要的应用服务器做了域名规划，域名、IP 地址和服务器的映射关系如表 7-1 所示。

表 7-1　域名、IP 地址和服务器的映射表

服务器角色	计算机名称	IP 地址	域名	位置
主 DNS 服务器	DNS	192.168.1.1/24	DNS.Jan16.cn	北京总部
Web 服务器	Web	192.168.1.10/24	WWW.Jan16.cn	北京总部
委派 DNS 服务器	GZDNS	192.168.1.100/24	DNS.GZ.Jan16.cn	广州子公司
文件服务器	FS	192.168.1.101/24	FS.GZ.Jan16.cn	广州子公司
辅助 DNS 服务器	HKDNS	192.168.1.200/24	HKDNS.Jan16.cn	香港办事处

（3）公司 DNS 服务器的日常管理。网络管理员应具备对 DNS 服务器进行日常维护的能力，包括启动和关闭 DNS 服务、DNS 递归查询管理等，要求网络管理员每月备份一次 DNS 的数据，并在 DNS 服务器出现故障时能利用备份数据快速重建。

（4）公司网络拓扑如图 7-1 所示。

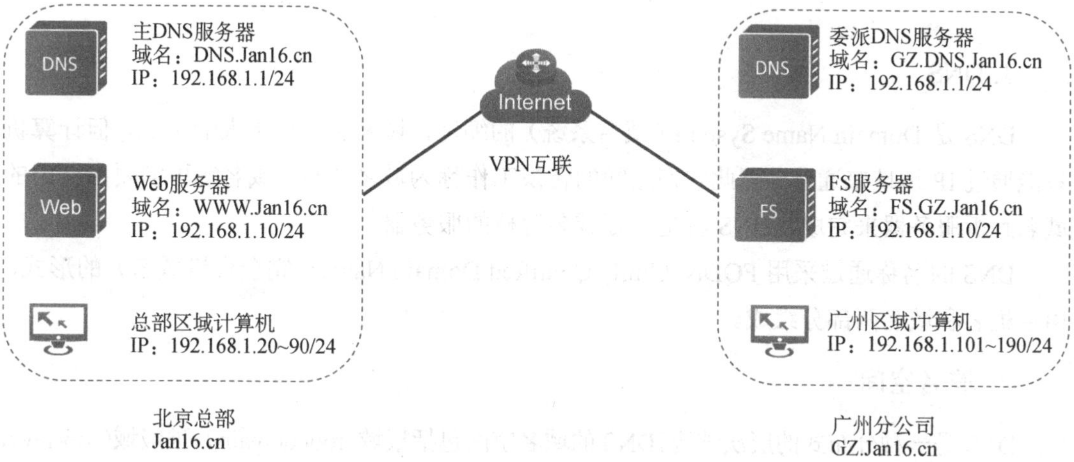

图 7-1　公司网络拓扑

项目分析

DNS 服务器中保存了域名和 IP 地址间的映射关系，相对于 IP 地址，域名更容易被用户记忆，通过部署 DNS 服务器就可以实现用户使用计算机域名来访问各应用服务器，因此可以提高工作效率。

在企业网络中，常根据企业的地理位置和其管理域名的数量，部署不同类型的 DNS 服务器来解决域名解析问题，常见的 DNS 服务器的角色包括主 DNS 服务、辅助 DNS 服务、委派 DNS 服务等。

根据该公司的网络拓扑结构和相关需求，本项目可以通过以下步骤来完成，具体如下。

（1）实现总部主 DNS 服务器的部署：在总公司部署主 DNS 服务器。

（2）实现子公司 DNS 委派服务器的部署：在广州子公司部署委派 DNS 服务器。

（3）实现香港办事处辅助 DNS 服务器的部署：在香港办事处部署辅助 DNS 服务器。

（4）DNS 服务器的管理：熟悉 DNS 服务器的常规管理任务。

相关知识

在 TCP/IP 网络中，计算机之间进行通信需要依靠 IP 地址。然而，由于 IP 地址是一些数字的组合，对于普通用户来说，记忆和使用都非常不方便。为解决该问题，需要为用户提供一种友好并方便记忆和使用的名称，并且还要求可以将该名称转换为 IP 地址以实现网络通信，DNS（域名系统）就是一套用简单易记的名称映射 IP 地址的解决方案。

7.1 DNS 的基本概念

1. DNS

DNS 是 Domain Name System（域名系统）的缩写，域名虽然便于人们记忆，但计算机只能通过 IP 地址来通信，因此它们之间的转换工作称为域名解析。域名解析需要由专门的域名解析服务器来完成，DNS 就是进行域名解析的服务器。

DNS 的名称通过采用 FQDN（Fully Qualified Domain Name，完全合格域名）的形式，由主机名和域名两部分组成。

2. 域名空间

DNS 是一种分布式的层次结构。DNS 的域名空间包括根域（root domain）、顶级域（top-level domains）、二级域（second-level domains）及子域（subdomains）。如 www.pconline.com.cn.，其中.代表根域，cn 为顶级域，com 为二级域，pconline 为三级域，www 为主机名。如图 7-2 所示是域名体系的层次结构。

DNS 规定，域名中的标号都由英文字母和数字组成，每个标号不超过 63 个字符，也不区分大小写字母。标号中除连字符（-）外不能使用其他的标点符号。级别最低的域名写在最左边，级别最高的域名写在最右边。由多个标号组成的完整域名总共不超过 255 个字符。

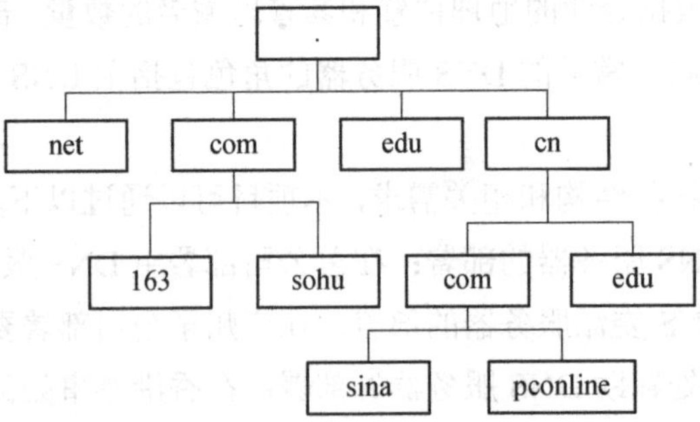

图 7-2　域名体系的层次结构

顶级域有两种类型的划分方式，即机构域和地理域，表 7-2 列举了常用的机构域和地理域。

表 7-2　常用的机构域和地理域

机构域		地理域	
.com	商业组织	.cn	中国
.edu	教育组织	.us	美国

（续表）

机构域		地理域	
.net	网络支持组织	.fr	法国
.gov	政府机构		
.org	非商业性组织		
.int	国际组织		

7.2 DNS 域名的类型与解析

（一）DNS 域名的解析方式

DNS 域名的解析可以分为两个基本步骤：本地解析和 DNS 服务器解析。

1. 本地解析

在 Windows 系统中有一个 Hosts 文件（%systemroot%\system32\drivers\etc），它在 Windows 本地存储了 IP 地址和 Host name（主机名）的映射关系。根据系统规则，Windows 在进行 DNS 请求之前，系统会先检查自己的 Hosts 文件中是否有这个地址的映射关系。如果有则调用这个 IP 地址映射；如果没有找到，则继续在以前的 DNS 查询应答的响应缓存中查找，如果缓存没有就向 DNS 服务器请求域名解析，也就是说 Hosts 的请求级别比 DNS 高。

2. DNS 服务器解析

DNS 服务器解析是目前广泛采用的一种域名解析方法，全世界有大量的 DNS 服务器，它们之间的协同工作构成一个分布式的 DNS 域名解析网络。例如，Jan16.cn 的 DNS 服务器只负责本域内数据的更新，而其他 DNS 服务器并不知道也无须知道 Jan16.cn 域内有哪些主机，但它们知道 Jan16.cn 域的位置；当需要解析 www.Jan16.cn 时，它们就会向 Jan16.cn 域的 DNS 服务器发出请求并完成该域名解析。采用这种分布式 DNS 解析结构时，DNS 数据的更新只需要在一台或者几台 DNS 服务器上进行，这使得整体的解析效率大大提高。

（二）DNS 服务器的类型

DNS 服务器用于实现 DNS 域名和 IP 地址的双向解析，将域名解析为 IP 地址称为正向解析，将 IP 地址解析为域名称为反向解析。在网络中，主要存在 4 种 DNS 服务器：主 DNS 服务器、辅助 DNS 服务器、转发 DNS 服务器和缓存 DNS 服务器。

1. 主 DNS 服务器

主 DNS 服务器是特定 DNS 域内所有信息的权威性信息源。主 DNS 服务器保存着自主生产的区域文件，该文件是可读写的。当 DNS 区域中的信息发生变化时，这些变化都会保存到主 DNS 服务器的区域文件中。

2. 辅助 DNS 服务器

辅助 DNS 服务器不创建区域数据，它的区域数据是从主 DNS 服务器复制来的，因此，区域数据只能读不能修改，也称为副本区域数据。当启动辅助 DNS 服务器时，辅助 DNS 服务器会和建立联系的主 DNS 服务器联系，并从主 DNS 服务器中复制数据。辅助 DNS 服务器在工作时，它会定期地更新副本区域数据，以尽可能地保证副本和正本区域数据的一致性。辅助 DNS 服务器除了可以从主 DNS 服务器复制数据外，还可以从其他辅助 DNS 服务器复制区域数据。

在一个区域中设置多个辅助 DNS 服务器可以提供容错、分担主 DNS 服务器的负担，同时可以加快 DNS 服务器解析的速度。

3. 转发 DNS 服务器

转发 DNS 服务器用于将 DNS 解析请求转发给其他 DNS 服务器。当 DNS 服务器收到客户端的请求后，它首先会尝试从本地数据库中查找，找到后将解析结果返回给客户端；若未找到，则需要向其他 DNS 服务器转发解析请求，其他 DNS 服务器完成解析后会返回解析结果，转发 DNS 服务器会将该结果保存在自己的缓存中，同时将解析结果返回给客户端。后续如果客户端再次请求解析相同的名称，转发 DNS 服务器会根据缓存记录结果回复该客户端。

4. 缓存 DNS 服务器

缓存 DNS 服务器可以提供名称解析，但没有任何本地数据库文件。缓存 DNS 服务器必须同时是转发 DNS 服务器，它将客户端的解析请求转发给其他 DNS 服务器，并将结果存储在缓存中。其与转发 DNS 服务器的区别在于没有本地数据库文件。缓存服务器不是权威性的服务器，因为它所提供的所有信息都是间接信息。

（三）DNS 的查询模式

DNS 客户端向 DNS 服务器提出查询请求后，DNS 服务器做出响应的过程称为域名解析。

正向解析是当 DNS 客户端向 DNS 服务器提交域名查询 IP 地址，或 DNS 服务器向另一台 DNS 服务器（提出查询的 DNS 服务器相对而言也是 DNS 客户端）提交域名查询 IP 地址时，DNS 服务器做出响应的过程。反过来，如果 DNS 客户端向 DNS 服务器提交 IP 地址后，DNS 服务器做出响应的过程则称为反向解析。

根据 DNS 服务器对 DNS 客户端的不同响应方式，域名解析可分为两种类型：递归查询和迭代查询。

1. 递归查询

递归查询发生在客户端向 DNS 服务器发出解析请求时，DNS 服务器会向客户端返回两种结果：查询成功或查询失败。如果当前 DNS 服务器无法解析域名，它不会告知客户端，而是自行向其他 DNS 服务器查询并完成解析，并将解析结果反馈给客户端。

2. 迭代查询

迭代查询通常在一台 DNS 服务器向另一台 DNS 服务器发出解析请求时使用。发起者向 DNS 服务器发出解析请求，如果当前 DNS 服务器未能在本地查询到请求的数据，则当前 DNS 服务器将告知另一台 DNS 服务器的 IP 地址给查询 DNS 服务器；然后，再由发起查询的 DNS 服务器自行向另一台 DNS 服务器发起查询；以此类推，直到查询到所需数据为止。

迭代的意思是：若在某地查不到，该地就会告知查询者其他地方的地址，让查询转到其他地方去查。

（四）DNS 域名的解析过程

DNS 域名的解析过程如图 7-3 所示。

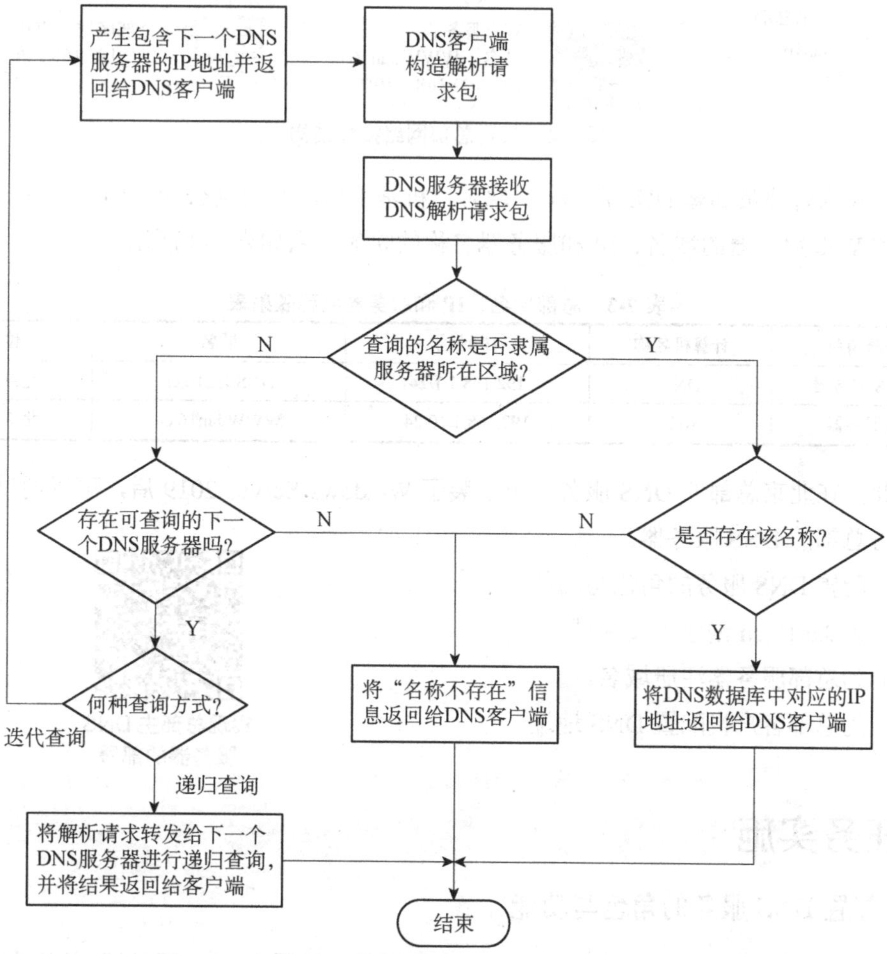

图 7-3 DNS 域名的解析过程

任务 7-1　实现总部主 DNS 服务器的部署

任务规划

公司总部为部署 DNS 服务已在总部准备了一台安装有 Windows Server 2019 操作系统的服务器，公司总部网络拓扑结构如图 7-4 所示，域名信息如表 7-3 所示。

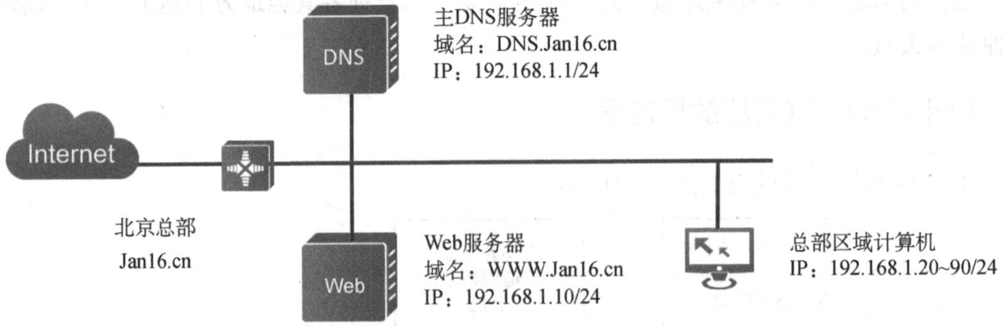

图 7-4　公司总部网络拓扑结构

公司要求管理员部署 DNS 服务，实现客户机基于域名来访问公司的门户网站。主 DNS 服务器和 Web 服务器的域名、IP 和服务器名称的映射关系如表 7-3 所示。

表 7-3　总部域名、IP 和服务器名称映射表

服务器角色	计算机名称	IP 地址	域名	位置
主 DNS 服务器	DNS	192.168.1.1/24	DNS.Jan16.cn	北京总部
Web 服务器	Web	192.168.1.10/24	WWW.Jan16.cn	北京总部

因此，在北京总部的 DNS 服务器上安装了 Windows Server 2019 后，可以通过以下步骤来部署总部的 DNS 服务器。

（1）配置 DNS 服务的角色与功能。

（2）为 Jan16.cn 创建主要区域。

（3）为总部服务器注册域名。

（4）为总部客户机配置 DNS 地址。

实现总部主 DNS 服务器的部署

任务实施

1. 配置 DNS 服务的角色与功能

安装 DNS 服务器，将 IP 地址为 192.168.1.1 的服务器设置为 DNS 服务器，具体步骤如下。

在【服务器管理器】窗口中，单击【添加角色和功能】；在打开的【添加角色和功能向导】对话框中，采用默认设置，单击【下一步】按钮，直到进入如图 7-5 所示的【添加角色和功能向导-选择服务器角色】对话框；勾选【DNS 服务器】复选框，并在弹出的对话框中单击【添加功能】按钮返回【添加角色和功能向导-选择服务器角色】对话框，然后单击【下一步】按钮。

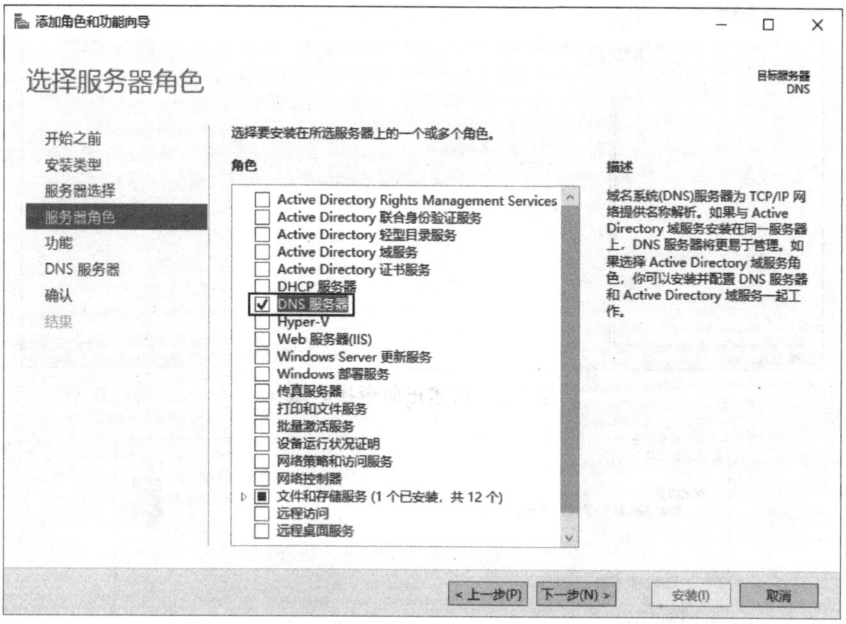

图 7-5　添加 DNS 角色选择

在后续的操作中均采用默认设置即可完成 DNS 角色和服务的安装。

2. 为 Jan16.cn 创建主要区域

根据任务背景，网络管理员只需要实现域名到 IP 地址的映射，因此在 DNS 服务器上创建正向解析区域 Jan16.cn 即可，步骤如下。

（1）打开【服务器管理器】窗口，在【工具】下拉式菜单中单击【DNS】命令，打开【DNS 管理器】对话框。

（2）在【DNS 管理器】对话框左侧的列表中选择【正向查找区域】选项，在如图 7-6 所示的右键快捷菜单中选择【新建区域(Z)】命令，打开【新建区域向导】对话框，然后单击【下一步】按钮。

（3）在如图 7-7 所示的【新建区域向导-区域类型】对话框中，网络管理员可选择需要创建的 DNS 区域的类型，本任务需要创建一个 DNS 主要区域用于管理 Jan16.cn 的域名，因此这里选中【主要区域(P)】单选按钮，然后单击【下一步(N)】按钮。

（4）在如图 7-8 所示的【新建区域向导-区域名称】对话框中，网络管理员可以输入要创建的 DNS 区域名称，该区域名称通常为申请单位的根域，即单位向 ISP 申请到的域名名称。在本任务中，公司根域为 Jan16.cn，因此，在【区域名称(Z):】文本框中输入 Jan16.cn。

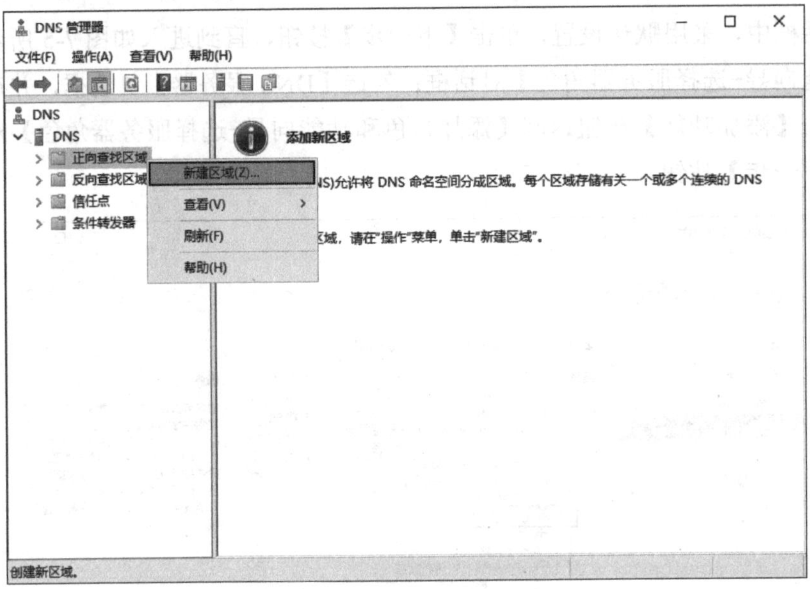

图 7-6　新建正向查找区域

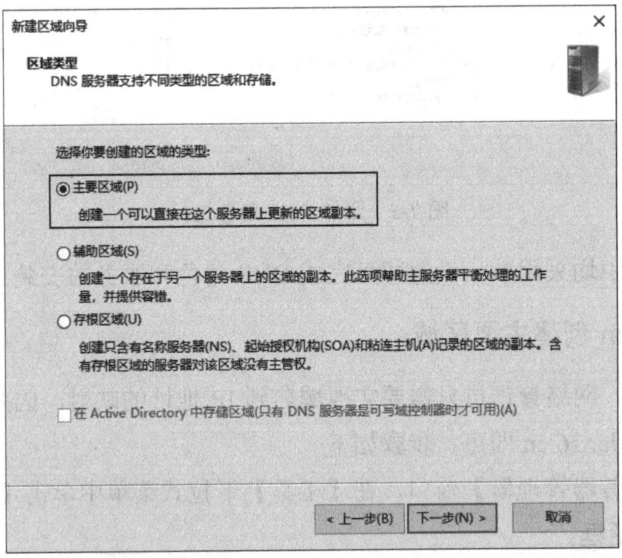

图 7-7　【新建区域向导-区域类型】对话框

（5）单击【下一步】按钮，进入【新建区域向导-区域文件】对话框，在 DNS 服务器中，每个区域都会对应一个文件，采用默认的区域文件名，即默认配置的 Jan16.cn.dns。

（6）单击【下一步】按钮，进入【新建区域向导-动态更新】对话框。

DNS 允许基于客户端域名（A 记录）IP 地址的变化，动态更新域名映射的 IP 地址，常应用于 DNS 和 DHCP 服务器的集成。在本任务中，公司并没有动态更新需求，这里选择默认选项【不允许动态更新】，然后单击【下一步】按钮，完成 Jan16.cn 区域的创建，结果如图 7-9 所示。

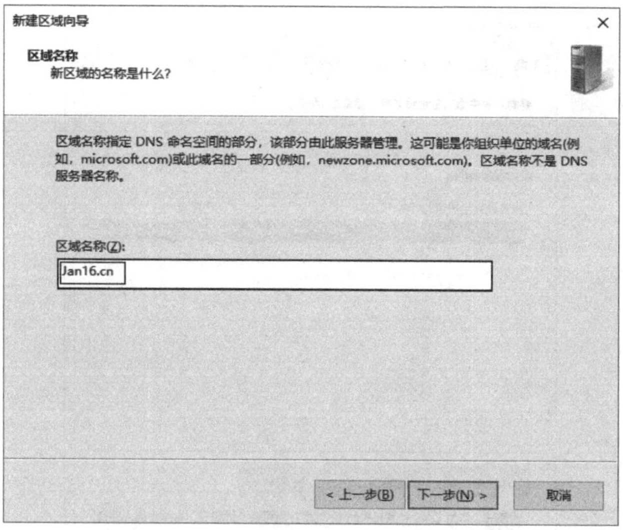

图 7-8 【新建区域向导-区域名称】对话框

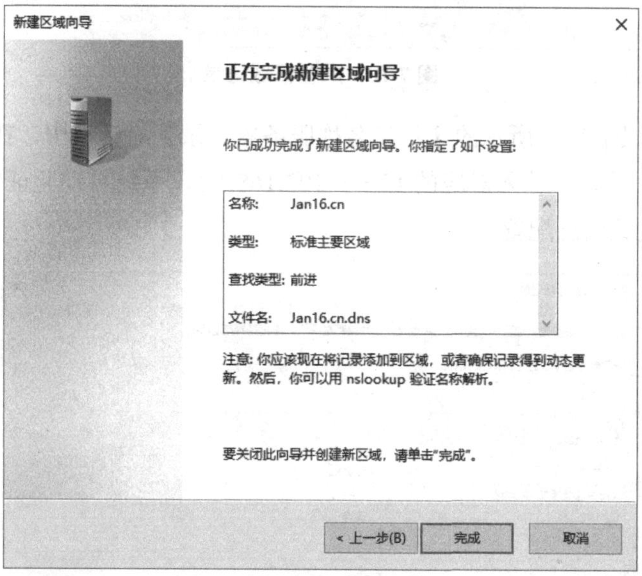

图 7-9 新建主要区域完成

3. 为总部服务器注册域名

（1）配置根域信息。创建完 Jan16.cn 主要区域后，首先需要对该区域进行配置，添加根域记录。

① 在正向查找区域列表下所建立的 Jan16.cn 区域上单击右键，在弹出的右键快捷菜单中选择【属性】命令，在弹出的如图 7-10 所示的【Jan16.cn 属性】对话框中打开【名称服务器】选项卡，单击【添加】按钮配置根域记录。

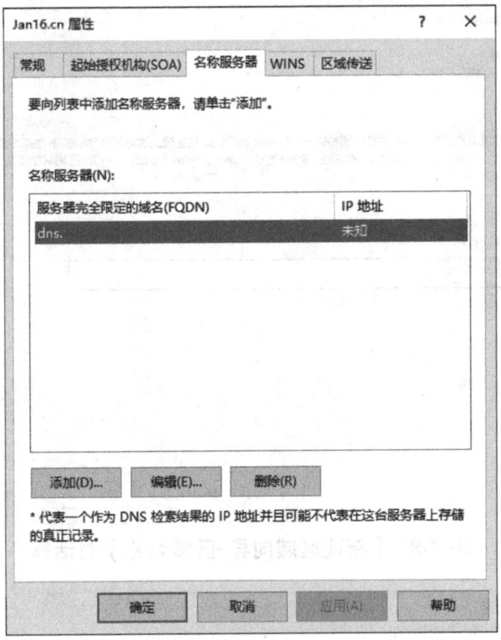

图 7-10　配置根域记录

② 在弹出的如图 7-11 所示的【新建名称服务器记录】对话框中，在 FQDN 栏输入根域 Jan16.cn，在 IP 地址中输入对应的 IP——192.168.1.1，系统自动验证成功后，单击【确认】按钮，完成根域信息配置。

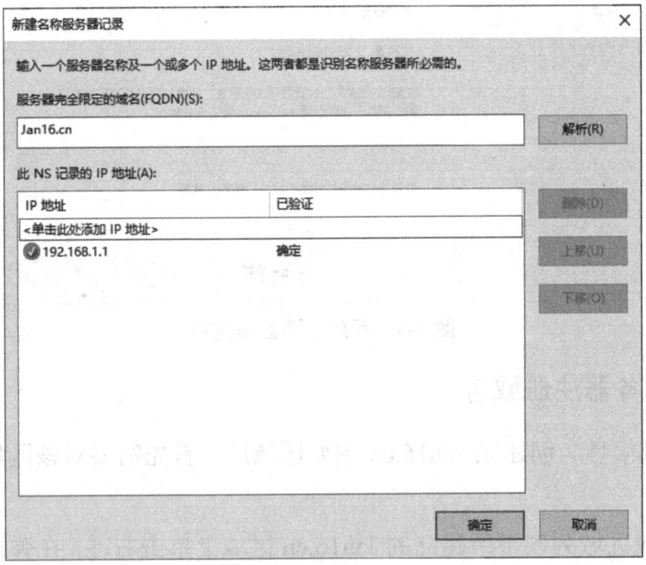

图 7-11　【新建名称服务器记录】对话框

（2）注册域名记录。DNS 主要区域允许网络管理员注册多种类型的资源记录，最常见的资源记录如下。

- 主机（A）资源记录：新建一个域名到 IP 地址的映射。

● 别名（CNAME）资源记录：新建一个域名映射到另外一个域名。

● 邮件交换器（MX）资源记录：和邮件服务器配套使用，用于指定邮件服务器的地址。

在本任务中，需要根据表 7-3 为两台服务器注册域名。

① 注册 Web 服务器的域名。如图 7-12 所示，选中并右击【Jan16.cn】，在弹出的右键快捷菜单中选择【新建主机(A 或 AAAA)(S)】命令。

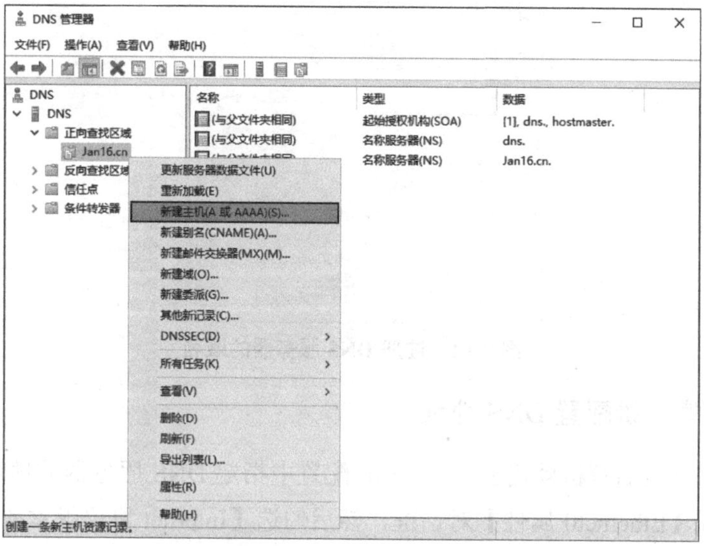

图 7-12　新建主机记录

在弹出的如图 7-13 所示的【新建主机】对话框中，输入 Web 服务器的名称——WWW（则完全限定的域名就是 WWW.Jan16.cn），输入对应的 IP 地址——192.168.1.10，然后单击【添加主机(H)】按钮，完成 Web 服务器域名注册。

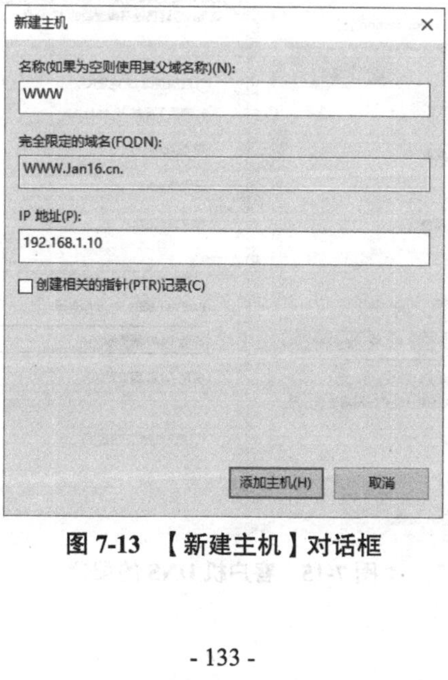

图 7-13　【新建主机】对话框

②注册 DNS 服务器的域名。类似上一个操作，如图 7-14 所示，在【新建主机】对话框中，输入 DNS 服务器的名称 DNS，输入对应的 IP 地址 192.168.1.1，最后单击【添加主机(H)】按钮，完成 DNS 服务器域名的注册。

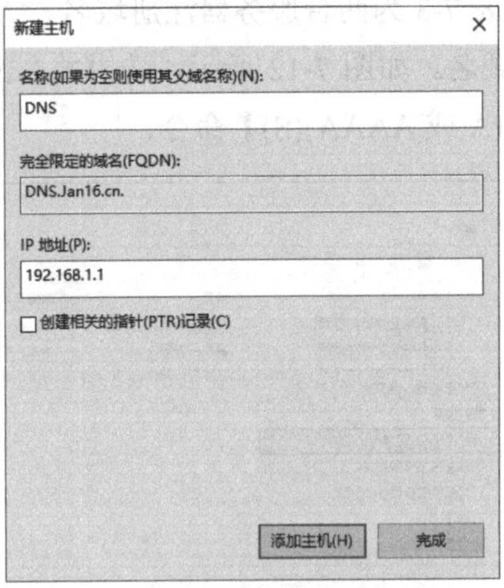

图 7-14 注册 DNS 服务器的域名

4. 为总部客户机配置 DNS 地址

对计算机进行域名解析就需要在 TCP/IP 配置中指定 DNS 服务器的地址。任意选择一台客户机，打开【Ethemet0 属性】对话框，然后勾选【Internet 协议版本 4 (TCP/IPv4)】复选框，单击【属性】按钮，打开【Internet 协议版本 4 (TCP/IPv4)属性】对话框，在【首选 DNS 服务器】文本框中输入总部的 DNS 服务器地址 192.168.1.1，结果如图 7-15 所示。

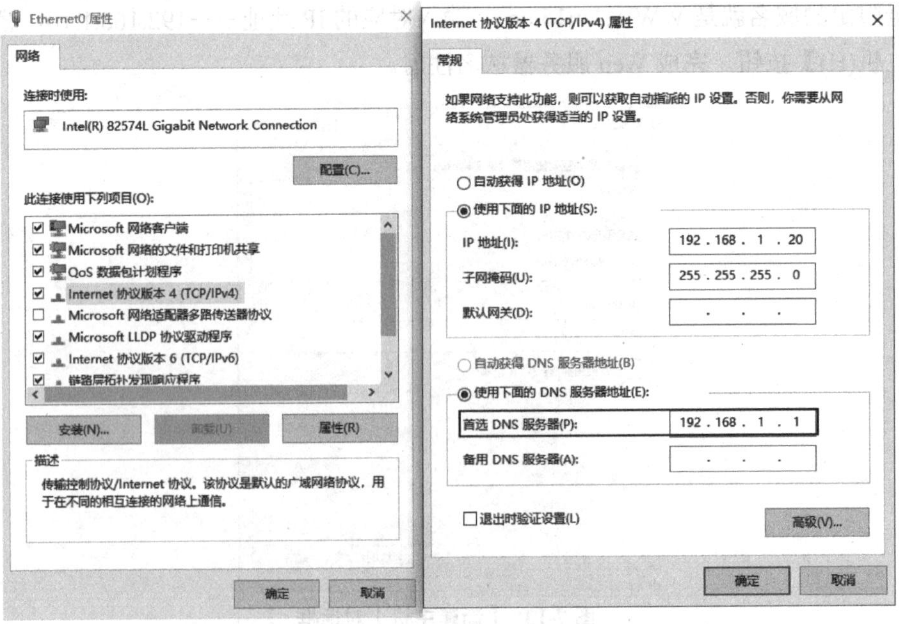

图 7-15 客户机 DNS 的配置

任务验证

1. 测试 DNS 服务是否安装成功

（1）如果 DNS 服务成功安装，在%systemroot%\system32 目录下会自动创建一个 DNS 的文件夹，其中包含 DNS 区域数据库文件和日志文件等 DNS 相关文档，DNS 文件夹的结构如图 7-16 所示。

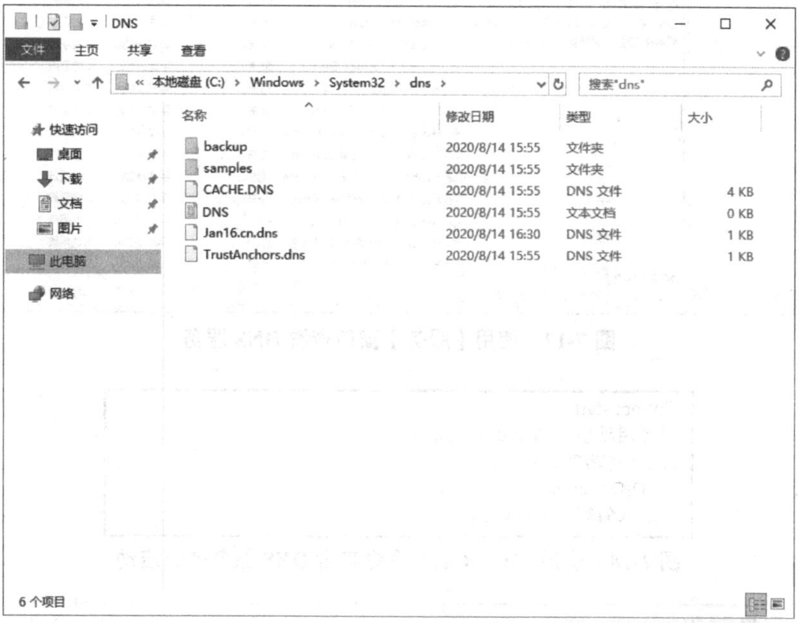

图 7-16　DNS 文件夹的结构

（2）DNS 服务器成功安装后，会自动启动 DNS 服务。单击【服务器管理器】窗口的【工具】下拉式菜单，选择【服务】命令，在打开的如图 7-17 所示的【服务】窗口中，可以看到已经启动的 DNS 服务。

（3）执行“net start”命令，该命令将列出当前系统已启动的所有服务，用户可以在结果中查看 DNS 服务是否打开。成功启动 DNS 服务后，该命令的执行结果如图 7-18 所示。

2. DNS 域名解析的测试

DNS 配置好后，对 DNS 域名解析的测试通常通过 ping、nslookup、ipconfig/displaydns 等命令进行。

（1）在客户机上打开命令行窗口，执行“ping WWW.Jan16.cn”命令，测试域名是否能正常解析，结果如图 7-19 所示，域名 WWW.Jan16.cn 已经正确解析为 IP：192.168.1.10。

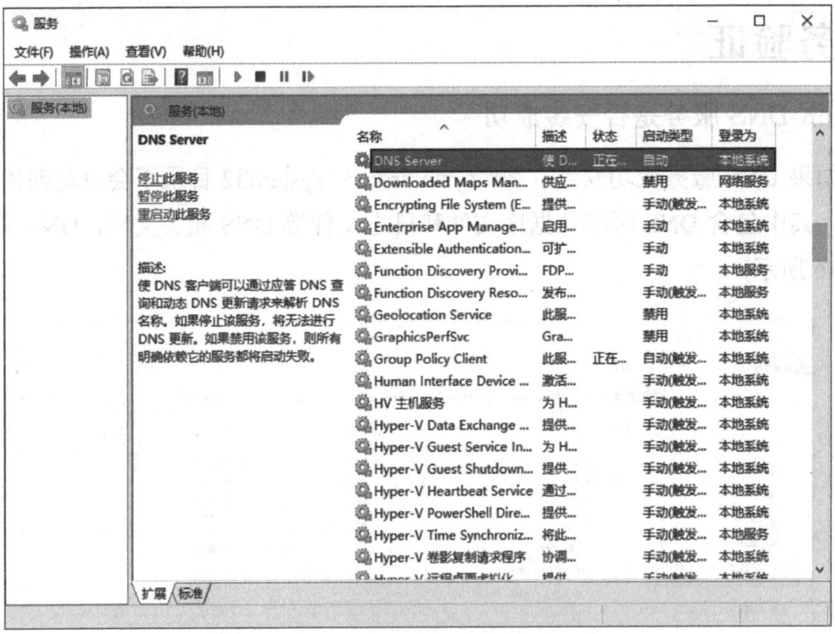

图 7-17　使用【服务】窗口查看 DNS 服务

```
C:\>net start
已经启动以下 Windows 服务:
......（省略部分显示信息）
    DNS Server
...... （省略部分显示信息）
```

图 7-18　使用“net start”命令查看 DNS 服务是否启动

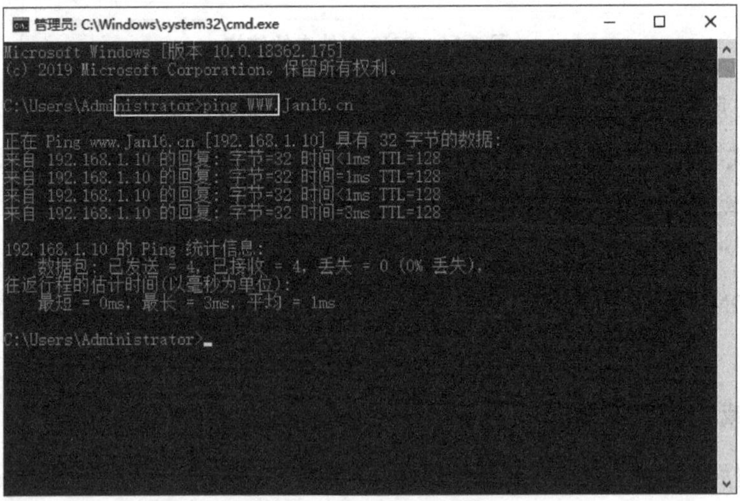

图 7-19　DNS 的 ping 测试

（2）nslookup 是一个专门用于 DNS 测试的命令，在命令行窗口中，执行“nslookup dns.Jan16.cn”命令，从如图 7-20 所示的命令返回结果可以看出，DNS 服务器解析“DNS.Jan16.cn”对应的 IP 为 192.168.1.1。

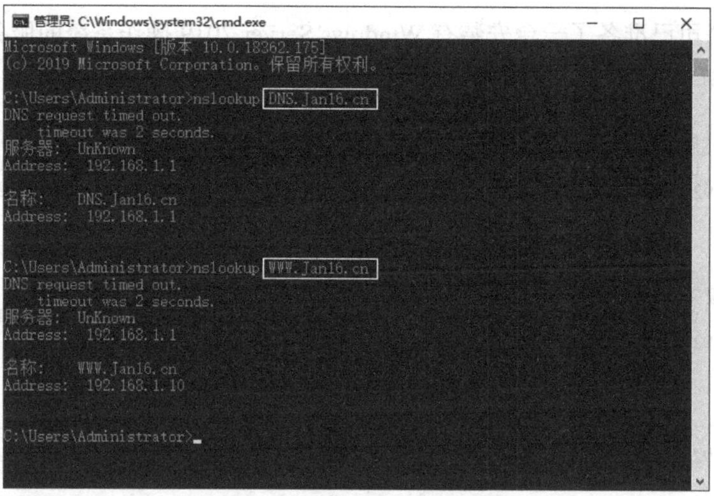

图 7-20　DNS 的 nslookup 测试

（3）客户机通过向域名服务器请求域名解析后，会将域名解析的结果存储在本地缓存中，以便下次再次解析相同域名时不用再向域名服务器解析。执行“ipconfig/ displaydns”命令，可以查看客户机已学习到的 DNS 缓存记录，结果如图 7-21 所示。

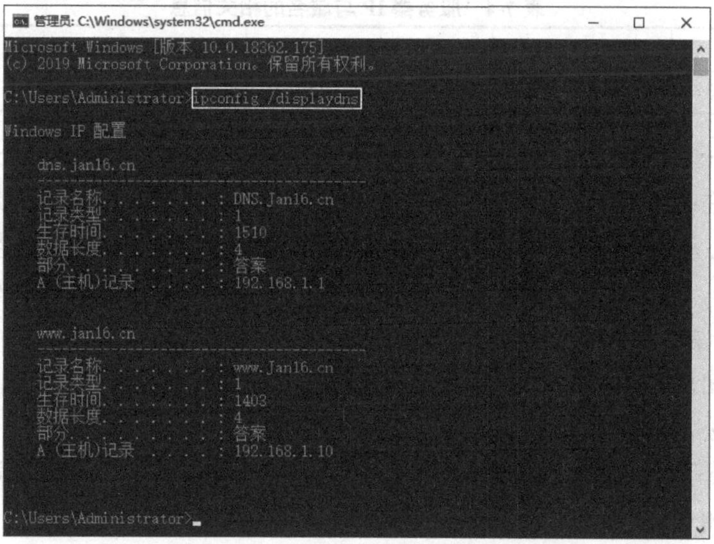

图 7-21　执行“ipconfig/displaydns”命令查看本地 DNS 记录缓存

任务 7-2　实现子公司 DNS 委派服务器的部署

任务规划

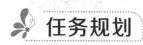

广州子公司是一个相对独立的运营实体，它希望能更加便捷地管理自己的域名系统。

为此，广州子公司已准备了一台安装有 Windows Server 2019 操作系统的服务器，其与总部的网络拓扑如图 7-22 所示，服务器 IP 地址与域名的相关信息如表 7-4 所示。

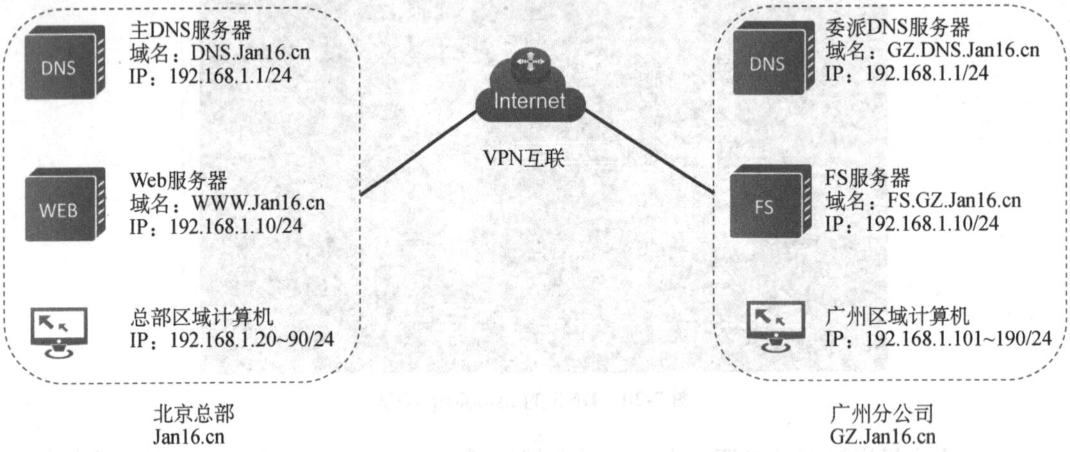

图 7-22　广州子公司与总部的网络拓扑

公司要求网络管理员为子公司部署 DNS 服务，实现客户机基于域名来访问公司各网站。

表 7-4　服务器 IP 与域名的相关信息

服务器角色	计算机名称	IP 地址	域名	位置
委派 DNS 服务器	GZ.DNS	192.168.1.100/24	GZ.DNS.Jan16.cn	广州子公司
FS 服务器	FS.GZ	192.168.1.101/24	FS.GZ.Jan16.cn	广州子公司

公司如果在多个区域办公，本地部署的 DNS 服务器为了提高本地客户机解析域名的速度，需要在子公司或分公司部署委派 DNS 服务器，因此可以将子域的域名管理委托给下一级 DNS 服务器，这样有利于减轻主 DNS 服务器的负担，并给子域名的管理带来便捷。委派 DNS 服务器常用于子公司或分公司的应用场景。

要在子公司部署委派 DNS 服务器，可以通过以下步骤来完成。

（1）在总公司主 DNS 服务器上创建委派区域 GZ.Jan16.cn。

（2）在广州子公司 DNS 服务器上创建主要区域 GZ.Jan16.cn，并注册子公司服务器的域名。

（3）在广州子公司 DNS 服务器上创建 Jan16.cn 的辅助 DNS。

（4）设置总公司的主 DNS 服务器，允许广州子公司复制 DNS 数据。

（5）在总公司的 DNS 服务器上创建 GZ.Jan16.cn 的辅助 DNS。

（6）为广州子公司的客户机配置 DNS 地址。

任务实施

实现子公司 DNS 委派服务器的部署

1. 在总公司主 DNS 服务器上创建委派区域 GZ.Jan16.cn

（1）在总公司的 DNS 服务器中打开【DNS 管理器】窗口，在控制台列表中，右击

【Jan16.cn】选项，在弹出的如图 7-23 所示的右键快捷菜单中选择【新建委派(G)】命令。

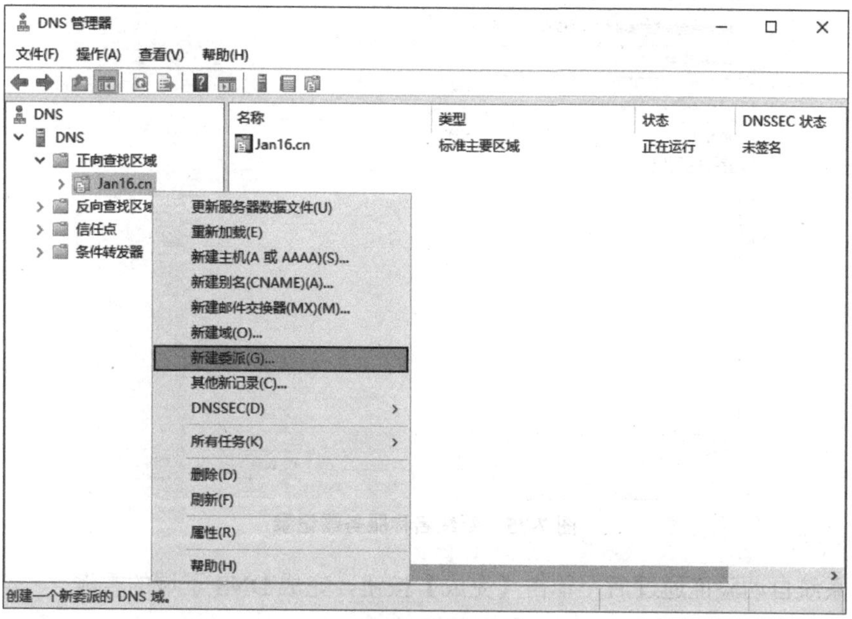

图 7-23　新建委派

（2）弹出如图 7-24 所示的【新建委派向导-受委派域名】对话框，在【委派的域(D)】文本框中输入要委派的子域名称 GZ，然后单击【下一步(N)】按钮。

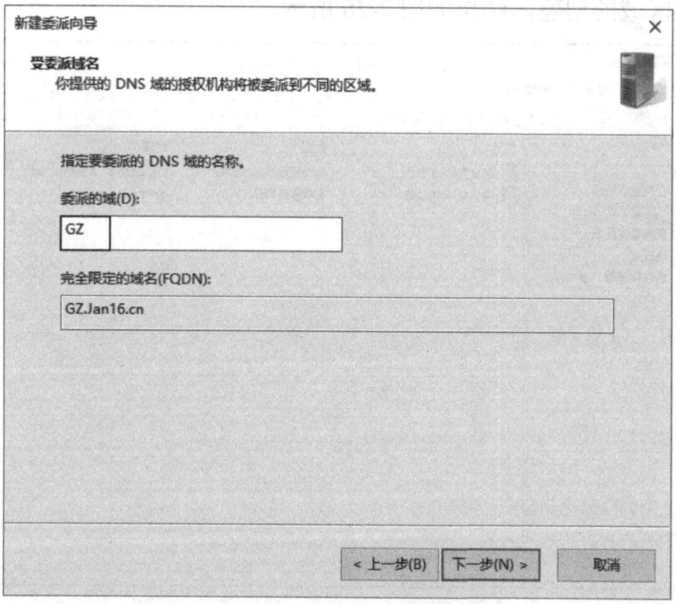

图 7-24　GZ 子域委派

（3）在【新建名称服务器记录】对话框中输入子域的 FQDN 和 IP 地址，结果如图 7-25 所示。

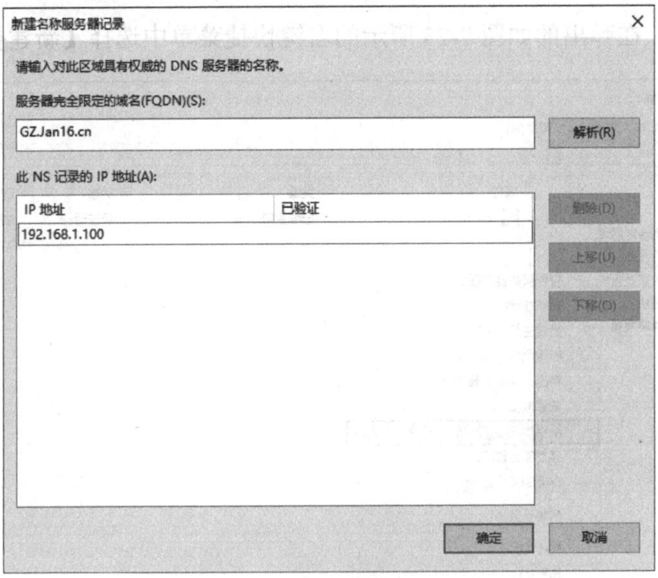

图 7-25　新建名称服务器记录

（3）系统自动验证通过后，单击【完成】按钮，完成 DNS 子域的委派。

2. 在广州子公司 DNS 服务器上创建主要区域 GZ.Jan16.cn，并注册子公司服务器的域名

在广州子公司的 DNS 服务器上安装【DNS 服务器】角色与功能，参照任务 7-1 完成 GZ.Jan16.cn 主要区域的创建，结果如图 7-26 所示。

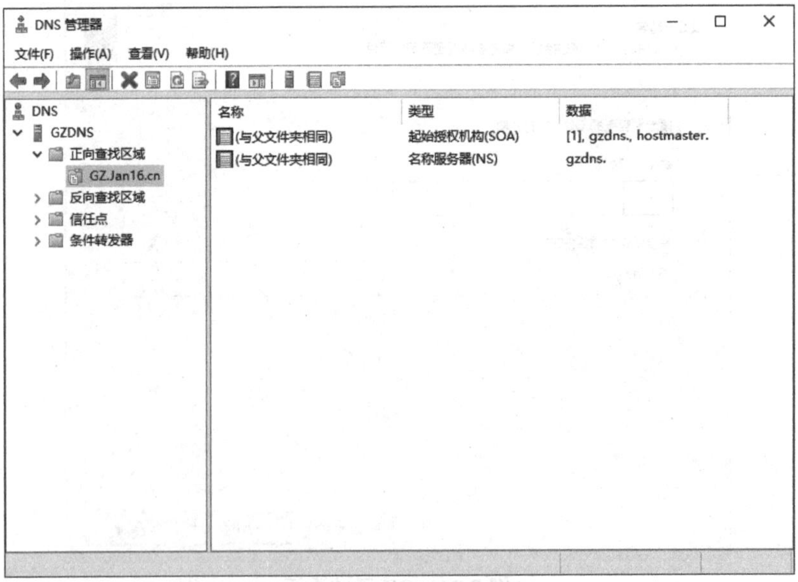

图 7-26　子域 GZ.Jan16.cn

（1）添加 FS 服务器的主机记录，域名为 FS.GZ.Jan16.cn；同时添加委派 DNS 服务器的主机记录，域名为 DNS.GZ.Jan16.cn。添加完成后，记录结果如图 7-27 所示。

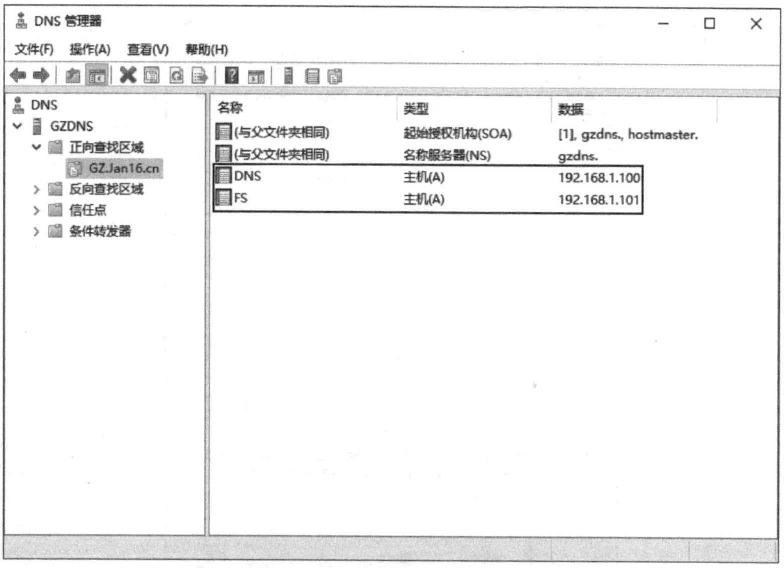

图 7-27　添加 FS 服务器的主机记录

（2）配置子域 DNS 服务器的转发器为主 DNS 服务器。

为确保子域 DNS 也能正常解析全域的 DNS 记录，需要配置子域 DNS 服务器的转发器指向公司的主 DNS 服务器。

① 打开广州子公司服务器的【DNS 管理器】窗口，在【GZDNS】的右键快捷菜单中选择【属性(R)】命令，如图 7-28 所示。在弹出的【GZDNS 属性】对话框【转发器】选项卡中，单击【编辑(E)】按钮，如图 7-29 所示。

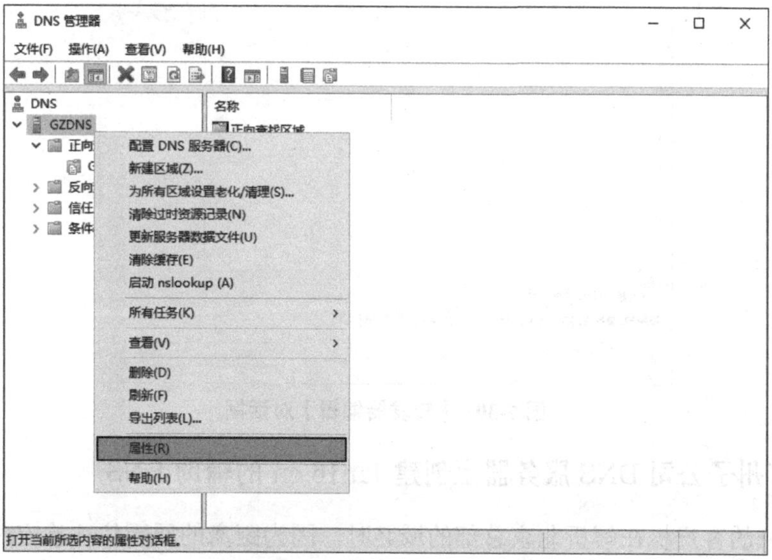

图 7-28　【GZDNS】右键快捷菜单

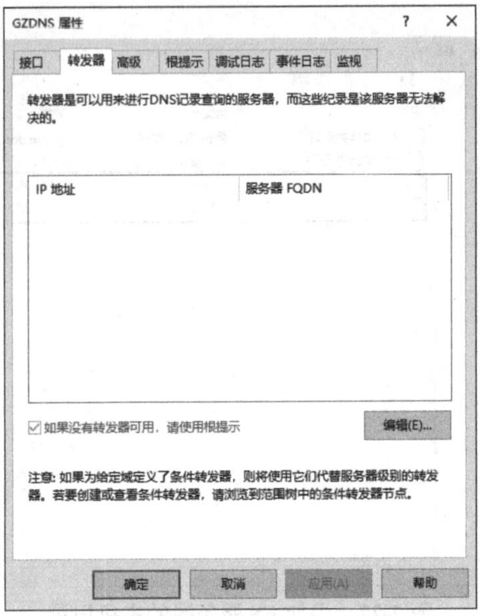

图 7-29 【GZDNS 属性】对话框【转发器】选项卡

② 在图 7-30 所示的【编辑转发器】对话框中，输入主 DNS 服务器的 IP 地址，验证成功后，单击【确定】按钮，完成子域 DNS 服务器的转发器配置，结果如图 7-31 所示。

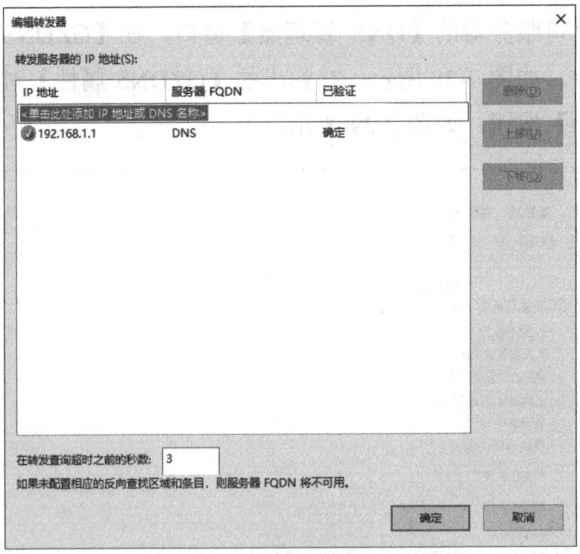

图 7-30 【转发器编辑】对话框

3. 在广州子公司 DNS 服务器上创建 Jan16.cn 的辅助 DNS

广州区域的客户机在解析北京总部的域名时，因为距离的原因往往响应时间较长，考虑到广州本地也部署了 DNS 服务器，因此，网络管理员通常也会在广州的 DNS 服务器创建公司其他区域的辅助 DNS，这样广州区域的客户机在解析其他区域域名时，能有效地缩短域名解析时间。

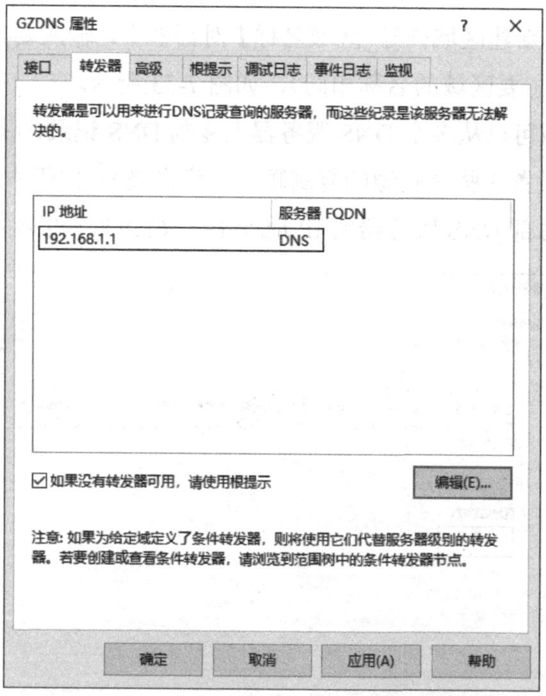

图 7-31　子域 DNS 服务器的转发器配置

在广州子公司 DNS 服务器创建北京总公司 Jan16.cn 区域的辅助 DNS 的步骤如下。

（1）在 GZDNS 服务器的控制台列表中，右击【GZDNS】，然后选择【新建区域】命令，打开【新建区域向导-区域类型】对话框。

（2）选中【辅助区域(S)】单选按钮，然后单击【下一步(N)】按钮，如图 7-32 所示。

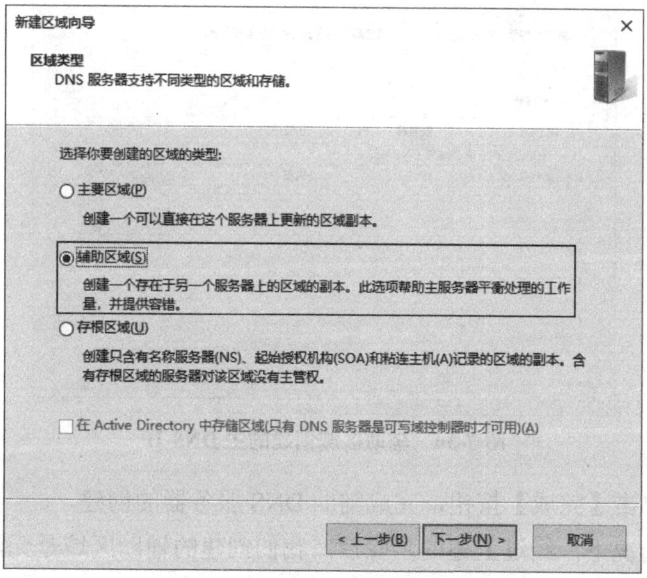

图 7-32　区域类型设置为辅助区域

（3）在接下来的【新建区域向导-区域名称】对话框中，输入要建立的辅助区域的名称（辅助区域的名称要和主要区域的名称相同），如图 7-33 所示。

（4）如果辅助区域可以从多个 DNS 服务器上复制 DNS 记录，我们可以在如图 7-34 所示的对话框中添加并设置这些复制源的复制顺序（优先级）。由于本项目只有一个复制源，所以这里仅输入北京总部 DNS 服务器的 IP 地址 192.168.1.1，如图 7-34 所示。

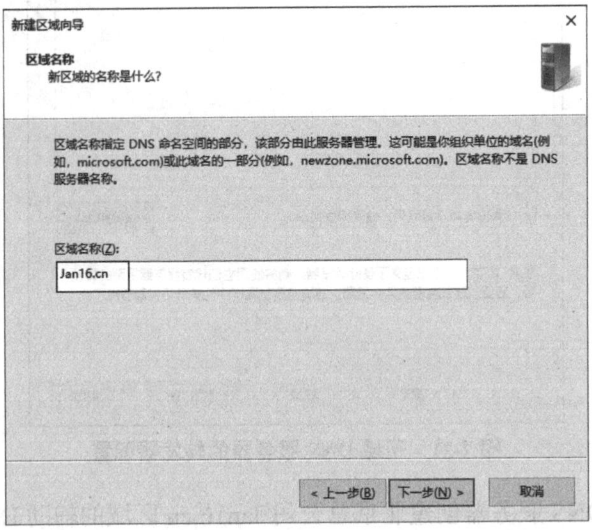

图 7-33　辅助区域名称

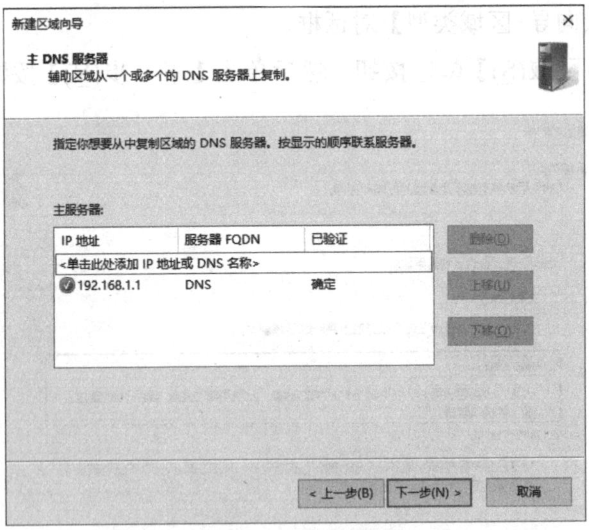

图 7-34　辅助区域创建的主 DNS-IP

（5）最后，单击【完成】按钮，完成辅助 DNS 服务器的创建。

注意：通常情况下，经过上述的步骤后，我们创建的辅助区域是无法进行区域数据复制的，也就是说，我们创建的辅助区域无法正常提供服务，如图 7-35 所示。造成这个问题的原因是，还没有在主 DNS 服务器的相应区域上允许辅助 DNS 服务器进行数据复制。

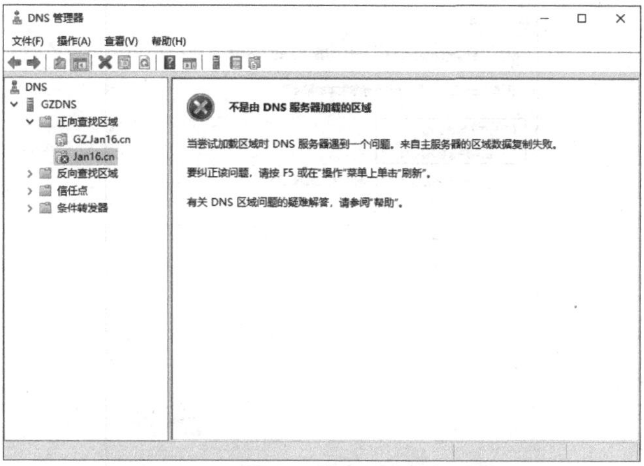

图 7-35　辅助 DNS 无法正常提供服务

4. 设置总公司的主 DNS 服务器，允许广州子公司复制 DNS 数据

（1）在主 DNS 服务器的【DNS 管理器】窗口中，右击【Jan16.cn】，在弹出的快捷菜单中选择【属性(R)】命令，结果如图 7-36 所示。

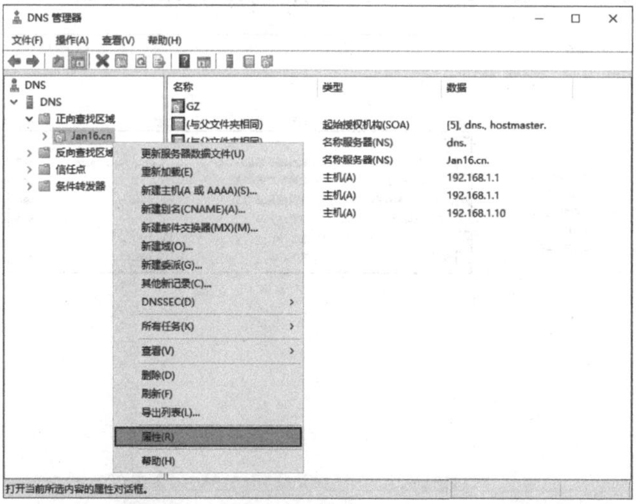

图 7-36　选择 DNS 服务器右键快捷菜单中的【属性】命令

（2）在弹出的如图 7-37 所示的【Jan16.cn 属性】对话框中，打开【区域传送】选项卡，在【允许区域传送(O)】复选框中，有 3 个单选项可以设置，它们代表的含义如下。

- 到所有服务器：是指允许将本 DNS 的数据复制到任意服务器。
- 只有在"名称服务器"选项卡中列出的服务器：要配合【名称服务器】选项卡使用，仅允许名称服务器选项卡中列出的服务器复制本 DNS 数据。
- 只允许到下列服务器：要配合其下方的列表框一起使用，可以通过【编辑(E)】按钮，将允许复制本 DNS 数据的 DNS 服务器 IP 地址添加到列表框汇总。

这里，我们选择【到所有服务器(T)】单选按钮，最后单击【确定】按钮完成设置。

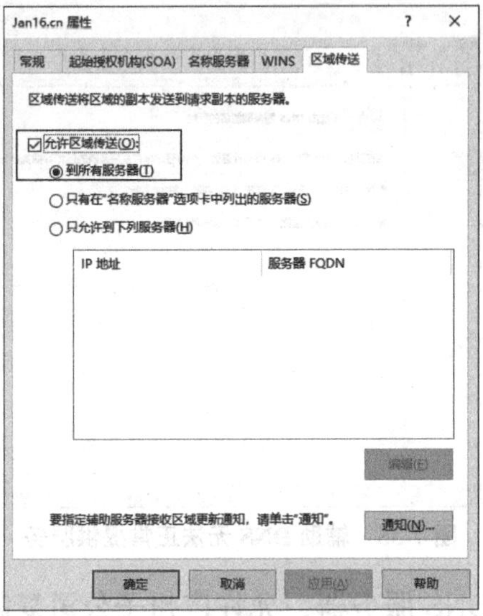

图 7-37 【区域传送】选项卡界面

（3）对于广州子公司 DNS 建立的辅助 DNS 服务器，在建立的辅助区域重新进行数据加载，辅助 DNS 的区域就成功复制了主要区域的数据，结果如图 7-38 所示。

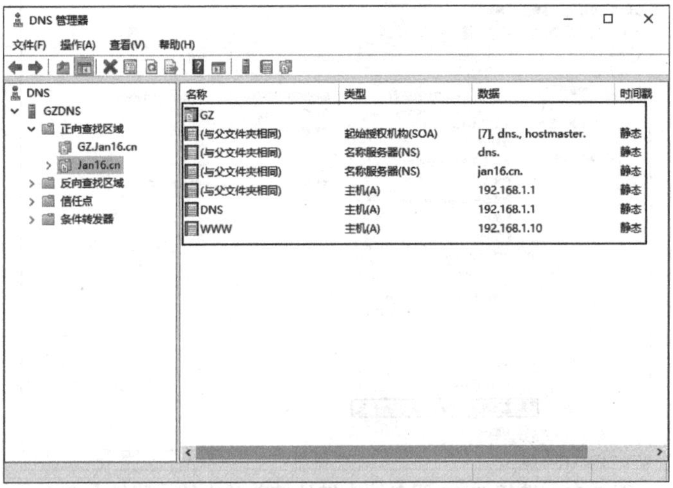

图 7-38 广州分公司区域复制北京总公司的 DNS 数据

5. 在总公司的 DNS 服务器上创建 GZ.Jan16.cn 的辅助 DNS

同理，北京区域的用户在解析其他区域的 DNS 时，也要等待其他区域 DNS 的解析结果。因此，北京区域的 DNS 服务器也可以通过建立其他区域的辅助 DNS 来提高本区域客户机域名的解析效率。

在北京总公司的 DNS 服务器上创建 GZ.Jan16.cn 区域的辅助 DNS 的步骤参考本任务的步骤 3，创建结果如图 7-39 所示。

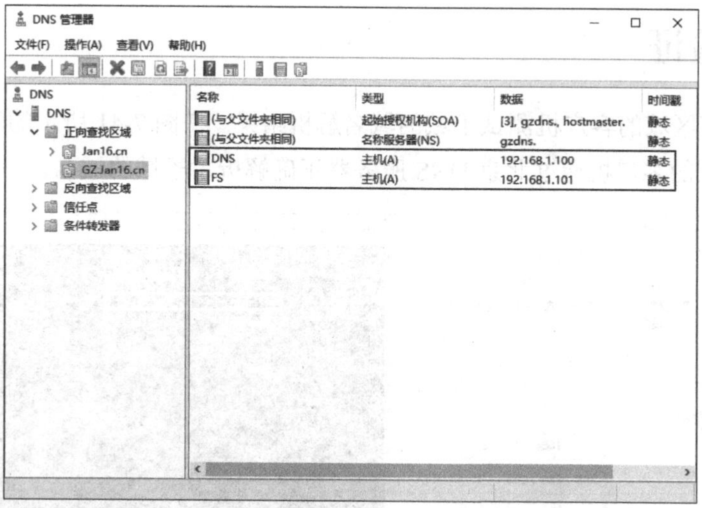

图 7-39　北京总公司区域复制广州分公司 DNS 数据

6. 为广州子公司的客户机配置 DNS 地址

广州区域和北京总公司均部署了 DNS 地址，原则上，广州区域的客户机可以通过任意一个 DNS 服务器来解析域名，但为了减少域名解析的响应时间，通常为客户机部署 DNS 时将考虑以下因素来设置 DNS 服务器的地址。

（1）依据就近原则，首选 DNS 指向最近的 DNS 服务器。

（2）依据备份原则，备选 DNS 指向企业的根域 DNS 服务器。

因此，广州子公司的客户机需要将首选 DNS 指向广州区域 DNS 的 IP，备选 DNS 指向北京总公司 DNS 服务器的 IP，广州子公司客户机的 TCP/IP 配置信息如图 7-40 所示。

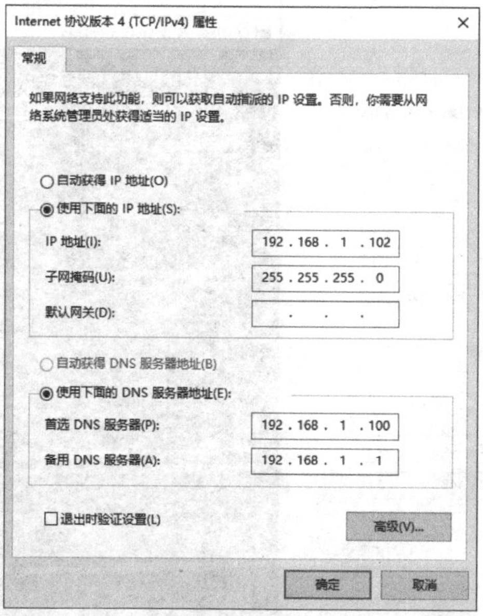

图 7-40　广州子公司客户机的 TCP/IP 配置信息

任务验证

（1）在北京区域的客户机测试子域的域名解析结果。在图 7-41 所示的测试结果中可以看出，北京区域的客户机通过北京 DNS 服务器正确解析了子域的域名。

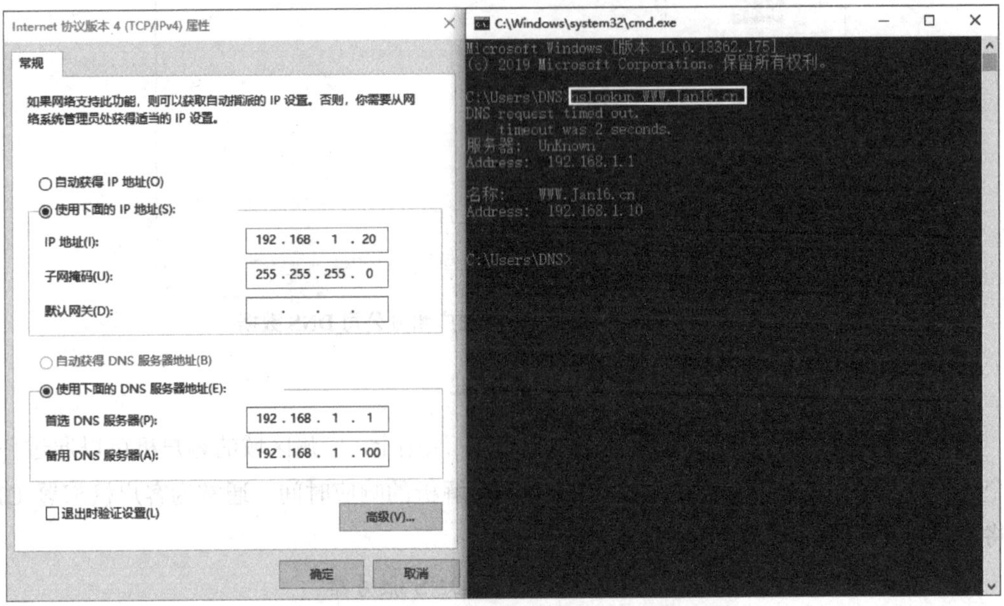

图 7-41　北京区域的客户机正确解析了子域域名

（2）在广州区域的客户机测试父域的域名解析结果。在图 7-42 所示的测试中可以看出，广州区域的客户机通过广州 DNS 服务器正确解析了父域的域名。

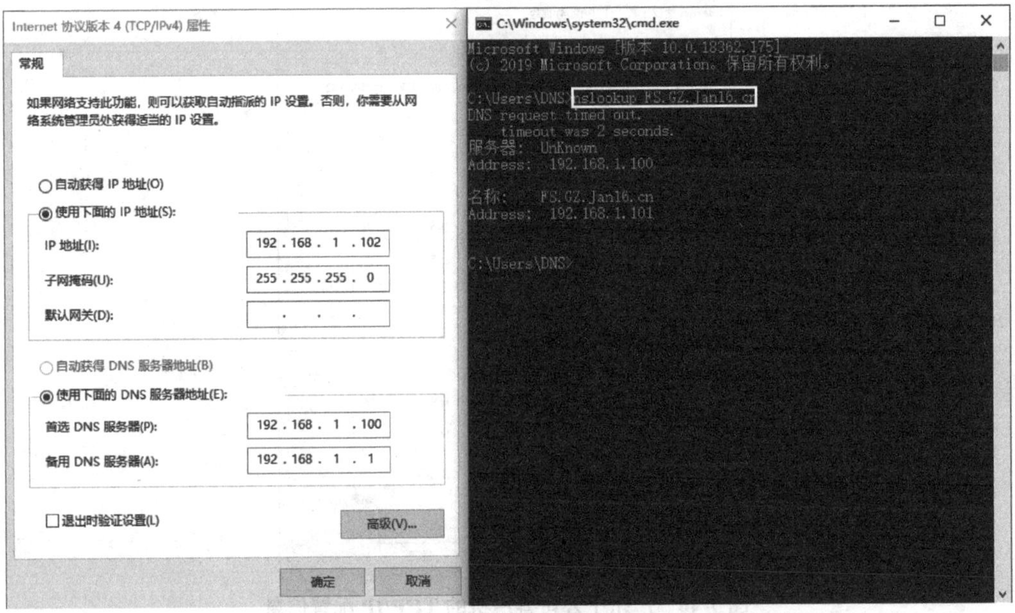

图 7-42　广州区域的客户机正确解析的父域域名

任务 7-3　实现香港办事处辅助 DNS 服务器的部署

任务规划

实现香港办事处辅助
DNS 服务器的部署

香港办事处为加快客户的域名解析速度，已在香港准备了一台安装有 Windows Server 2019 操作系统的服务器用于部署公司的辅助 DNS 服务，公司的网络拓扑如图 7-43 所示。

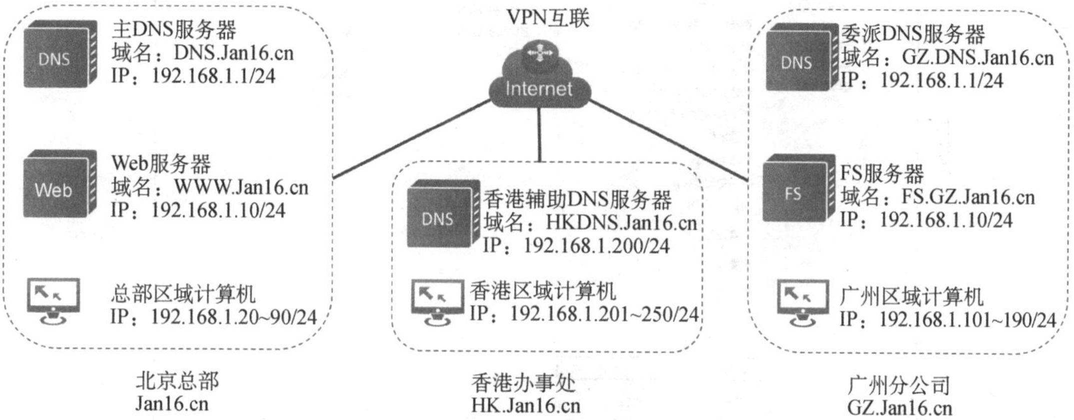

图 7-43　公司的网络拓扑

要实现香港办事处能通过本地域名解析来快速地访问公司资源，这就要求香港办事处的 DNS 服务器必须拥有全公司所有的域名数据。公司的域名数据存储在北京和广州的两台 DNS 服务器中，因此香港辅助 DNS 服务器必须要复制北京和广州两台 DNS 服务器的数据，才能实现香港办事处计算机域名的快速解析，提高对公司网络资源访问的速度。

要在香港办事处部署辅助 DNS 服务器，可以通过以下步骤来完成。

（1）北京总公司的 DNS 服务器授权香港办事处的辅助 DNS 服务器复制 DNS 记录。

（2）在香港的 DNS 服务器上创建总公司的 DNS 辅助区域。

（3）广州子公司的 DNS 服务器授权香港办事处的辅助 DNS 服务器复制 DNS 记录。

（4）在香港的 DNS 服务器上创建广州子公司的 DNS 辅助区域。

任务实施

DNS 服务器默认不允许其他 DNS 服务器复制自身的 DNS 记录，因此本任务需要先在北京总公司的 DNS 服务器和广州子公司的 DNS 服务器授权允许香港办事处的 DNS 服务器复制 DNS 记录才行。

1. 北京总公司的 DNS 服务器授权香港办事处的辅助 DNS 服务器允许复制 DNS 记录

（1）在北京总公司的【DNS 管理器】窗口中，右击【Jan16.cn】，在弹出的快捷菜单中选择【属性(R)】命令，如图 7-44 所示。

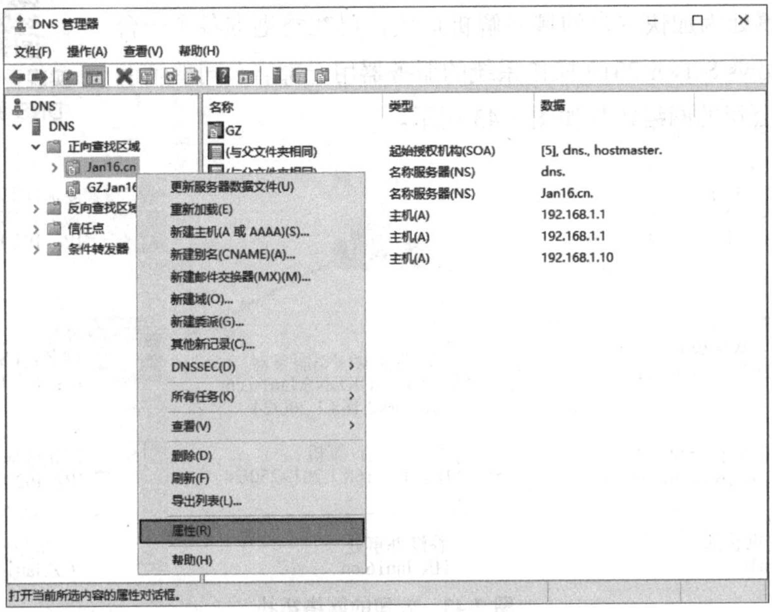

图 7-44　选择【属性】命令

（2）在弹出的【Jan16.cn 属性】对话框中，打开如图 7-45 所示的【区域传送】选项卡，勾选【允许区域传送(O)】复选框，并选择【到所有服务器(T)】单选按钮，然后单击【确定】按钮，完成设置。

2. 在香港的 DNS 服务器上创建总公司的 DNS 辅助区域

（1）在香港办事处的 DNS 服务器上安装【DNS 服务器角色和功能】。打开如图 7-46 所示的【新建区域向导-区域类型】对话框，选择【辅助区域(S)】单选按钮，然后单击【下一步(N)】按钮。

（2）在【新建区域向导-区域名称】对话框中，输入图 7-47 所示的辅助区域的名称。此时，辅助区域的名称要和被复制的主要区域的名称相同。

（3）在【新建区域向导-主 DNS 服务器】对话框中，填写主 DNS 服务器的 IP 地址 192.168.1.1，结果如图 7-48 所示。

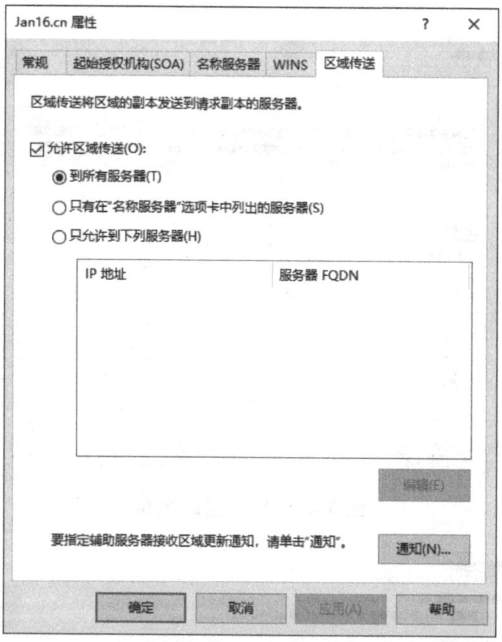

图 7-45　允许区域数据复制到所有 DNS 服务器

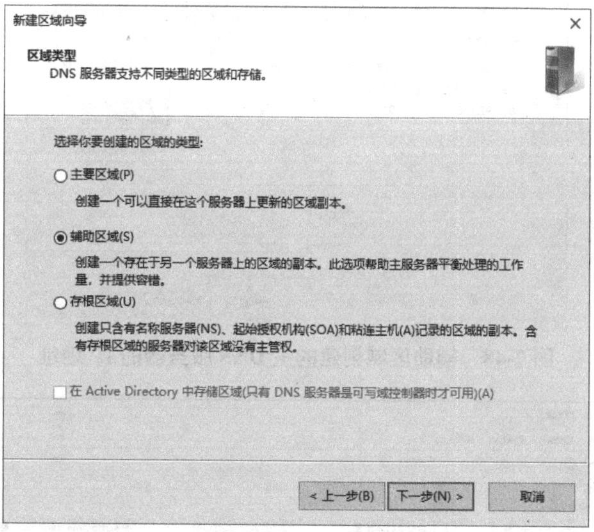

图 7-46　【新建区域向导-区域类型】对话框

（4）系统自动完成检测后，单击【完成】按钮，完成辅助 DNS 服务器的创建。

（5）返回到香港办事处辅助 DNS 服务器，查看辅助区域 DNS 记录，结果如图 7-49 所示，辅助 DNS 区域已成功复制了主要区域的数据。

3. 广州子公司的 DNS 服务器授权香港办事处的辅助 DNS 服务器复制 DNS 记录

（1）在广州分公司 DNS 服务器的【DNS 管理器】窗口中，右击【GZ.Jan16.cn】，然后在弹出的如图 7-50 所示的快捷菜单中选择【属性(R)】命令。

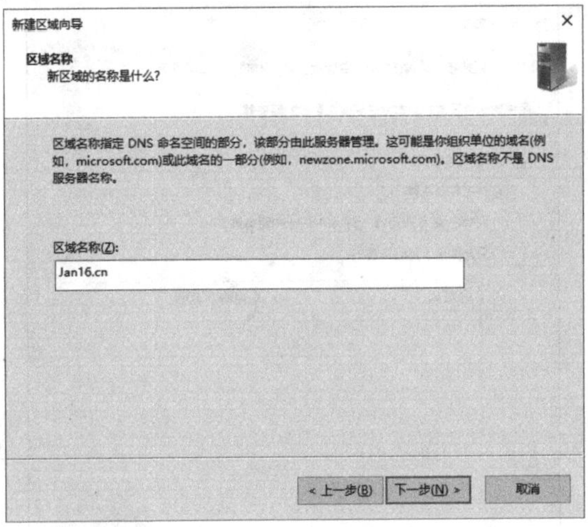

图 7-47　辅助区域名称

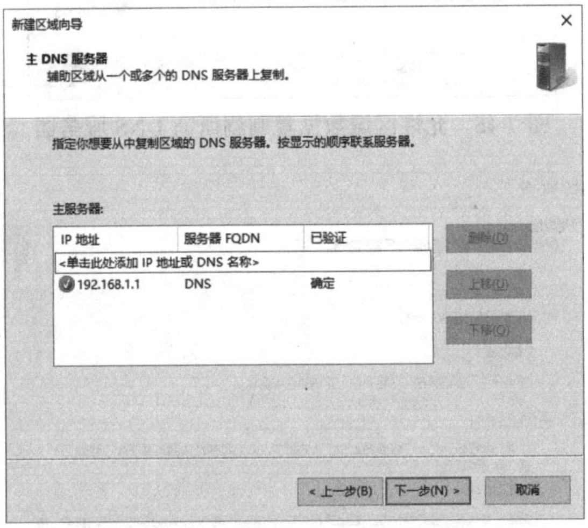

图 7-48　辅助区域创建的主 DNS 服务器的 IP 地址

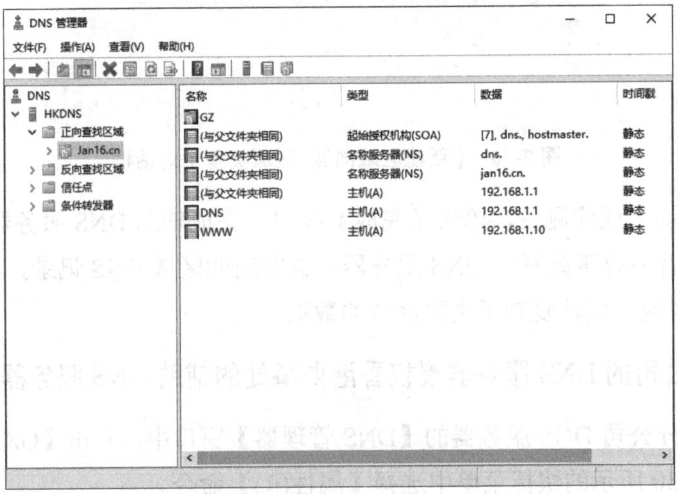

图 7-49　复制主要区域的数据

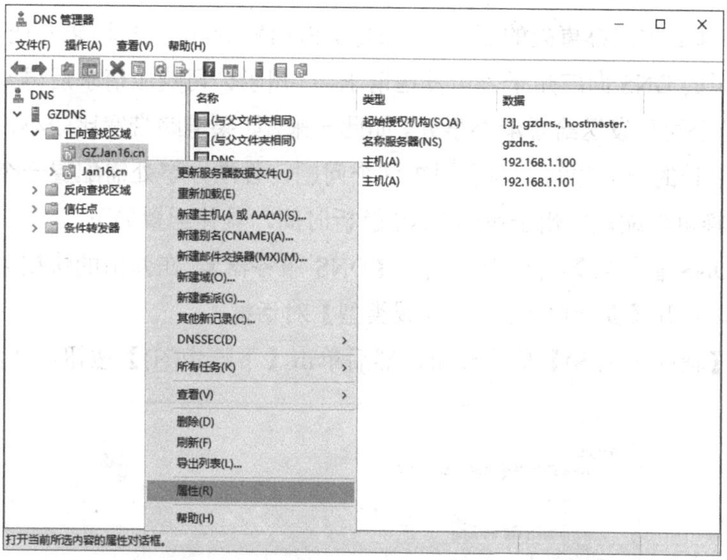

图 7-50　选择【GZ.Jan16.cn】右键快捷菜单中的【属性】命令

（2）同总公司的配置类似，但为了提高 DNS 服务器数据的安全性，这里也可以在图 7-51 的对话框中选择【只允许到下列服务器(H)】单选按钮，然后输入香港 DNS 服务器的 IP 地址，完成广州子公司 DNS 服务器的设置。

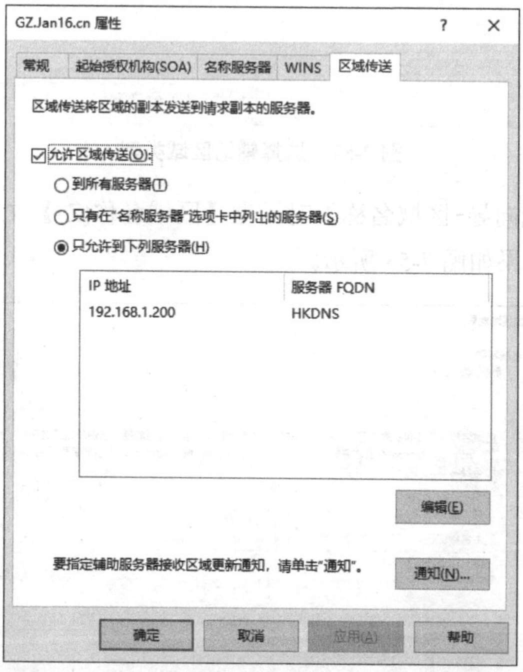

图 7-51　允许区域数据复制到指定 DNS 服务器

4. 在香港的 DNS 服务器上创建广州子公司的 DNS 辅助区域

香港办事处能够解析到北京总公司的 DNS，如果香港办事处有用户需要解析到广州子公司的域名时，那么香港办事处的 DNS 无法马上做出解析，必须把请求发送至北京总公司，再由北京总公司的 DNS 向广州子公司发送请求，广州子公司响应请求后再发送给北京总公司，最后北京总公司再发送给香港办事处。如此一来，如果链路带宽比较小，可能一个 DNS 请求需要等上很长的一段时间。为了解决这个问题，香港办事处需配置一个广州子公司的辅助 DNS，这样可以缩短广州子域的 DNS 解析时间，具体配置如下。

（1）在【DNS 管理器】窗口中，右击【DNS 服务器】，在弹出的快捷菜单中选择【新建区域】命令，打开【新建区域向导-区域类型】对话框。

（2）选中【辅助区域(S)】单选按钮，然后单击【下一步(N)】按钮，如图 7-52 所示。

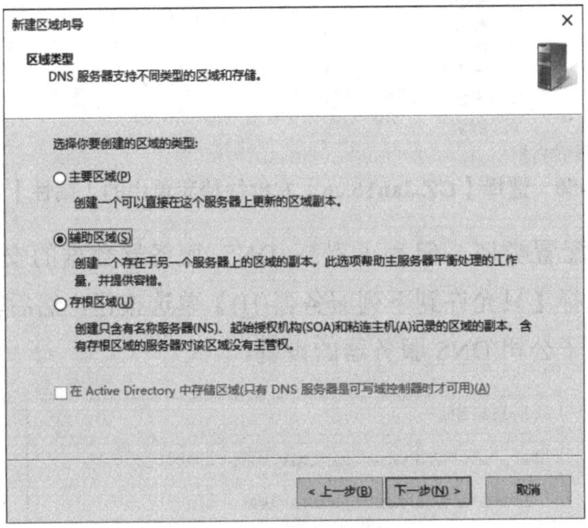

图 7-52　选择辅助区域类型

（3）在【新建区域向导-区域名称】对话框【区域名称(Z)】文本框中，输入要建立的广州辅助区域名称，结果如图 7-53 所示。

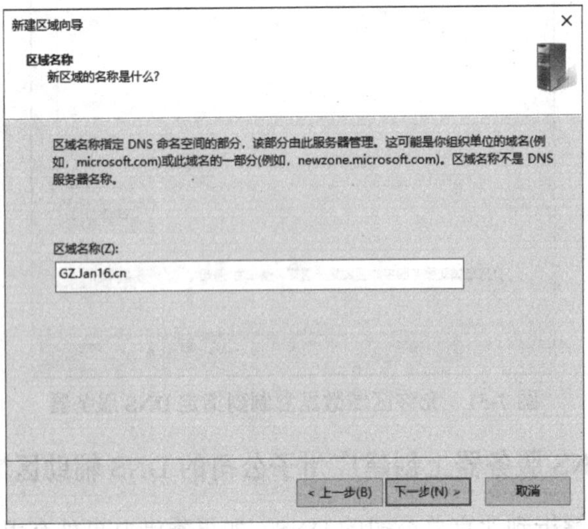

图 7-53　辅助区域名称

（4）添加建立的辅助区域 DNS 数据的复制源，即广州区域 DNS 服务器的 IP 地址 192.168.1.100，如图 7-54 所示。

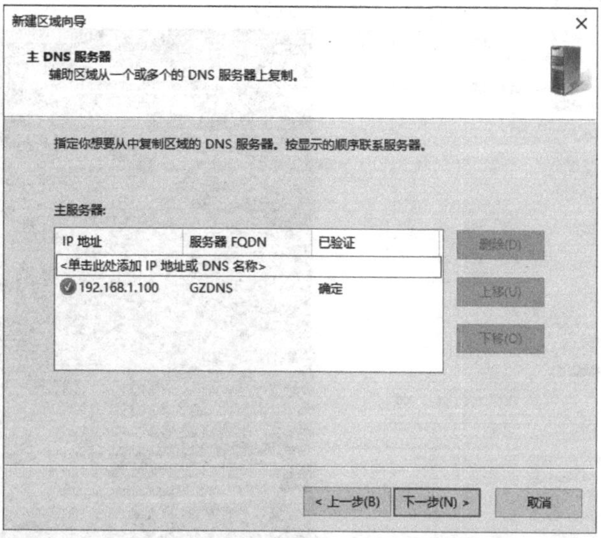

图 7-54　辅助区域创建的主 DNS 服务器的 IP 地址

（5）单击【完成】按钮，完成辅助 DNS 服务器的创建。

（6）打开【DNS 管理器】窗口，查看刚刚新建的 DNS 辅助区域数据，结果如图 7-55 所示。

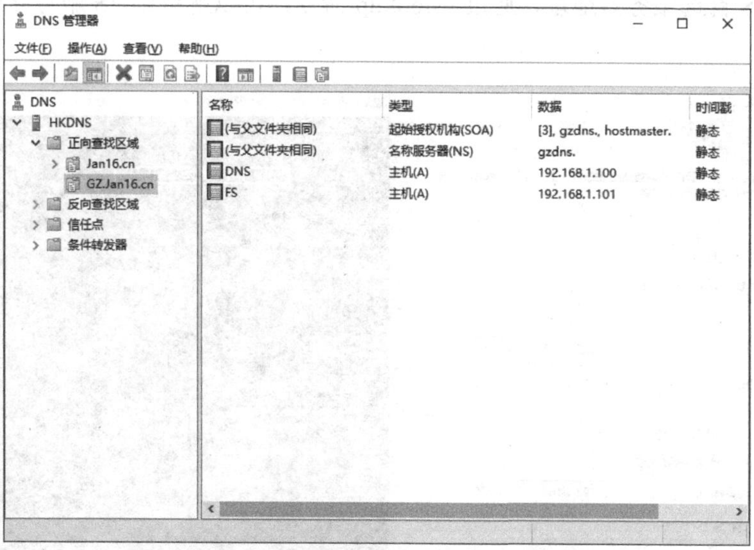

图 7-55　广州分公司 DNS 服务器的复制数据

任务验证

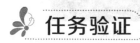

（1）验证香港办事处 DNS 服务器中北京总部的辅助区域是否正确。设置香港办事处客

户端的 DNS 首选服务器地址，通过 nslookup 命令，可以解析到 Web 服务器的地址，如图 7-56 所示。

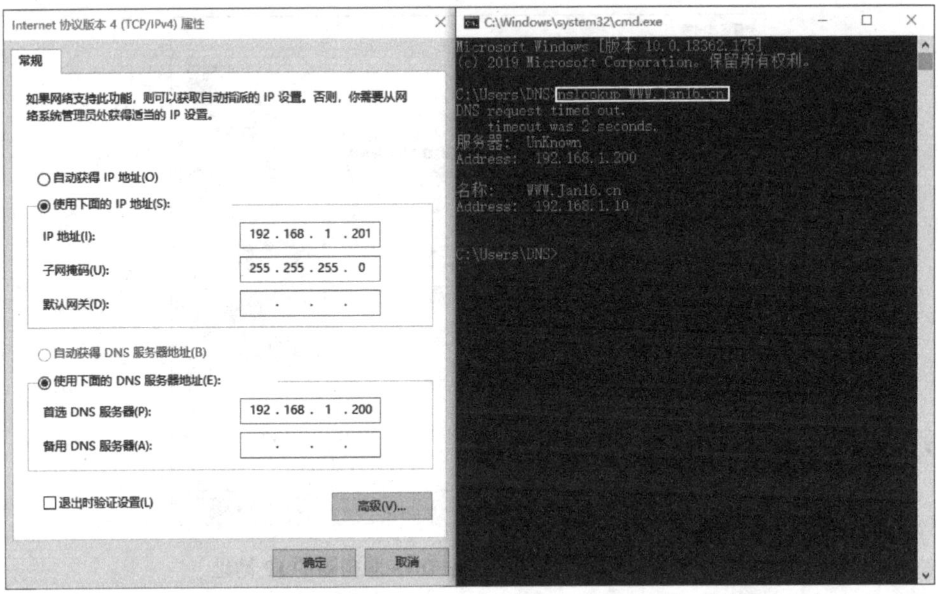

图 7-56　香港办事处客户端解析北京总部 Web 服务器 IP 地址的测试

（2）验证香港办事处 DNS 服务器中广州分公司的辅助区域是否正确。设置香港办事处客户端的 DNS 首选服务器地址，通过 nslookup 命令，可以解析到 FS 服务器的地址，如图 7-57 所示。

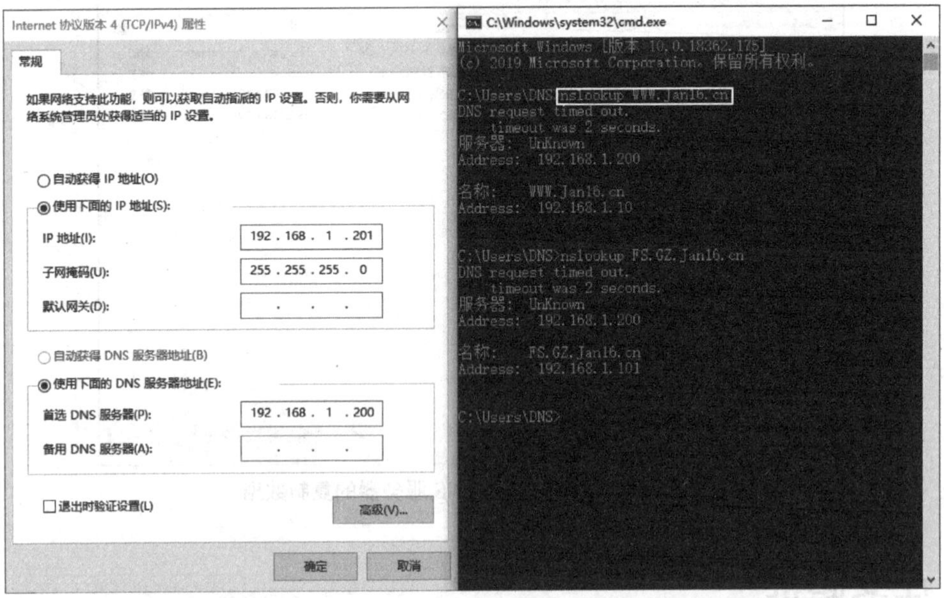

图 7-57　香港办事处客户端解析广州分公司 FS 服务器 IP 地址的测试

任务 7-4　DNS服务器的管理

任务规划

公司使用 DNS 服务器一段时间后，有效地提高了公司计算机和服务器的访问效率，因此将 DNS 服务作为基础服务纳入日程管理。现在，公司希望能定期对 DNS 服务器进行有效的管理与维护，以保障 DNS 服务器的稳定运行。

通过对 DNS 服务器实施递归管理、地址清理、备份等操作可以实现 DNS 服务器的高效运行，常见的工作任务有以下几个方面。

（1）启动和停止 DNS 服务器。

（2）设置 DNS 的工作 IP。

（3）配置 DNS 的老化时间。

（4）配置 DNS 的递归查询。

（5）DNS 服务的备份与还原。

DNS 服务器的管理

任务实施

1. 启动或停止 DNS 服务器

（1）打开【DNS 管理器】窗口。

（2）在列表中右击域名系统（DNS）服务器。

（3）在系统弹出的快捷菜单中选择【所有任务(K)】子菜单，在打开的如图 7-58 所示的命令中，网络管理员可根据业务需要选择以下服务选项。

- 【启动(S)】：启动服务。
- 【停止(O)】：停止服务。
- 【暂停(U)】：暂停服务。
- 【重新启动(E)】：重新启动服务。

2. 设置 DNS 的工作 IP

如果 DNS 服务器本身拥有多个 IP 地址，那么，DNS 服务器可以工作在多个 IP 地址。考虑到以下原因，DNS 服务器通常都会指定其工作 IP。

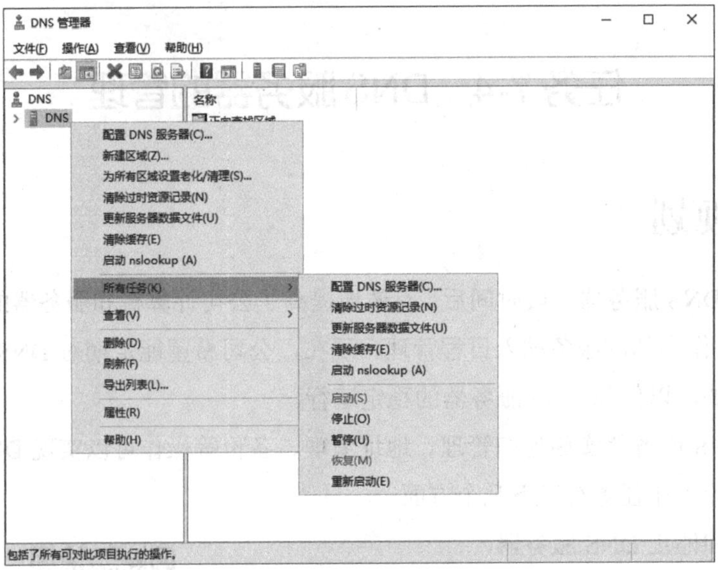

图 7-58 DNS 服务器的所有任务选项

（1）为方便客户机配置 TCP/IP 的 DNS 地址，仅提供一个固定的 DNS 工作 IP 地址作为客户机的 DNS 地址。

（2）考虑到安全问题，DNS 服务器通常仅开放其中一个 IP 地址对外提供服务。

设置 DNS 的工作 IP 地址可在 DNS 服务器中进行，具体操作过程如下。

（1）打开【DNS 管理器】窗口。

（2）在列表中右击域名系统（DNS）服务器。

（3）在快捷菜单中选择【属性】命令，打开【DNS 属性】对话框。

（4）在【接口】选项卡中选中【只在下列 IP 地址(O)】单选按钮。

（5）在【IP 地址(P)】列表中，选择 DNS 服务器要侦听的地址，结果如图 7-59 所示。

注意：如果 DNS 服务器有多个 IP 地址，那么在【IP 地址(P)】列表中就会存在多个 IP 地址的复选框选项。在本任务中，有 192.168.1.1（IPv4）和 fe80::a844:4b79:8fbd:ca32（IPv6）两个复选框。

3. 配置 DNS 的老化时间

DNS 服务器支持老化和清理功能，这些功能作为一种机制，用于清理和删除区域数据中过时的资源记录。设置特定区域的老化和清理属性的操作步骤如下。

（1）打开【DNS 管理器】窗口。

（2）在列表的 DNS 服务器名称的右键菜单中选择【为所有区域设置老化/清理】命令。

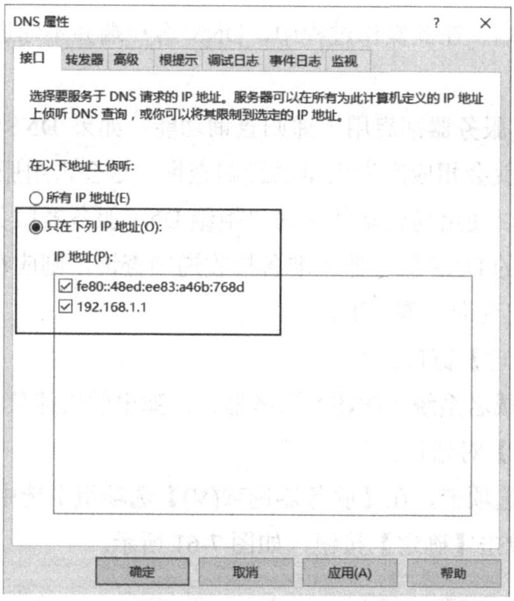

图 7-59　限制 DNS 服务侦听 IP

（3）在弹出的【服务器老化/清理属性】对话框中选中【清除过时资源记录(S)】复选框。

（4）同时可以根据业务实际需要修改无刷新间隔时间和刷新间隔时间，单击【确定】按钮完成配置，结果如图 7-60 所示。

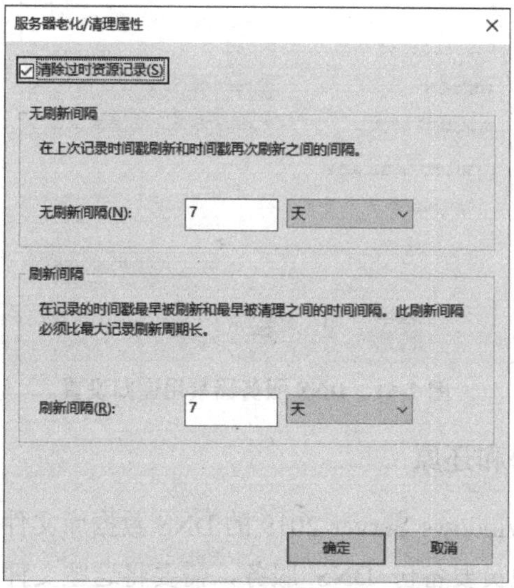

图 7-60　DNS 老化/清理属性设置

4. 配置 DNS 的递归查询

递归查询是指 DNS 服务器在收到一个本地数据库不存在的域名解析请求时，该 DNS 服务器会根据转发器指向的 DNS 服务器代为查询该域名，待获得域名解析结果后再将该解析结果转发给请求客户端。在此操作过程中，DNS 客户端并不知道 DNS 服务器执行了递归查询。

默认情况下，DNS 服务器都启用了递归查询功能。如果 DNS 服务器收到大量本地不能解析的域名请求时，就会相应产生大量的递归查询，这会占用服务器大量的资源。基于此原理，网络攻击者可以使用递归功能实现“拒绝 DNS 服务器服务”攻击。

因此，如果网络中的 DNS 服务器不准备接收递归查询，则应在该服务器上禁用递归。关闭 DNS 服务器的递归查询步骤如下。

（1）打开【DNS 管理】窗口。

（2）在列表中右击域名系统（DNS）服务器，在弹出的快捷菜单中选择【属性】命令，打开服务器【DNS 属性】对话框。

（3）打开【高级】选项卡，在【服务器选项(V)】选项组中选中【禁用递归（也禁用转发器)】复选框，然后单击【确定】按钮，如图 7-61 所示。

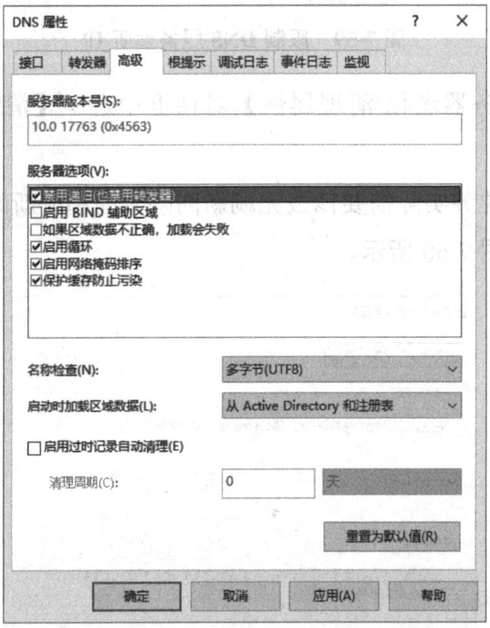

图 7-61　DNS 服务器禁用递归设置

5. DNS 服务的备份和还原

（1）DNS 的备份。Windows Server 2019 的 DNS 数据库文件存放在注册表和本地的文件型数据库中，系统管理员要备份 DNS 服务，需要将这些文件导出并备份到指定位置。DNS 的备份步骤如下。

① 停止 DNS 服务。

② 在运行命令窗口中执行“regedit”命令，打开注册表编辑器，按以下路径找到 DNS 目录：HKEY_LOCAL_MACHINE\SYSTEM\CurrentControlSet\Services\DNS。

③ 在【DNS】目录的右键快捷菜单中选择【导出】命令，将【DNS】目录的注册表信息导出，命名为“dns-1.reg”。

④ 在运行命令窗口中执行“regedit”命令，打开注册表编辑器，按以下路径找到 DNS 服务目录:“HKEY_LOCAL_MACHINE\SOFTWARE\Microsoft\Windows NT \CurrentVersion\DNS Server”。

⑤ 在【DNSserver】目录的右键快捷菜单中选择【导出】命令，将【DNSserver】目录的注册表信息导出，命名为“dns-2.reg”。

⑥ 打开【Windows\System32\dns】文件夹，复制其中的所有*.dns 文件，并和 dns-1.reg 及 dns-2.reg 保存在一起，结果如图 7-62 所示。

⑦ 重新启动 DNS 服务，并将 DNS 的备份目录拷贝到指定备份位置，完成 DNS 的备份。

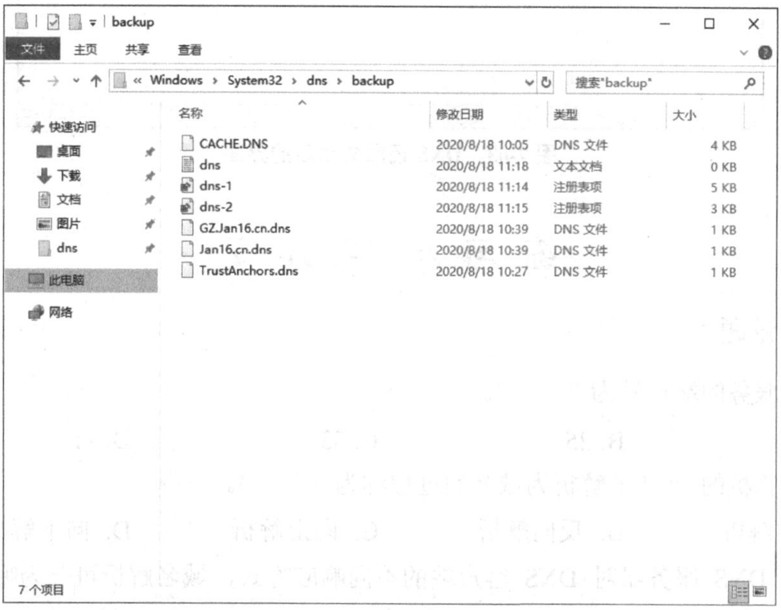

图 7-62　DNS 备份文件

注意：DNS 服务的数据变化较少，系统管理员一般只需要在注册或删除 DNS 记录时更新一次备份文件即可。

（2）DNS 的恢复。当 DNS 服务器发生故障时，可以通过 DNS 备份文件重建 DNS 记录。DNS 备份文件可以保存在原 DNS 服务器或者是一台重新安装的 DNS 服务器。重新安装的 DNS 服务器的 IP 地址要沿用原 DNS 服务器的 IP 地址。

DNS 数据的恢复步骤如下。

① 停用 DNS 服务。

② 用备份文件中的*.dns 文件替换系统【Windows\System32\dns】目录中的文件。

③ 双击运行 dns-1.reg 和 dns-2.reg，将 DNS 注册表数据导入到注册表中。

④ 重新启动 DNS 服务，完成 DNS 数据的恢复，结果如图 7-63 所示。

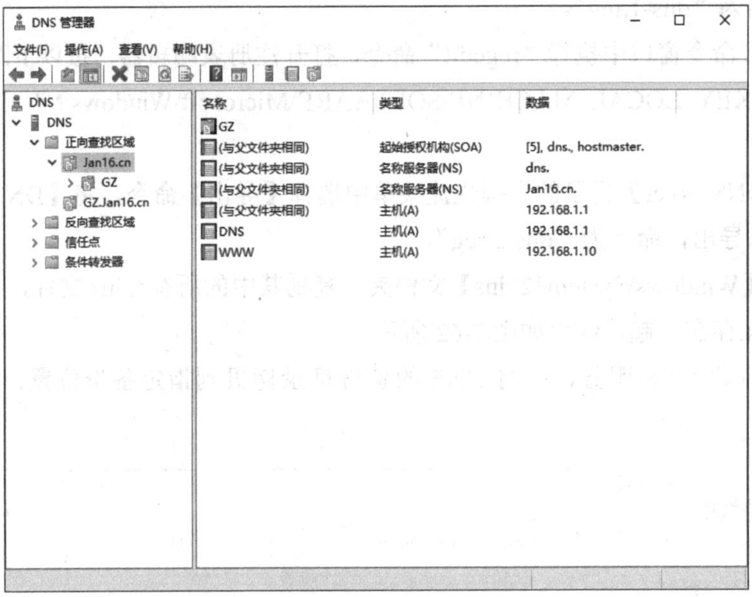

图 7-63 DNS 还原成功后的界面

练习与实践 7

一、理论题

1. DNS 服务的端口号为（ ）。

A. 23　　B. 25　　C. 53　　D. 21

2. 将计算机的 IP 地址解析为域名的过程称为（ ）。

A. 正向解析　　B. 反向解析　　C. 向上解析　　D. 向下解析

3. 根据 DNS 服务器对 DNS 客户端的不同响应方式，域名解析可分为哪两种类型？（ ）

A. 递归查询和迭代查询　　C. 迭代查询和重叠查询

B. 递归查询和重叠查询　　D. 正向查询和反向查询

4. 使用以下哪个命令可以清除 DNS 的缓存？（ ）

A. ipconfig /flushdns　　B. ipconfig /release

C. ipconfig /renew　　D. ipconfig /all

5. 客户端在向 DNS 服务器发出解析请求时，DNS 服务器会向客户端返回两种结果：查询到的结果或查询失败。如果当前 DNS 服务器无法解析名称，它不会告知客户端，而是自行向其他的 DNS 服务器查询并完成解析。这个过程称为（ ）。

A. 递归查询　　B. 迭代查询　　C. 正向查询　　D. 反向查询

二、项目实训题

1. 项目背景

Jan16 公司需要部署信息中心、生产部和业务部的域名系统。根据公司的网络规划，划分了 3 个网段，网络地址分别为 172.20.0.0/24、172.21.0.0/24 和 172.22.0.0/24。公司的网络拓扑如图 7-64 所示。

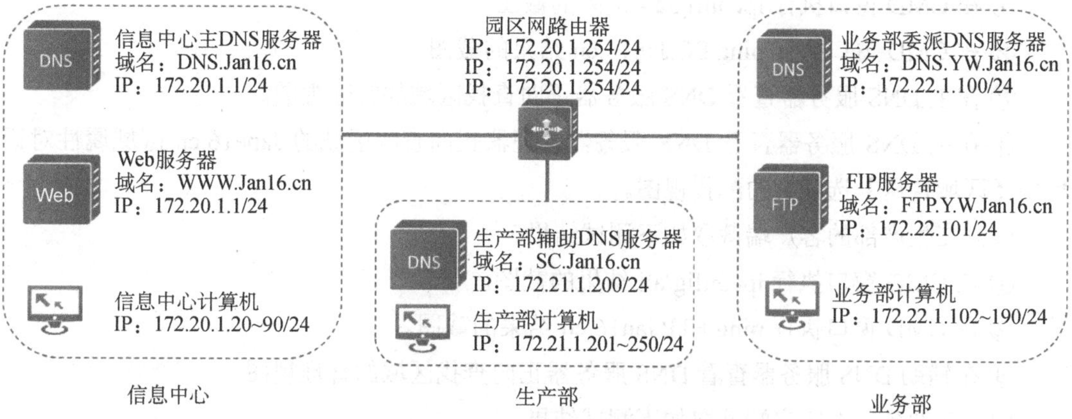

图 7-64　Jan16 公司的网络拓扑

公司根据业务需要，在园区的各个部门部署了相应的服务器，并要求管理员按以下要求完成实施与调试工作。

（1）信息中心部署了公司的主 DNS 服务器和 Web 服务器，服务器的域名、IP 和服务器名称的映射关系如表 7-5 所示。

表 7-5　信息中心服务器的域名、IP 和服务器名称映射表

服务器角色	计算机名称	IP 地址	域名	位置
主 DNS 服务器	DNS	172.20.1.1/24	DNS.Jan16.cn	信息中心
Web 服务器	Web	172.20.1.10/24	WWW.Jan16.cn	信息中心

（2）业务部部署了公司的委派 DNS 服务器和公司的 FTP 服务器，服务器的域名、IP 和服务器名称的映射关系如表 7-6 所示。

表 7-6　业务部服务器的域名、IP 和服务器名称映射表

服务器角色	计算机名称	IP 地址	域名	位置
委派 DNS 服务器	YWDNS	172.22.1.100/24	DNS.YW.Jan16.cn	业务部
FTP 服务器	FTP	172.22.1.101/24	FTP.YW.Jan16.cn	业务部

（3）生产部部署了公司的辅助 DNS 服务器和 DHCP 服务器，其域名、IP 和服务器名称的映射关系如表 7-7 所示。

表 7-7　生产部服务器的域名、IP 和服务器名称映射表

服务器角色	计算机名称	IP 地址	域名	位置
辅助 DNS 服务器	SCDNS	172.21.1.200/24	SC.Jan16.cn	生产部

（4）为保证 DNS 的数据安全，DNS 服务器仅允许公司内部的 DNS 服务器间复制数据。

2. 项目要求

根据上述任务要求，配置各个服务器的 IP，并测试全网的连通性，配置完毕后，完成以下几步测试。

（1）在信息中心的客户端截取如下测试结果。

① 在 CMD 窗口执行 ipconfig/all 结果的截图。

② 在 CMD 窗口执行 ping SC.Jan16.cn 结果的截图。

③ 在主 DNS 服务器查看 DNS 服务器正向查找区域的管理视图。

④ 在主 DNS 服务器查看 DNS 服务器管理器正向查找区域的 Jane16.cn 区域属性对话框中【区域传送】选项卡的配置视图。

（2）在生产部的客户端截取如下测试结果。

① 在 CMD 窗口执行 ipconfig/all 结果的截图。

② 在 CMD 窗口执行 ping FTP.Jan16.cn 结果的截图。

③ 在辅助 DNS 服务器查看 DNS 服务器正向查找区域的管理视图。

（3）在业务部的客户端截取如下测试结果。

① 在 CMD 窗口执行 ipconfig/all 结果的截图。

② 在 CMD 窗口执行 ping WWW.Jan16.cn 结果的截图。

③ 在委派 DNS 服务器查看 DNS 服务器正向查找区域的管理视图。

④ 在委派 DNS 服务器查看 DNS 服务器管理器正向查找区域的 YW.Jane16.cn 区域属性对话框中【区域传送】选项卡的配置视图。

项目 8　部署企业的 DHCP 服务

项目教学课件

项目学习目标

（1）了解 DHCP 的概念、应用场景和服务优势。

（2）掌握 DHCP 服务的工作原理与应用。

（3）掌握 DHCP 中继代理服务的原理与应用。

（4）掌握企业网 DHCP 服务的部署与实施、DHCP 服务的日常运维管理、DHCP 常见故障检测与排除的业务实施流程。

项目描述

Jan16 公司初步建立了企业网络，并将计算机接入企业网中。在网络管理中，管理员经常需要为内部计算机配置 IP 地址、默认网关、DNS 等 TCP/IP 选项，由于公司计算机数量多，并且还有大量的移动 PC，公司希望能尽快部署一台 DHCP 服务器，实现企业网普通计算机 IP、DNS、默认网关等选项的自动配置，提高网络管理与维护的效率。

公司的网络拓扑如图 8-1 所示，DHCP 服务器和 DNS 服务器均部署在信息中心。为有序推进 DHCP 服务项目的部署，公司希望首先在信息中心实现 DHCP 服务器的部署，待稳定后再推行到其他部门，并做好 DHCP 服务器的日常运维与管理工作。

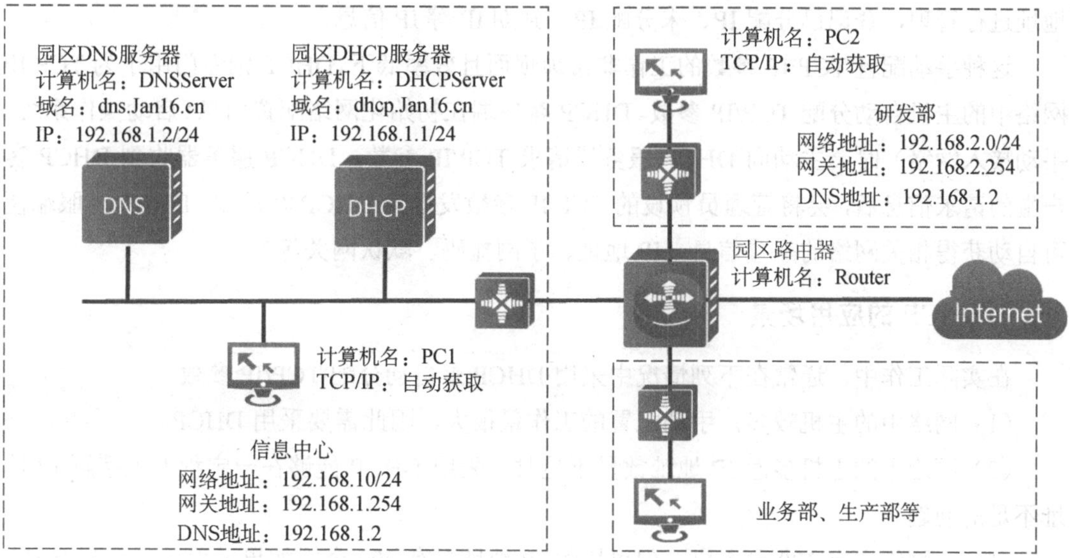

图 8-1　公司的网络拓扑

项目分析

客户机 IP 地址、默认网关、DNS 都属于 TCP/IP 参数，DHCP（Dynamic Host Configuration Protocol，动态主机配置协议）服务是专门用于 TCP/IP 网络中的主机自动分配 TCP/IP 参数的协议。通过在网络中部署 DHCP 服务，不仅可以实现客户端 TCP/IP 的自动配置，还能对网络的 IP 地址进行管理。

公司在部署 DHCP 服务时，通常先在一个部门进行小范围的实施，成功后再扩散到整个园区，因此本项目可以通过以下工作任务来完成。

（1）部署 DHCP 服务，实现信息中心客户机接入到局域网。

（2）配置 DHCP 作用域，实现信息中心客户机访问外部网络。

（3）配置 DHCP 中继，实现所有部门客户机自动配置网络信息。

（4）DHCP 服务器的日常维护与管理。

相关知识

8.1 DHCP 的概念

假设 Jan16 公司共有 200 台计算机需要配置 TCP/IP 参数，如果手动配置，每台需要耗费 2 分钟，一共就需要 400 分钟，如果某些 TCP/IP 参数发生变化，则上述工作将会重复。在部署后的一段时间，如果还有一些移动 PC 需要接入，管理员还必须将未被使用的 IP 地址分配给这些移动 PC，但问题是哪些 IP 地址是未被使用的呢？因此，管理员还必须对 IP 地址进行管理，登记已分配 IP、未分配 IP、到期 IP 等 IP 信息。

这种手动配置 TCP/IP 参数的工作非常烦琐而且效率低下，DHCP 则专门用于为 TCP/IP 网络中的主机自动分配 TCP/IP 参数。DHCP 客户端在初始化网络配置信息（启动操作系统、手动接入网络）时会主动向 DHCP 服务器请求 TCP/IP 参数，DHCP 服务器收到 DHCP 客户端的请求信息后，会将管理员预设的 TCP/IP 参数发送给 DHCP 客户端，DHCP 客服端便可自动获得相关网络的配置信息（IP 地址、子网掩码、默认网关等）。

1. DHCP 的应用场景

在实际工作中，通常在下列情况中采用 DHCP 来自动分配 TCP/IP 参数。

（1）网络中的主机较多，手动配置的工作量很大，因此需要采用 DHCP。

（2）网络中的主机多而 IP 地址数量不足时，采用 DHCP 能够在一定程度上缓解 IP 地址不足的问题。

例如，网络中有 300 台主机，但可用的 IP 地址只有 200 个，如果采用手动分配方式，则只有 200 台计算机可接入网络，其余 100 台将无法接入。在实际工作中，通常 300 台主机同时接入网络的可能性不大，因为公司实行三班倒机制，不上班员工的计算机并不需要接入网络。在这种情况下，使用 DHCP 恰好可以调节 IP 地址的使用。

（3）一些 PC 经常在不同的网络中移动，通过 DHCP 它们可以在任意网络中自动获得 IP 地址而无须任何额外的配置，从而满足了移动用户的需求。

2. 部署 DHCP 服务的优势

（1）对于园区网的管理员，DHCP 可以给内部网络的众多客户端主机自动分配网络参数，提高了工作效率。

（2）对于网络服务供应商 ISP，DHCP 可以给客户计算机自动分配网络参数。通过 DHCP，可以简化管理工作，达到中央管理、统一管理的目的。

（3）可以在一定程度上缓解 IP 地址不足的问题。

（4）方便了经常需要在不同网络间移动主机的联网。

8.2　DHCP 客户端首次接入网络的工作过程

DHCP 自动分配网络设备参数是通过租用机制来完成的，DHCP 客户端首次接入网络时，需要通过和 DHCP 服务器交互才能获取 IP 租约，IP 地址的租用过程分为发现、提供、选择和确认 4 个阶段，如图 8-2 所示。

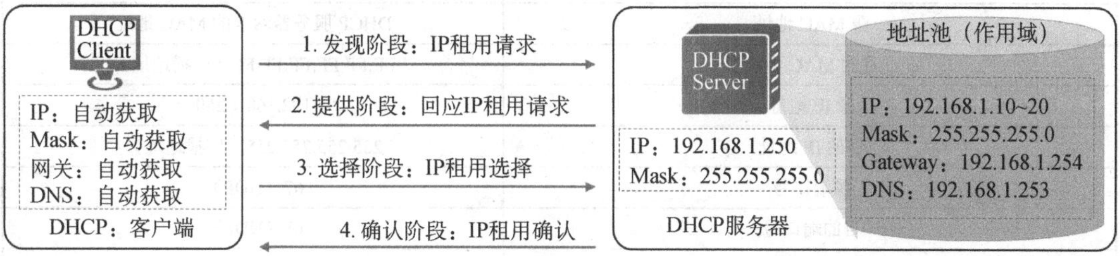

图 8-2　DHCP 的工作过程

DHCP 4 个阶段消息的名称及作用如表 8-1 所示。

表 8-1　DHCP 4 个阶段消息的名称及作用

消息名称	消息的作用
发现阶段（DHCP Discover）	DHCP 客户端寻找 DHCP 服务器，请求分配 IP 地址等网络配置信息
提供阶段（DHCP Offer）	DHCP 服务器回应 DHCP 客户端请求，提供可被租用的网络配置信息
选择阶段（DHCP Request）	DHCP 客户端选择租用网络中某一台 DHCP 服务器分配的网络配置信息
确认阶段（DHCP Ack）	DHCP 服务器对 DHCP 客户端的租用选择进行确认

（1）发现阶段（DHCP Discover）

当 DHCP 客户端第一次接入网络并初始化网络参数时（操作系统启动、新安装了网卡、插入网线、启用被禁用的网络连接时），由于客户端没有 IP 地址，DHCP 客户端将发送 IP 租用请求。因为客户端不知道DHCP 服务器的 IP 地址，所以它将会以广播的方式发送 DHCP Discover 消息。DHCP Discover 包含的关键信息如表 8-2 所示。

表 8-2 DHCP Discover 包含的关键信息

信息	说明
源 MAC 地址	客户端网卡的 MAC 地址
目的 MAC 地址	FF:FF:FF:FF:FF:FF（广播地址）
源 IP 地址	0.0.0.0
目的 IP 地址	255.255.255.255（广播地址）
源端口号	68（UDP）
目的端口号	67（UDP）
客户端硬件地址标识	客户端网卡的 MAC 地址
客户端 ID	客户端网卡的 MAC 地址
DHCP 包类型	DHCP Discover

（2）提供阶段（DHCP Offer）

DHCP 服务器收到客户端发出 DHCP Discover 消息后会通过发送一个 DHCP Offer 消息做出响应，并为客户端提供 IP 地址等网络配置参数。DHCP Offer 包含的关键信息如表 8-3 所示。

表 8-3 DHCP Offer 包含的关键信息

信息	说明
源 MAC 地址	DHCP 服务器网卡的 MAC 地址
目的 MAC 地址	FF:FF:FF:FF:FF:FF（广播地址）
源 IP 地址	192.168.1.250
目的 IP 地址	255.255.255.255（广播地址）
源端口号	67（UDP）
目的端口号	68（UDP）
提供给客户端的 IP 地址	192.168.1.10
提供给客户端的子网掩码	255.255.255.0
提供给客户端的网关地址等其他网络配置参数	Gateway:192.168.1.254 DNS:192.168.1.253
提供给客户端 IP 地址等网络配置参数的租约时间	（按实际，如 6 小时）
客户端硬件地址标识	客户端网卡的 MAC 地址
服务器 ID	192.168.1.250（服务器 IP）
DHCP 包类型	DHCP Offer

（3）选择阶段（DHCP Request）

DHCP 客户端收到 DHCP 服务器的 DHCP Offer 后，并不会直接将该租约配置在 TCP/IP 参数中，它还必须向服务器发送 DHCP Request 消息以确认租用。DHCP Request 包含的关键信息（DHCP 服务器的 IP 地址为 192.168.1.1/24，DHCP 客户端的 IP 地址为 192.168.1.10/24）如表 8-4 所示。

表 8-4　DHCP Request 包含的关键信息

信息	说明
源 MAC 地址	DHCP 客户端网卡的 MAC 地址
目的 MAC 地址	FF:FF:FF:FF:FF:FF（广播地址）
源 IP 地址	0.0.0.0
目的 IP 地址	255.255.255.255（广播地址）
源端口号	68（UDP）
目的端口号	67（UDP）
客户端硬件地址标识字段	客户端网卡的 MAC 地址
客户端请求的 IP 地址	192.168.1.10
服务器 ID	192.168.1.240
DHCP 包类型	DHCP Request

（4）确认阶段（DHCP Ack）

DHCP 服务器收到客户端的 DHCP Request 消息后，将通过发送 DHCP Ack 消息给客户端来完成 IP 地址租约的签订，客户端收到该数据包后就可以使用服务器提供的 IP 地址等网络配置参数信息完成 TCP/IP 参数的配置。DHCP Ack 包含的关键信息如表 8-5 所示。

表 8-5　DHCP Ack 包含的关键信息

信息	说明
源 MAC 地址	DHCP 服务器网卡的 MAC 地址
目的 MAC 地址	FF:FF:FF:FF:FF:FF（广播地址）
源 IP 地址	192.168.1.250
目的 IP 地址	255.255.255.255（广播地址）
源端口号	67（UDP）
目的端口号	68（UDP）
提供给客户端的 IP 地址	192.168.1.10
提供给客户端的子网掩码	255.255.255.0
提供给客户端的网关地址等其他网络配置参数	Gateway:192.168.1.254 DNS:192.168.1.253
提供给客户端 IP 地址等网络配置参数的租约时间	（按实际）
客户端硬件地址标识	客户端网卡的 MAC 地址
服务器 ID	192.168.1.250
DHCP 包类型	DHCP Ack

DHCP 客户端收到服务器发出的 DHCP Ack 消息后，会将该消息中提供的 IP 地址及其他相关的 TCP/IP 参数与自己的网卡绑定，此时 DHCP 客户端获得 IP 租约并接入网络的过程便完成了。

8.3　DHCP 客户端 IP 租约的更新

1. DHCP 客户端持续在线时进行 IP 租约的更新

DHCP 客户端获得 IP 租约后，必须定期更新租约，否则当租约到期时，将不能再使用此 IP 地址。每当租用时间到达租约的 50%和 87.5%时，客户端必须发出 DHCP Request 消息，向 DHCP 服务器请求更新租约。

（1）在当期租约已使用 50%时，DHCP 客户端将以单播方式直接向 DHCP 服务器发送 DHCP Request 消息，如果客户端接收到该服务器回应的 DHCP Ack 消息（单播方式），则客户端就根据 DHCP Ack 消息中所提供的新的租约更新 TCP/IP 参数，这样 IP 租用就更新完成。

（2）如果在租约已使用 50%时未能成功更新 IP 租约，则客户端将在租约已使用 87.5%时以广播方式发送 DHCP Request 消息，如果收到 DHCP Ack 消息，则更新租约，如仍未收到服务器回应，则客户端仍可以继续使用现有的 IP 地址。

（3）如果直到当前租约到期仍未完成续约，则 DHCP 客户端将以广播方式发送 DHCP Discover 消息，重新开始 4 个阶段的 IP 租用过程。

2. DHCP 客户端重新启动时进行 IP 租约的更新

客户端重启后，如果租约已经到期，则客户端将重新开始 4 个阶段的 IP 租用过程。

如果租约未到期，则通过广播方式发送 DHCP Request 消息，DHCP 服务器查看该客户机 IP 是否已经租用给其他客户。如果未租用给其他客户，则发送 DHCP Ack 消息，客户端完成续约；如果已经租用给其他客户，则该客户端必须重新开始 4 个阶段的 IP 租用过程。

8.4　DHCP 客户端租用失败的自动配置

DHCP 客户端在发出 IP 租用请求的 DHCP Discover 广播包后，将花费 1 秒钟的时间等待 DHCP 服务器的回应，如果等待 1 秒钟后没有收到服务器的回应，它会将这个广播包重新广播 4 次（以 2、4、8 和 16 秒为间隔，加上 1～1000 毫秒随机长度的时间）。4 次广播之后，如果仍然不能收到服务器的回应，则将从 169.254.0.0/16 网段内随机选择一个 IP 地址作为自己的 TCP/IP 参数。

注意：

（1）169.254 开头的 IP 地址（自动私有 IP 地址）是 DHCP 客户端申请 IP 地址失败后由自己随机生成的 IP 地址，使用自动私有 IP 地址可以使得当 DHCP 服务不可用时，DHCP 客户端之间仍然可以利用该地址通过 TCP/IP 实现相互通信。169.254 开头的网段地址是私有 IP 地址网段，以它开头的 IP 地址数据包不能够、也不可能在 Internet 上出现。

（2）DHCP 客户端究竟是怎么确定配置某个未被占用的 169.254 开头的 IP 地址呢？它是利用 ARP 广播来确定自己所挑选的 IP 是否已经被网络上的其他设备使用的。如果发现该 IP 地址已经被使用，客户端会再随机生成另一个 169.254 开头的 IP 地址重新测试，直到成功获取配置。

（3）如果客户端是 Windows XP 版本以上的 Windows 操作系统，并且在网卡配置中设置了“备用配置”网络参数，则在自动获取 IP 失败后，将采用“备用配置”的网络参数作为 TCP/IP 参数，而不是获得 169.254 开头的 IP 地址信息。

8.5 DHCP 中继代理服务

由于在大型园区网络中会存在多个物理网络，即对应存在着多个逻辑网段（子网），那么园区内的计算机是如何实现 IP 地址租用的呢？

由 DHCP 的工作原理可以知道，DHCP 客户端实际上是通过发送广播消息与 DHCP 服务器通信的，DHCP 客户端获取 IP 地址的 4 个阶段都依赖于广播消息的双向传播。而广播消息是不能跨越子网的，难道 DHCP 服务器就只能为网卡直连的广播网络服务吗？如果 DHCP 客户端和 DHCP 服务器在不同的子网内，客户端还能不能向服务器申请 IP 地址呢？

DHCP 客户端是基于局域网广播的方式寻找 DHCP 服务器来租用 IP 的，由于路由器具有隔离局域网广播的功能，因此在默认情况下，DHCP 服务只能为自己所在的网段提供 IP 租用服务。如果要让一个多局域网的网络通过 DHCP 服务器实现 IP 的自动分配，可以采用以下两种方法。

方法 1：在每个局域网都部署一台 DHCP 服务器。

方法 2：路由器可以和 DHCP 服务器通信，如果路由器可以代为转发客户机的 DHCP 请求包，那么网络中只需要部署一台 DHCP 服务器就可以为多个子网提供 IP 租用服务。

对于方法 1，企业将需要额外部署多台 DHCP 服务器；对于方法 2，企业将可以利用现有的基础架构实现相同的功能，显然更为合适。

DHCP 中继代理实际上是一种软件技术，安装了 DHCP 中继代理的计算机称为 DHCP 中继代理服务器，它承担不同子网间 DHCP 客户端和 DHCP 服务器的通信任务。中继代理负责转发不同子网间客户端和服务器之间的 DHCP/BOOTP 消息。简言之，中继代理就是 DHCP 客户端与 DHCP 服务器通信的中介，即中继代理接收到 DHCP 客户端的广播型请求消息后，将请求信息以单播的方式转发给 DHCP 服务器；同时，它也接收 DHCP 服务器的单播回应消息，并以广播的方式转发给 DHCP 客户端。

通过 DHCP 中继代理，使得 DHCP 服务器与 DHCP 客户端的通信可以突破直连网段的限制，达到跨子网通信的目的。除了安装 DHCP 中继代理服务器的计算机外，大部分路由器都支持 DHCP 中继代理功能，可以代为转发 DHCP 请求包（方法 2），因此通过 DHCP 中继服务可以实现在公司内仅部署一台 DHCP 服务器为多个局域网提供 IP 地址租用服务。

任务 8-1　部署 DHCP 服务，实现信息中心客户端接入局域网

部署 DHCP 服务，实现信息中心客户机接入到局域网

任务规划

信息中心拥有 20 台计算机，网络管理员希望通过配置 DHCP 服务器来实现客户端自动配置 IP 地址，以此实现计算机间的相互通信。公司的网络地址段为 192.168.1.0/24，可分配给客户机的 IP 地址范围为 192.168.1.10～192.168.1.200，信息中心的网络拓扑如图 8-3 所示。

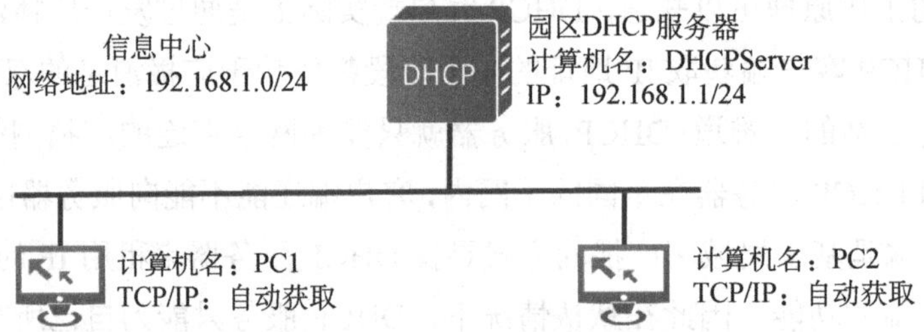

图 8-3　信息中心的网络拓扑（局域网）

本任务是在一台 Windows Server 2019 服务器上安装 DHCP 服务的角色和功能，让该服务器成为 DHCP 服务器，并通过配置 DHCP 服务器和客户端实现信息中心 DHCP 服务的部署，具体可通过以下几个步骤完成。

（1）为服务器配置静态 IP 地址。

（2）在服务器上安装 DHCP 服务角色和功能。

（3）为信息中心创建并启用 DHCP 作用域。

任务实施

1. 为服务器配置静态 IP 地址

DHCP 服务作为网络的基础服务之一，它要求使用固定的 IP 地址，因此，需要按网络拓扑为 DHCP 服务器配置静态 IP 地址。

打开【Ethernet0 属性】对话框，勾选【Internet 协议版本 4（TCP/IPv4）】复选框，单击【属性(R)】按钮，在弹出的对话框中输入 IP 地址信息，如图 8-4 所示。

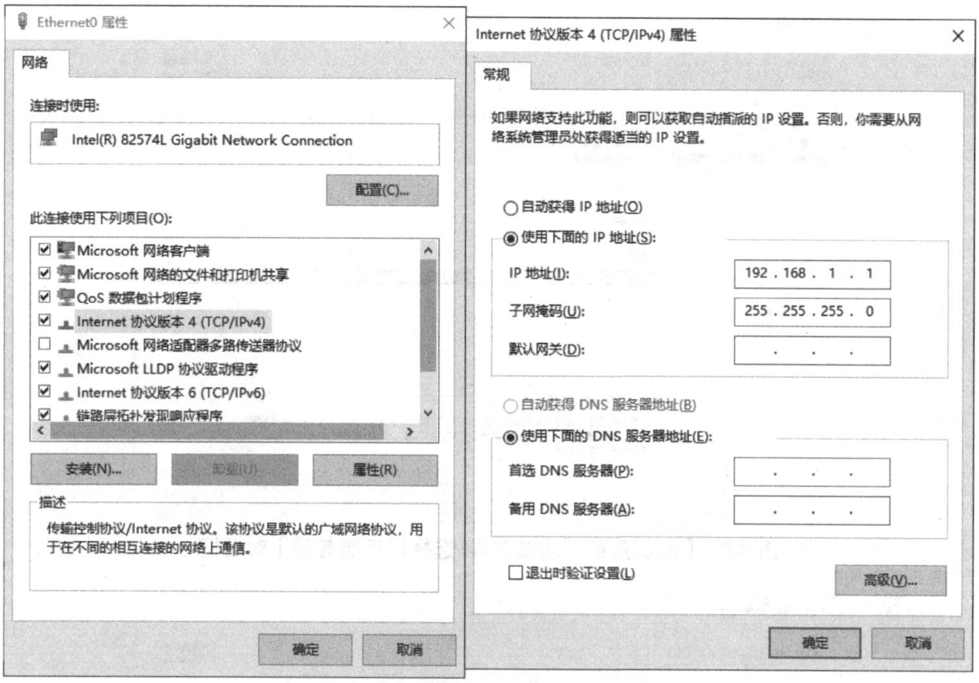

图 8-4　DHCP 服务器 TCP/IP 的配置

2. 在服务器上安装 DHCP 服务角色和功能

（1）在【服务器管理器】窗口的下拉式菜单中选择【添加角色和功能】命令，打开【添加角色和功能向导】对话框。

（2）单击【下一步】按钮，打开【添加角色和功能向导-安装类型】对话框，保持默认选项，单击【下一步】按钮，打开如图 8-5 所示的【添加角色和功能向导-选择目标服务器】对话框，选择【192.168.1.1】服务器并单击【下一步(N)】按钮。

（3）在图 8-6 所示的【添加角色和功能向导-选择服务器角色】对话框中，勾选【DHCP 服务器】复选框，在弹出的添加 DHCP 服务器所需的功能对话框中选择【添加功能】。

（4）单击【下一步】按钮，打开【功能】对话框，由于功能在刚刚弹出的对话框中已经自动添加了，因此这里保持默认选项即可。单击【下一步】按钮，打开【确认】界面，确认无误后单击【安装】按钮，等待一段时间后即可完成 DHCP 服务器角色和功能的添加，结果如图 8-7 所示。

3. 为信息中心创建并启用 DHCP 作用域

（1）了解 DHCP 作用域。DHCP 作用域是本地逻辑子网中可使用 IP 地址的集合，例如 192.168.1.2/24～192.168.1.253/24。DHCP 服务器只能将作用域中定义的 IP 地址分配给 DHCP 客户端，因此，必须先创建作用域才能让 DHCP 服务器分配 IP 地址给 DHCP 客户端。也就是说，必须创建并启用 DHCP 作用域，DHCP 服务器才会开始工作。

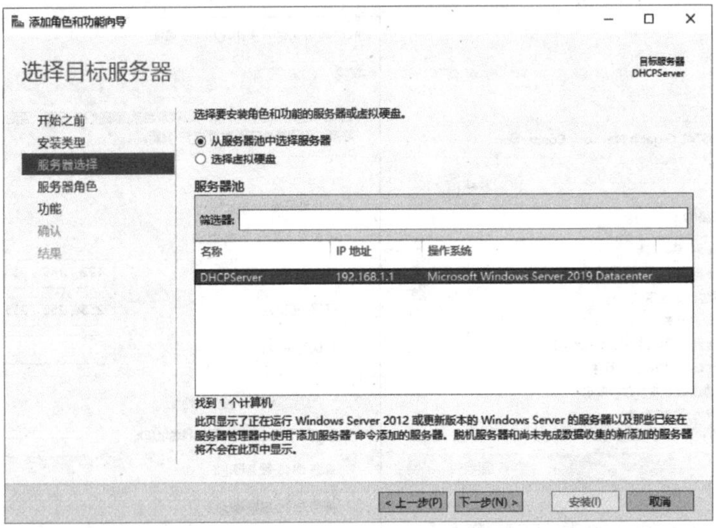

图 8-5 【添加角色和功能向导–选择目标服务器】对话框

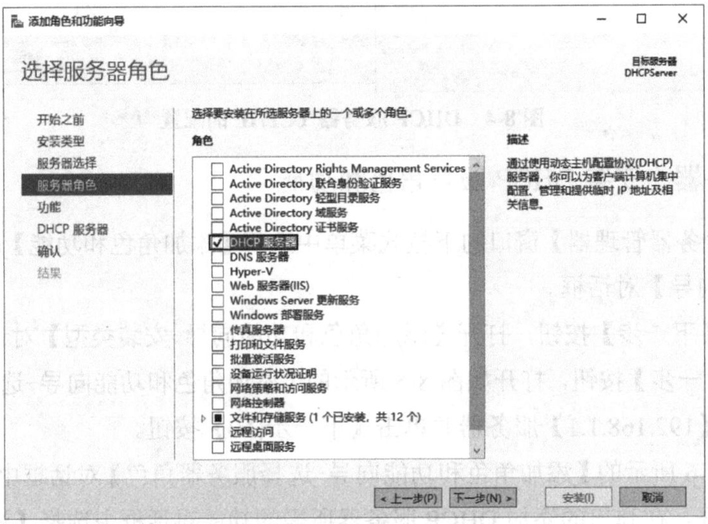

图 8-6 【添加角色和功能向导–选择服务器角色】对话框

在局域网环境中，DHCP 的作用域就是自己所在子网 IP 地址的集合，例如本任务所要求的 IP 地址范围为 192.168.1.10～192.168.1.200。本网段的客户端将通过自动获取 IP 地址的方式来租用该作用域中的一个 IP 地址并配置在本地连接上，从而使 DHCP 客户拥有一个合法的 IP 地址，并和内外网相互通信。

DHCP 作用域的相关属性如下。

- 作用域名称：在创建作用域时指定的作用域标识。在本项目中，可以使用“部门+网络地址”作为作用域的名称。
- IP 地址的范围：作用域中，可用于给客户端分配的 IP 地址范围。
- 子网掩码：指定 IP 地址的网络地址。

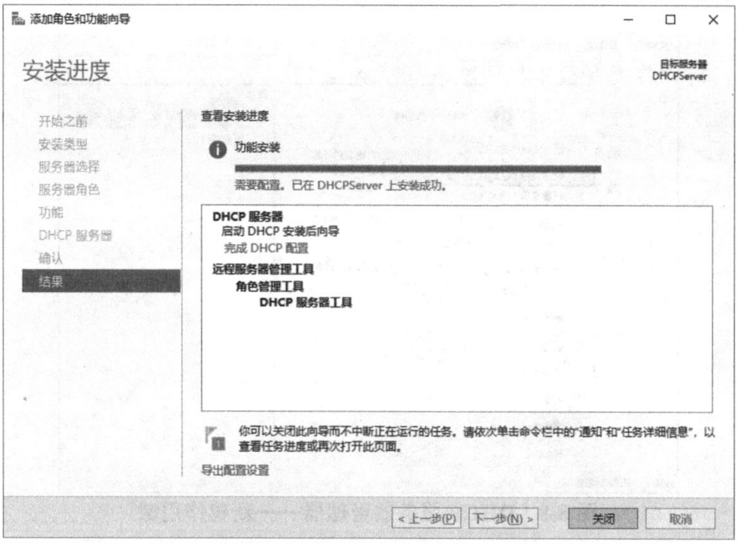

图 8-7　DHCP 服务器的安装结果

● 租用期：客户端租用 IP 地址的时长。

● 作用域选项：是指除了 IP 地址、子网掩码及租用期以外的网络配置参数，如默认网关、DNS 服务器的 IP 地址等。

● 保留：是指为一些主机分配固定的 IP 地址，使得这些主机租用的 IP 地址始终不变。

（2）配置 DHCP 作用域。在本任务中，信息中心可分配的 IP 地址范围为 192.168.1.10～192.168.1.200，配置 DHCP 作用域的步骤如下。

① 在【任务管理器】窗口的【工具】菜单中单击【DHCP】命令，打开 DHCP 服务器管理器窗口。

② 展开左侧的【DHCP】目录，选中并右击【IPv4】选项，在弹出的快捷菜单中选择【新建作用域(P)】命令，如图 8-8 所示。

③ 在打开的【新建作用域向导】对话框中单击【下一步】按钮，打开如图 8-9 所示的【新建作用域向导-作用域名称】对话框，在【名称】文本框中输入"192.168.1.0/24"，在【描述】文本框中输入"信息中心"，然后单击【下一步(N)】按钮。

④ 如图 8-10 所示，在【新建作用域向导-IP 地址范围】对话框中设置可以用于分配的 IP 地址，然后单击【下一步(N)】按钮。

⑤ 如图 8-11 所示，在【新建作用域向导-添加排除和延迟】对话框中，根据项目要求，仅允许分配 192.168.1.10～192.168.1.200 的地址段，因此需要将 192.168.1.1～192.168.1.9 和 192.168.1.201～192.168.1.254 两个地址段排除。添加排除后，单击【下一步(N)】按钮。

延迟是指服务器发送 DHCP Offer 消息传输的时间值，单位为毫秒，默认为 0。

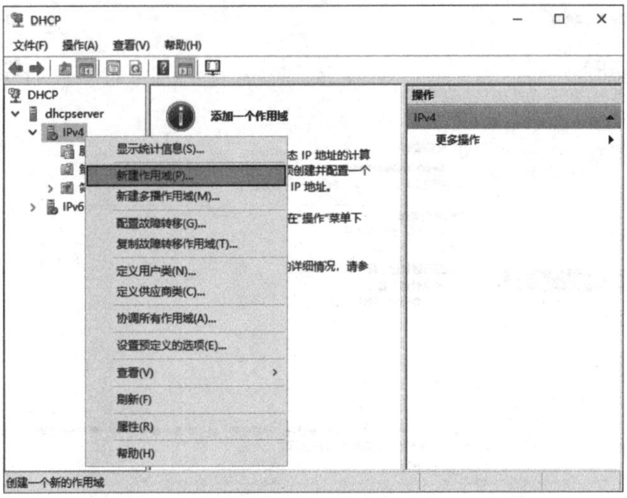

图 8-8　DHCP 服务器管理器——新建作用域

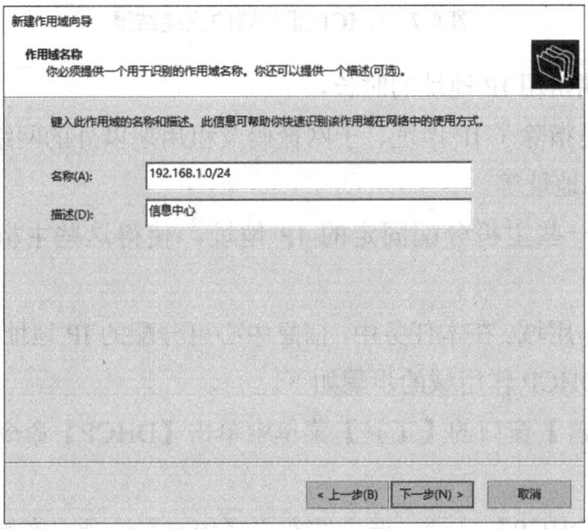

图 8-9　【新建作用域向导-作用域名称】对话框

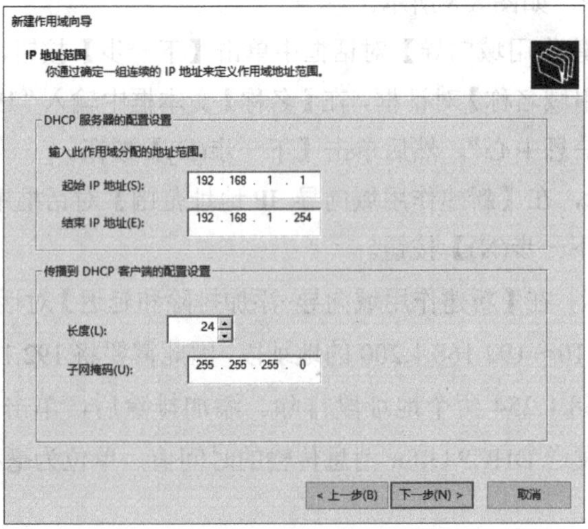

图 8-10　【新建作用域向导-IP 地址范围】对话框

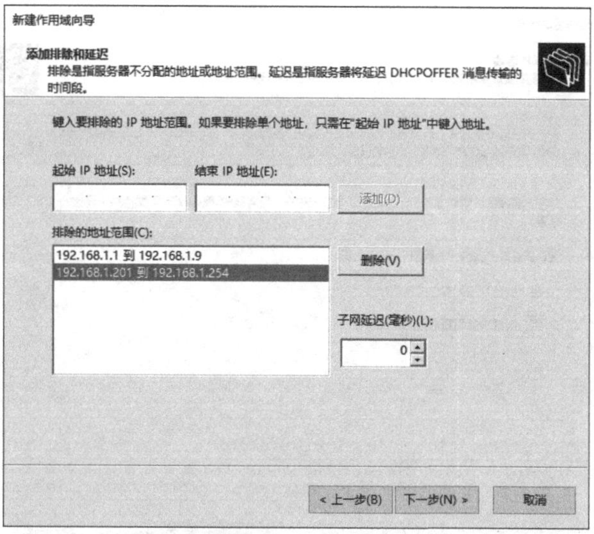

图 8-11 【新建作用域向导-添加排除和延迟】对话框

⑥ 在【新建作用域向导-租用期限】对话框中，可以根据实际应用场景配置租用时间。

例如，本项目开头提及的 200 个 IP 地址为 300 台计算机服务时，宜设置较短的租约，如 1 分钟，这样第一批员工下班后，只需要 1 分钟，第二批员工开机就可以重复使用第一批员工计算机的 IP 地址了。

如果使用近 200 个 IP 地址为 20 台计算机服务，由于 IP 地址充足，则可以设置较长的租用期限，这里采用默认值 8 天，如图 8-12 所示，然后单击【下一步(N)】按钮。

⑦ 在【新建作用域向导-配置 DHCP 选项】对话框中，选中【否，我想稍后配置这些选项(O)】单选按钮，如图 8-13 所示，然后单击【下一步(N)】按钮，完成作用域的配置。

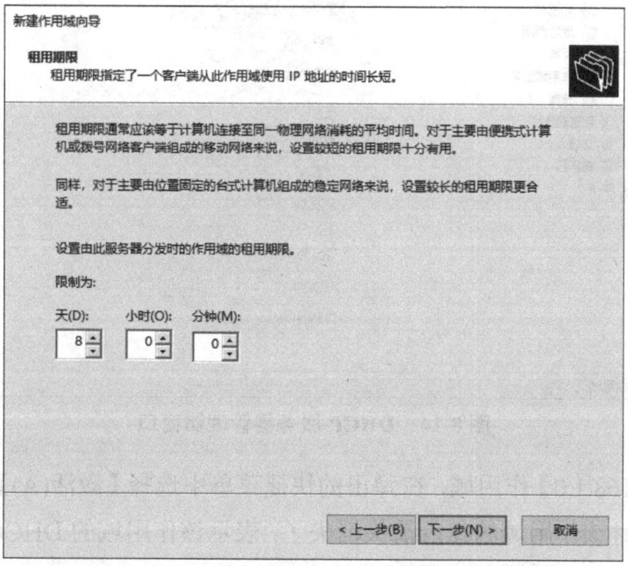

图 8-12 【新建作用域向导-租用期限】对话框

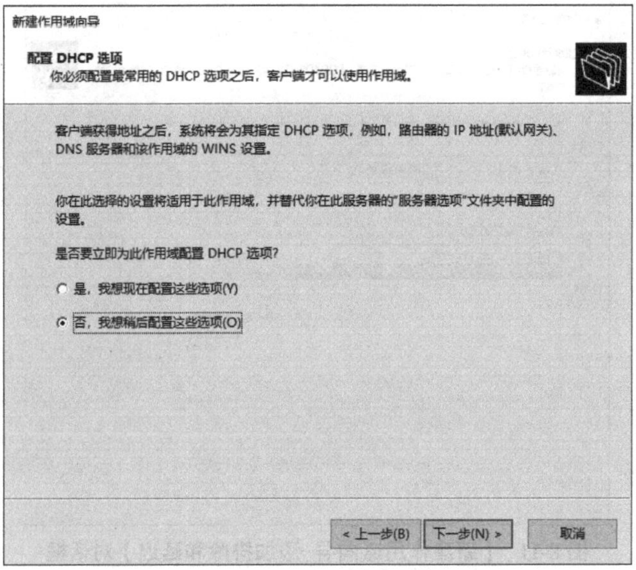

图 8-13 【新建作用域向导-配置 DHCP 选项】对话框

⑧ 回到 DHCP 服务器管理器窗口，可以看到刚刚创建的作用域，此时该作用域并未开始工作，它的图标中有一个向下的红色箭头，表示该作用域处于未激活状态，如图 8-14 所示。

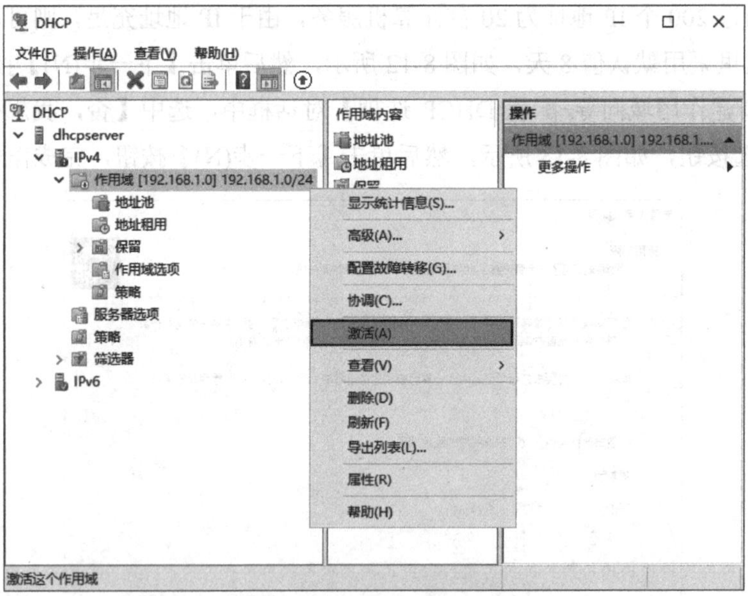

图 8-14 DHCP 服务器管理器窗口

⑨ 右击【192.168.1.0】作用域，在弹出的快捷菜单中选择【激活(A)】命令，完成 DHCP 作用域的激活，此时该作用域的红色箭头消失了，表示该作用域的 DHCP 服务器开始工作，客户端可以开始向服务器租用该作用域下的 IP 地址了。

任务验证

1. 验证 DHCP 服务是否成功安装

（1）查看 DHCP 数据文件。如果 DHCP 服务成功安装，则在计算机的/Windows\System32 目录下会自动创建一个 DHCP 的文件夹，其中包含 DHCP 区域数据库、DHCP 日志等相关文件，结果如图 8-15 所示。

（2）查看 DHCP 服务。DHCP 服务器成功安装后，会自动启动 DHCP 服务。在 DHCP 服务器管理器窗口的【工具】菜单中选择【服务】命令，在打开的服务管理控制台中可以看到已经启动的 DHCP 服务，结果如图 8-16 所示。

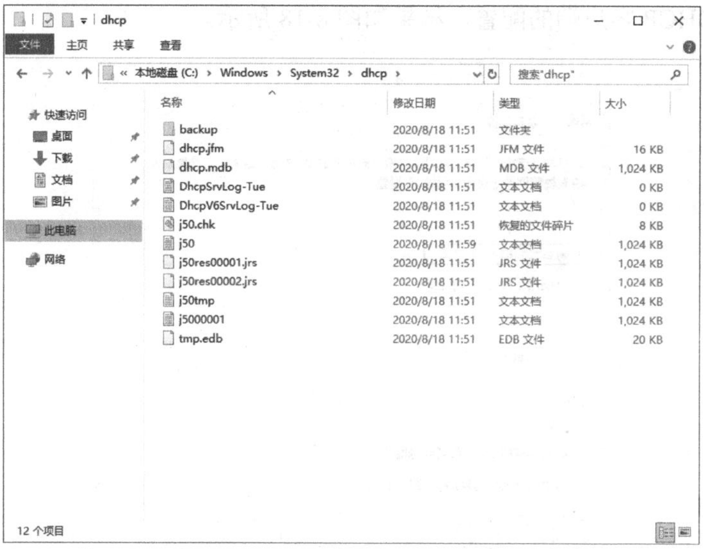

图 8-15　DHCP 本地相关文件

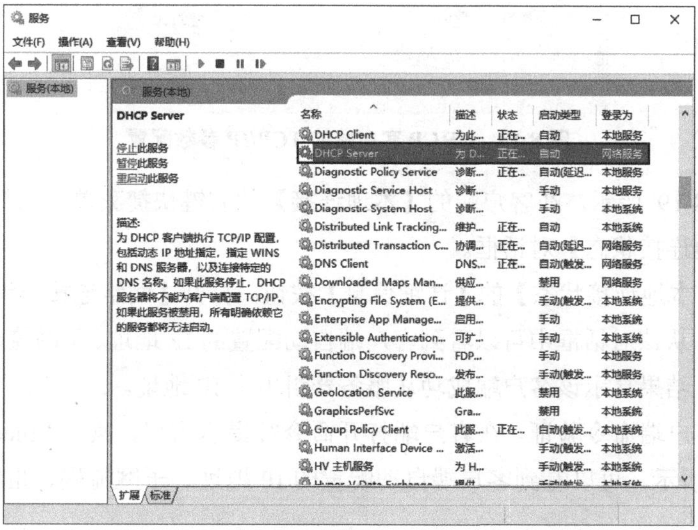

图 8-16　使用服务管理控制台查看 DHCP 服务

打开命令行提示窗口，然后执行“net start”命令，它将列出当前已启动的所有服务，在其中也能查看到已启动的 DHCP 服务，结果如图 8-17 所示。

```
C:\>net start
已经启动以下 Windows 服务:
......（省略部分显示信息）
   DHCP Server
...... （省略部分显示信息）
```

图 8-17　使用“net start”命令查看 DHCP 服务

2. 配置 DHCP 客户端并验证 IP 地址租用是否成功

（1）将信息中心客户端接入 DHCP 服务器所在网络，并将客户端的 TCP/IP 配置为自动获取，完成 DHCP 客户端的配置，结果如图 8-18 所示。

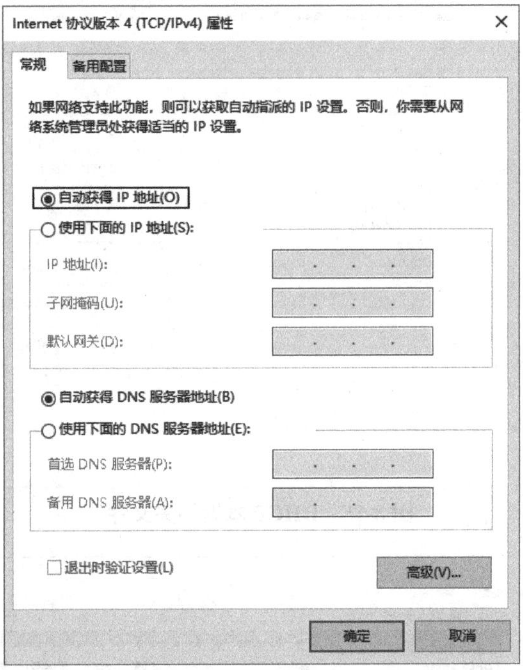

图 8-18　DHCP 客户端的 TCP/IP 参数配置

（2）如图 8-19 所示，在客户端的【本地连接】的右键快捷菜单中选择【状态(U)】命令，打开【本地连接状态】对话框。

（3）单击【本地连接状态】的【详细信息】按钮，打开【网络连接详细信息】对话框，如图 8-20 所示。从该对话框中可以看到客户端自动配置的 IP 地址、子网掩码、租约、DHCP 服务器等信息。结果显示该客户端成功从服务器租用了 IP 地址。

（4）通过客户端命令验证。在客户端打开命令行提示窗口，执行“ipconfig/all”命令，结果如图 8-21 所示，可以看到客户端自动配置的 IP 地址、子网掩码、租约、DHCP 服务器等信息。

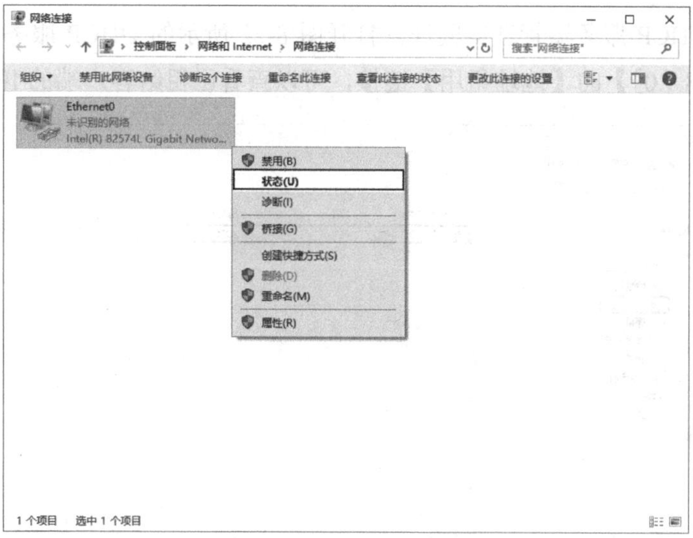

图 8-19　选择【状态】命令

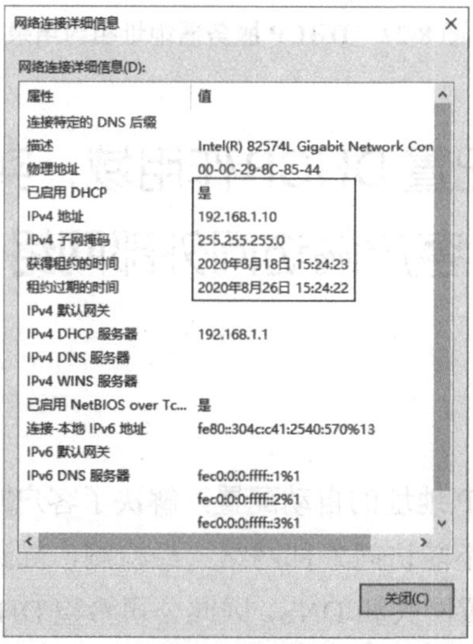

图 8-20 【网络连接详细信息】对话框

```
C:\>ipconfig/all
......（省略部分显示信息）
连接特定的 DNS 后缀 .......:
    描述...............: Intel(R) 82574L Gigabit Network Connection
    物理地址.............: 00-0C-29-8C-85-44
    DHCP 已启用 ...........: 是
    自动配置已启用..........: 是
    本地链接 IPv6 地址........: fe80::304c:c41:2540:570%13(首选)
    IPv4 地址 ............: 192.168.1.10(首选)
    子网掩码 ............: 255.255.255.0
    获得租约的时间 .........: 2020 年 8 月 18 日 15:24:23
    租约过期的时间 .........: 2020 年 8 月 26 日 15:24:22
    默认网关.............:
    DHCP 服务器 ...........: 192.168.1.1
...... （省略部分显示信息）
```

图 8-21 “ipconfig/all”命令执行结果

（5）通过 DHCP 服务器管理器验证。打开图 8-22 所示的 DHCP 服务器管理器窗口的【作用域[192.168.1.0]】的【地址租用】链接，可以查看已租给客户端的 IP 地址租约。

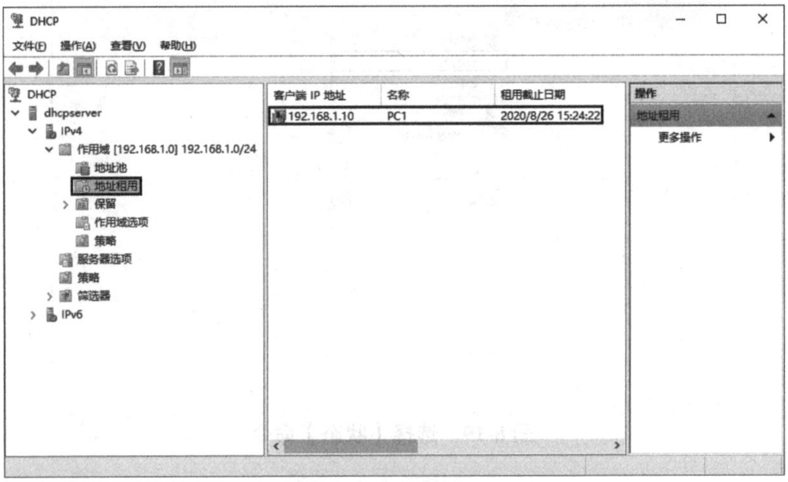

图 8-22　DHCP 服务器地址租约结果

任务 8-2　配置 DHCP 作用域，实现信息中心客户端访问外部网络

任务规划

配置 DHCP 作用域，实现信息中心客户端访问外部网络

任务 8-1 实现了客户端 IP 地址的自动配置，解决了客户端和服务器的相互通信，但是客户端不能访问外部网络。经检测，导致客户端无法访问外网的原因是未配置网关和 DNS，因此公司希望 DHCP 服务器能为客户端自动配置网关和 DNS，实现客户端与外网的通信。信息中心的网络拓扑如图 8-23 所示。

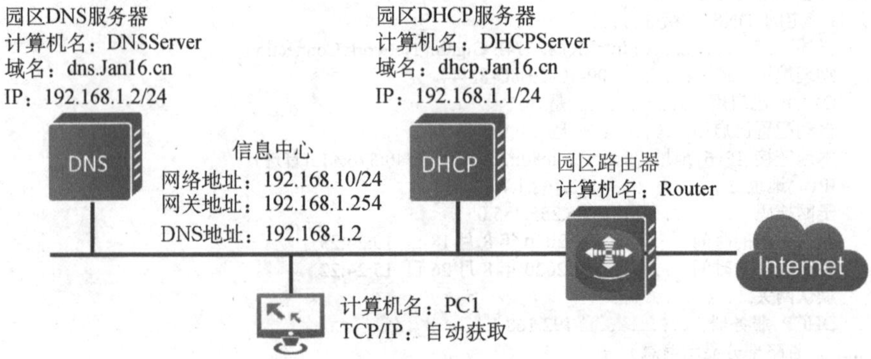

图 8-23　信息中心的网络拓扑

DHCP 服务器不仅可以为客户端配置 IP 地址、子网掩码，还可以为客户端配置网关、DNS 等信息。网关是客户端访问外网的必要条件，DNS 是客户解析网络域名的必要条件，因此只有配置了网关和 DNS 才能解决客户端与外网通信的问题。那么，要想了解网关和 DNS 的自动配置就有必要先了解作用域选项和服务器选项。

1. 了解作用域选项与服务器选项的功能

作用域选项与服务器选项都是用于为 DHCP 客户机配置网关、DNS 等网络参数的。在 DHCP 作用域中，只有配置了作用域选项或服务器选项，客户端才能自动配置网关和 DNS。作用域选项和服务器选项的位置如图 8-24 所示。

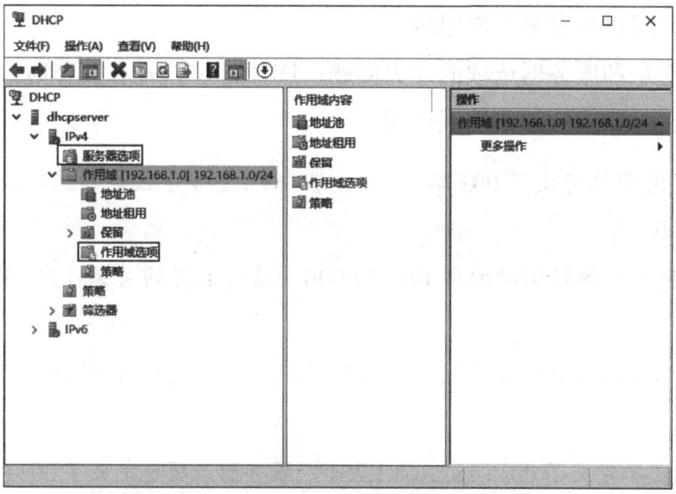

图 8-24　作用域选项与服务器选项的位置

作用域选项和服务器选项的属性对话框完全相同，如图 8-25 所示。

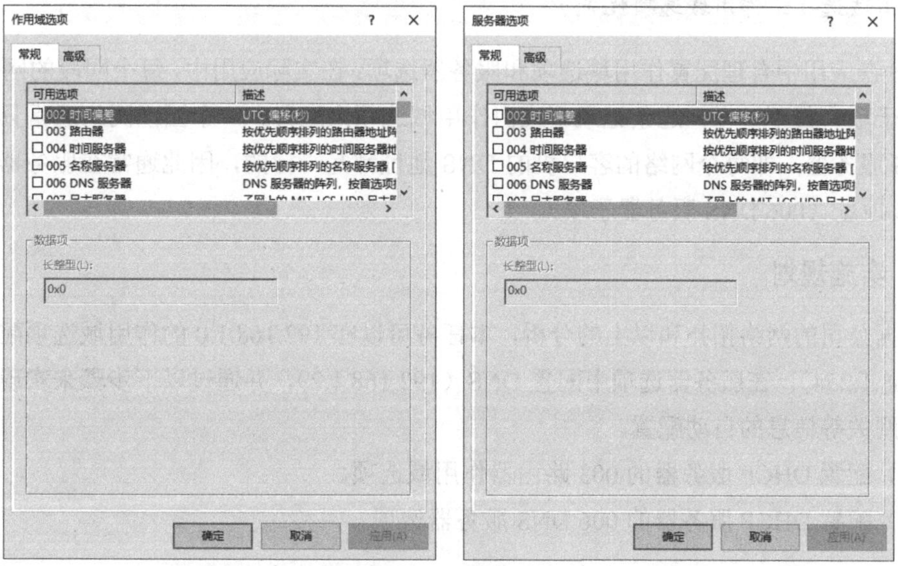

图 8-25　作用域选项与服务器选项的属性对话框

2. 了解服务器选项和作用域选项的工作范围与冲突机制

由图 8-25 可以看出作用域选项和服务器选项的配置选项是完全一样的，它们都用于为客户端配置 DNS、网关等网络参数。如果作用域选项和服务器选项相同项目的配置不同时，客户端加载的配置是作用域选项优先还是服务器选项优先呢？在实际业务中，这两个选项是如何协同工作的呢？

（1）作用域选项的工作范围：作用域选项工作在其隶属的作用域，一个作用域仅服务于一个局域网。

（2）服务器选项的工作范围：服务器选项工作在整个 DHCP 服务器范围。DHCP 服务器根据业务需求，可以部署多个作用域。

（3）作用域选项和服务器选项的冲突问题：DHCP 客户端在工作时，先加载服务器选项，然后再加载自己作用域的作用域选项。

例 1：作用域选项仅定义了 003 路由器（192.168.1.254），服务器选项仅定义了 006 DNS 服务器（192.168.0.1）。

结果：DHCP 客户端将同时配置 003 和 006，最终配置网关为 192.168.1.254，DNS 地址为 192.168.0.1。

结论：如果作用域选项和服务器选项没有冲突，那么 DHCP 客户端将其都加载。

例 2：作用域选项定义了 003（192.168.1.254），服务器选项也定义了 003（192.168.0.254）。

结果：DHCP 客户机将仅配置作用域选项，最终配置的网关为 192.168.1.254。

结论：如果作用域选项和服务器选项冲突时，那么基于就近原则，DHCP 客户机将仅加载作用域选项（作用域选项优先）。

（4）在应用中合理配置作用域选项和服务器选项：在实际应用中，每个网段的网关（003 路由器子项）都不一样，这条记录都应由作用域选项来配置。一个园区网络通常只部署一台 DNS 服务器，即每个网络的客户机的 DNS 地址都是一样的，因此通常在服务器选项配置 DNS 地址（006 DNS 服务器子项）。

3. 实施规划

根据公司的网络拓扑和以上的分析，本任务可以在 192.168.1.0 的作用域选项配置网关（192.168.1.254），在服务器选项中配置 DNS（192.168.1.2），并通过以下步骤来实现客户机 DNS、网关等信息的自动配置。

（1）配置 DHCP 服务器的 003 路由器作用域选项。

（2）配置 DHCP 服务器的 006 DNS 服务器选项。

任务实施

1. 配置 DHCP 服务器的 003 路由器作用域选项

（1）打开 DHCP 服务器管理器窗口，展开【作用域 192.168.1.0】，右击【作用域选项】，在弹出的快捷菜单中选择【配置属性】命令，打开【作用域选项】对话框。

（2）在【常规】选项卡中勾选【003 路由器】复选框，并输入该局域网网关的 IP 地址 192.168.1.254，单击【添加(D)】按钮完成网关的配置，最后单击【确定】按钮完成作用域选项的配置，如图 8-26 所示。

2. 配置 DHCP 服务器的 006 DNS 服务器选项

（1）打开 DHCP 服务器管理器窗口，右击【服务器选项】，在弹出的快捷菜单中选择【配置属性】命令，打开【服务器选项】对话框。

（2）在【常规】选项卡中勾选【006 DNS 服务器】复选框，并输入该园区网的 DNS 地址 192.168.1.2，单击【添加(D)】按钮完成 DNS 的配置，最后单击【确定】按钮完成服务器选项的配置，如图 8-27 所示。

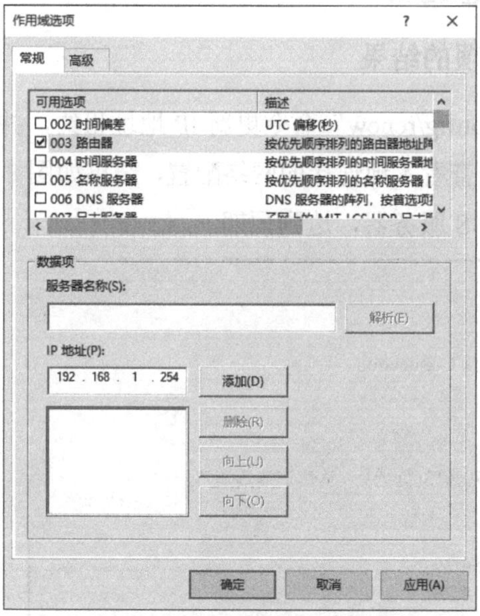

图 8-26　作用域选项网关的配置

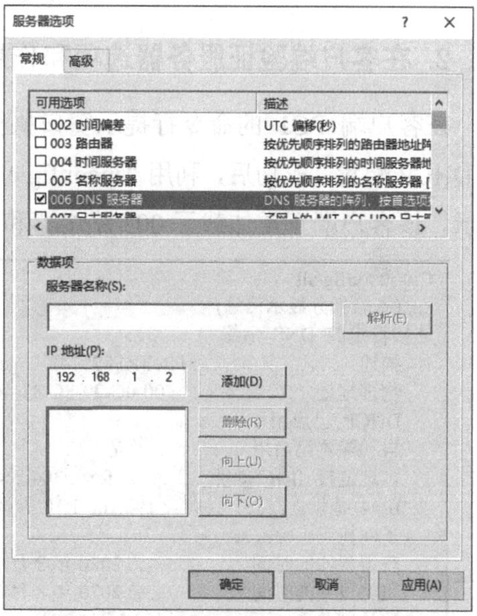

图 8-27　服务器域选项 DNS 的配置

任务验证

1. 在 DHCP 服务器查看【作用域 192.168.1.0】的作用域选项

在图 8-28 所示的【作用域［192.168.1.0］】的作用域选项结果中可以看到 003 和 006

两个选项的值，其表示该作用域的客户机将正常获取这两个选项的配置。在该视图中还可以看到两个图标和，表示本地作用域选项配置的结果，则表示服务器选项配置的结果。

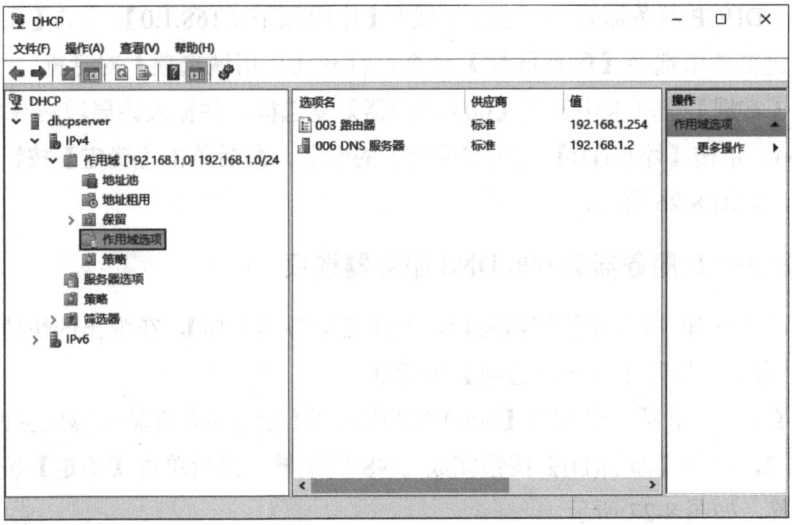

图 8-28　作用域选项结果

2. 在客户端验证服务器选项和作用域选项的结果

在客户端 PC1 的命令行提示窗口执行“ipconfig/renew”命令更新 IP 地址租约，并刷新 DHCP 配置，成功后，利用“ipconfig/all”命令查看本地连接的网络配置，结果如图 8-29 所示。该客户端正常加载了 003 路由器和 006 DNS 服务器，达到预期。

```
C:\>ipconfig/all
......(省略部分显示信息)
连接特定的 DNS 后缀 .......:
    描述. . . . . . . . . . . . . . . : Intel(R) 82574L Gigabit Network Connection
    物理地址. . . . . . . . . . . . . : 00-0C-29-8C-85-44
    DHCP 已启用 . . . . . . . . . . . : 是
    自动配置已启用. . . . . . . . . . : 是
    本地链接 IPv6 地址. . . . . . . . : fe80::304c:c41:2540:570%13(首选)
    IPv4 地址 . . . . . . . . . . . . : 192.168.1.10(首选)
    子网掩码 . . . . . . . . . . . . : 255.255.255.0
    获得租约的时间 . . . . . . . . . : 2020 年 8 月 18 日 16:54:29
    租约过期的时间 . . . . . . . . . : 2020 年 8 月 26 日 16:54:28
    默认网关. . . . . . . . . . . . . : 192.168.1.254
    DHCP 服务器 . . . . . . . . . . . : 192.168.1.1
    DHCPv6 IAID . . . . . . . . . . . : 100666409
    DHCPv6 客户端 DUID . . . . . . . : 00-01-00-01-26-83-73-34-00-0C-29-8C-85-44
    DNS 服务器 . . . . . . . . . . . : 192.168.1.2
    TCPIP 上的 NetBIOS . . . . . . . : 已启用
```

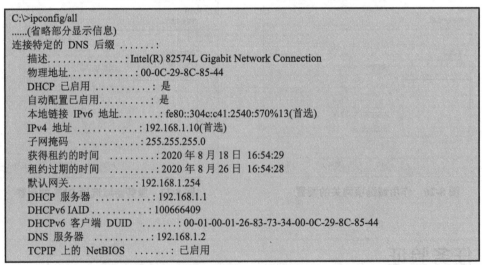

图 8-29　DHCP 客户端执行“ipconfig/all”命令结果

任务 8-3　配置 DHCP 中继，实现所有部门的客户端自动配置网络信息

任务规划

任务 8-2 通过部署 DHCP 服务，实现了信息中心客户端 IP 地址的自动配置，并能正常访问信息中心和外部网络，提高了信息中心 IP 地址的分配与管理效率。

配置 DHCP 中继，实现所有部门的客户机自动配置网络信息

为此，公司要求网络管理员尽快为公司其他部门部署 DHCP 服务，实现全公司 IP 地址的自动分配与管理。第一批部署的部门是研发部，其网络拓扑如图 8-30 所示。

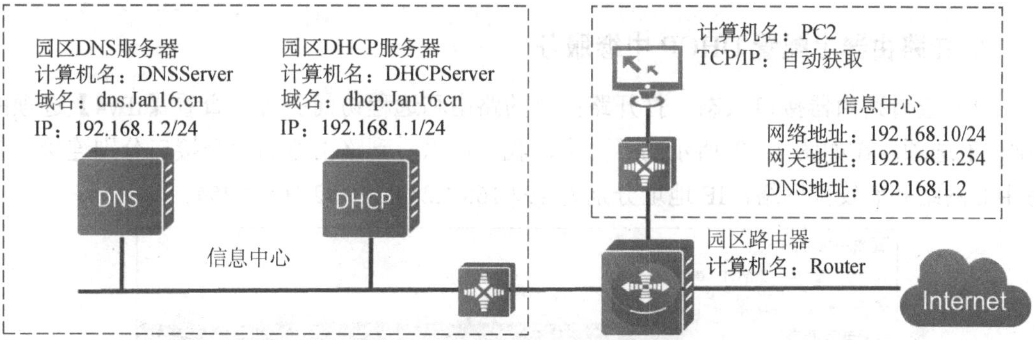

图 8-30　公司与研发部的网络拓扑

DHCP 客户端在工作时是通过广播方式同 DHCP 服务器通信的，如果 DHCP 客户端和 DHCP 服务器不在同一个网段，则必须在路由器上部署 DHCP 中继功能，才能实现 DHCP 客户端通过 DHCP 中继自动获取 IP 地址。

因此，本任务通过在 DHCP 服务器上部署与研发部匹配的作用域，并在路由器上配置 DHCP 中继服务来实现研发部客户机 DHCP 服务的部署，具体涉及以下步骤：

（1）在 DHCP 服务器上为研发部配置 DHCP 作用域。

（2）在路由器上配置 DHCP 中继服务。

任务实施

1. 在 DHCP 服务器上为研发部配置 DHCP 作用域

参考任务 8-1 和任务 8-2，根据研发部的网络拓扑，在 DHCP 服务器上为研发部新建一个作用域 192.168.2.0，IP 地址范围是 192.168.2.1/24～192.168.2.200/24（其中 003 作用域选

项 IP 为 192.168.2.254），如图 8-31 所示。

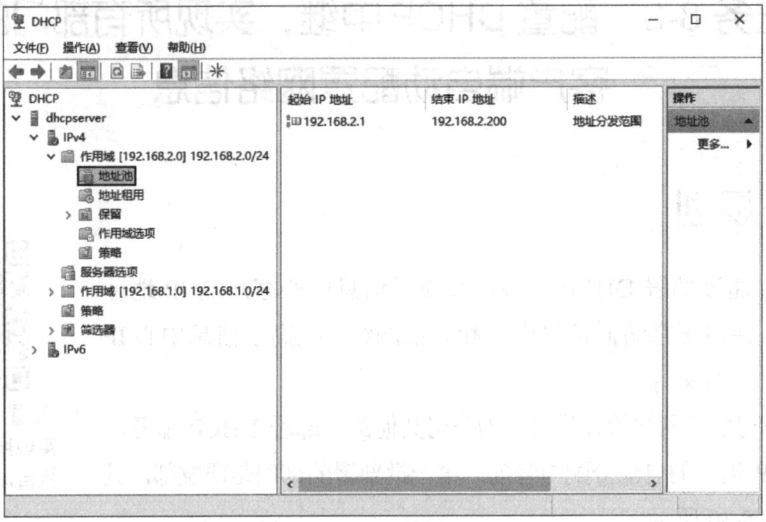

图 8-31　DHCP 服务器作用域管理

2. 在路由器上配置 DHCP 中继服务

（1）查看路由器接口状态。打开路由器的路由和远程访问服务，查看【IPv4】选项的【常规】选项。在如图 8-32 所示的界面中，我们可以看到路由器的两个接口分别连接了信息中心网络和研发部网络，IP 地址分别为 192.168.1.254 和 192.168.2.254。

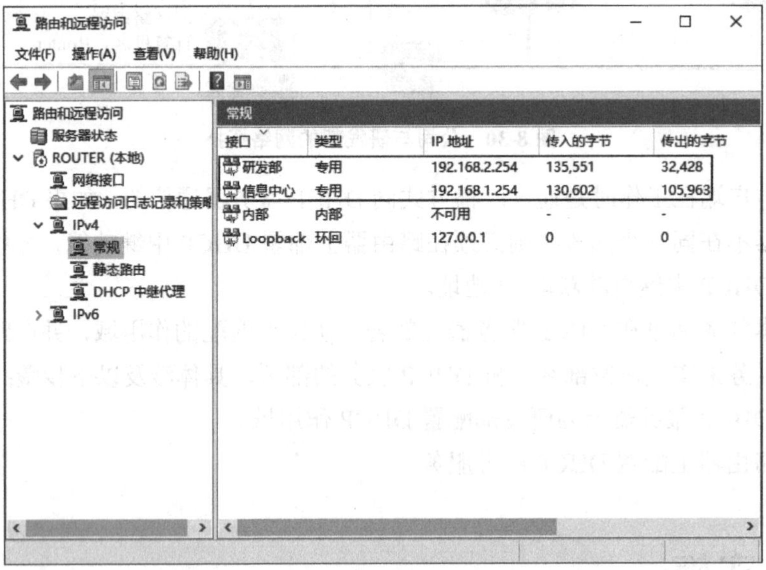

图 8-32　路由器的路由和远程访问配置

备注：局域网的路由配置可参考项目 6。

（2）在路由器上添加 DHCP 中继功能。

① 在【路由和远程访问】窗口右击【常规】选项，在弹出的快捷菜单中选择【新增路

由协议(P)】命令，如图 8-33 所示。

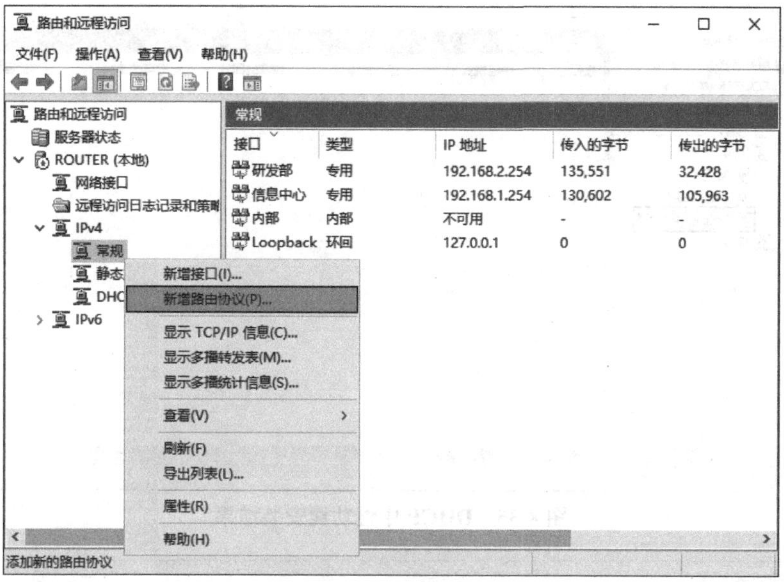

图 8-33 新增路由协议

② 在打开的【新路由协议】对话框中，选择【DHCP Relay Agent】选项，如图 8-34 所示；然后单击【确定】按钮，完成 DHCP 中继功能的安装，结果如图 8-35 所示。

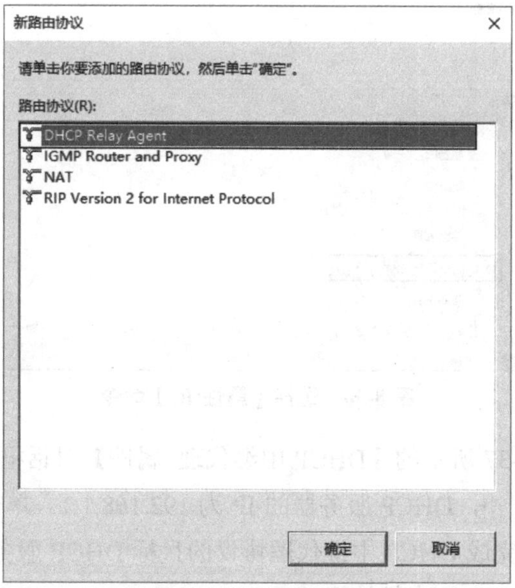

图 8-34 路由协议学选择

（3）指定 DHCP 中继的 DHCP 服务器 IP。

① 在【路由和远程访问】窗口右击【DHCP 中继代理】选项，在弹出的快捷菜单中选择【属性(R)】命令，如图 8-36 所示。

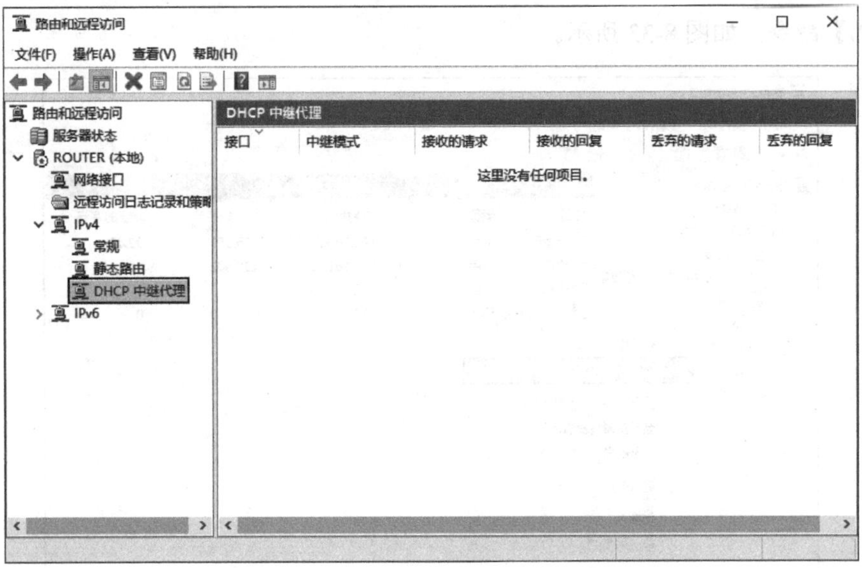

图 8-35 DHCP 中继功能安装结果

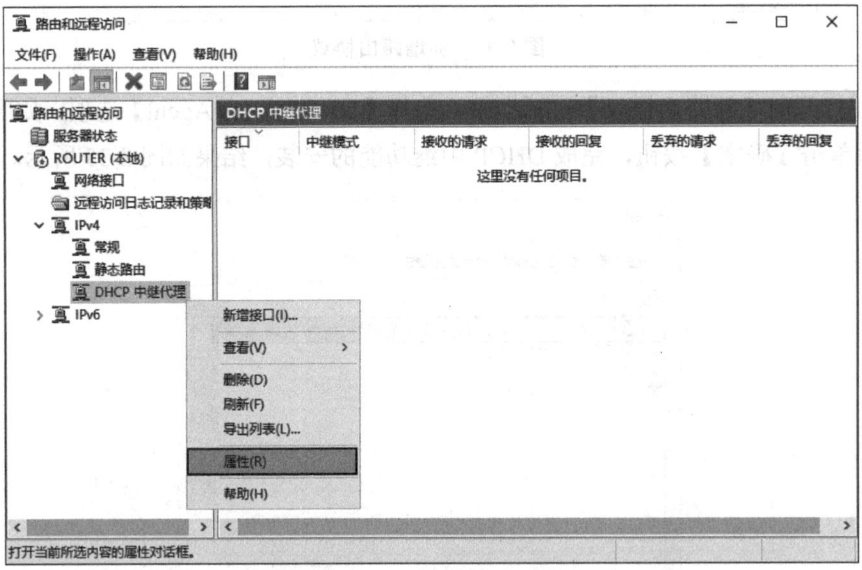

图 8-36 选择【属性(R)】命令

② 在打开的如图 8-37 所示的【DHCP 中继代理 属性】对话框中，输入 DHCP 服务器的 IP 地址，根据网络拓扑，DHCP 服务器的 IP 为 192.168.1.1。单击【添加(D)】按钮，然后单击【确定】按钮，完成 DHCP 中继代理协议的目标 DHCP 服务器的 IP 配置。

（4）配置研发部的 DHCP 中继接口。

① 在【路由和远程访问】窗口右击【DHCP 中继代理】选项，在弹出的快捷菜单中选择【新增接口(I)】命令，如图 8-38 所示。

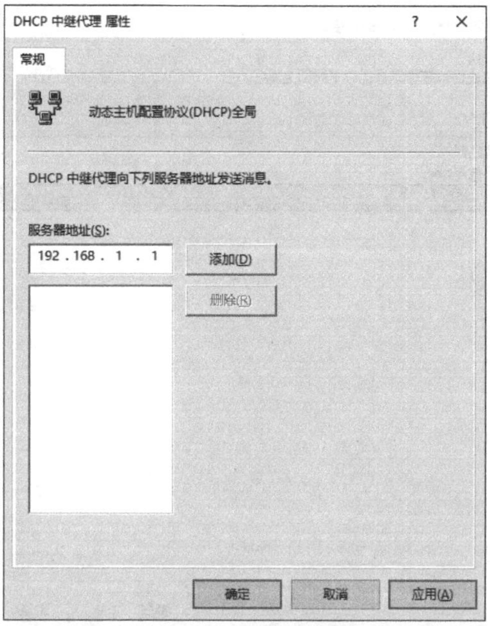

图 8-37 【DHCP 中继代理 属性】对话框

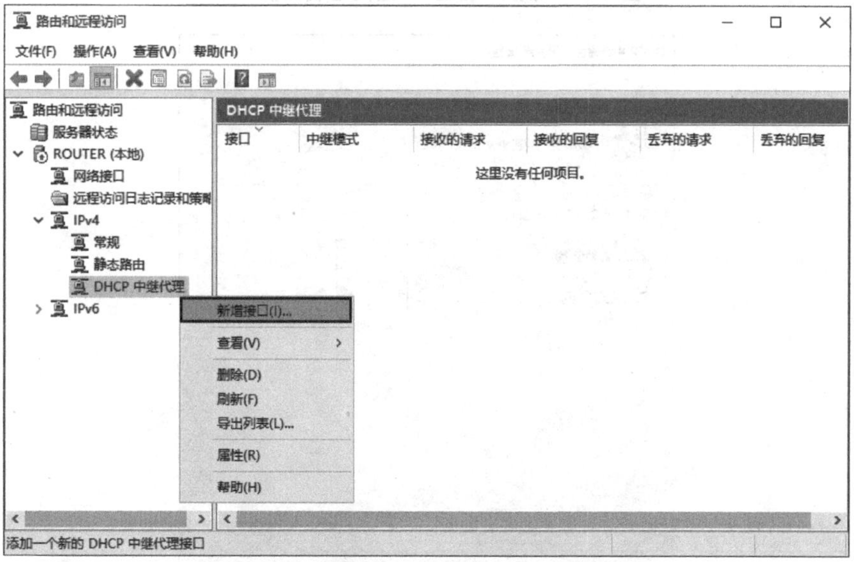

图 8-38 新增 DHCP 中继代理接口操作一

② 在打开的如图 8-39 所示的【DHCP Relay Agent 的新接口】对话框中，选择和研发部相连接的网络接口【研发部】，然后单击【确定】按钮。

③ 在打开的如图 8-40 所示的【DHCP 中继属性-研发部 属性】对话框中，管理员可以启用 DHCP 中继功能和设置相应参数完成研发部 DHCP 中继参数的配置。图 8-40 显示的默认配置即可满足本任务要求，因此单击【确定】按钮即可完成研发部 DHCP 中继接口参数的配置。

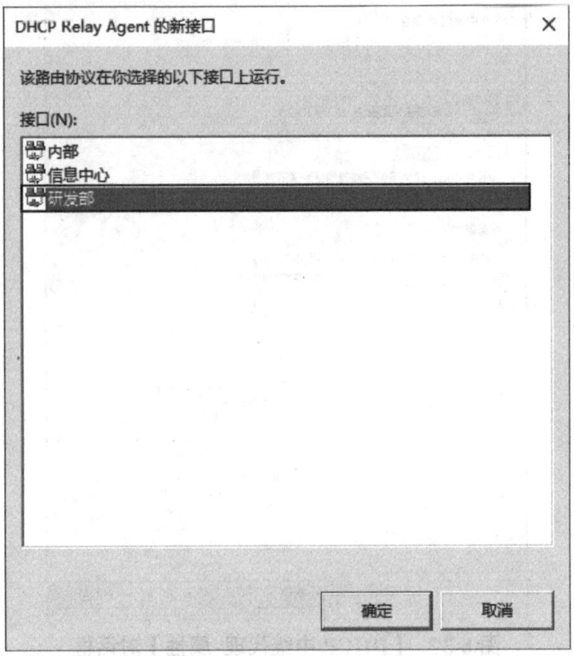

图 8-39 添加 DHCP 中继代理接口操作二

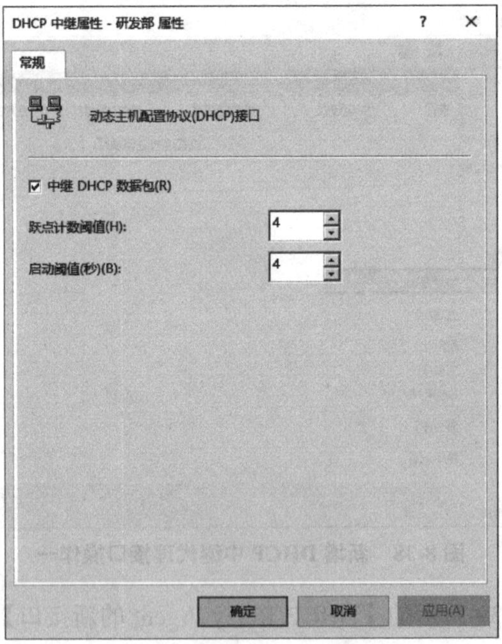

图 8-40 【DHCP 中继属性-研发部属性】对话框

针对图 8-40 所示对话框中的 3 个选项做如下说明。

● 中继 DHCP 数据包：如果勾选该复选框，表示在此接口上启用 DHCP 中继代理功能，路由器将会把在该接口上收到的 DHCP 数据包转发到指定的 DHCP 服务器。

● 跃点计数阈值：DHCP 中继数据包从路由器到 DHCP 服务器可经过的路由器数量，

默认值是 4，最大值是 16。

● 启动阈值：用于指定 DHCP 中继代理将 DHCP 客户端发出的 DHCP 消息转发到远程的 DHCP 服务器之前等待 DHCP 服务器响应的时间（单位为秒）。

DHCP 中继代理在收到 DHCP 客户端发出的 DHCP 消息后，会尝试等待本子网的 DHCP 服务器对 DHCP 客户端做出的响应（因为 DHCP 中继代理不知道本子网中是否存在 DHCP 服务器）。如果在启动阈值所配置的时间内没有收到 DHCP 服务器对 DHCP 客户端的响应消息，中继代理才会将 DHCP 消息转发给远程的 DHCP 服务器，默认值是 4 秒。建议不要将“启动阈值”的值设置得过大，否则 DHCP 客户端会等待较长时间才能获得 IP 地址。

任务验证

1. 配置 DHCP 客户端并验证 IP 是否自动配置

（1）DHCP 客户端的配置：将研发部 DHCP 客户端 PC2 的 TCP/IP 配置为【自动获取】，如图 8-41 所示。

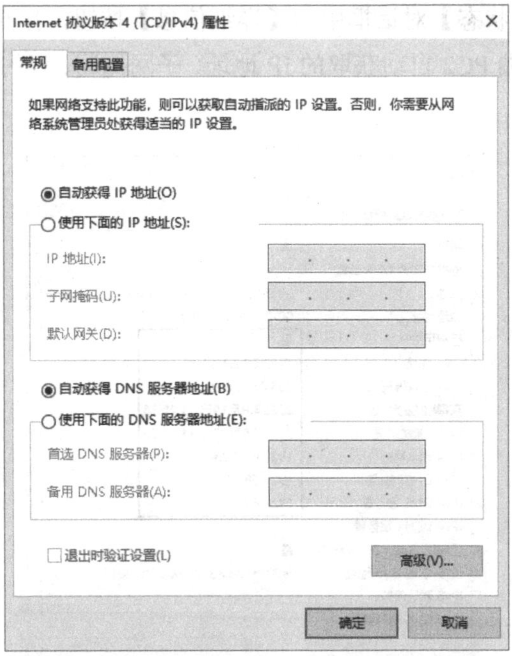

图 8-41 DHCP 客户端 TCP/IP 参数的配置

（2）查看客户端的 IP 地址

① 在客户端 PC2 的【本地连接】中，右击【Ethernet0】网卡图标，在如图 8-42 所示的快捷菜单中选择【状态(U)】命令，打开【本地连接状态】对话框。

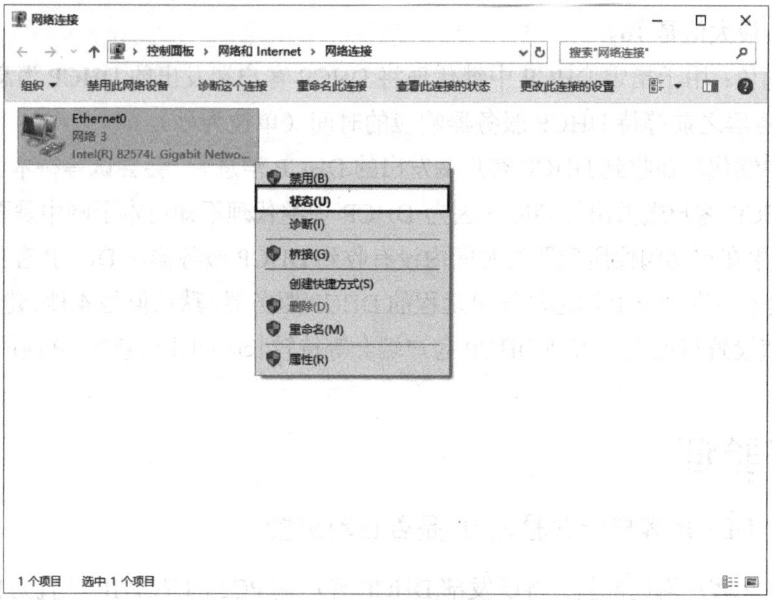

图 8-42 【Ethernet0】快捷菜单

② 单击【本地连接状态】对话框中的【详细信息】按钮，打开【网络连接详细信息】对话框，可以看到客户端 PC2 自动获取的 IP 地址、子网掩码、租约、DHCP 服务器等信息，如图 8-43 所示。

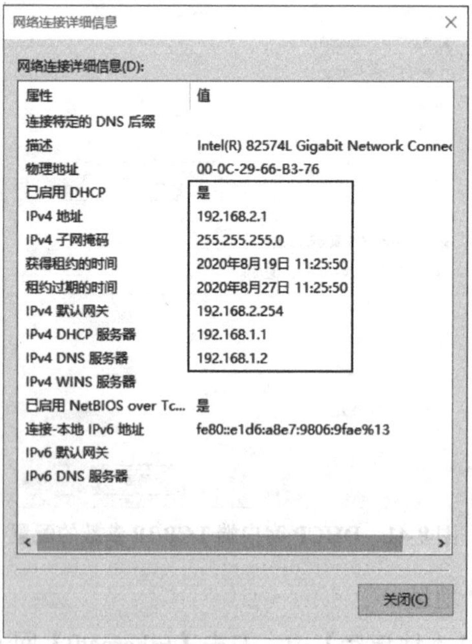

图 8-43 本地连接详细信息

2. 查看路由器的 DHCP 中继代理数据

打开路由器的【路由和远程访问】窗口，单击【DHCP 中继代理】选项，在窗口的右侧可以看到路由器转发了 4 次 DHCP 数据包，如图 8-44 所示。

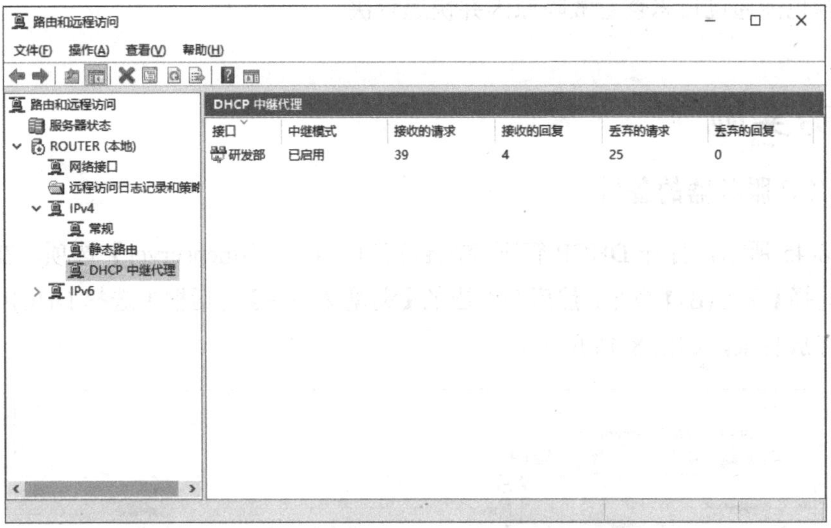

图 8-44　路由器的 DHCP 中继代理状态

从图 8-44 中还可以看到路由器收到了 39 个请求，丢弃了 25 个请求。通常在 DHCP 的配置中，如果启用了中继代理，但还没有指定 DHCP 中继代理目标服务器或者目标服务器不可达，亦或目标 DHCP 服务器配置不正确都会导致 DHCP 中继不成功。

任务 8-4　DHCP 服务器的日常运维与管理

任务规划

DHCP 服务器的日常运维与管理

公司的 DHCP 服务器运行了一段时间后，员工反映现在接入网络变得简单快捷，体验很好。因此公司希望网络部门能对该服务进行日常的监视与管理，务必保障该服务的可用性。

提高 DHCP 服务器的可用性一般通过以下两种途径。

（1）在日常网络运维中对 DHCP 服务器进行监视，查看 DHCP 服务器是否正常工作。

（2）对 DHCP 服务器数据定期进行备份，一旦该服务出现故障，可以尽快通过备份还原。

因此，DHCP 服务器日常运维和管理的常见任务如下。

（1）DHCP 服务器的备份：网络在运行过程中往往会由于各种原因导致系统瘫痪和服务失败，借助备份 DHCP 数据库技术就可以在系统恢复后迅速通过还原数据库的方法恢复，重新提供网络服务，并减少重新配置 DHCP 服务的难度。

（2）DHCP 服务器的还原：通过 DHCP 服务器的备份数据进行还原。

（3）查看 DHCP 服务器的日志文件：通过配置 DHCP 服务器可以将 DHCP 服务器的服

务活动写入日志中，网络管理员可以通过查看系统日志查看 DHCP 服务器的工作状态，如果出现问题也能通过日志查看故障原因并快速解决。

任务实施

1. DHCP 服务器的备份

如图 8-45 所示，打开 DHCP 管理控制台窗口，右击【dhcpserver】选项，在弹出的快捷菜单中选择【备份(B)】命令，然后在弹出的【浏览文件夹】对话框中选择 DHCP 服务器(B)备份文件存放目录，如图 8-46 所示。

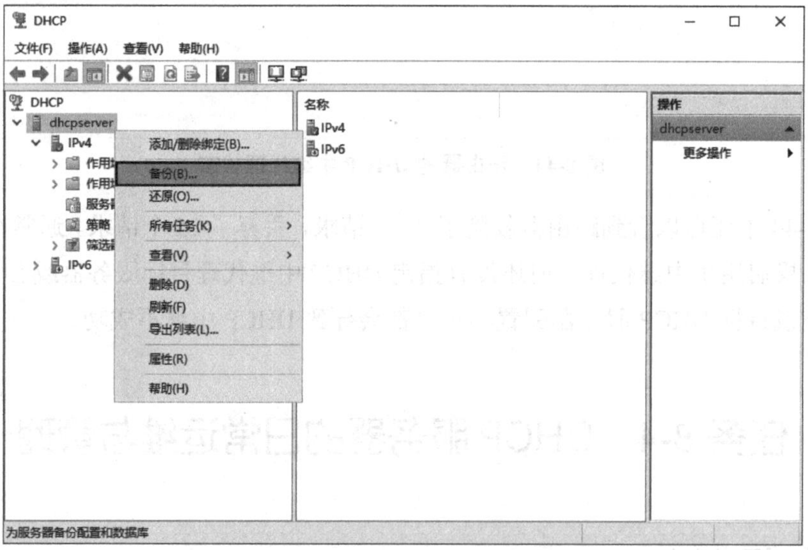

图 8-45　DHCP 服务器的备份操作

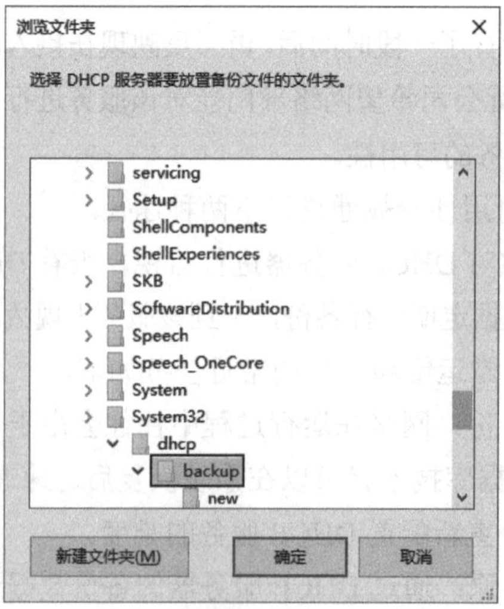

图 8-46　DHCP 服务器备份文件的存放目录

在 DHCP 服务器的备份目录上选择【%systemroot%/system32/dhcp/backup】目录，但是如果服务器崩溃并且数据短时间内无法还原时，DHCP 服务器也就无法在短时间内通过备份数据进行还原，因此建议更改备份位置为文件服务器的共享存储或在多台计算机进行备份。

2. DHCP 服务器的还原

（1）为模拟 DHCP 服务器出现故障，可以先将先前所做的所有配置都删除。

（2）打开 DHCP 管理控制台窗口，右击【dhcpserver】选项，在弹出的快捷菜单中选择【还原(O)】命令，然后在弹出的【浏览文件夹】对话框中选择 DHCP 服务器数据的还原文件存放位置，如图 8-48 所示。

（3）选择好数据库的还原位置后，单击【确定】按钮。这时将出现“为了使改动生效，必须停止和重新启动服务器。要这样做吗？”的提示，单击【是】按钮，将开始数据库的还原，并完成 DHCP 服务器的还原。

（4）还原后可以查看 DHCP 服务器的所有配置，发现 DHCP 服务器的配置都成功还原，但在查看【作用域】的【地址租用】时，原先所有客户端租用的租约都没了，如图 8-49 所示。此时客户端再次获取 IP 地址时，它所获取的 IP 地址将很有可能和原来的不一致，服务器将重新分配 IP 地址给客户端。

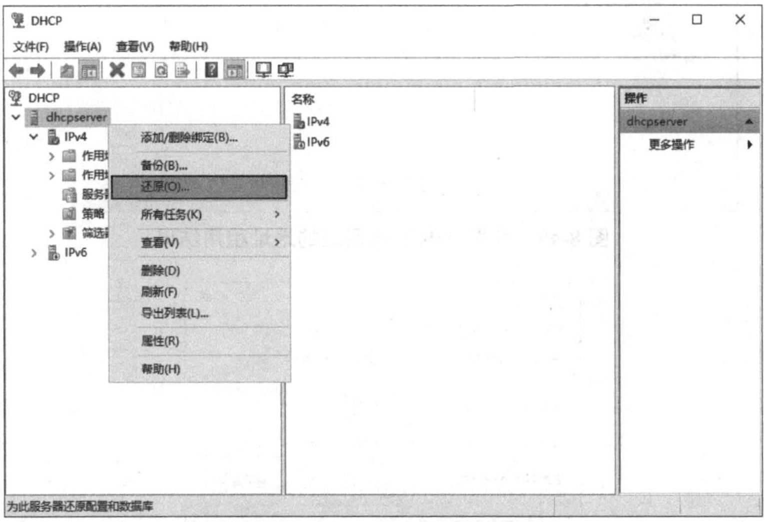

图 8-47　DHCP 服务器的还原操作

3. 查看 DHCP 服务器的日志文件

日志文件默认存放在【%systemroot%\system32\dhcp\DhcpSrvLog-*.log】路径中。如果要更改，在 DHCP 服务控制台列表中展开服务器节点，右击【IPv4】选项，在弹出的快捷菜单中选择【属性】命令，打开【IPv4 属性】对话框。打开【高级】选项卡，单击【审核日志文件路径(O)】右侧的【浏览(B)】按钮可修改存放位置，如图 8-50 所示。

图 8-48　DHCP 服务器的还原文件存放目录

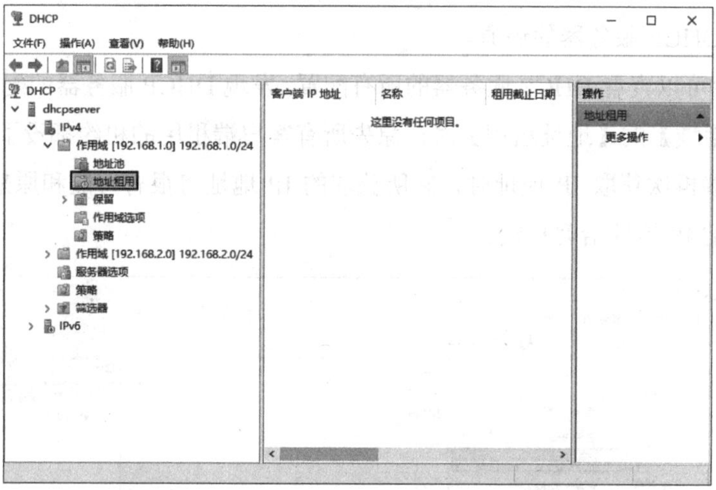

图 8-49　查看 DHCP 作用域的地址租用结果

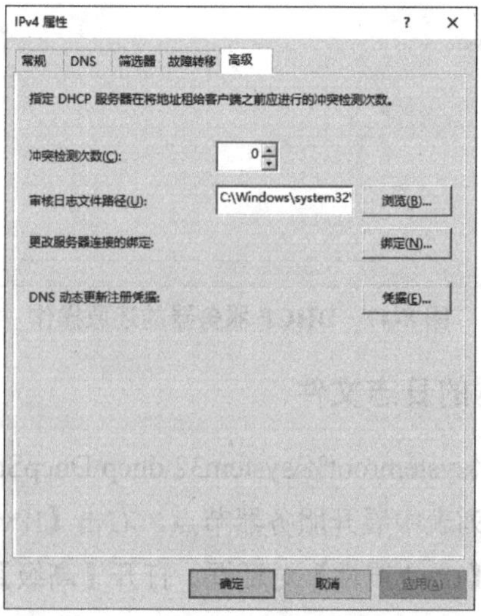

图 8-50　DHCP 日志文件路径修改设置

DHCP 服务器命名日志文件的方式是通过检查服务器上的当前日期和时间确定的。例如，如果 DHCP 服务器启动时的当前日期和时间为：星期二，2019 年 6 月 30 日，15：01：00 P.M，则将服务器日志文件命名为 DhcpSrvLog-Tue。要查看日志内容，打开相应的日志文本文件即可。

DHCP 服务器日志是用英文逗号分隔的文本文件，每个日志项单独出现在一行文本中。以下是日志文件项中的字段及它们出现的顺序：ID、日期、时间、描述、IP 地址、主机名、MAC 地址，表 8-6 详细说明了每个字段的作用。

表 8-6　DHCP 服务器日志文件项

字段	描述
ID	DHCP 服务器事件的 ID 代码
日期	DHCP 服务器上记录此项的日期
时间	DHCP 服务器上记录此项的时间
描述	关于这个 DHCP 服务器事件的说明
IP 地址	DHCP 客户端的 IP 地址
主机名	DHCP 客户端的主机名
MAC 地址	由客户端的网络适配器硬件使用的 MAC 地址

DHCP 服务器日志文件使用保留的事件 ID 代码以提供有关服务器事件类型或所记录活动的信息。表 8-7 详细地描述了常见事件 ID 代码的含义。

表 8-7　DHCP 服务器日志中常见事件代码的含义

事件 ID	描述
00	已启动日志
01	已停止日志
02	由于磁盘空间不足，日志被暂停
10	已将一个新的 IP 地址租赁给一个客户端
11	一个客户端已续订了一个租赁
12	一个客户端已释放了一个租赁
13	一个 IP 地址已在网络上被占用
14	不能满足一个租赁请求，因为作用域的地址池已用尽
15	一个租赁已被拒绝
16	一个租赁已被删除

如果要启用日志功能，可以在 DHCP 服务控制台列表中展开服务器节点，右击【IPv4】，在弹出的快捷菜单中单击【属性】命令，打开【IPv4 属性】对话框。如图 8-51 所示，打开【常规】选项卡，勾选【启用 DHCP 审核记录(E)】复选框（默认为选中状态），DHCP 服务器将开始写入工作记录到文件中。

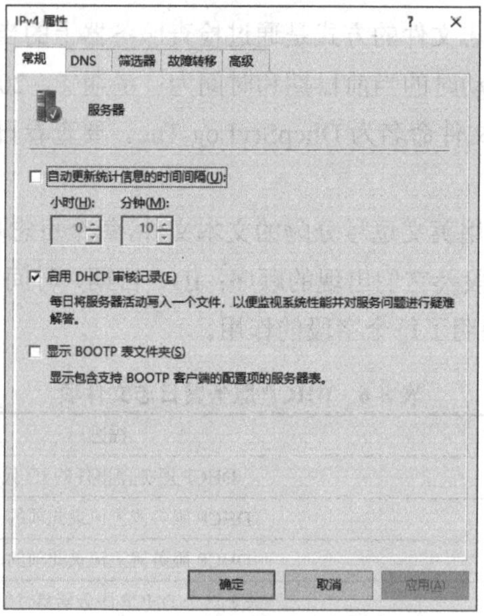

图 8-51　启用 DHCP 审核记录设置

任务验证

DHCP 服务管理控制台提供了特定的图标来动态表示控制台对象的状态，通过图标类型可以直观反映 DHCP 服务器的工作状态。因此，在日程运维中，可以通过如表 8-8 所示的 DHCP 服务器状态图标直观感知服务器的工作状态。

表 8-8　DHCP 服务器的状态图标及描述

图标	描述
	表示控制台正试图连接到服务器
	表明 DHCP 失去了与服务器的连接
	已添加到控制台的 DHCP 服务器
	已连接并在控制台中处于活动状态的 DHCP 服务器
	DHCP 服务器已连接，但当前用户没有该服务器的管理权限
	DHCP 服务器警告。服务器作用域的可用地址已被租用了 90%或更多，并且正在使用。这表明服务器可租用给客户端的地址已几乎被用完
	DHCP 服务器警报。服务器作用域中已没有可用的地址，因为所有可分配使用的地址（100%）当前都已被租用。这表明网络中 DHCP 服务器出现故障，因为它无法为客户端提供租用或为客户端服务
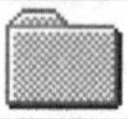	作用域是活动的

（续表）

图标	描述
	作用域是非活动的
	作用域警告：作用域 90%或更多的 IP 地址正被使用
	作用域警报：所有 IP 地址都已被 DHCP 服务器分配并且都正在使用。客户端无法再从 DHCP 服务器获得 IP 地址，因为已没有可供分配的 IP 地址

练习与实践 8

一、理论题

1. DHCP 服务器分配给客户端的默认租约是几天？（　　）。

A. 8　　B. 7　　C. 6　　D. 5

2. DHCP 可以通过以下什么命令重新获取 TCP/IP 配置信息？（　　）

A. ipconfig　　B.ipconfig/all

C. ipconfig /renew　　D.ipconfig/release

3. DHCP 可以通过以下什么命令释放 TCP/IP 信息？（　　）

A. ipconfig　　B. ipconfig /all

C. ipconfig /renew　　D. ipconfig /release

4. 如果 Windows DHCP 客户端无法获得 IP 地址，将自动从保留地址段（　　）中选择一个作为自己的地址。

A. 172.16.0.0/24　　B. 10.0.0.0/8

C. 192.168.1.0/24　　D. 169.254.115.0/24

5. DHCP 服务器和 DHCP 客户端通过 DHCP 交互时，它们的端口分别是（　　）。

A. 67 和 68　　B. 23 和 80　　C. 25 和 21　　D. 443 和 80

二、项目实训题

1. 项目内容

Jan16 公司内部原有的计算机全部使用静态 IP 进行互联互通，现由于公司规模的不断扩大，需要通过部署 DHCP 服务器来实现销售部、行政部和财务部的所有主机动态获取 TCP/IP 信息实现全网连通。公司的网络划分为 VLAN1、VLAN2 和 VLAN3 三个网段，网络地址分别为 172.20.0.0/24、172.21.0.0/24 和 172.22.0.0/24。公司采用 Windows Server 2019 服务器作为各部门互联的路由器，Jan16 公司的网络拓扑如图 8-52 所示。

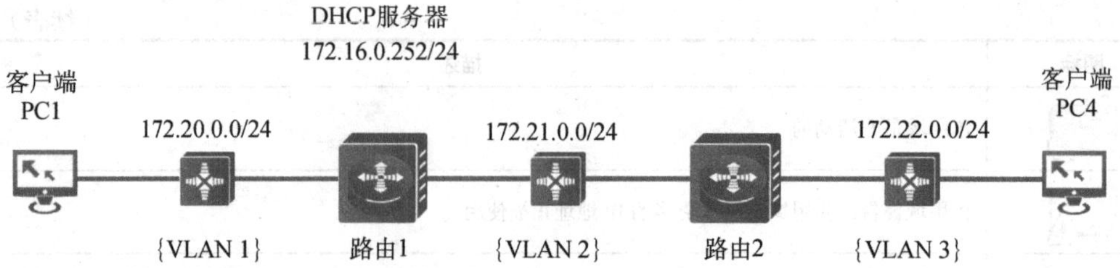

图 8-52　Jan16 公司的网络拓扑

2. 项目要求

（1）根据拓扑图，分析网络需求，配置各计算机，实现全网互联。

（2）配置 DHCP 服务器，实现 PC1 通过自动获取 IP 地址与 PC4 进行通信。

（3）结果验证：每台计算机要求显示 ipconfig/all。

项目 9　部署企业的 FTP 服务

项目教学课件

项目学习目标

（1）掌握 FTP 服务的工作原理。
（2）了解 FTP 的典型消息。
（3）掌握匿名 FTP 与实名 FTP 的概念与应用。
（4）掌握 FTP 多站点和虚拟目录技术的概念与应用。
（5）掌握 FTP 站点权限与 NTFS 权限的协同应用。
（6）掌握 IIS 和 Serv-U 主流 FTP 服务的部署与应用。
（7）掌握企业网 FTP 服务的部署业务实施流程。

项目描述

Jan16 公司信息中心的文件共享服务有效提高了信息中心网络工作的效率，基于此，公司希望能在信息中心部署公司文档中心，为各部门提供 FTP 服务，以提高公司的工作效率，公司的网络拓扑如图 9-1 所示。

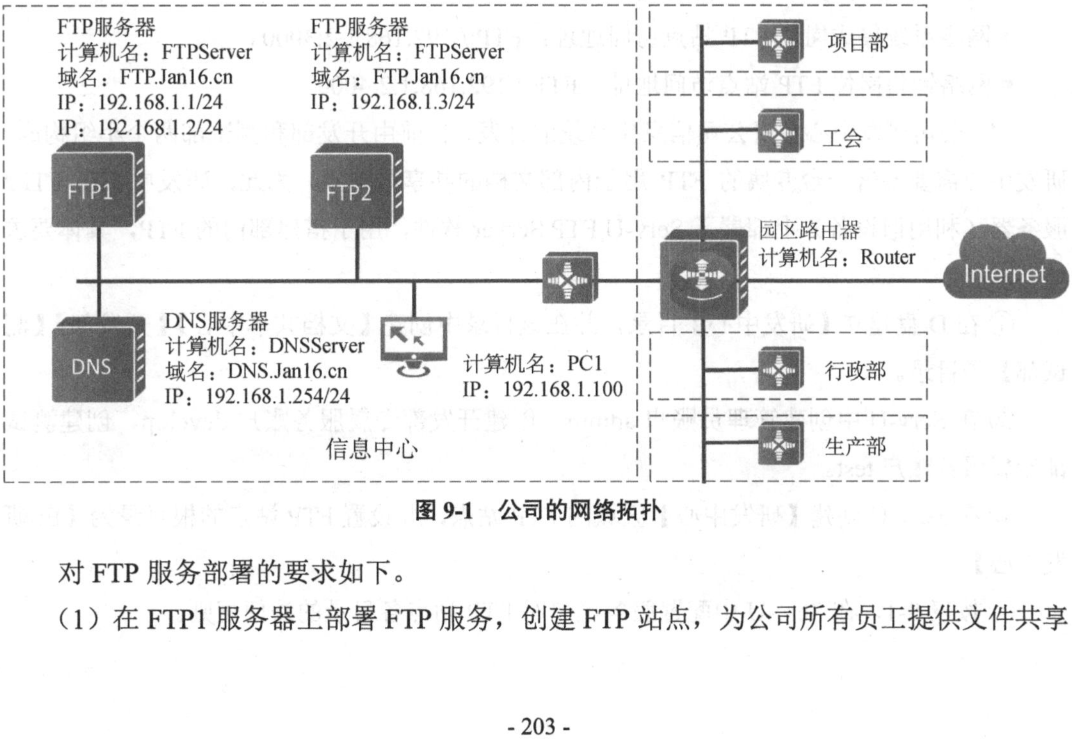

图 9-1　公司的网络拓扑

对 FTP 服务部署的要求如下。

（1）在 FTP1 服务器上部署 FTP 服务，创建 FTP 站点，为公司所有员工提供文件共享服务，提高工作效率，具体要求如下。

① 在 F 盘创建【文档中心】目录，并在该目录中创建【产品技术文档】【公司品牌宣传】【常用软件工具】等子目录，实现公共文档的分类管理。

② 创建 FTP 公共站点，站点根目录为【文档中心】，站点仅允许员工下载文档。

③ FTP 的访问地址为 FTP://192.168.1.1。

（2）在 FTP1 服务器上建立部门级数据共享空间，具体要求如下。

① 在 F 盘为各部门建立【部门文档中心】目录，并在该目录中创建【行政部】【项目部】【工会】等部门专属目录，并为各部门创建相应的服务账户。

② 创建 FTP 部门站点，根目录为【部门文档中心】，该站点不允许用户修改根目录结构，仅允许各部门使用专属服务账户访问对应部门的专属目录，对专属目录有上传和下载的权限。

③ 为各部门设置专门访问账户，仅允许它们访问【文档中心】和部门专属目录文档。

④ FTP 的访问地址为 FTP://192.168.1.1:2100。

（3）公司非常注重员工的培养，要求在 FTP1 服务器上为不同岗位的学习资源建立专属的 FTP 站点，具体要求如下。

① 规划设立网络工程师岗位、网络系统集成岗位、网络销售岗位 3 个专属的学习资源 FTP 站点。

② 以上 3 个站点面向公司中不同岗位的员工，允许员工下载相关学习资料。

③ 3 个站点的访问方式如下。

- 网络工程师岗位 FTP 站点访问地址：FTP://192.168.1.2:2000。
- 网络系统集成岗位 FTP 站点访问地址：FTP://192.168.1.2:3000。
- 网络销售岗位 FTP 站点访问地址：FTP://192.168.1.2:4000。

（4）公司研发中心负责公司信息化系统的开发，目前由开发部和测试部两个小组构成。研发中心需要部署一台专属的 FTP 用于内部文档的共享与同步，为此，研发中心在 FTP2 服务器（利用旧设备）上部署了 Serv-U FTP Server 软件，用于搭建部门的 FTP，具体要求如下。

① 在 D 盘建立【研发中心】目录，并在该目录中创建【文档共享中心】【开发部】【测试部】子目录。

② 在 Serv-U 中创建管理员账户 admin，创建开发部专属服务账户 develop，创建测试部专属服务账户 test。

③ 在 Serv-U 创建【研发中心】区域的 FTP 站点，并设置 FTP 站点的根目录为【E:\研发中心】。

④ 按表 9-1，在 Serv-U 中配置服务账户对 FTP 站点各目录的访问规则。

表 9-1　研发中心 FTP 站点服务账户与站点目录的权限规划表

站点目录	权限		
	develop	test	admin
E:\研发中心（根目录）	只读	只读	完全控制
E:\研发中心\文档共享中心	能读、写，不能删	能读、写，不能删	完全控制
E:\研发中心\开发部	只读	不可见	完全控制
E:\研发中心\测试部	不可见	只读	完全控制

（5）研发中心 FTP 的访问地址为 FTP://192.168.1.3。

项目分析

通过部署文件共享服务可以让局域网内的计算机访问共享目录内的文档，但是不同局域网内的用户则无法访问该共享目录。FTP 服务与文件共享类似，用于提供文件共享访问服务，但是提供服务的网络不再局限于局域网，用户还可以通过广域网进行访问。因此，可以在公司的服务器上建立 FTP 站点，并在 FTP 站点上部署共享目录就可以实现公司文档的共享，员工便可以访问该站点的文档了。

根据项目背景，在 Windows Server 2019 和 Serv-U 上部署 FTP 服务站点，可以通过以下步骤来完成。

（1）部署公共 FTP 站点，实现公司公共文档的分类管理，方便员工下载。

（2）部署专属 FTP 站点，实现部门级数据共享，提高数据的安全性和工作效率。

（3）部署多个岗位的 FTP 学习站点，在一台服务器上为不同岗位的学习资源建立专属的 FTP，方便员工学习与成长。

（4）部署基于 Serv-U 的 FTP 站点，为研发中心提供便捷的内部文档共享与同步服务。

相关知识

FTP（File Transfer Protocol，文件传输协议）定义了一个在远程计算机系统和本地计算机系统之间传输文件的标准，工作在应用层。FTP 可以在不同的主机之间提供可靠的数据传输服务。FTP 支持断点续传功能，它可以大幅地减低 CPU 和网络带宽的开销。在 Internet 诞生初期，FTP 就已经被应用在文件传输服务上，而且一直作为主要的服务被广泛部署，在 Windows、Linux、UNIX 等各种常见的网络操作系统中都能提供 FTP 服务。

9.1　FTP 的工作原理

与大多数的 Internet 服务一样，FTP 也是一个客户端/服务器系统。用户通过一个支持 FTP 的客户端程序，连接到远程主机上的 FTP 服务器程序。用户通过客户端程序向服务器程序发出命令，服务器程序执行用户所发出的命令，并将执行结果返回给客户端。

一个 FTP 会话通常包含 5 个软件元素的交互，表 9-2 列出了这 5 个软件元素，图 9-2 是 FTP 的工作模型。

表 9-2　FTP 会话的 5 个软件元素

软件元素	说明
用户接口（UI）	提供一个用户接口并使用客户端协议解释器的服务
客户端协议解释器（CPI）	向远程服务器发送命令并且驱动客户端的数据传输
服务端协议解释器（SPI）	响应客户端发出的命令并驱动服务器端的数据传输
客户端数据传输协议（CDTP）	负责完成和服务器端数据传输过程及客户端本地文件系统的通信
服务端数据传输协议（SDTP）	负责完成和客户端数据传输过程及服务器端文件系统的通信

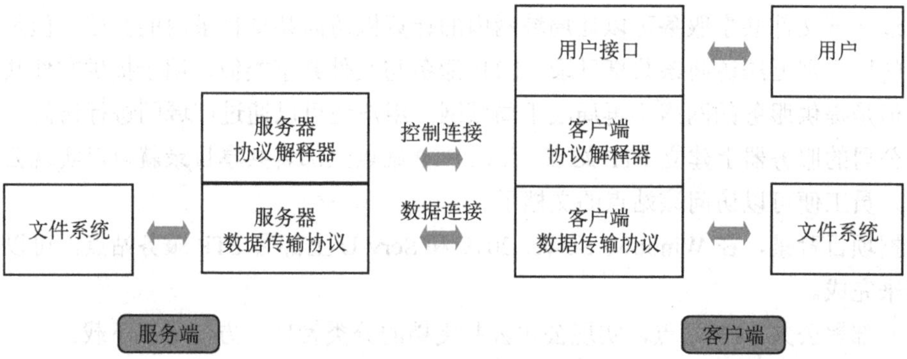

图 9-2　FTP 的工作模型

大多数的 TCP（Transmission Control Protocol，传输控制协议）使用单个连接，一般是客户向服务器的一个固定端口发起连接，然后使用这个连接进行通信。但是，FTP 却有所不同，FTP 在运行时要使用两个 TCP 连接。

在 TCP 会话中，存在两个独立的 TCP 连接，一个是由 CPI 和 SPI 使用的，被称作控制连接；另一个是由 CDTP 和 SDTP 使用的，被称作数据连接。FTP 独特的双端口连接结构的优点在于：两个连接可以选择各自合适的服务质量。例如，为控制连接提供更小的延迟时间，为数据连接提供更大的数据吞吐量。

控制连接是在执行 FTP 命令时由客户端发起的同 FTP 服务器建立连接的请求。控制连接并不传输数据，只用来传输控制数据传输的 FTP 命令集及其响应。因此，控制连接只需要很小的网络宽带。

通常情况下，FTP 服务器是由监听端口 21 来等待控制连接发出建立请求的。一旦客户端和服务器建立连接，控制连接将始终保持连接状态，而数据连接端口 20 仅在传输数据时开启。在客户端请求获取 FTP 文件目录、上传文件和下载文件等操作时，客户端和服务器将建立一条数据连接，这里的数据连接是全双工的，允许同时进行双向的数据传输，并且客户端的端口号是随机产生的，多次建立连接的客户端端口号是不同的，一旦传输结束，就马上释放这条数据连接。FTP 客户端和服务器请求连接、建立连接、数据传输、数据传输完成、断开连接的过程如图 9-3 所示，其中客户端端口 1088 和 1089 是在客户端随机产生的。

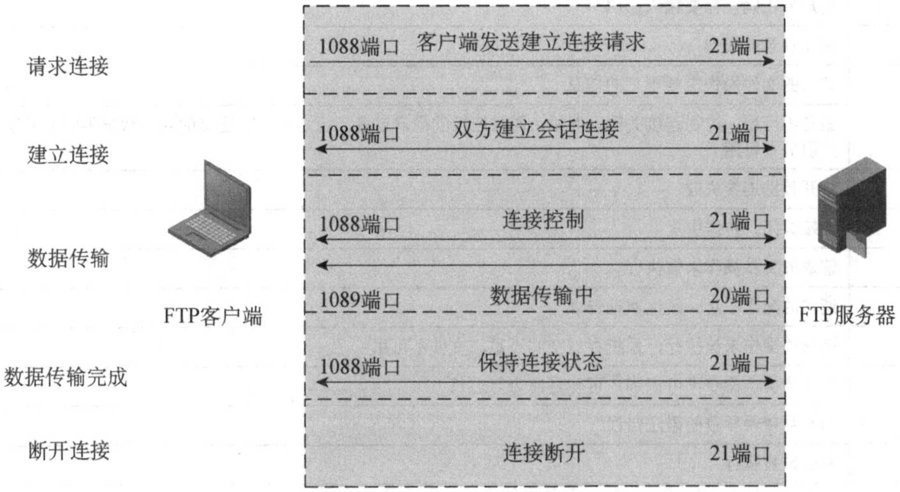

图 9-3　FTP 的工作过程

9.2　FTP 的典型消息

在 FTP 客户程序与 FTP 服务器进行通信时，经常会看到一些由 FTP 服务器发送的消息，这些消息是 FTP 所定义的。表 9-3 列出了 FTP 中定义的典型消息。

表 9-3　FTP 中定义的典型消息

消息号	含义
120	服务在多少分钟内准备好
125	数据连接已经打开，开始传送
150	文件状态正确，正在打开数据连接
200	命令执行正确
202	命令未被执行，该站点不支持此命令
211	系统状态或系统帮助信息回应
212	目录状态
213	文件状态
214	帮助消息，关于如何使用本服务器或特殊的非标准命令
220	对新连接用户的服务已准备就绪
221	控制连接关闭
225	数据连接打开，无数据传输正在进行
226	正在关闭数据连接，请求的文件操作成功（例如，文件传送或终止）
227	进入被动模式

（续表）

消息号	含义
230	用户已登录，如果不需要可以退出
250	请求的文件操作完成
331	用户名正确，需要输入密码
332	需要登录的账户
350	请求的文件操作需要更多的信息
421	服务不可用，控制连接关闭。例如，同时连接的用户过多（已达到同时连接的用户数量限制）或连接超时导致服务不可用
425	打开数据连接失败
426	连接关闭，传送中止
450	请求的文件操作未被执行
451	请求的操作中止，发生本地错误
452	请求的操作未被执行，系统存储空间不足，文件不可用
500	语法错误，命令不可识别，可能是命令行过长
501	因参数错误导致的语法错误
502	命令未被执行
503	命令顺序错误
504	由于参数错误，命令未被执行
530	账户或密码错误，未能登录
532	存储文件需要账户信息
550	请求的操作未被执行，文件不可用（例如文件未找到或无访问权限）
551	请求的操作被中止，页面类型未知
552	请求的文件操作被中止，超出当前目录的存储分配
553	请求的操作未被执行，文件名不合法

9.3　常用的 FTP 服务器和客户端程序

目前，市面上有众多的 FTP 服务器和客户端程序，表 9-4 列出了基于 Windows 和 Linux 两种平台的常用 FTP 服务器和客户端程序。

表 9-4　基于 Windows 和 Linux 两种平台的常用 FTP 服务器和客户端程序

程序	基于 Windows 平台		基于 Linux 平台	
	名称	连接模式	名称	连接模式
FTP 服务器程序	IIS	主动、被动	vsftpd	主动、被动
	Serv-U	主动、被动	proftpd	主动、被动
	Xlight FTP Server	主动、被动	Wu-ftpd	主动、被动
FTP 客户端程序	命令行工具 FTP	默认为主动	命令行工具 lftp	默认为主动
	图形化工具：CuteFTP、LeapFTP	主动、被动	图形化工具：gFTP、Iglooftp	主动、被动
	Web 浏览器	主动、被动	Mozilla 浏览器	主动、被动

9.4　匿名 FTP 与实名 FTP

1. 匿名 FTP

在使用 FTP 时必须先登录 FTP 服务器，在远程主机上获取相应的用户权限以后，方可进行文件的下载或上传。也就是说，如果要想同一台计算机进行文件传输，那么就必须获取该台计算机的相关使用授权。换言之，除非有登录计算机的账户和口令，否则便无法进行文件传输。

但是，这种配置管理方法违背了 Internet 的开放性，Internet 上的 FTP 服务器主机太多了，不可能要求每个用户在每台 FTP 服务器上都拥有各自的账号。因此，匿名 FTP 就应运而生了。

匿名 FTP 是这样一种机制，用户可通过匿名账户连接远程主机，并从其下载文件，而无须成为 FTP 服务器的注册用户。此时，系统管理员会建立一个特殊的用户账户，名为 anonymous，Internet 上的任何用户在任何地方都可使用该匿名账户下载 FTP 服务器上的资源。

2. 实名 FTP

相对于匿名 FTP，一些 FTP 服务仅允许特定用户进行访问。因此为一个部门、组织或个人提供的网络共享服务称为实名 FTP。

用户访问实名 FTP 时需要输入账户和密码，FTP 管理员需要在 FTP 服务器上注册相应的用户账户。

9.5　FTP 的访问权限

与文件共享权限类似，FTP 提供文件传输服务时，提供两种文件操作权限，即上传和下载。

上传是指允许用户将本地文件复制到 FTP 服务器上，同时，还允许用户删除、新建、修改 FTP 服务器上的文件。而下载是指仅允许用户将 FTP 服务器上的文件复制到本地。

如果 FTP 站点建立在 NTFS 磁盘上，用户访问 FTP 站点还将受到文件对应的 NTFS 权限的约束。

9.6　FTP 的访问

FTP 的访问地址由 FTP://IP 或域名:端口号组成，FTP 允许用户通过 IP 或域名进行访问。FTP 的默认端口号为 21，如果 FTP 服务器使用的是默认端口，则在输入访问地址时可以省略；如果 FTP 服务器使用的是自定义端口，则不能省略。

9.7　在一台服务器上部署多个 FTP 站点

FTP 地址的 3 个要素是：协议、IP 和端口号。如果企业需要在一台 FTP 服务器上部署多个 FTP 站点，管理员可以通过 IP 或端口号来创建多个互不冲突的 FTP 站点。

（1）通过 IP 在一台服务器上创建多个 FTP 站点。

如果 FTP 服务器拥有多个 IP 地址，那么，在 FTP 站点的创建过程中可以让每个 FTP 站点绑定（指定）不同的 IP 地址，这样，FTP 客户端在访问不同的 IP 地址时就进入了不同的 FTP 站点。

（2）通过端口号在一台服务器上创建多个 FTP 站点。

如果 FTP 服务器只有一个 IP 地址，那么，在 FTP 站点的创建过程中可以让每个 FTP 站点绑定（指定）不同的端口号（为避免同系统保留端口冲突，用户自定义端口号必须大于 1024），这样，FTP 客户端在访问不同的端口号 FTP 地址时就进入了不同的 FTP 站点。

9.8　通过虚拟目录让 FTP 站点链接不同的磁盘资源

一般情况下，FTP 站点只能部署在一个物理路径（磁盘），如果用户想通过 FTP 站点访问其他磁盘的数据，则可以通过 FTP 的虚拟目录来实现。虚拟目录的结构示意图如图 9-4 所示。

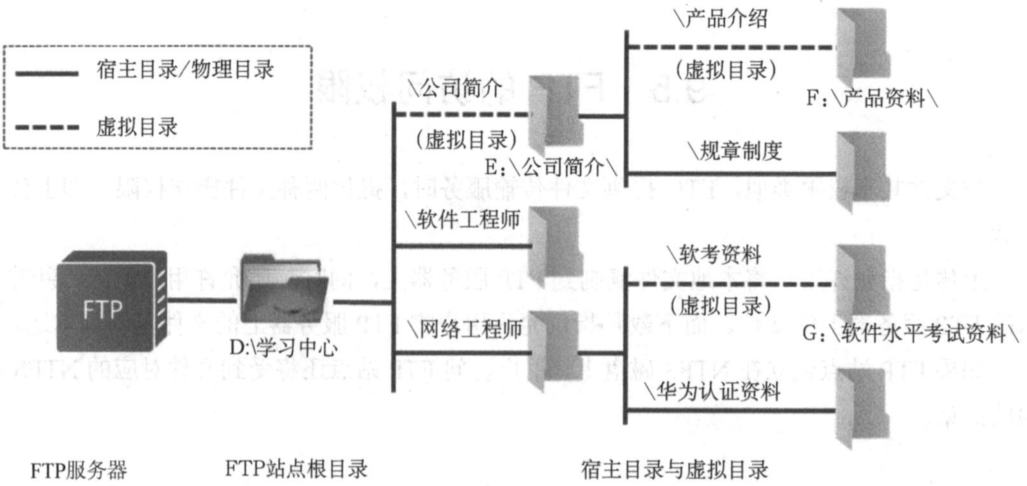

图 9-4　虚拟目录的结构示意图

在图 9-4 中，【E:\公司简介】通过虚拟目录名称【公司简介】逻辑上链接到【D:\学习中心】，同时，虚拟目录还支持嵌套链接。由此，虚拟目录可以在 FTP 站点内实现将不同磁盘的资源逻辑上链接在一起，为用户提供数据服务。

注意：

（1）虚拟目录的名称（也称别名）可以不同于原目录的名称。例如：【软考资料】就是一个虚拟目录别名，它的物理目录名称为【软件水平考试资料】。

（2）虚拟目录的名称不能被显性地显示在用户的宿主目录列表中，因此要访问虚拟目录，用户就必须知道虚拟目录的别名，并输入完整的 URL。因此，为方便地为用户提供虚拟目录服务，可以在 FTP 的根目录用目录注释的方式列出虚拟目录的相关资料，以方便用户访问。

任务 9-1　企业公共 FTP 站点的部署

任务规划

企业公共 FTP 站点的部署

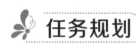

在 FTP1 服务器上创建一个 FTP 公共站点，并在站点的根目录——【F:\文档中心】下分别创建【产品技术文档】【公司品牌宣传】【常用软件工具】等子目录，实现公共文档的分类管理，方便员工下载文档，该任务的网络拓扑如图 9-5 所示。

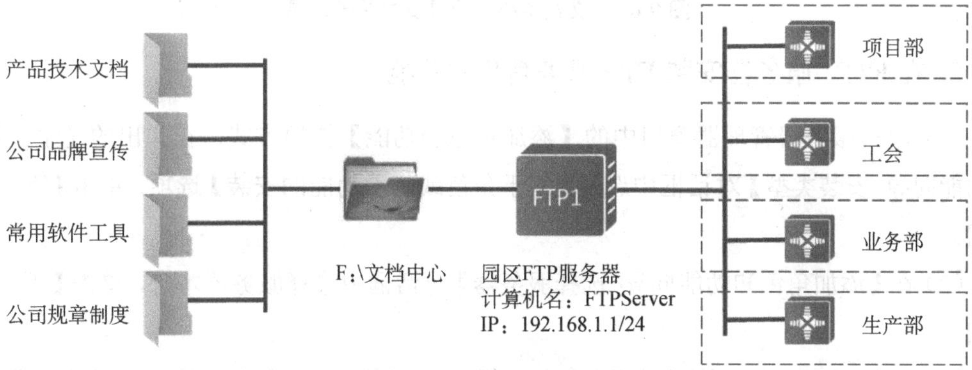

图 9-5　任务 9-1 的网络拓扑

Windows Server 2019 具备 FTP 服务角色和功能，本任务计划在 FTP1 上安装 FTP 服务角色和功能，并通过以下步骤来实现公司 FTP 公共站点的建设。

（1）在 FTP1 服务器上创建 FTP 站点目录。

（2）在 FTP1 服务器上安装 FTP 服务角色和功能。

（3）在 FTP1 上创建 FTP 站点，站点的根目录为【F:\文档中心】，站点权限为仅允许下载，站点的访问地址为 FTP://192.168.1.1。

任务实施

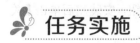

1. 在 FTP1 服务器创建 FTP 站点目录

在 FTP 服务器的 F 盘创建【文档中心】目录，并在【文档中心】目录中创建【产品技术文档】【公司品牌宣传】【常用软件工具】等子目录，结果如图 9-6 所示。

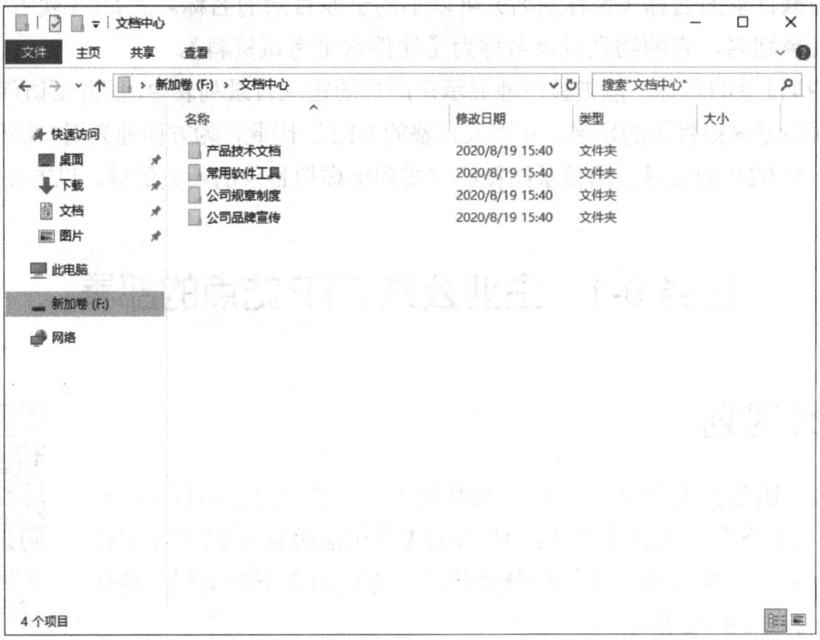

图 9-6 【文档中心】目录及相关子目录

2. 在 FTP1 服务器安装 FTP 服务角色和功能

（1）单击服务器管理器窗口中的【添加角色和功能】快捷方式，在弹出的【添加角色和功能向导-安装类型】对话框中选择【基于角色或基于功能的安装】选项，单击【下一步】按钮。

（2）在【添加角色和功能向导-选择服务器】对话框中选择服务器本身，单击【下一步】按钮。

（3）在如图 9-7 所示的对话框中，勾选【Web 服务器(IIS)】复选框，然后单击【下一步(N)】按钮。

备注：IIS 服务包含了 Web 服务和 FTP 服务，在 Windows Server 2019 中，要安装 FTP 服务，就必须先安装 IIS 服务。因此在角色选择时，要勾选【Web 服务器(IIS)】复选框。

（4）在【添加角色和功能向导-选择角色服务】对话框中，勾选【FTP 服务】和【FTP 扩展】两个复选框，如图 9-8 所示，然后单击【下一步(N)】按钮。

（5）在【添加角色和功能向导-确认】对话框中，单击【安装】按钮，安装完后单击【关闭】按钮，完成 FTP 角色与功能的安装。

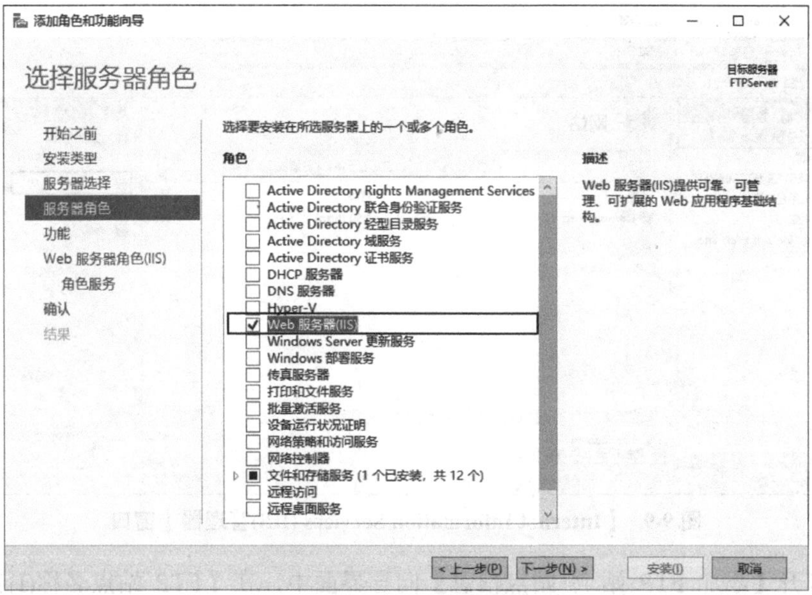

图 9-7 选择服务器

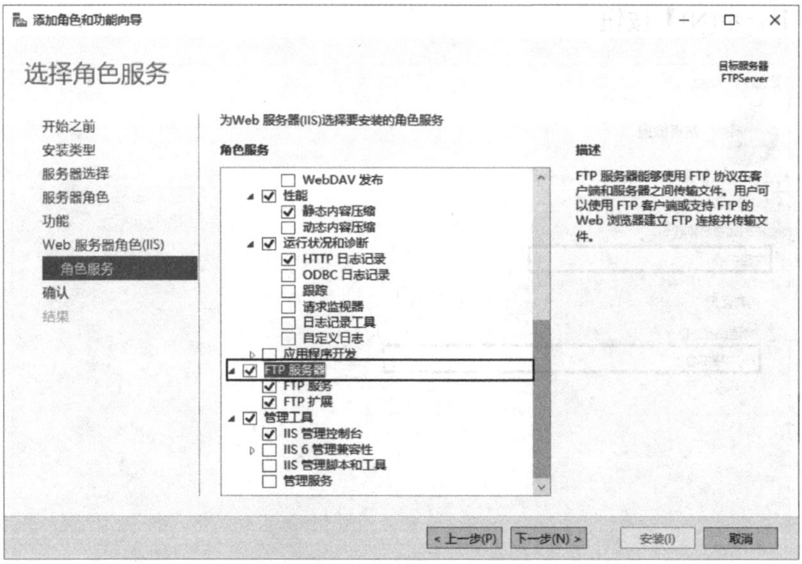

图 9-8 选择角色服务

3. 在 FTP1 上创建 FTP 站点

（1）打开服务器管理器窗口，在【工具】下拉式菜单中选择【Internet Information Services (IIS)管理器】命令，打开【Internet Information Services (IIS)管理器】窗口。展开窗口左边的【网站】链接，如图 9-9 所示，单击右侧窗口中的【添加 FTP 站点】链接。

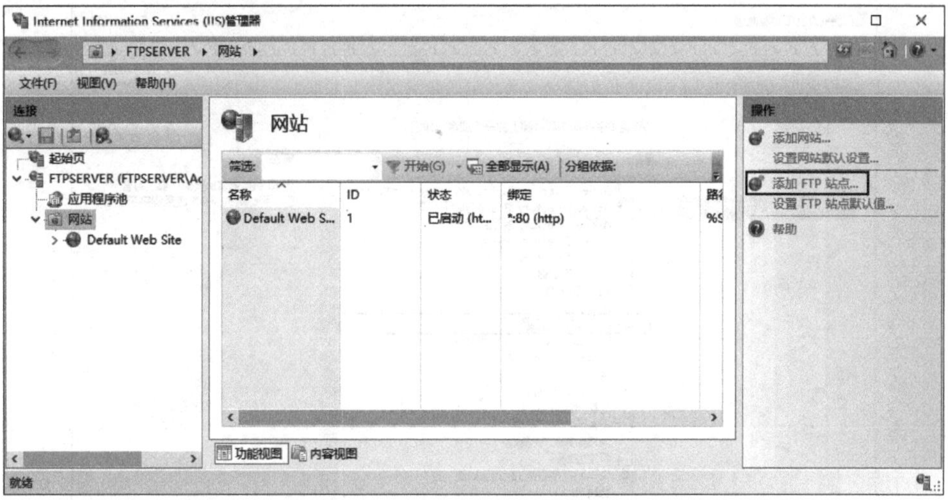

图 9-9 【Internet Information Services (IIS)管理器】窗口

（2）打开【添加 FTP 站点-站点信息】向导界面中，在【FTP 站点名称(I)】文本框中输入【文档中心】，在【物理路径(H)】选择框中选择【F:\文档中心】目录，如图 9-10 所示，然后单击【下一步(N)】按钮。

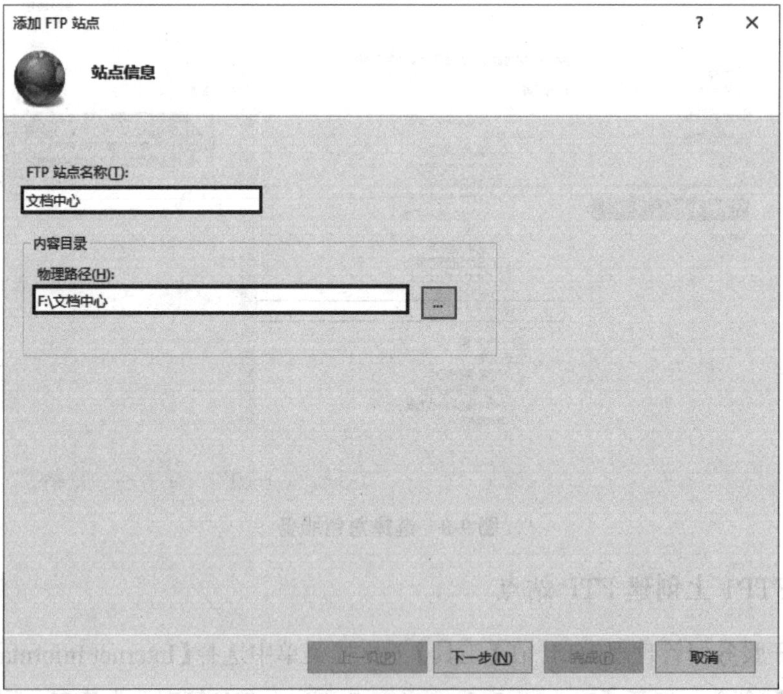

图 9-10 站点信息设置

（3）打开如图 9-11 所示的【添加 FTP 站点-绑定和 SSL 设置】对话框，在【IP 地址(A)】下拉列表选择 IP 地址为 192.168.1.1，选中【无 SSL(L)】单选按钮，其他采用默认设置，然后单击【下一步(N)】按钮。

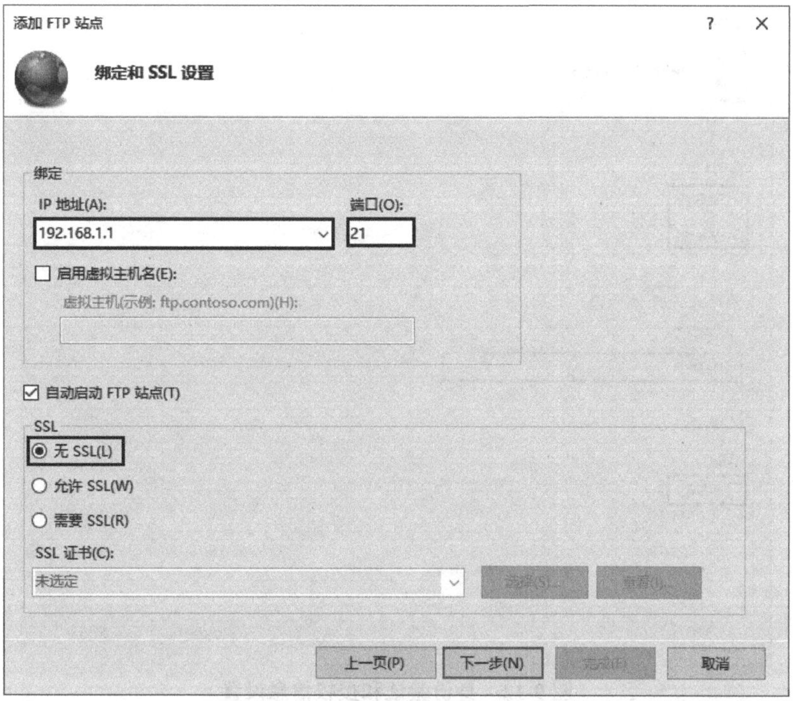

图 9-11　IP 绑定和 SSL 设置

备注

① SSL（Secure Sockets Layer）是为网络通信提供安全及数据完整性的一种安全协议，允许用户通过安全方式（如数字证书）访问 FTP 站点，如果采用 SSL 方式，则需要预先配置安全证书。

② 在【添加 FTP 站点-IP 地址(A)】对话框中，可以选择服务器的 IP 地址，如果不选择，则表示允许客户端使用任意的服务器 IP 地址来访问该 FTP 站点；如果选择其中一个 IP 地址，则表示仅允许客户端使用该 IP 地址来访问 FTP 站点。

（4）在【添加 FTP 站点-身份验证和授权信息】对话框中，勾选【匿名(A)】和【基本(B)】复选框。在【允许访问】下拉列表框中选择【所有用户】，在【授权】区域勾选【读取(D)】复选框，如图 9-12 所示，然后单击【完成(E)】按钮，完成 FTP 站点的创建。

备注：

① 身份验证：用于设置 FTP 站点的访问方式。【匿名】是指该 FTP 允许使用匿名账户访问，客户端将以 Internet 来宾身份进行访问；【基本】是指该 FTP 采用实名方式访问。如果两个复选框都被选中，表示 FTP 站点既允许匿名访问，也允许实名访问。

② 授权与权限：其中【允许访问】下拉列表框用于设置允许访问该站点的用户或用户组，并针对所选择的用户在【权限】中配置权限。用户对站点有两种访问权限，【读取】是指可以查看、下载 FTP 站点的文件，【写入】是指可以上传、删除 FTP 站点的文件，也可以创建和删除子目录。

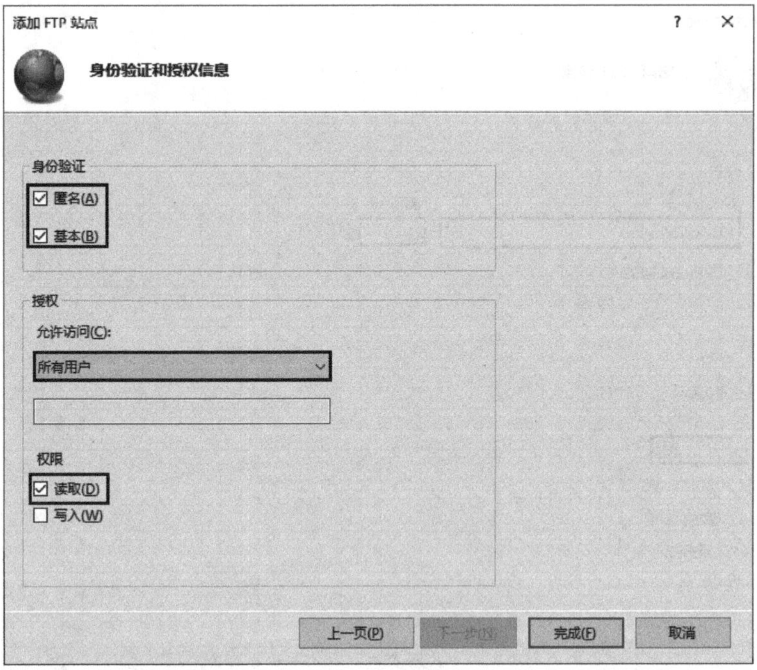

图 9-12　身份验证和授权信息设置

任务验证

在公司内部任何一台客户机上打开资源管理器，在地址栏中输入 FTP://192.168.1.1，即可打开刚刚建立的 FTP 站点，并且可以看到站点内的四个子目录，如图 9-13 所示。

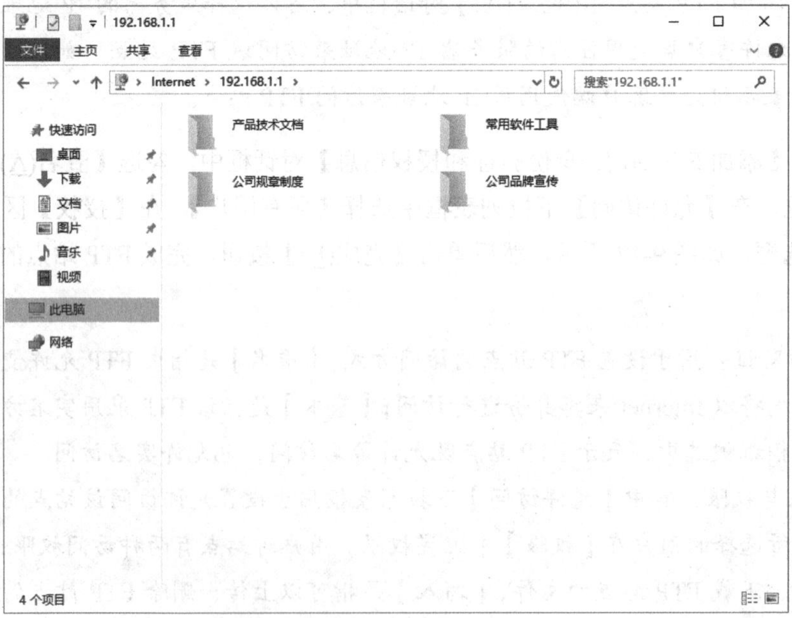

图 9-13　在客户端访问 FTP 站点

用户登录后可以根据业务需要下载相关文档，提高工作效率。同时，还可以进一步测试，用户仅可以下载，不允许上传和删除文件。

任务 9-2 部门专属 FTP 站点的部署

任务规划

部门专属 FTP 站点的部署

通过任务 9-1，公司创建了公共的 FTP 站点，为员工下载公司公共文件提供了便利，提高了工作效率。随后，各部门也相继提出了建立部门级数据共享空间的需求，具体要求如下。

（1）在 F 盘为各部门建立【部门文档中心】目录，并在该目录中创建【行政部】【项目部】【工会】等部门专属目录。

（2）为各部门创建相应的服务账户。

（3）创建 FTP 部门站点，站点的根目录为【部门文档中心】，站点的权限如下。

- 不允许用户修改站点根目录结构。
- 各部门用户服务账户仅允许访问对应部门的专属目录，对专属目录有上传和下载权限。

（4）FTP 的访问地址为 FTP://192.168.1.1:2100。

文件共享权限受文件的共享权限和 NTFS 权限双重约束，因此管理员应采用“文件共享权限最大化，NTFS 权限最小化”原则进行部署。此外，Windows Server 2019 的 FTP 站点如果部署在 NTFS 磁盘中，其访问权限同样要受 FTP 访问权限和 NTFS 权限的双重约束，因此需采用“FTP 权限最大化，NTFS 权限最小化”原则进行部署。

本任务在部署部门的专属 FTP 站点时，可以先创建一个具有上传和下载权限的站点，然后在发布目录和子目录中配置 NTFS 权限，并为服务账户制定相匹配的权限。在服务账户的设计中，可以根据组织架构的特征，完成服务账户的创建。因此，应根据公司的组织架构来规划设计相应的服务账户与 FTP 站点架构。如图 9-14 所示为部门 FTP 站点架构图。

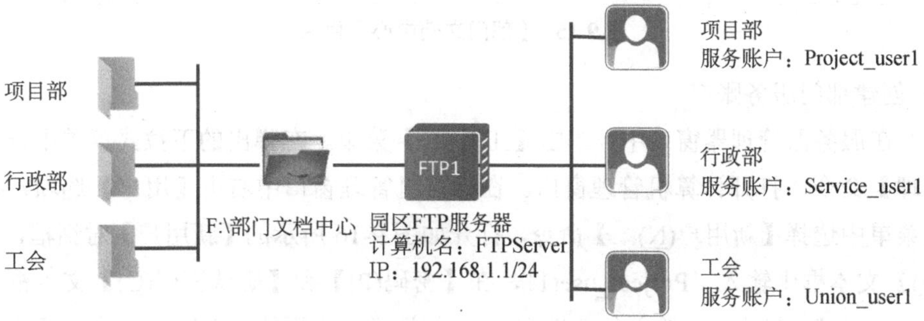

图 9-14 部门 FTP 站点架构图

综上所述，本任务可通过以下步骤来实现。

（1）创建 FTP 站点物理目录和部门服务账户。

（2）创建【部门文档中心】FTP 站点。

（3）设置 FTP 站点根目录和子目录的 NTFS 权限。

任务实施

1. 创建 FTP 站点物理目录和部门服务账户

1）创建 FTP 站点物理目录

在 FTP 服务器的 F 盘创建【部门文档中心】目录，并在【部门文档中心】目录中创建【项目部】【行政部】和【工会】子目录，如图 9-15 所示。

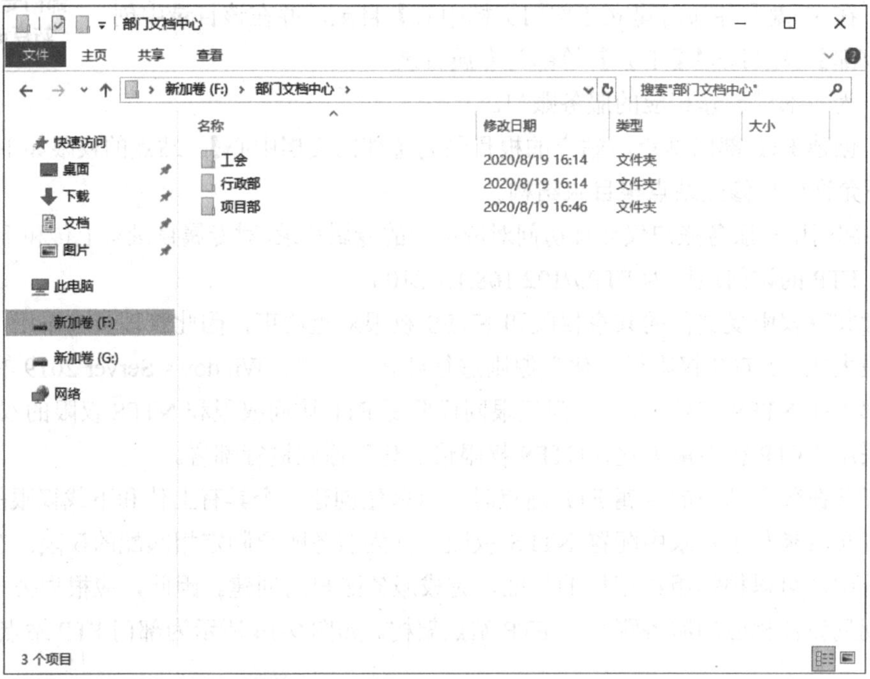

图 9-15 【部门文档中心】目录

2）创建部门服务账户

（1）在服务器管理器窗口中，单击【工具(T)】菜单，在弹出的下拉式菜单中选择【计算机管理】命令，打开计算机管理窗口。在计算机管理窗口中右击【用户】选项，在弹出的快捷菜单中选择【新用户(N)...】命令，打开如图 9-16 所示的【新用户】对话框，在【用户名(U)】文本框中输入“Project_user1”，在【密码(P)】和【确认密码(C)】文本框中输入“Jan16@Studio”（默认要求输入复杂性密码），勾选【用户不能更改密码(S)】和【密码永不过期(W)】复选框（通常服务账户仅用于特定应用，密码的管理由管理员进行管理），然后单击【创建(E)】按钮，完成项目部员工账户的创建。

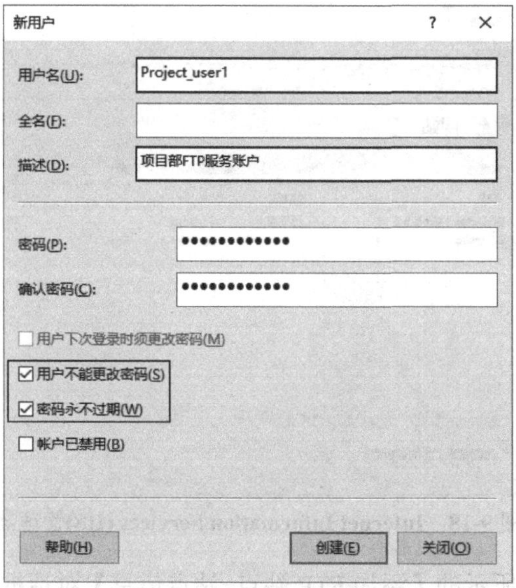

图 9-16　【新用户】对话框

（2）按同样的方法创建行政部和工会的用户账户 Service_user1 和 Union_user1，结果如图 9-17 所示。

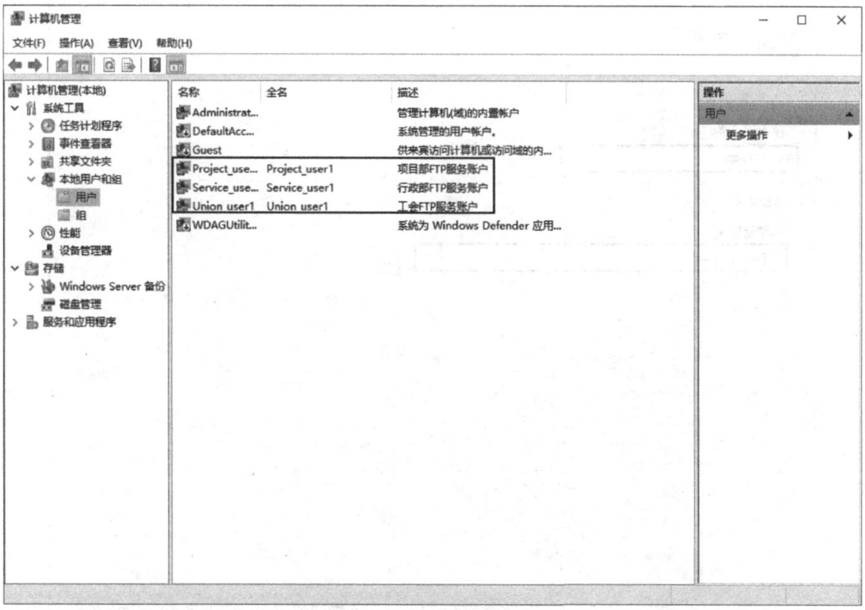

图 9-17　计算机用户账户信息

2. 创建部门文档中心的 FTP 站点

（1）打开服务器管理器窗口，在【工具】下拉式菜单中选择【Internet Information Services (IIS)管理器】命令，打开 Internet Information Services (IIS)管理器窗口。展开该窗口左边的【网站】链接，如图 9-18 所示，单击右侧窗口中的【添加 FTP 站点】链接。

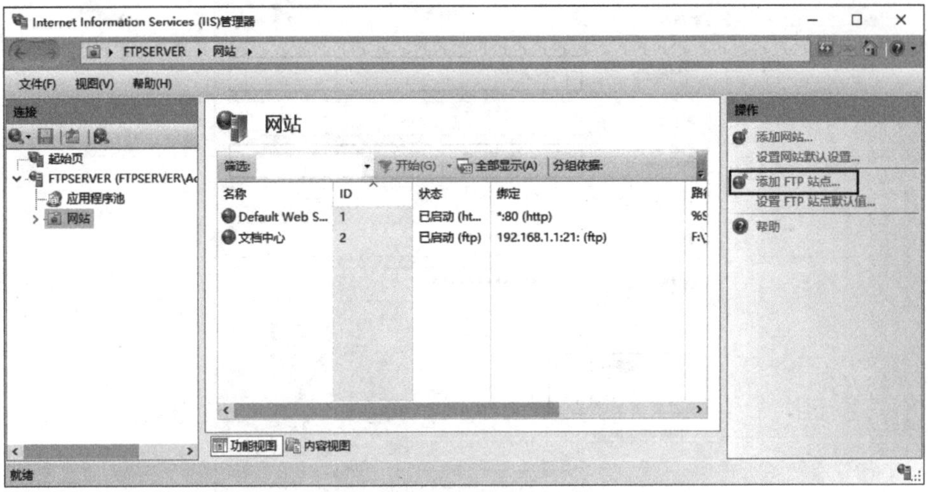

图 9-18 Internet Information Services (IIS)管理器

（2）打开如图 9-19 所示的【添加 FTP 站点-站点信息】对话框，在【FTP 站点名称(I)】文本框中输入“部门文档中心”，在【物理路径(H)】路径文本框中选择【F:\部门文档中心】目录，然后单击【下一步(N)】按钮。

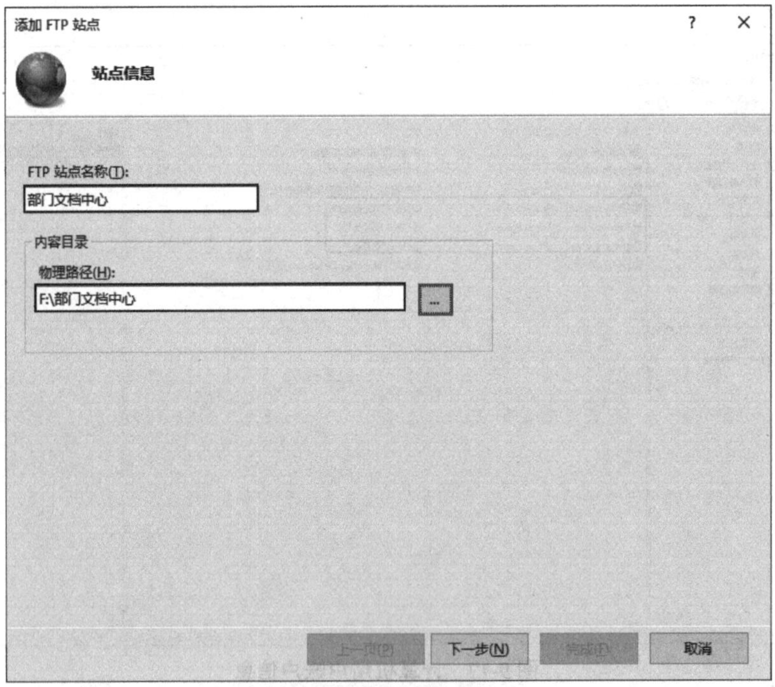

图 9-19 站点信息

（3）打开如图 9-20 所示的【添加 FTP 站点-绑定和 SSL 设置】对话框，在【IP 地址(A)】下拉列表选择“192.168.1.1”，在【端口(O)】文本框中输入“2100”，选中【无 SSL(L)】单选按钮，其他采用默认配置，然后单击【下一步(N)】按钮。

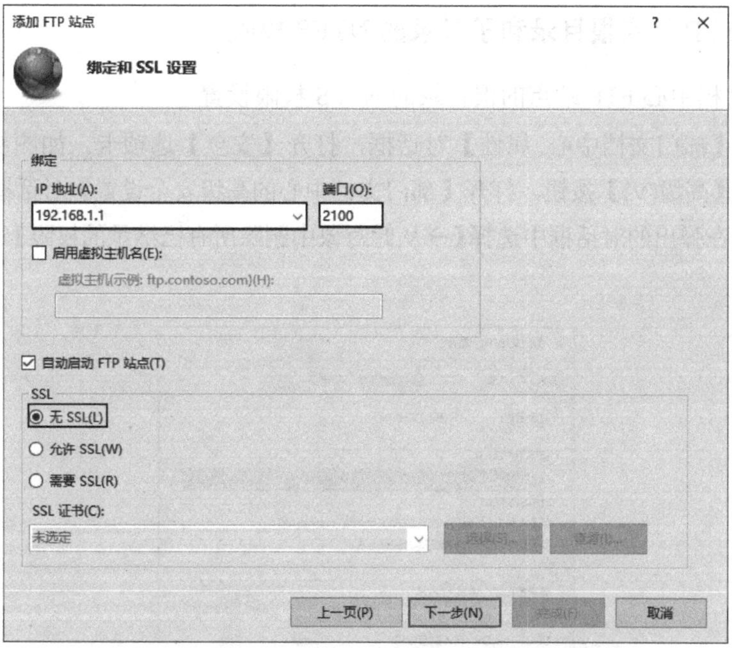

图 9-20　【添加 FTP 站点-绑定和 SSL 设置】对话框

（4）在如图 9-21 所示的【添加 FTP 站点-身份验证和授权信息】对话框中，勾选【基本(B)】复选框；在【授权】的【允许访问(C)】下拉列表中选择【所有用户】选项；在【权限】中，根据“文件共享最大化、NTFS 权限最小化”原则勾选【读取(D)】和【写入(W)】复选框；单击【完成(F)】按钮，完成部门文档中心 FTP 站点的创建。

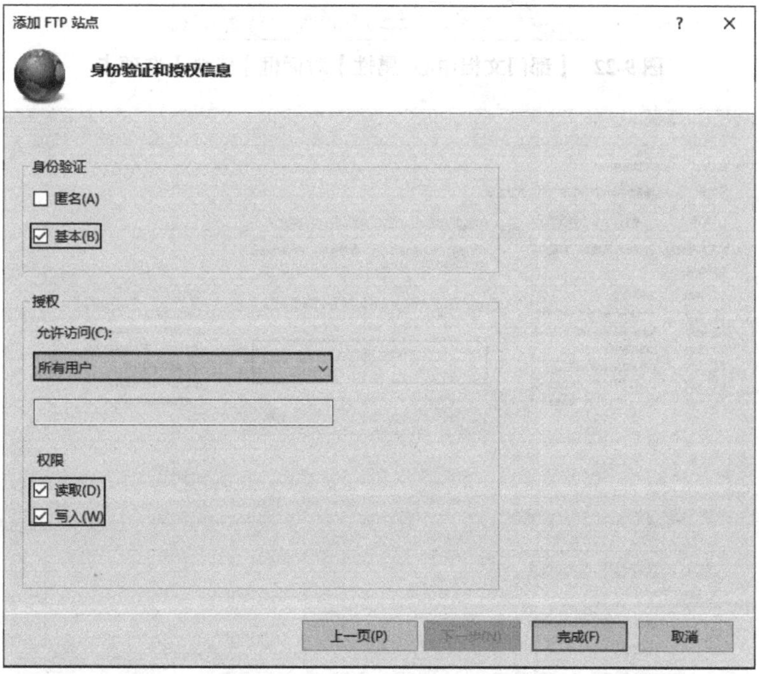

图 9-21　【添加 FTP 站点-身份验证和授权信息】对话框

3. 设置 FTP 站点根目录和子目录的 NTFS 权限

1）部门文档中心 FTP 站点的根目录的 NTFS 权限设置

（1）打开【部门文档中心 属性】对话框，打开【安全】选项卡，如图 9-22 所示。

（2）单击【高级(V)】按钮，打开【部门文档中心的高级安全设置】对话框，单击【禁用继承(I)】按钮，在弹出的对话框中选择【→从此对象中删除所有已继承的权限】选项，如图 9-23 所示。

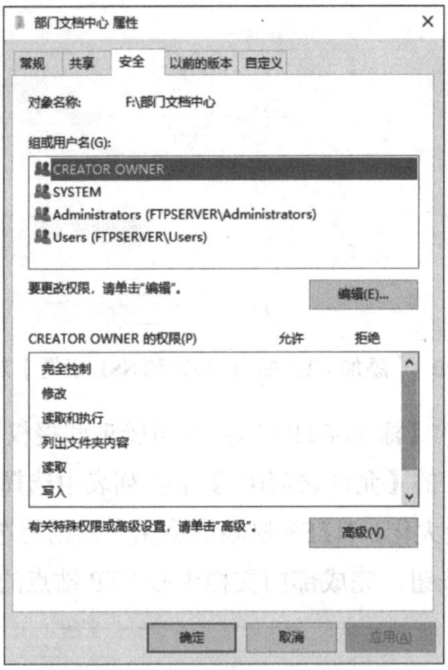

图 9-22 【部门文档中心 属性】对话框【安全】选项卡

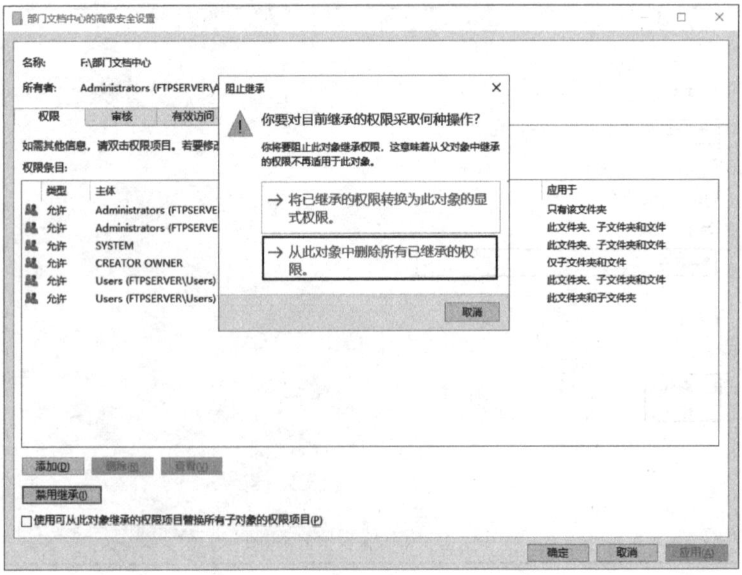

图 9-23 【部门文档中心的高级安全设置】对话框

（3）单击【添加(D)】按钮，在弹出的如图 9-24 所示的对话框中，选择前面创建的【Project_user1】用户，并在【基本权限】中选择如图所示的 3 个权限（这 3 个权限仅允许用户读取和列出文件夹内容，且无权修改，满足了任务中“不允许用户修改站点根目录结构”的要求）。单击【确定】按钮，完成项目部 FTP 服务账户对站点根目录访问权限的配置。

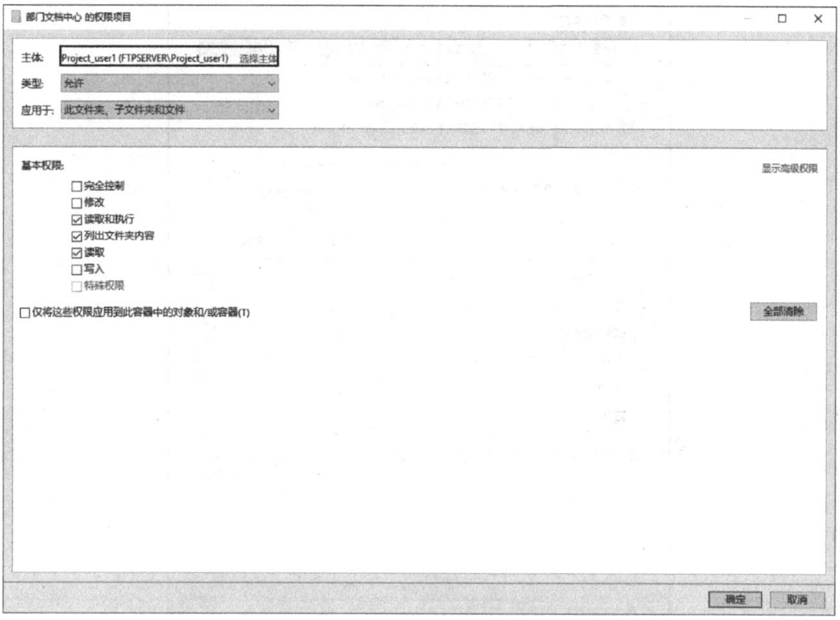

图 9-24　站点根目录权限配置

（4）继续添加另外两个部门用户账户的权限，结果如图 9-25 所示。

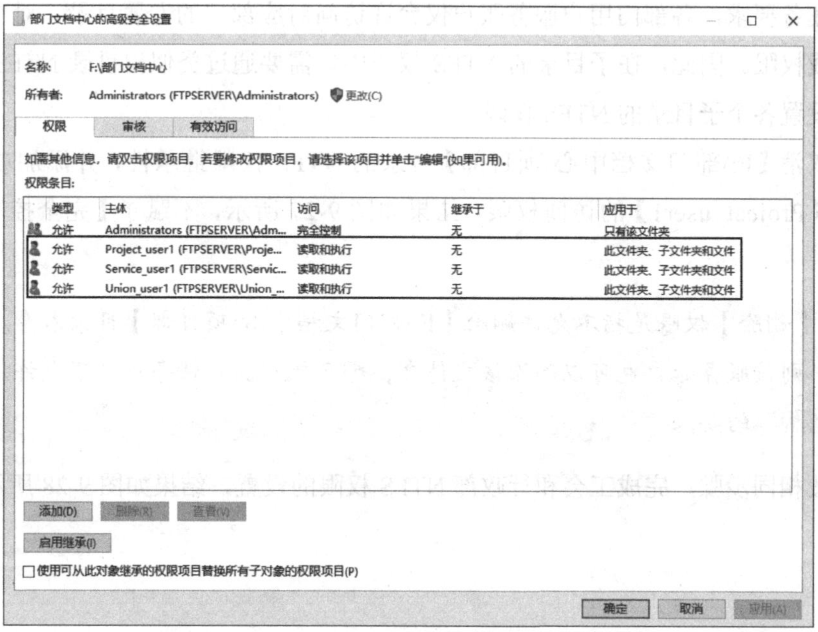

图 9-25　部门文档中心文件夹的高级安全设置结果

（5）单击【确定】按钮，完成站点根目录 NTFS 安全权限的设置，如图 9-26 所示。

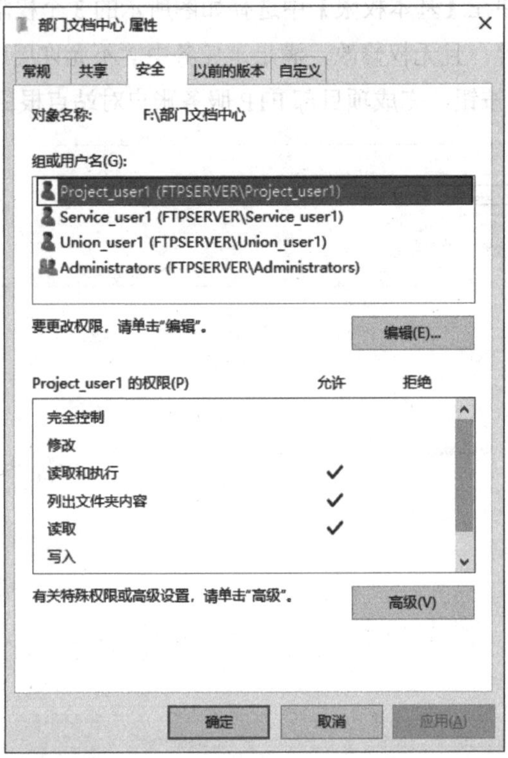

图 9-26　站点根目录 NTFS 安全权限设置

2）设置 FTP 站点各个部门对应子目录的 NTFS 权限

根据任务要求，各部门用户服务账户仅允许访问对应部门的专属目录，对专属目录有上传和下载权限。因此，在子目录的 NTFS 权限中，需要通过类似根目录 NTFS 权限设置的步骤来设置各个子目录的 NTFS 权限。

（1）取消【F:\部门文档中心\项目部】目录的 NTFS 权限继承性，并添加项目部 FTP 服务账户【Project_user1】的访问权限，结果如图 9-27 所示，不赋予【完全控制】和【删除】权限。

备注：【删除】权限是指不允许删除【F:\部门文档中心\项目部】目录本身。如果选中该复选框，则该服务账户也可以删除该文件夹，那么就不满足任务中“不允许用户修改站点根目录结构”的要求。

（2）按相同步骤，完成工会和行政部 NTFS 权限的设置，结果如图 9-28 所示。

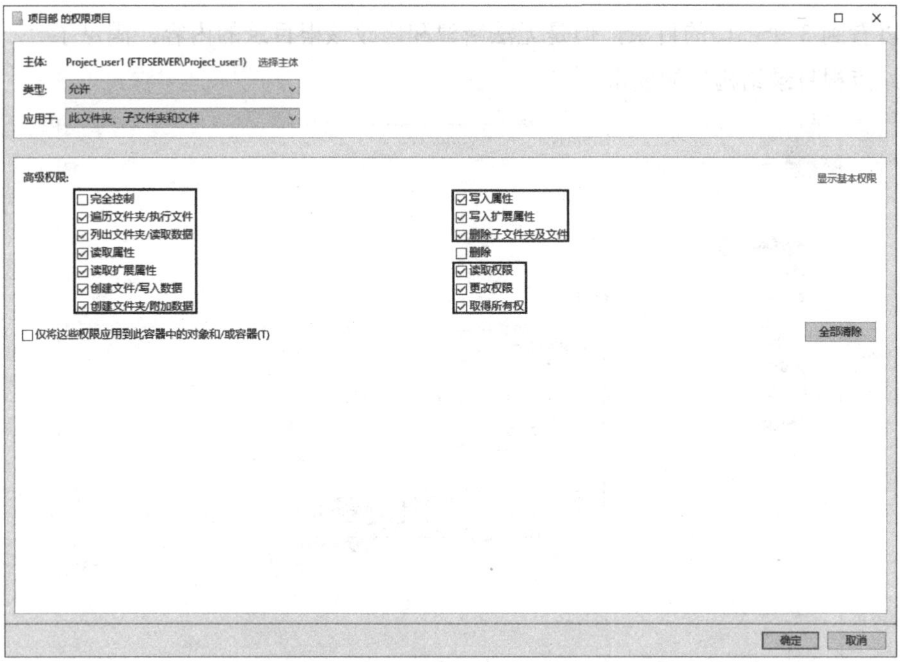

图 9-27　【F:\部门文档中心\项目部】目录的 NTFS 权限

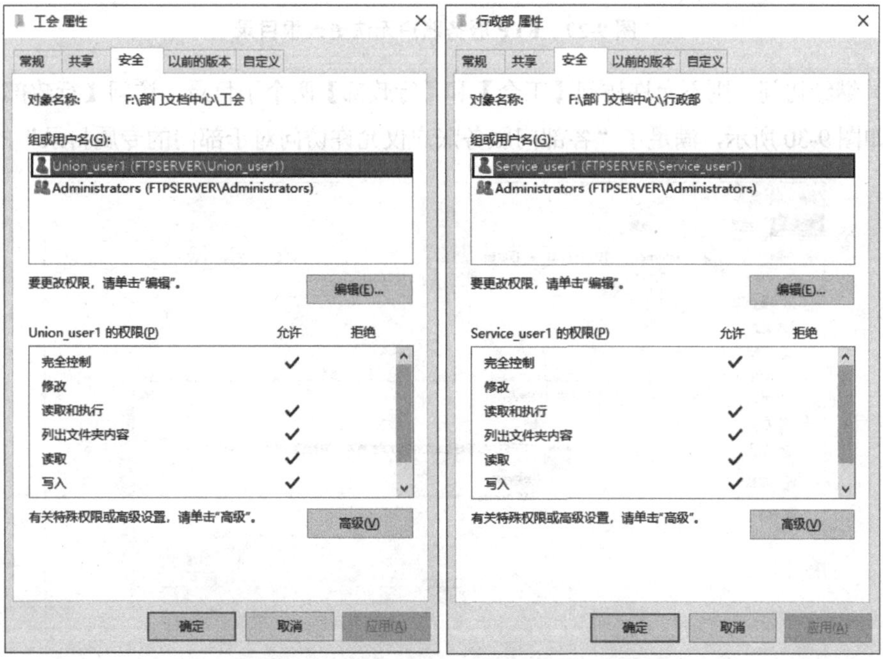

图 9-28　工会和行政部的 NTFS 权限设置

任务验证

（1）使用项目部 FTP 服务账户登录 FTP 站点，并尝试新建一个文件夹。如图 9-29 所示，可以看到 3 个部门的目录，但是无法新建和修改该根目录的内容，满足了“不允许用户修改站点根目录结构”的要求。

图 9-29　FTP 服务账户无法更改根目录

（2）继续访问，则不允许访问【工会】和【行政部】两个子目录，访问【行政部】子目录的结果如图 9-30 所示，满足了“各部门服务账户仅允许访问对于部门的专属目录”的要求。

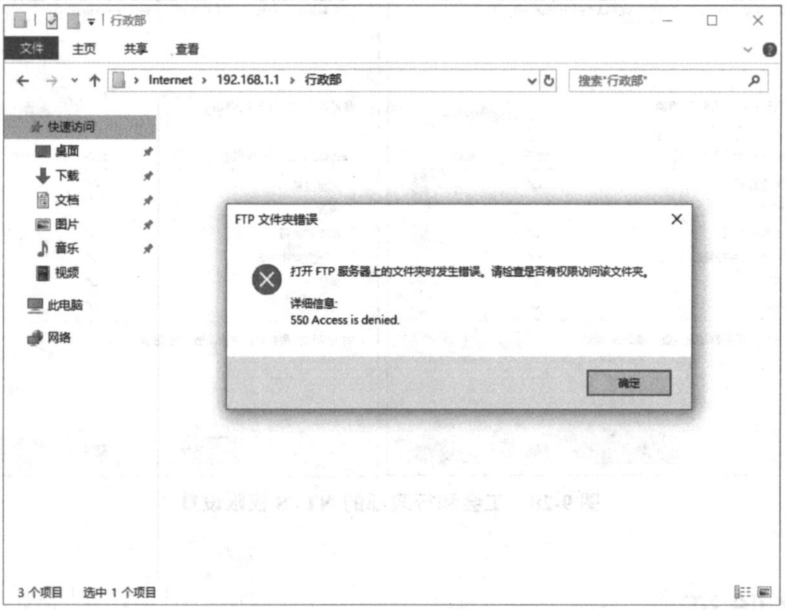

图 9-30　项目部服务账户对行政部专属目录没有访问权限

（3）继续访问【项目部】子目录，结果如图 9-31 所示，该用户对该目录下的文件和文件夹有完全控制权限，满足了“部门服务账户对部门目录有上传和下载权限”的要求。

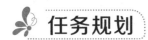

图 9-31　项目部服务账户对项目部专属目录有上传和下载权限

任务 9-3　部署多个岗位的 FTP 学习站点

任务规划

由于公司非常注重对员工的培养，因此希望在 FTP1 服务器上为不同岗位的学习资源建立专属的 FTP 站点，具体要求如下。

部署多个岗位的 FTP 学习站点

规划设立网络工程师岗位、网络系统集成岗位、网络销售岗位 3 个专属的 FTP 站点用来存放学习资源，并允许所有员工下载学习。

通过任务 9-1 和任务 9-2，我们已经在 FTP1 服务器上部署了两个 FTP 站点，但在实际应用中，企业为充分利用服务器资源，常常会在一个服务器上部署多个 FTP 站点，这样既满足了内部需求，又提高了资源的利用率。表 9-5 将任务 9-1 和任务 9-2 的 FTP 访问方式做了对比，它们采用了不同的服务端口号来区分各自的站点。

表 9-5　任务 9-1 和任务 9-2 FTP 访问方式的对比

FTP 站点名称	FTP 访问地址		
	协议头	IP 地址	端口号
企业公共 FTP 站点	FTP://	192.168.1.1	21
部门专属 FTP 站点	FTP://	192.168.1.1	2100

由此，可以得出 FTP 站点的访问地址由 3 个要素构成：协议头、IP 地址和端口号。只要 IP 地址和端口号有一个不同，就表示它们是不同的 FTP 站点，因此可以基于这 2 个要素来构建多个 FTP 站点，例如：

- 在一台服务器上绑定多个 IP 地址，通过不同的 IP 地址创建多个站点。
- 通过自定义端口号创建多个站点。

因此，根据本任务背景，网络管理员可以使用 FTP1 服务器的另一个 IP 地址来部署公司 3 个岗位的 FTP 学习站点，FTP 站点结构示意图如图 9-32 所示。

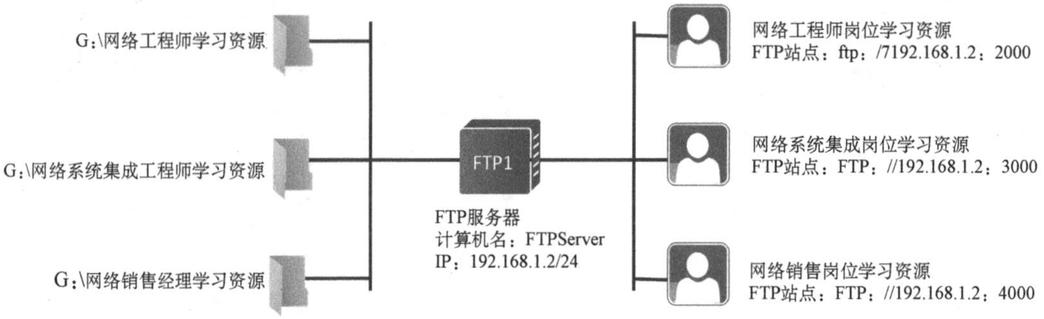

图 9-32　FTP 站点结构示意图

对各岗位 FTP 学习站点的规划如下。

（1）设立网络工程师岗位的专属 FTP 学习站点，站点信息如下。

- 站点名称：网络工程师岗位。
- 根目录路径为：G:\网络工程师学习资源。
- 站点服务账户：所有用户。
- 站点访问权限：仅允许下载。
- FTP 站点访问地址：FTP://192.168.1.2:2000。

（2）设立网络系统集成岗位的专属 FTP 学习站点，站点信息如下。

- 站点名称：网络系统集成岗位。
- 根目录路径为：G:\网络系统集成工程师学习资源。
- 站点服务账户：所有用户。
- 站点访问权限：仅允许下载。
- FTP 站点访问地址：FTP://192.168.1.2:3000。

（3）设立网络销售岗位的专属 FTP 学习站点，站点信息如下。

- 站点名称：网络销售岗位。
- 根目录路径为：G:\网络销售经理学习资源。
- 站点服务账户：所有用户。
- 站点访问权限：仅允许下载。
- FTP 站点访问地址：FTP://192.168.1.2:4000。

综上所述，本任务可通过以下步骤来实现。

（1）在服务器绑定多个 IP 地址，为创建多站点做准备。

（2）创建不同岗位 FTP 学习站点的目录和专用账户。

（3）创建网络工程师岗位的专属 FTP 学习站点。

（4）创建网络系统集成工程师和网络销售经理岗位的专属 FTP 学习站点。

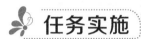

任务实施

1. 在服务器绑定多个 IP 地址，为创建多站点做准备

（1）打开网络和共享中心窗口，单击【以太网卡】选项，找到并单击【Internet 协议版本 4(TCP/IPv4)属性】选项，打开其对话框，如图 9-33 所示，单击【高级(V)】按钮。

（2）打开如图 9-34 所示的【高级 TCP/IP 设置】对话框的【IP 设置】选项卡，点击【添加(D)…】按钮，在弹出的【TCP/IP 地址】对话框中，输入 IP 地址“192.168.1.2”、子网掩码“255.255.255.0”，然后单击【添加(A)】按钮，最后单击【确定】按钮完成第 2 个 IP 地址的添加。

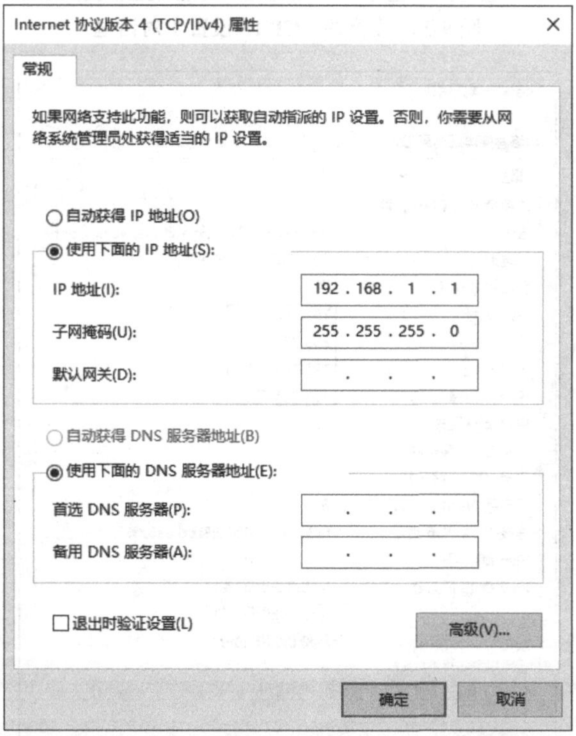

图 9-33　【Internet 协议版本 4（TCP/IPv4）属性】对话框

（3）查看 TCP/IP 配置信息时，可以看到已经成功添加了第 2 个 IP 地址，网络连接的详细信息如图 9-35 所示。

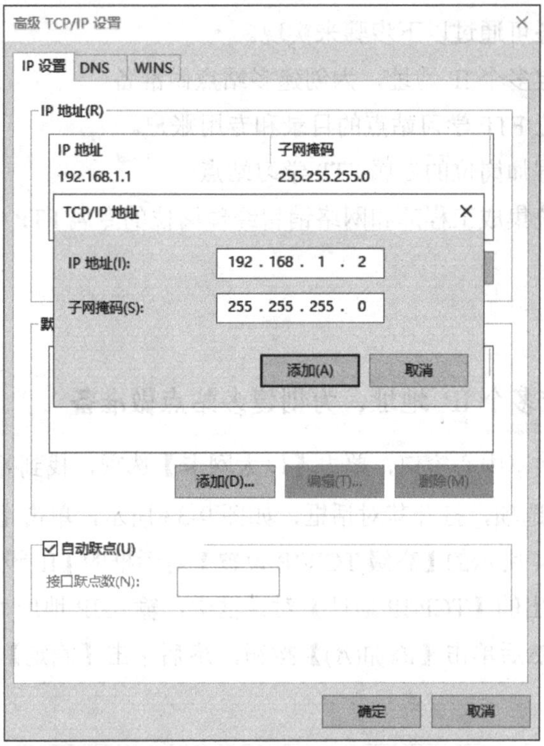

图 9-34 【高级 TCP/IP 设置】对话框

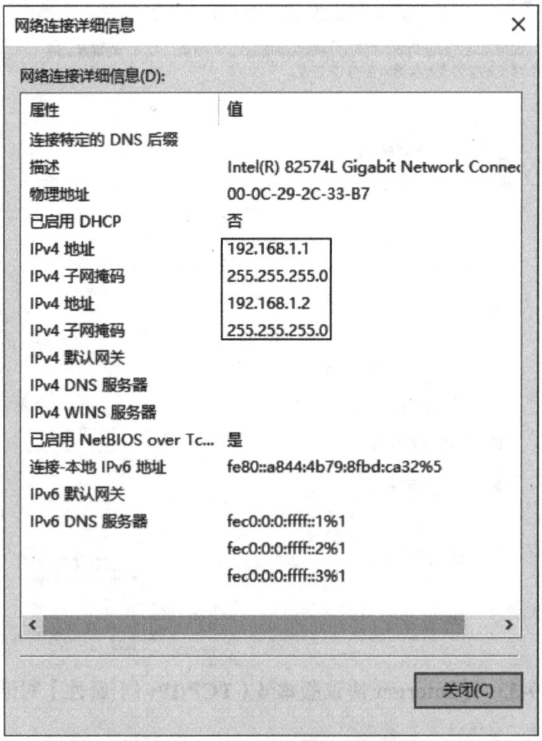

图 9-35 网络连接的详细信息

2. 创建不同岗位 FTP 学习站点的目录和专用账户

1）创建不同岗位的 FTP 学习站点目录

在 G 盘建立 3 个岗位的学习目录，分别为【网络工程师学习资源】【网络系统集成工程师学习资源】和【网络销售经理学习资源】，如图 9-36 所示。

2）创建不同岗位 FTP 学习站点的专用账户

为方便公司员工访问内部 FTP 学习站点，需要创建一个公共账户，在本任务中，使用用户名为 public、密码为 P123abc 的公共账户，创建完成后的结果如图 9-37 所示。

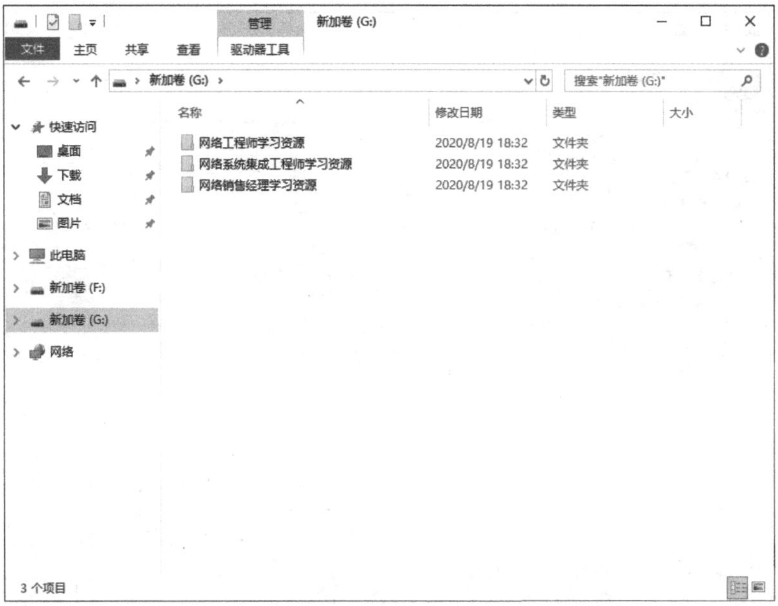

图 9-36　岗位学习目录

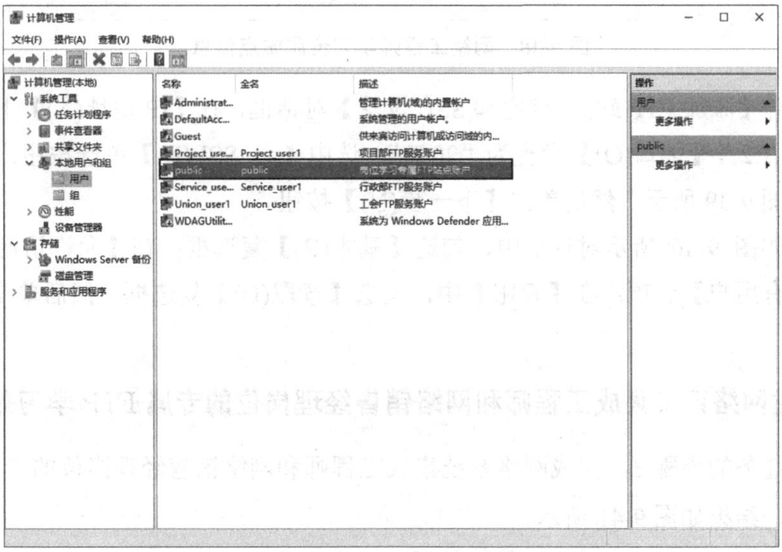

图 9-37　岗位学习 FTP 站点的专用账户 public

3. 创建网络工程师岗位的专属 FTP 学习站点

（1）打开服务器管理器窗口，在【工具】下拉式菜单中选择【Internet Information Services(IIS)管理器】命令，打开 Internet Information Services(IIS)管理器窗口；展开该窗口左边的【网站】链接，单击右侧窗口中的【添加 FTP 站点】链接；在【添加 FTP 站点-站点信息】对话框的【FTP 站点名称(T)】文本框中输入“网络工程师岗位”，在【物理路径(H)】路径选择框中选择【G:\网络工程师学习资源】目录，结果如图 9-38 所示，然后单击【下一步(N)】按钮。

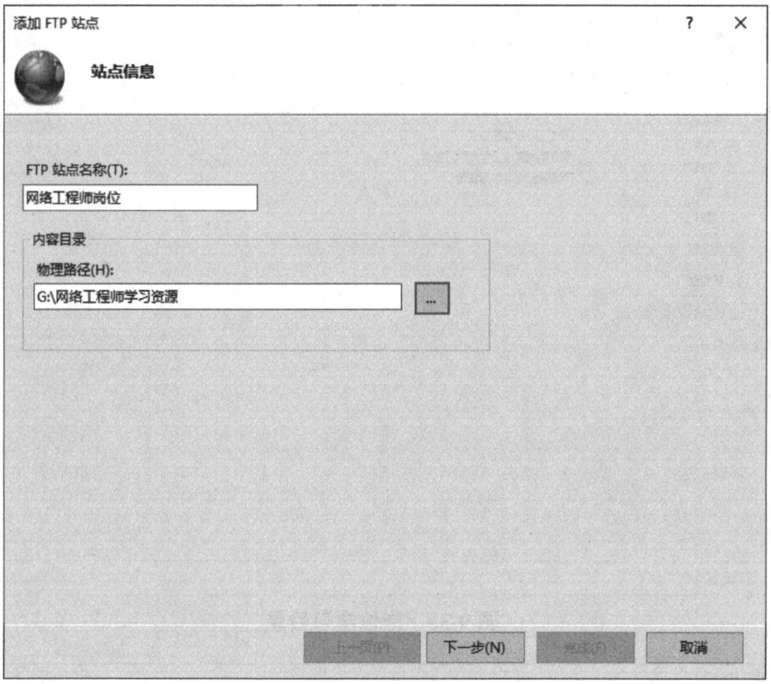

图 9-38　网络工程师学习资源站点信息

（2）打开【添加 FTP 站点-绑定和 SSL 设置】对话框，在【IP 地址(A)】下拉列表中选择“192.168.1.2”，【端口(O)】设置为“2000”，选中【无 SSL(L)】单选按钮，其他采用默认设置，如图 9-39 所示，然后单击【下一步(N)】按钮。

（3）在如图 9-40 所示对话框中，勾选【基本(B)】复选框；在【允许访问】下拉列表中选择【所有用户】选项；在【权限】中，勾选【读取(D)】复选框，然后单击【完成(F)】按钮。

4. 创建网络系统集成工程师和网络销售经理岗位的专属 FTP 学习站点

参考本任务的步骤 3，完成网络系统集成工程师和网络销售经理岗位的专属 FTP 学习站点的创建，结果如图 9-41 所示。

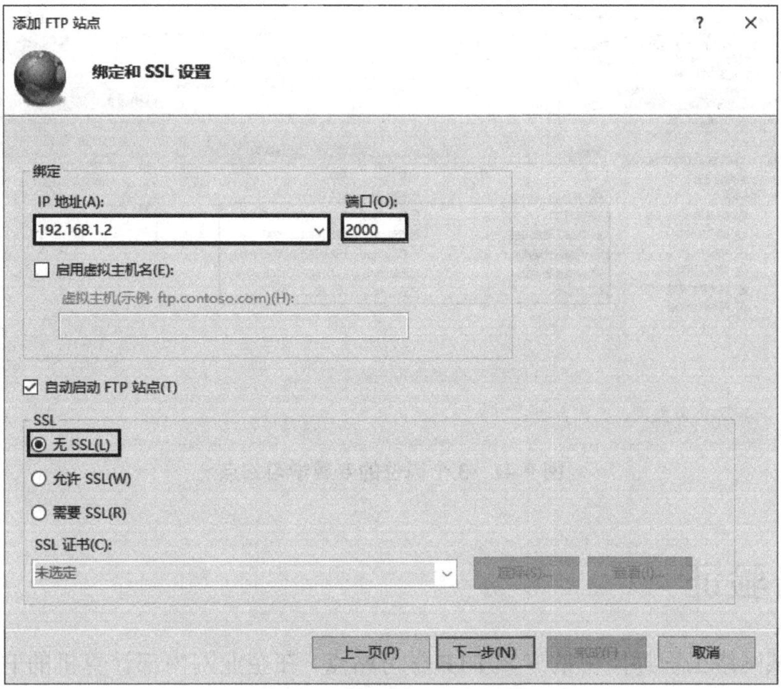

图 9-39　IP 绑定和 SSL 设置

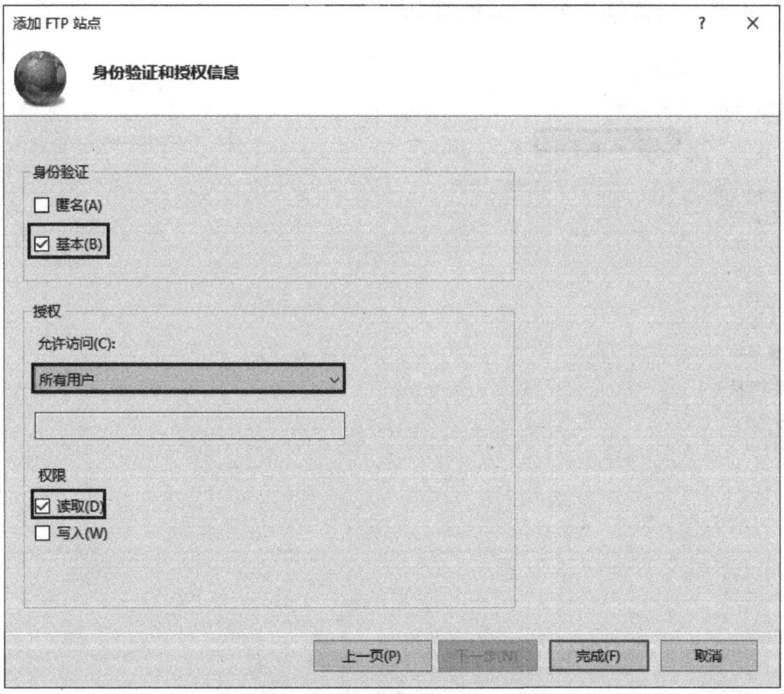

图 9-40　身份验证和授权信息设置

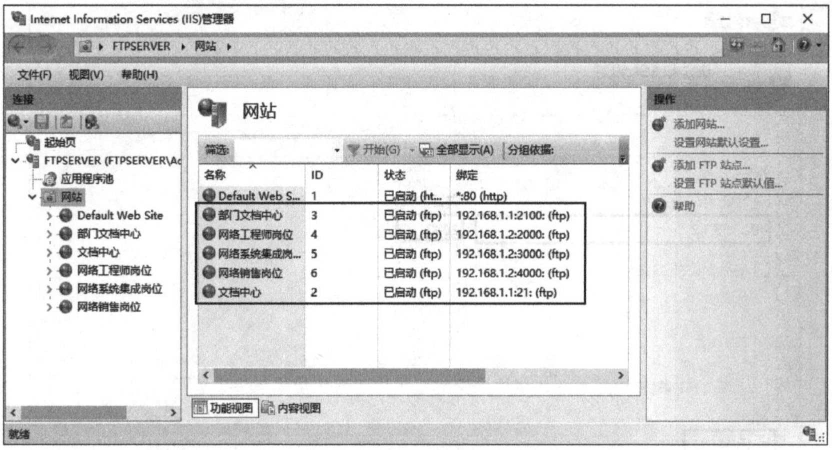

图 9-41　3 个岗位的专属学习站点

任务验证

（1）测试网络工程师岗位的专属 FTP 学习站点。在企业网内部计算机的 FTP 客户端输入网络工程师岗位学习专属 FTP 站点的 URL（FTP://192.168.1.2:2000/），输入用户名（public）和密码（P123abc），测试结果如图 9-42 所示。

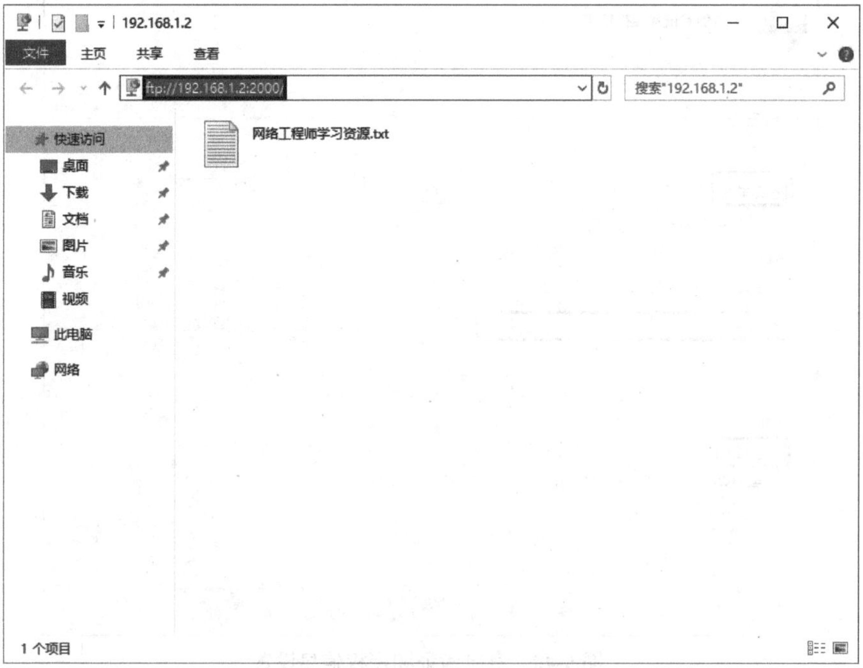

图 9-42　网络工程师岗位的专属 FTP 学习站点测试结果

（2）测试网络系统集成工程师岗位的专属 FTP 学习站点。在企业网内部计算机的 FTP 客户端输入网络系统集成工程师岗位学习专属 FTP 站点的 URL（FTP://192.168.1.2:3000/），输入用户名（public）和密码（P123abc），测试结果如图 9-43 所示。

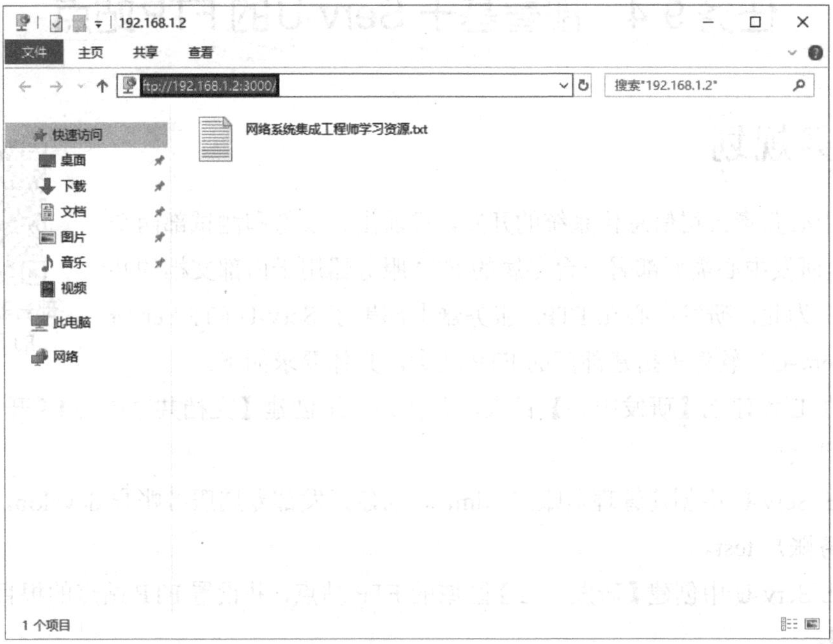

图 9-43　网络系统集成工程师岗位的专属 FTP 学习站点测试结果

（3）测试网络销售经理岗位的专属 FTP 学习站点。在企业网内部计算机的 FTP 客户端输入网络销售经理岗位学习专属 FTP 站点的 URL（FTP://192.168.1.2:4000/），输入用户名（public）和密码（P123abc），测试结果如图 9-44 所示。

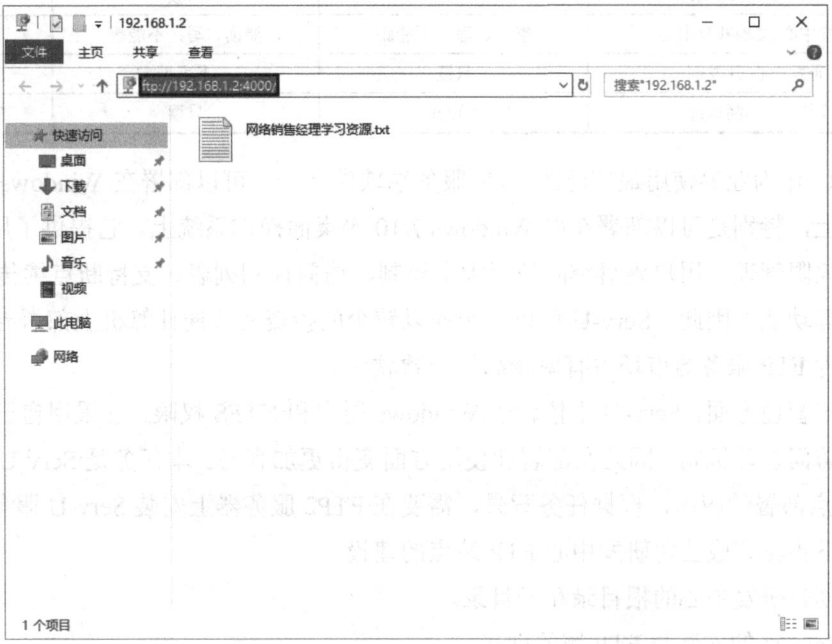

图 9-44　网络销售经理岗位的专属 FTP 学习站点测试结果

任务 9-4　部署基于 Serv-U 的 FTP 站点

任务规划

部署基于 Serv-U 的 FTP 站点

研发中心负责公司信息化系统的开发，目前由开发部和测试部两个小组构成。研发中心需要部署一台专属的 FTP 服务器用于内部文档的共享与同步。为此，研发中心在 FTP2 服务器上部署了 Serv-U FTP Server（简称为 Serv-U）软件来搭建部门的 FTP 站点，具体要求如下。

（1）在 E 盘建立【研发中心】目录，并在该目录创建【文档共享中心】【开发部】【测试部】子目录。

（2）在 Serv-U 中创建管理员账户 admin，创建开发部专属服务账户 develop，创建测试部专属服务账户 test。

（3）在 Serv-U 中创建【研发中心】区域的 FTP 站点，并设置 FTP 站点的根目录为【E:\研发中心】。

（4）按表 9-6，在 Serv-U 中配置服务账户对 FTP 站点各目录的访问权限。

表 9-6　研发中心 FTP 站点服务账户与站点目录的权限规划表

站点目录	权限		
	develop	test	admin
E:\研发中心（根目录）	只读	只读	完全控制
E:\研发中心\文档共享中心	能读、写，不能删	能读、写，不能删	完全控制
E:\研发中心\开发部	只读	不可见	完全控制
E:\研发中心\测试部	不可见	只读	完全控制

Serv-U 作为业界使用最广泛的 FTP 服务端软件之一，可以部署在 Windows 的全系列操作系统上，特别是可以部署在如 Windows 7/10 等桌面操作系统上。它提供了用户管理、用户访问权限管理、用户磁盘空间使用大小控制、访问控制列表、支持断点续传、多 FTP 站点部署等功能。因此，Serv-U 可以让企业以较少的投资在普通计算机上部署专业的 FTP 服务，成为 FTP 服务器市场占有率较高的一款软件。

在用户管理方面，Serv-U 不依赖于 Windows 用户和 NTFS 权限，它采用自己内置的用户与磁盘访问管理机制，因此在部署和使用方面变得更加容易。本任务是 Serv-U 的一个典型 FTP 站点部署的应用，根据任务背景，需要在 FTP2 服务器上安装 Serv-U 服务端软件，并通过以下步骤完成公司研发中心 FTP 站点的建设。

（1）创建研发中心的根目录和子目录。

（2）Serv-U 的安装与 FTP 域的创建。

（3）为研发中心创建专属的服务账户。

（4）为服务账户配置 FTP 站点目录的访问权限。

任务实施

1. 创建研发中心的根目录和子目录

在 Serv-U FTP 服务器的 E 盘创建【研发中心】目录，并在【研发中心】目录中创建【文档共享中心】【开发部】和【测试部】子目录，结果如图 9-45 所示。

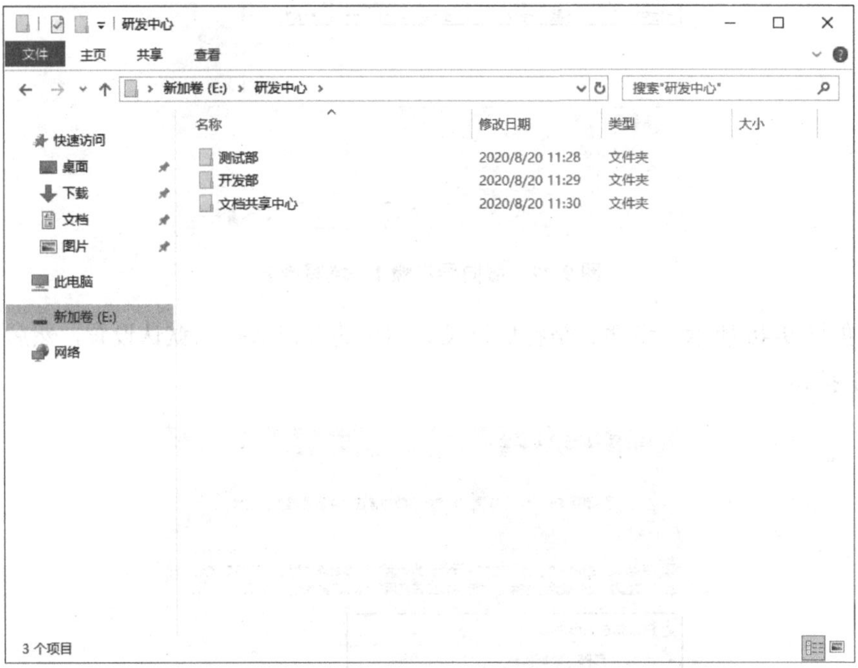

图 9-45　【研发中心】目录及子目录

2. Serv-U 的安装与 FTP 域的创建

（1）本任务使用的 Serv-U 的版本是 15.0.1，按软件向导提示完成软件的安装。

（2）第一次打开 Serv-U 时会提示是否定义新域，如图 9-46 所示，单击【是】按钮即可。

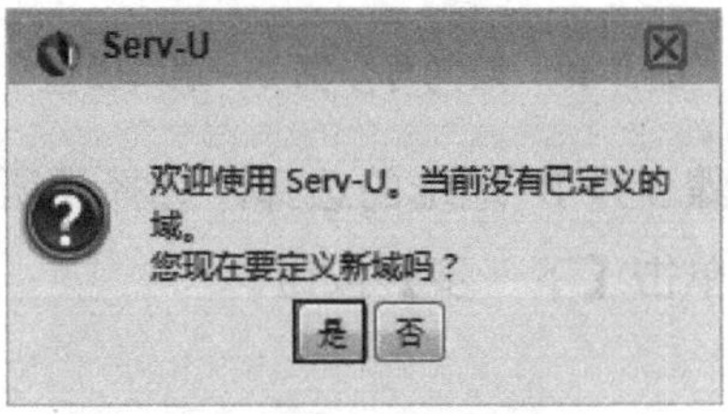

图 9-46　提示是否定义新域

（3）在域向导对话框中，如图 9-47 所示，步骤 1 是填写域名，域名填写完成后单击【下一步】按钮。

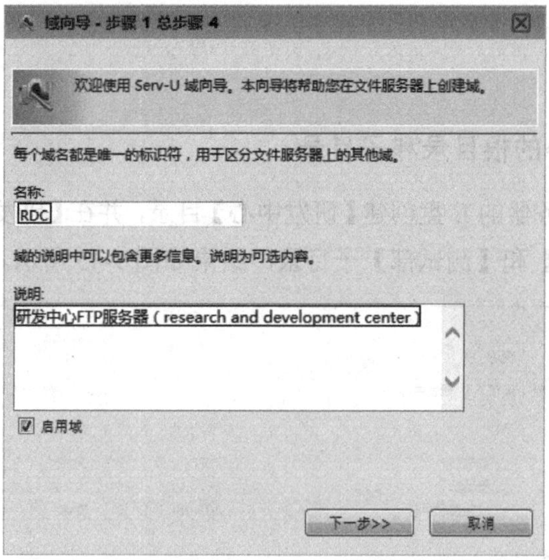

图 9-47　域向导步骤 1—填写域名

（4）如图 9-48 所示，步骤 2 是将协议及其相应的端口选择为默认设置，然后直接单击【下一步】按钮。

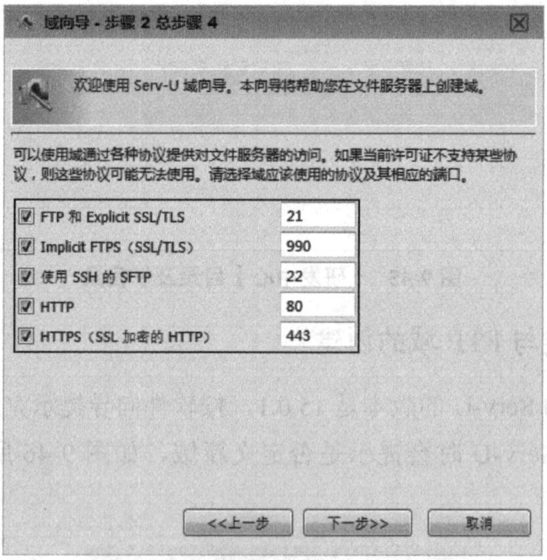

图 9-48　域向导步骤 2—端口设置

（5）如图 9-49 所示，步骤 3 是 IP 地址的选择，选择【所有可用的 IPv4 地址】表示使用所有可用的 IP 地址，然后单击【下一步】按钮。

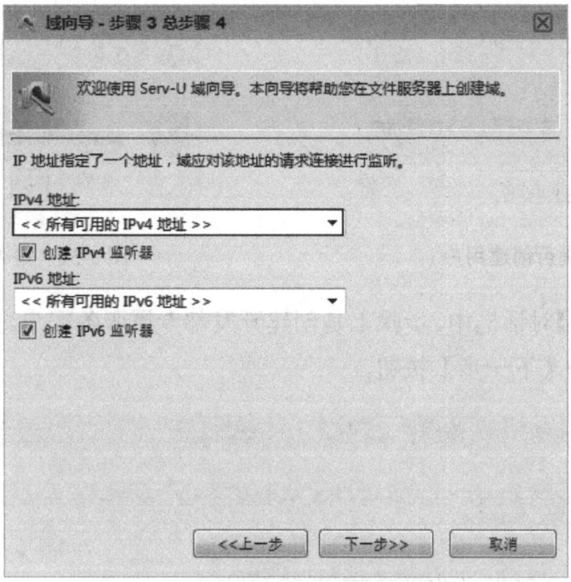

图 9-49　域向导步骤 3—IP 选择

（6）如图 9-50 所示，步骤 4 是密码加密模式的设置，选中【使用服务器设置（加密：单项加密）】单选按钮，单击【完成】按钮，完成域的创建。

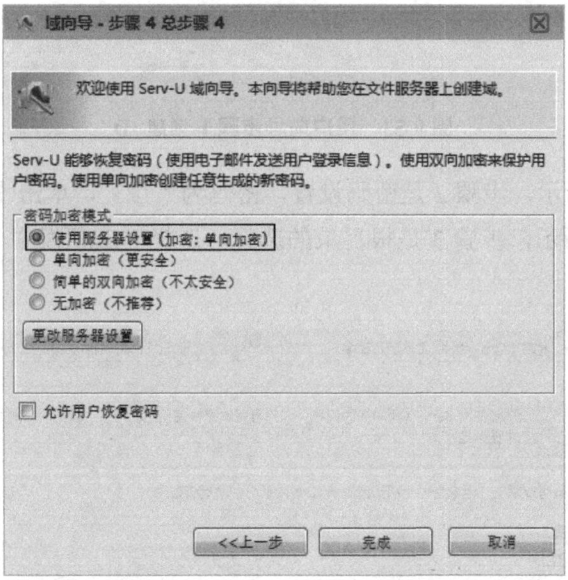

图 9-50　域向导步骤 4—加密模式

3. 为研发中心创建专属的服务账户

（1）域创建完，提示“域中暂无用户，您现在要为该域创建用户账户吗？”信息，如图 9-51 所示，单击【是】按钮，提示如图 9-52 所示“您要使用向导创建用户吗”信息，单击【是】按钮。

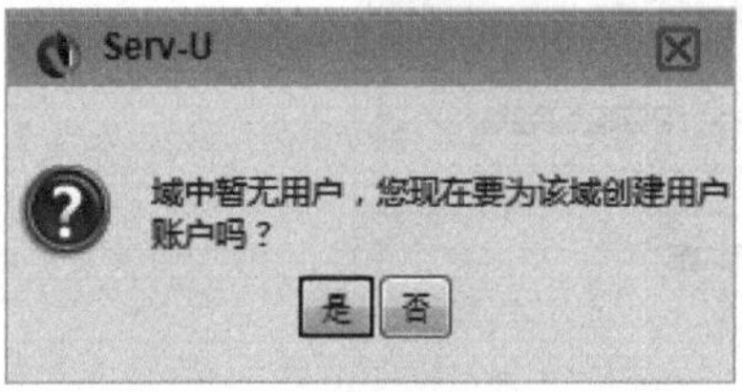

图 9-51　是否创建用户

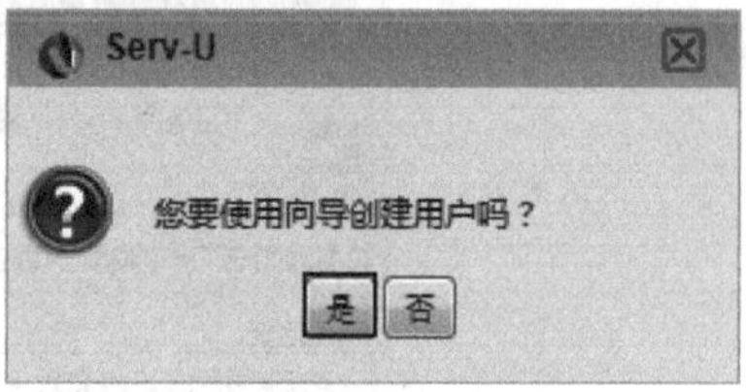

图 9-52　是否使用向导

（2）在【用户向导】对话框中，步骤 1 是创建开发部专属服务账户，登录 ID 为“develop”，如图 9-53 所示，单击【下一步】按钮。

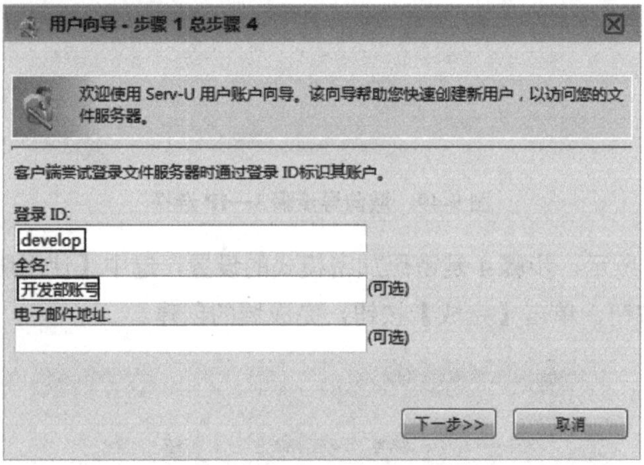

图 9-53　用户向导步骤 1-创建 ID

（3）如图 9-54 所示，步骤 2 是密码设置，密码为“123”，单击【下一步】按钮。

（4）如图 9-55 所示，步骤 3 是根目录的选择，选择“E:\研发中心”，单击【下一步】按钮。

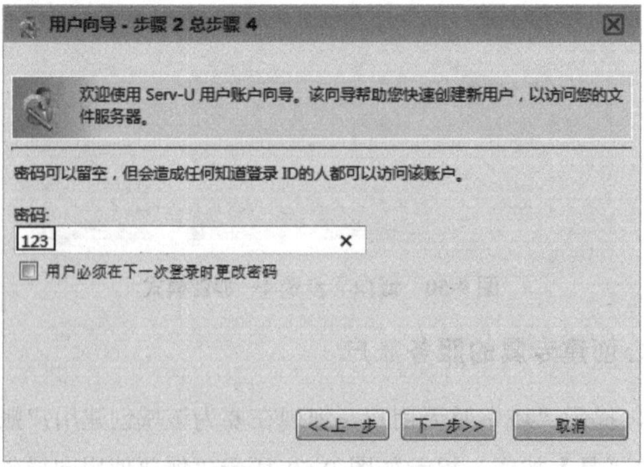

图 9-54　用户向导步骤 2—密码设置

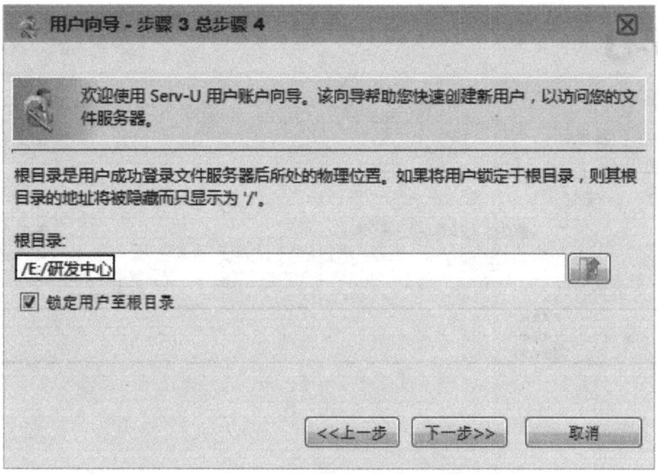

图 9-55　用户向导步骤 3—根目录设置

（5）如图 9-56 所示，步骤 4 是访问权限的设置，在【访问权限】下拉列表中选择【只读访问】选项，单击【下一步】按钮。

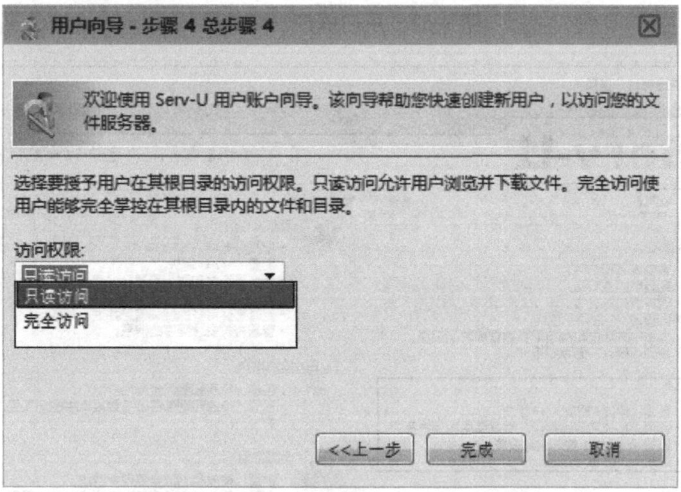

图 9-56　用户向导步骤 4—访问权限设置

（6）按同样的方法创建测试部专属服务账户 test，密码为“456”。

（7）按同样的方法创建管理员账户 admin，密码为“123456”，其中访问权限选择【完全访问】选项。创建用户账户的结果如图 9-57 所示。

4. 为服务账户配置 FTP 站点目录的访问权限

（1）打开 Serv-U 管理控制台窗口，在【管理域 RDC】中，单击【用户】选项，如图 9-58 所示。

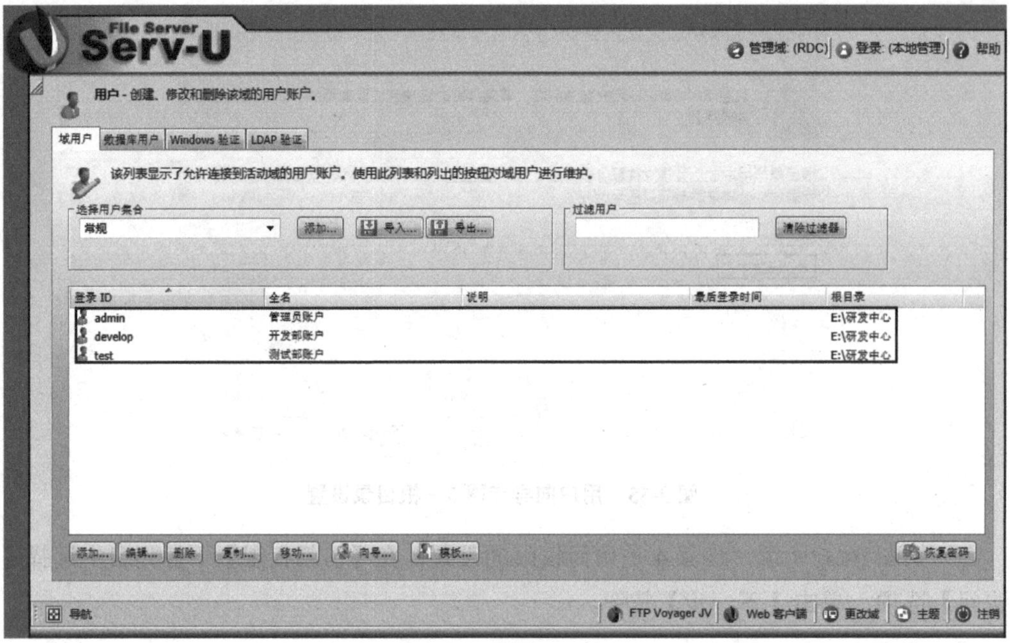

图 9-57　用户账户创建结果

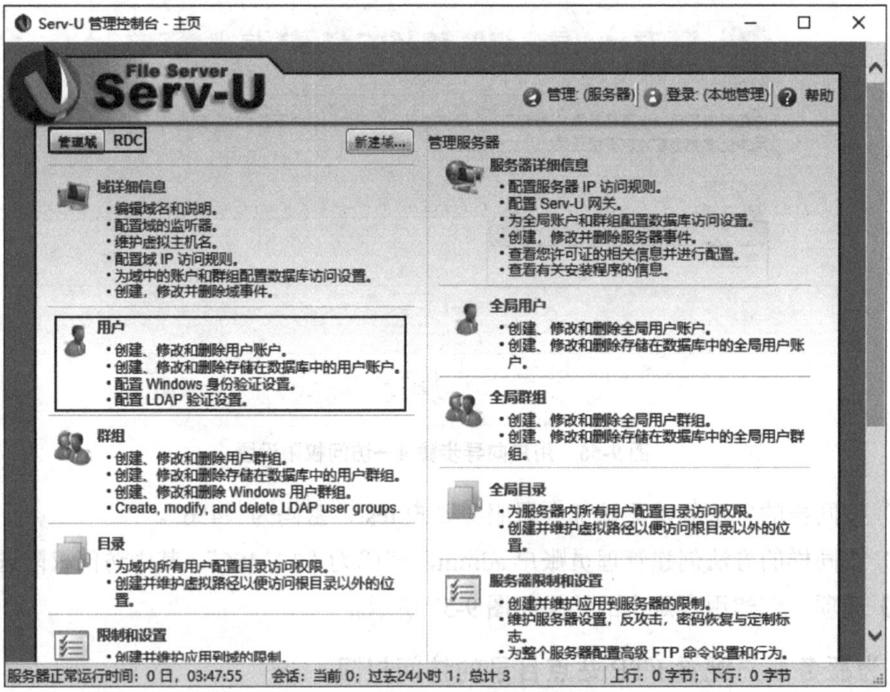

图 9-58　Serv-U 管理控制台窗口

（2）在【域用户】选项卡中，选择【develop】登陆 ID，再单击【编辑】按钮，如图 9-59 所示。

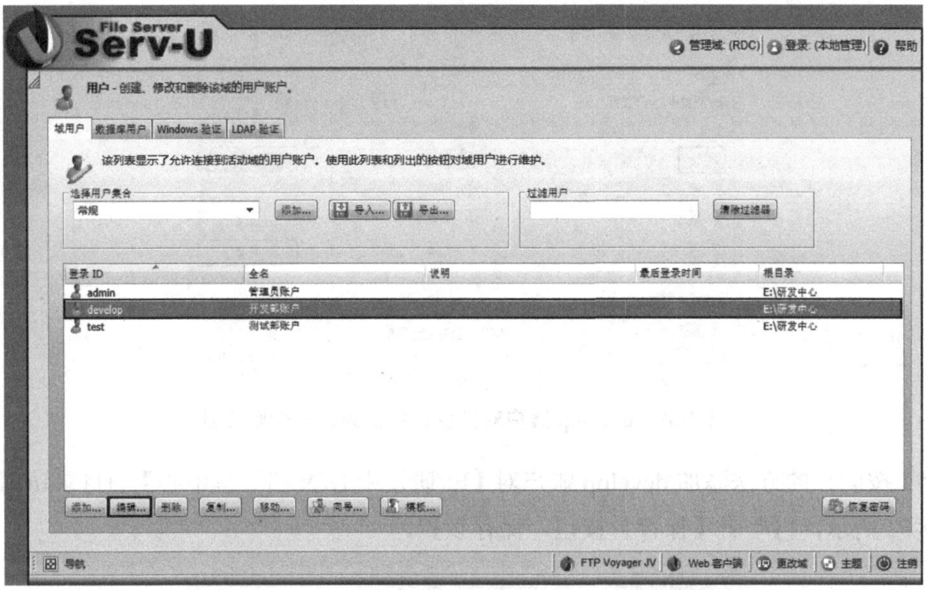

图 9-59　域用户

（3）在【用户属性-开发部账户(develop)】对话框中，打开【目录访问】选项卡，单击【添加】按钮，如图 9-60 所示。

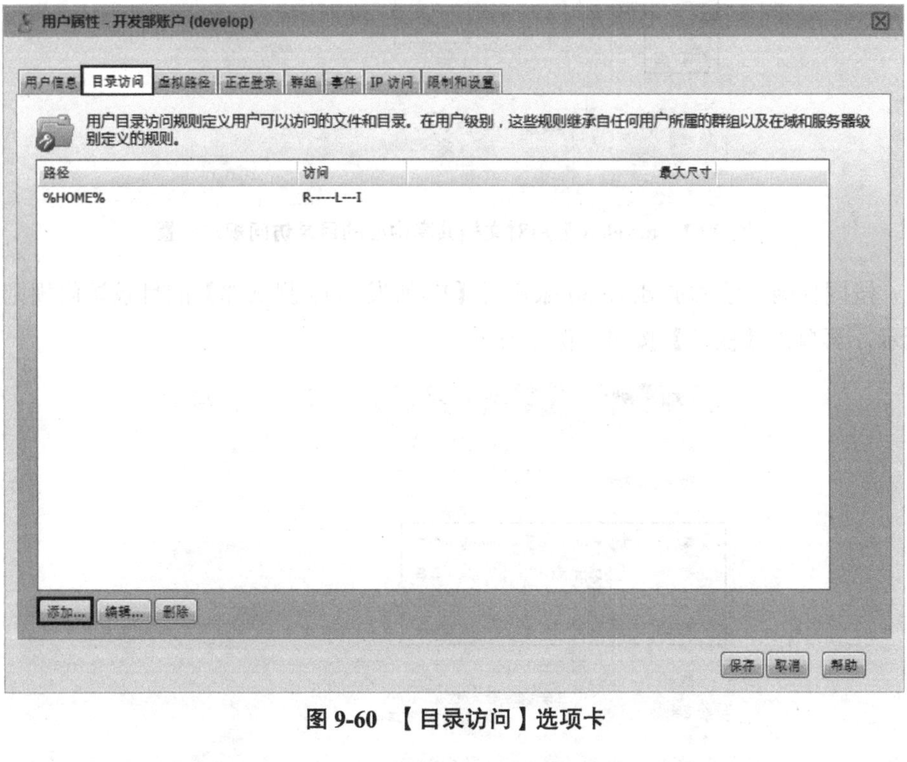

图 9-60　【目录访问】选项卡

（4）在【目录访问规则】对话框的【路径】中，选择【E:/研发中心/开发部】目录，再单击【只读】按钮，如图 9-61 所示，单击【保存】按钮，保存设置。

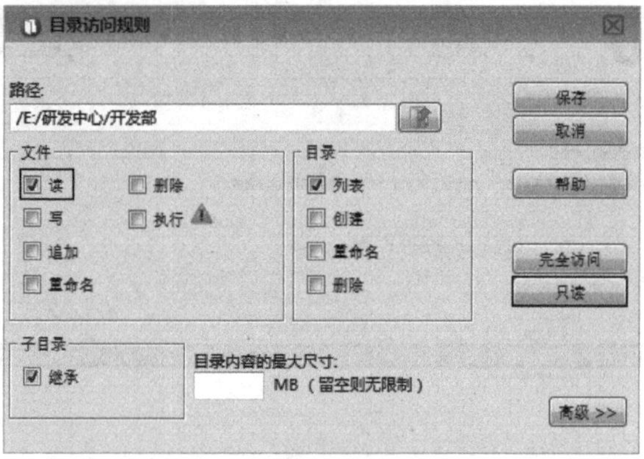

图 9-61　develop 账户对开发部的目录访问规则设置

（5）按同样的方法添加 develop 账户对【E:/研发中心/文档共享中心】的目录访问规则，如图 9-62 所示，再单击【保存】按钮，保存设置。

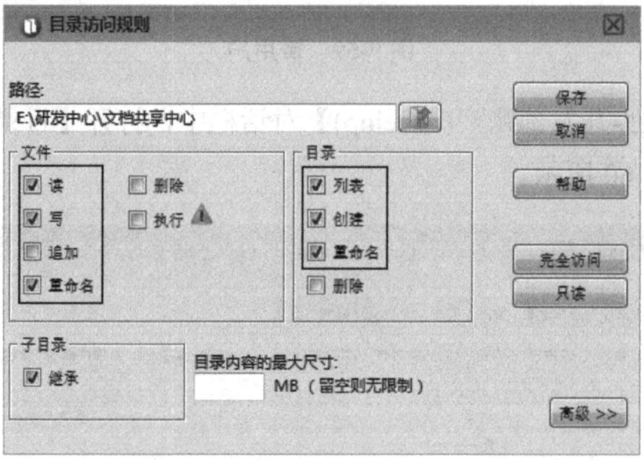

图 9-62　develop 账户对文档共享中心的目录访问规则设置

（6）按同样的方法添加 develop 账户对【E:/研发中心/测试部】的目录访问规则，如图 9-63 所示，再单击【保存】按钮，保存设置。

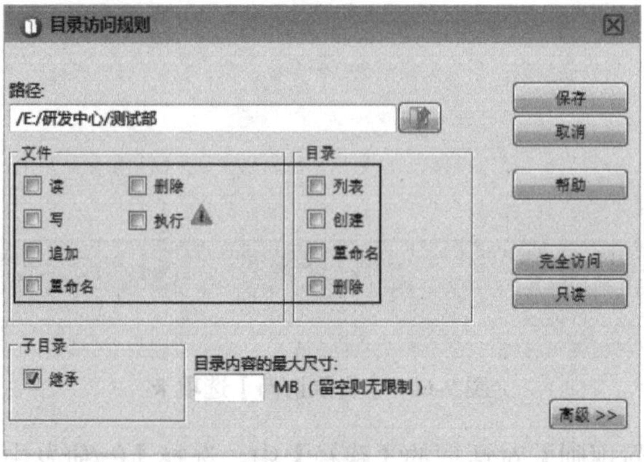

图 9-63　develop 账户对测试部目录访问规则设置

（7）返回如图 9-64 所示的【用户属性-开发部账户(develop)】对话框【目录访问】选项卡，选择【%HOME%】选项，再单击【▼】按钮，把【%HOME%】目录移到最下面，如图 9-65 所示。这个步骤一定要设置，否则前面设置的都无法生效。最后单击【保存】按钮。

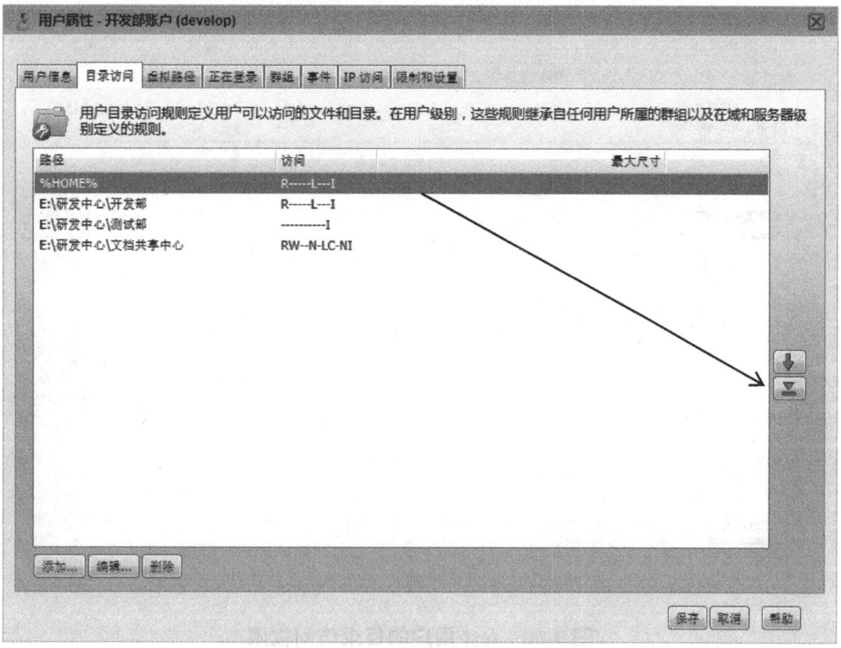

图 9-64　【%HOME%】目录移动前

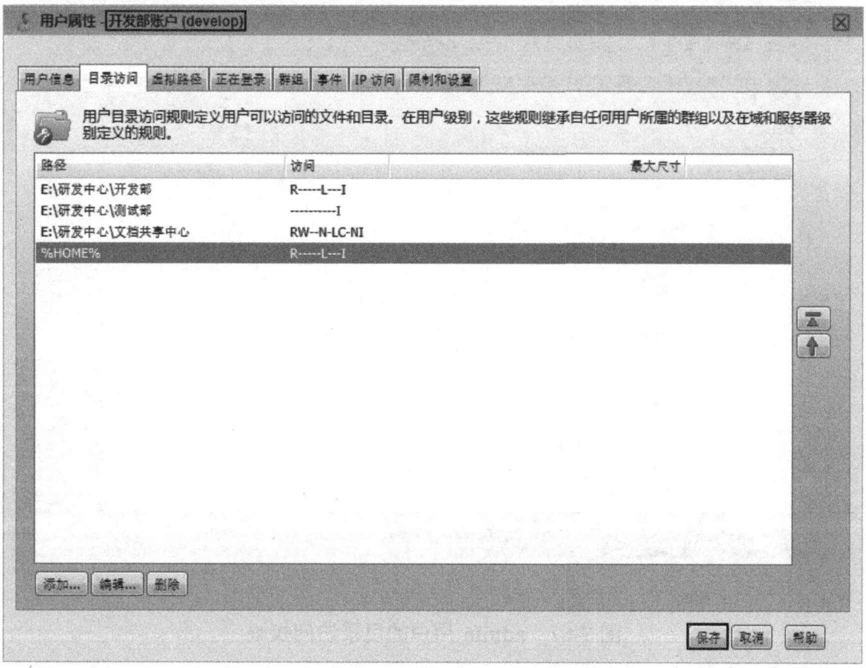

图 9-65　【%HOME%】目录移动后

（8）参考创建 develop 账户目录访问权限设置 test 和 admin 用户权限，创建完成后，test 用户的目录访问权限如图 9-66 所示。由于账户 admin 为系统管理员用户，所以其对【研发中心】目录下的所有文件和文件夹拥有完全控制权限，结果如图 9-67 所示。

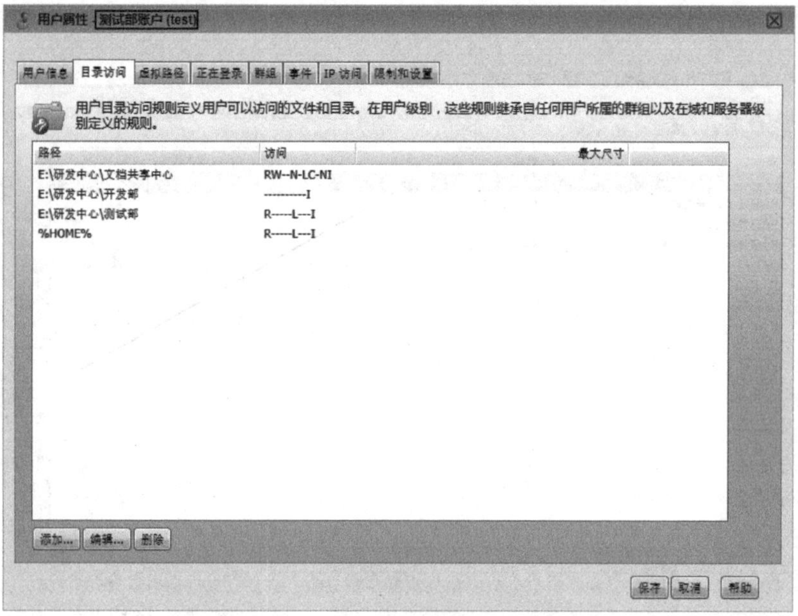

图 9-66　test 用户的目录访问权限

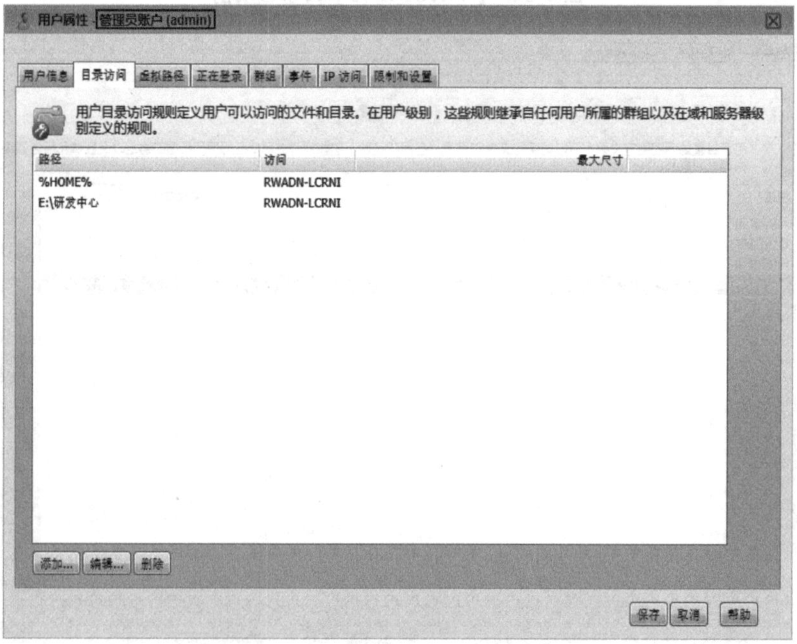

图 9-67　admin 用户的目录访问权限

（9）重启 Serv-U 后，设置的参数才生效。

任务验证

在公司内部任何一台客户机上用 FTP 客户端软件 FlashFXP 登陆 FTP 服务器，先测试 develop 的用户权限，分别访问【开发部】【测试部】【文档共享中心】3 个文件夹，结果如图 9-68～图 9-70 所示，测试结果说明 develop 的用户权限配置正确。同理，可以采用相同的方法测试 test 和 admin 账户的访问结果，验证用户权限。

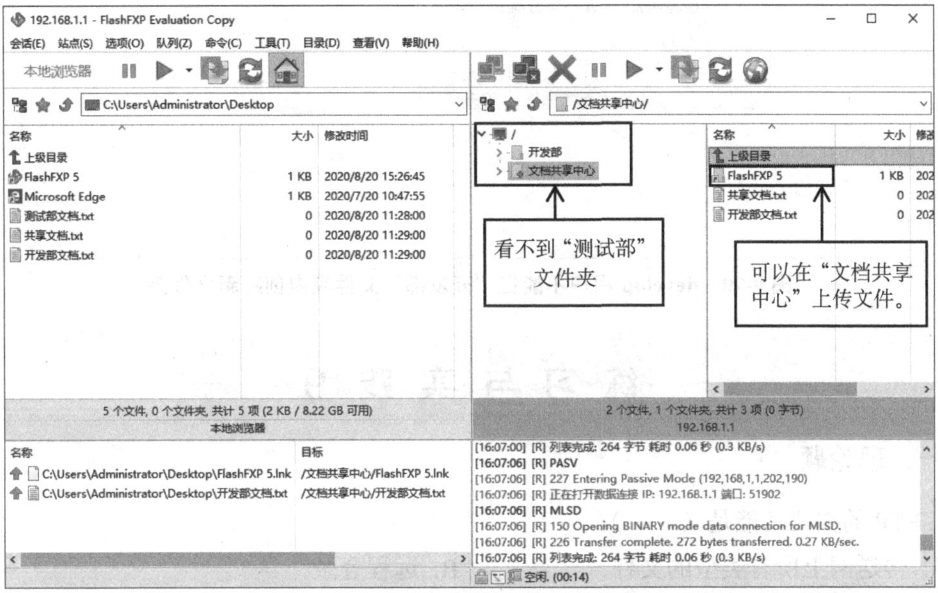

图 9-68　develop 看不到“测试部”文件夹，可以在“文件共享中心”上传文件

图 9-69　develop 用户不能删除“文档共享中心”文件夹内的文档

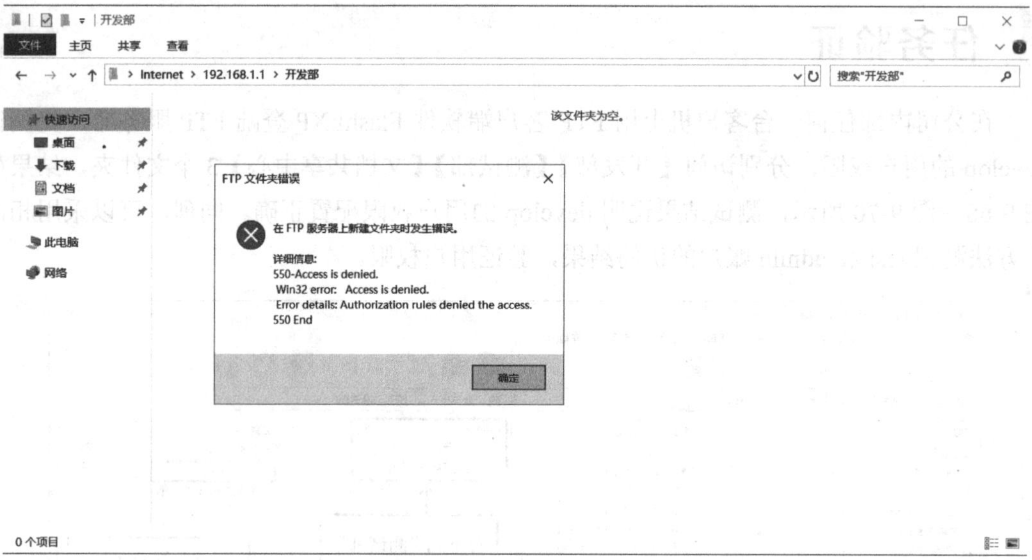

图 9-70　develop 用户不能在“开发部”文件夹内创建新文件夹

练习与实践 9

一、理论题

1. FTP 的主要功能是（　　）。

A. 传送网上所有类型的文件　　B. 远程登录

C. 收发电子邮件　　D. 浏览网页

2. FTP 的中文意思是（　　）。

A. 高级程序设计语言　　B. 域名

C. 文件传输协议　　D. 网址

3. Internet 在支持 FTP 方面，说法正确的是（　　）。

A. 能进入非匿名式的 FTP，无法上传

B. 能进入非匿名式的 FTP，可以上传

C. 只能进入匿名式的 FTP，无法上传

D. 只能进入匿名式的 FTP，可以上传

4. 将文件从 FTP 服务器传输到客户机的过程称为（　　）。

A. upload　　B. download

C. upgrade　　D. update

5. 以下选项中（　　）是 FTP 服务使用的端口号。

A. 21　　B. 23　　C. 25　　D. 22

二、项目实训题

（一）项目背景与需求

某大学计算机学院为了方便文件的集中管理，学院负责人安排网络管理员负责安装并配置一台 FTP 服务器，主要用于教学文件的归档、常用软件的共享和学生作业的管理等，计算机学院的网络拓扑如图 9-71 所示。

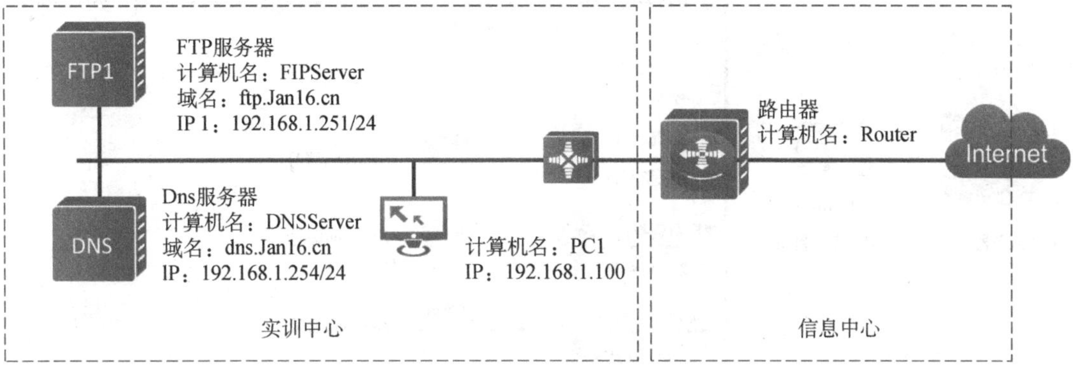

图 9-71　计算机学院的网络拓扑图

1. FTP 服务器配置和管理要求

（1）站点根目录为 D:\ftp。

（2）在 D:\ftp 目录下建立【教师资料区】【教务员资料区】【辅导员资料区】【学院领导资料区】和【资料共享中心】文件夹，提供给实训中心各部门使用。

（3）为每个部门的人员创建对应的 FTP 账户和密码，FTP 账户对应的文件夹权限如表 9-7 所示。

表 9-7　FTP 账户对应的文件夹权限

站点目录	权限						
	Teacher_A（教师）	Student_A（学生）	Secretary（教务员）	Assistant（辅导员）	Soft_center（机房管理员）	Download（资料共享中心下载账户）	President（院长）
教师 A 教学资料区	完全控制	无权限	读	无权限	无权限	无权限	完全控制
学生作业区	完全控制	写	读	无权限	无权限	无权限	完全控制
教务员资料区	无权限	无权限	完全控制	无权限	无权限	无权限	完全控制
辅导员资料区	无权限	无权限	无权限	完全控制	无权限	无权限	完全控制
学院领导资料区	无权限	无权限	无权限	无权限	无权限	无权限	完全控制
资料共享中心	读	无权限	读	读	完全控制	读	完全控制

2. 各部门目录和账户的对应关系

各部门所创建的目录和账户的对应关系如图 9-72 所示。

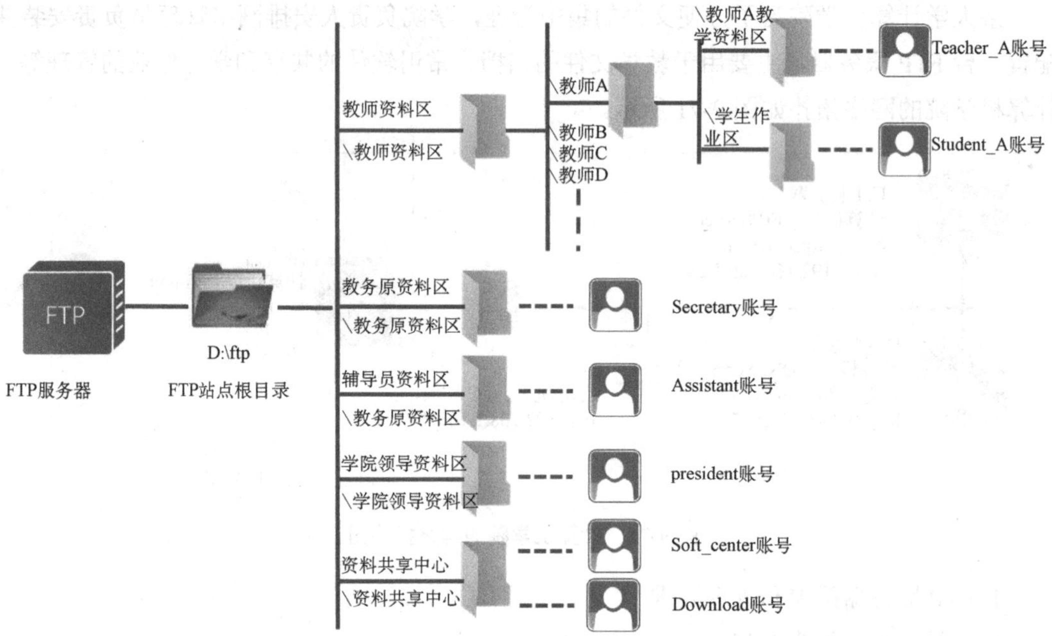

图 9-72　各部门目录和账户的对应关系

3. 各个部门所创建的目录和账户的相关说明

（1）教师资料区：计算机学院所有教师的教学资料和学生作业存放在【教师资料区】文件夹中，并为所有教师在【教师资料区】文件夹下创建对应教师姓名的文件夹。例如：A 教师的文件夹名称为【教师 A】，在【教师 A】文件夹下再创建两个子目录，一个子目录名称为【教师 A 教学资料区】，存放该教师的教学文件，另一个子目录名称为【学生作业区】，存放学生的作业。为每位教师分配 Teacher_A 和 Student_A 两个账户，密码分别为 123 和 456。Teacher_A 账户对【教师 A】文件夹下的所有文件具有完全控制权限，而 Student_A 账户可以在该教师的【学生作业区】文件夹中上传作业，即写入的权限，除此之外没有其他任何权限。教师 B、教师 C 等其他教师的 FTP 账户和文件的管理与教师 A 一样。

（2）教务员资料区：保存学院的常规教学文件、规章制度、通知等资料。为教务员创建一个 FTP 账户 Secretary，密码为 789。

（3）辅导员资料区：保存学院的学生工作的常规文件、规章制度、通知等资料。为教务员创建一个 FTP 账户 Assistant，密码为 159。

（4）领导资料区：保存学院领导的相关文件等资料。为学院领导创建一个 FTP 账户 President，密码为 123456。

（5）资料共享中心：主要保存常用的软件、公共资料，提供给全院师生下载。为学院机房管理员创建一个资料共享中心的 FTP 账户 Soft_center，密码为 123456，该账户对资料共享中心拥有完全控制权限；为学院创建一个资料共享中心的公用 FTP 账户 Download，密码为 Download，该账户提供给全院师生下载共享资料。

（二）项目实施要求

（1）在客户端 PC 浏览器中输入 ftp://192.168.1.251， 使用 Teacher_A 账户和密码登录 FTP 服务器，测试相关的权限，并截取结果。

（2）在客户端 PC 浏览器中输入 ftp://192.168.1.251，使用 Student_A 账户和密码登录 FTP 服务器，测试相关的权限，并截取结果。

（3）在客户端 PC 浏览器中输入 ftp://192.168.1.251，使用 Secretary 账户和密码登录 FTP 服务器，测试相关的权限，并截取结果。

（4）在客户端 PC 浏览器中输入 ftp://192.168.1.251，使用 Assistant 账户和密码登录 FTP 服务器，测试相关的权限，并截取结果。

（5）在客户端 PC 浏览器中输入 ftp://192.168.1.251，使用 President 账户和密码登录 FTP 服务器，测试相关的权限，并截取结果。

（6）在客户端 PC 浏览器中输入 ftp://192.168.1.251，使用 Soft_center 账户和密码登录 FTP 服务器，测试相关的权限，并截取结果。

（7）在客户端 PC 浏览器中输入 ftp://192.168.1.251，使用 Download 账户和密码登录 FTP 服务器，测试相关的权限，并截取结果。

项目 10　部署企业的 Web 服务

项目教学课件

项目学习目标

（1）了解 IIS、Web、URL 的概念与相关知识。

（2）掌握 Web 服务的工作原理与应用。

（3）了解静态网站，ASP/ASP.net、JSP 和 PHP 3 种动态网站的发布与应用。

（4）掌握基于端口号、域名、IP 等多种技术实现多站点发布的概念与应用。

（5）掌握 Web 服务与 FTP 服务集成实现 Web 站点远程更新的概念与应用。

（6）掌握企业网主流 Web 服务部署业务的实施流程。

项目描述

Jan16 公司有门户网站、人事管理系统、项目管理系统等服务系统，之前，这些系统全部都由原系统开发商托管管理，随着公司规模的扩大和业务发展，考虑到以上业务系统的访问效率和数据安全，公司决定成立信息中心，让其负责把托管的门户网站、人事管理系统、项目管理系统等服务系统部署到公司的内部网络。现在公司要求信息中心尽快将这些业务系统部署在新购置的一台安装了 Windows Server 2019 系统的服务器上，具体要求如下。

（1）公司的门户网站为一个静态网站，访问地址为 192.168.1.1 或 www.Jan16.cn。

（2）公司的人事管理系统为一个 ASP 动态网站，访问地址为 192.168.1.1:8080。

（3）公司的项目管理系统为一个 ASP.net 动态网站，访问地址为 pmp.Jan16.cn。

（4）公司的门户网站可以通过 FTP 服务进行远程更新。

公司的网络拓扑如图 10-1 所示。

项目分析

通过在 Windows Server 2019 上安装 IIS 服务管理平台，可实现 HTML、ASP、ASP.net 等常见静态或动态网站的发布与管理，同时使用 IIS 服务的 FTP 站点管理功能，可以实现远程站点的更新。

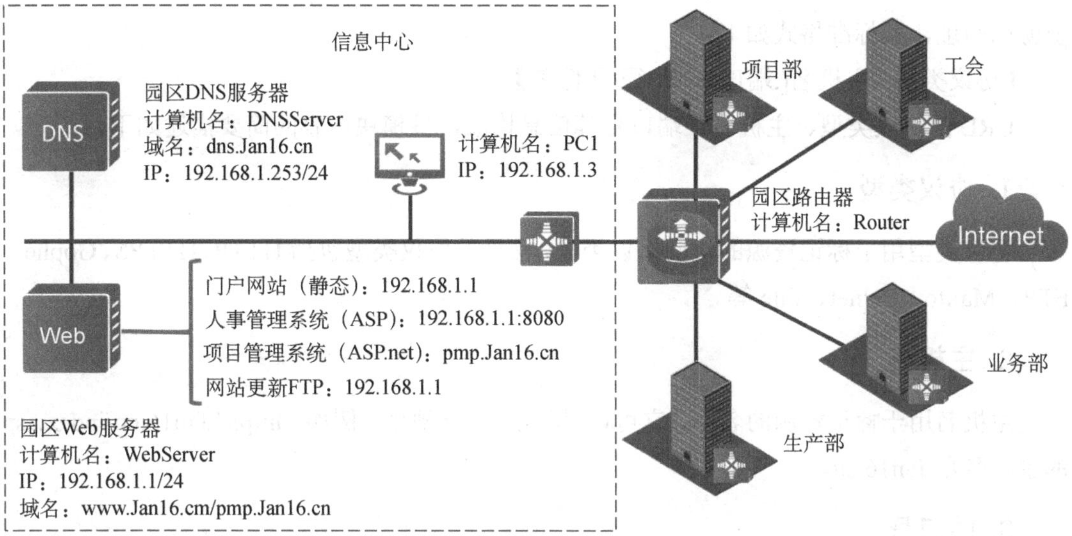

图 10-1　公司的网络拓扑

根据项目背景，具体可以通过以下工作任务来完成本项目：

（1）部署企业的门户网站（HTML）：实现基于 IIS 的静态网站发布。

（2）部署企业的人事管理系统（ASP）：实现基于 IIS 的 ASP 站点发布。

（3）部署企业的项目管理系统（ASP.net）：实现基于 IIS 的 ASP.net 站点发布。

（4）通过 FTP 远程更新企业的门户网站：快速维护网站内容。

相关知识

10.1　Web 的概念

万维网 WWW 是 World Wide Web 的简称，也称为 Web。WWW 中的信息资源主要是由 Web 文档作为基本元素构成的，这些文档也称为 Web 页面，是一种超文本（Hypertext）格式，可以用于描述文本、图形、视频、音频等多媒体信息。

Web 上的信息是由彼此关联的文档组成的，并且使其连接在一起的是超链接（Hyperlink）技术。这些链接可以指向内部或其他 Web 页面，彼此交织为网状结构，在 Internet 上构成一个巨大的信息网。

10.2　URL 的概念

URL（Uniform Resource Locator，统一资源定位符）也称为网页地址，用于标识 Internet

资源的地址，其标准格式如下：

【协议类型://主机名[:端口号]/路径/文件名】

URL 由协议类型、主机名、端口号等信息构成，各模块内容的简要描述如下。

1. 协议类型

协议类型用于标记资源的访问协议类型，常见的协议类型包括 HTTP、HTTPS、Gopher、FTP、Mailto、Telnet、File 等。

2. 主机名

主机名用于标记资源的名字，它可以是域名或 IP 地址。例如，http:// Jan16.cn/index.asp 的主机名是 Jan16.cn。

3. 端口号

端口号用于标记目标服务器的访问端口号，端口号为可选项。如果没有填写端口号，表示采用了协议默认的端口号，如 HTTP 默认的端口号为 80，FTP 默认的端口号为 21。例如，http://www.Jan16.cn 和 http://www.Jan16.cn:80 的效果是一样的，因为 80 是 http 服务器的默认访问端口。再如，http://www.Jan16.cn:8080 和 http://www.Jan16.cn 是不同的，因为两个目标服务器的访问端口号不同。

4. 路径/文件名

路径/文件名用于指明服务器上某资源的位置（其格式通常是目录/子目录/文件名）。

10.3　Web 服务的类型

目前，最常用的动态网页语言有 ASP/ASP.net（Active Server Pages）、JSP（Java Server Pages）和 PHP（Hypertext Preprocessor）3 种。

ASP/ASP.net 是由微软公司开发的 Web 服务器端开发环境，利用它可以产生和执行动态的、互动的、高性能的 Web 服务应用程序。

PHP 是一种开源的服务器端脚本语言。它大量地借用 C、Java 和 Perl 等语言的语法，并耦合 PHP 自己的特性，使 Web 开发者能够快速开发出动态页面。

JSP 是 Sun 公司推出的网站开发语言，它可以在 ServerLet 和 JavaBean 的支持下，完成功能强大的 Web 站点程序。

Windows Server 2019 的站点服务支持静态网站、ASP 网站、ASP.net 网站的发布，而 PHP 和 JSP 的发布则需安装 PHP 和 JSP 服务安装包。通常 PHP 和 JSP 站点都在 Linux 操作系统上发布。

10.4　IIS 简介

Windows Server 2019 家族中的 IIS（Internet Information Services，互联网信息服务），是一款基于 Windows 操作系统的互联网服务软件。利用 IIS 可以在互联网上发布属于自己的 Web 服务，其中包括 Web、FTP、NNTP 和 SMTP 等服务，分别用于承载网站浏览、文件传输、新闻服务和邮件发送等功能，并且还支持服务器集群和动态页面的扩展，如 ASP、ASP.NET 等功能。

IIS 8.0 已内置在 Windows Server 2019 操作系统当中，开发者利用 IIS 8.0 可以在本地系统上搭建测试服务器，进行网络服务器的调试与开发测试，例如部署 Web 服务和搭建文件下载服务。相比之前的版本，IIS 8.0 提供了如下一些新特性。

- 集中式证书：为服务器提供一个 SSL 证书存储区，并且简化对 SSL 绑定的管理。
- 动态 IP 限制：可以让管理员配置 IIS 以阻止访问超过指定请求数的 IP 地址。
- FTP 登录尝试限制：限制在指定时间范围内尝试登录 FTP 账户失败的次数。
- WebSocket 支持：支持部署调试 WebSocket 接口应用程序。
- NUMA 感应的可伸缩性：提供对 NUMA 硬件的支持，最多支持 128 个 CPU。
- IIS CPU 节流：通过多用户管理部署中的一个应用程序池，限制 CPU、内存和带宽的消耗。

任务 10-1　部署企业的门户网站（HTML）

任务规划

公司的门户网站是一个采用静态网页设计技术设计的网站，信息中心网站管理员小锐已经收到该网站的所有数据，并要在一台安装了 Windows Server 2019 操作系统的服务器上部署该站点，根据前期规划，公司门户网站的访问地址为 http://192.168.1.1 或 www.Jan16.cn。在服务器上部署静态网站，可通过以下步骤完成。

（1）安装 Web 服务器角色和功能。

（2）通过 IIS 发布静态网站。

部署企业的
门户网站

任务实施

1. 安装 Web 服务器角色和功能

（1）在服务器管理器窗口单击【管理(M)】菜单，在下拉菜单中选择【添加角色与功能】命令。

（2）在弹出的【添加角色与功能向导】对话框中，采用默认设置，连续单击【下一步(N)】按钮，直到打开如图 10-2 所示的【添加角色和功能向导-选择服务器角色】对话框，勾选【Web 服务器(IIS)】复选框，然后单击【下一步(N)】按钮。

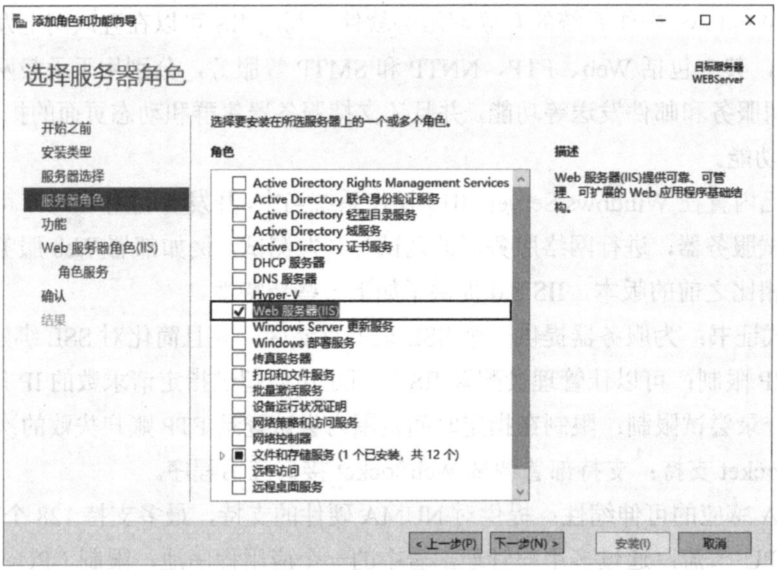

图 10-2　角色选择

（3）继续采用默认设置，连续单击【下一步(N)】按钮，直到打开如图 10-3 所示的【添加角色和功能向导-选择角色服务】对话框，勾选【常见 HTTP 功能】等复选框，然后单击【下一步(N)】按钮。

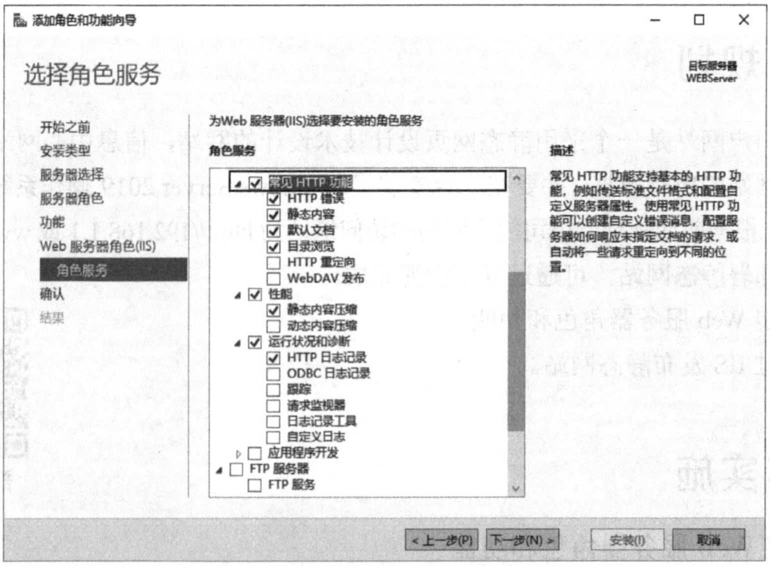

图 10-3　角色服务设置

（4）在【添加角色和功能向导-确认】对话框中，单击【安装】按钮，安装完成后单击【关闭】按钮，完成 Web 服务角色与功能的安装。

2. 通过 IIS 发布静态网站

（1）将网站内容复制到 Web 服务器，在本任务中将网站放置在【D:\Jan16 公司门户网站】目录中。用一个新建的文件来代替网站文件，网站首页的文件名为 index.html，网站目录与首页的内容如图 10-4 所示。

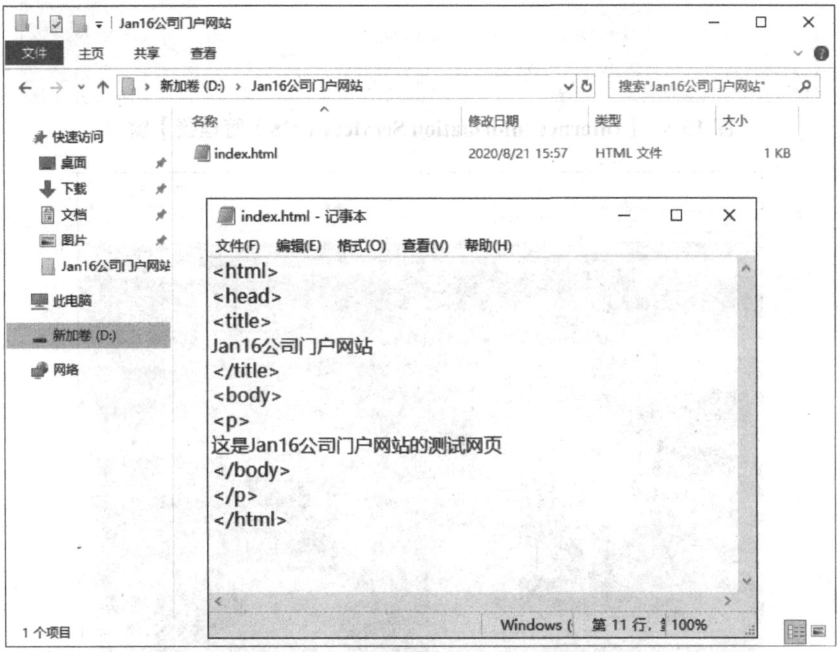

图 10-4　网站目录及首页的内容

（2）打开如图 10-5 所示【Internet Information Services (IIS)管理器】窗口。

在安装完 Web 服务器角色与功能后，IIS 会默认加载一个【Default Web Site】站点，该站点用于测试 IIS 是否正常工作。此时用户可以打开这台 Web 服务器的浏览器，并输入网址 http://localhost/，如果 IIS 正常工作，则可以打开如图 10-6 所示的网页。

（3）由于该默认站点使用了 80 端口，需要先关闭它来释放 80 端口。右击【Default Web Site】站点，在菜单中选择【管理网站】子菜单下的【停止】命令，即可关闭该站点，如图 10-7 所示。

（4）在如图 10-8 所示窗口中，单击右侧窗口中【添加网站...】链接，即可创建新网站。

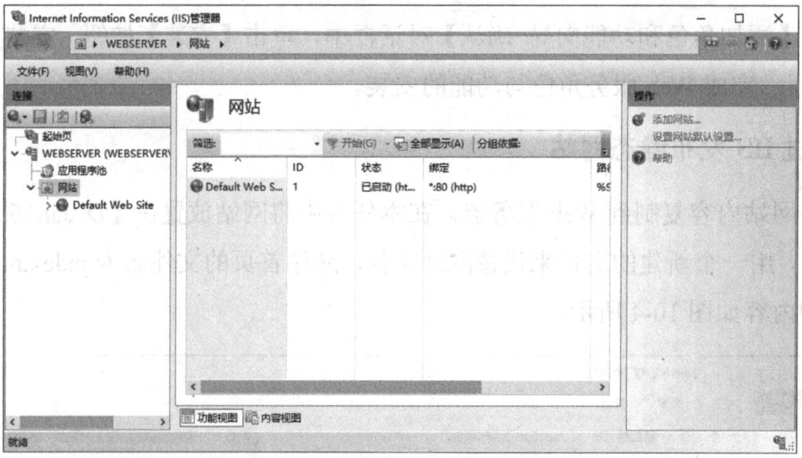

图 10-5 【Internet Information Services（IIS）管理器】窗口

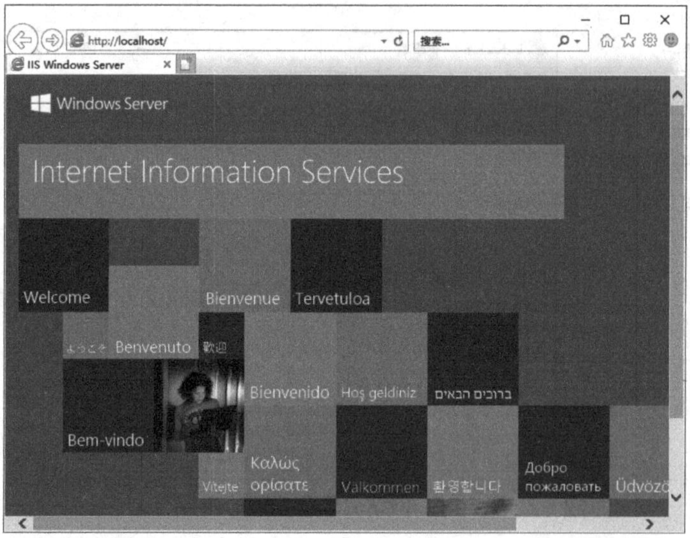

图 10-6 IIS 默认站点的访问

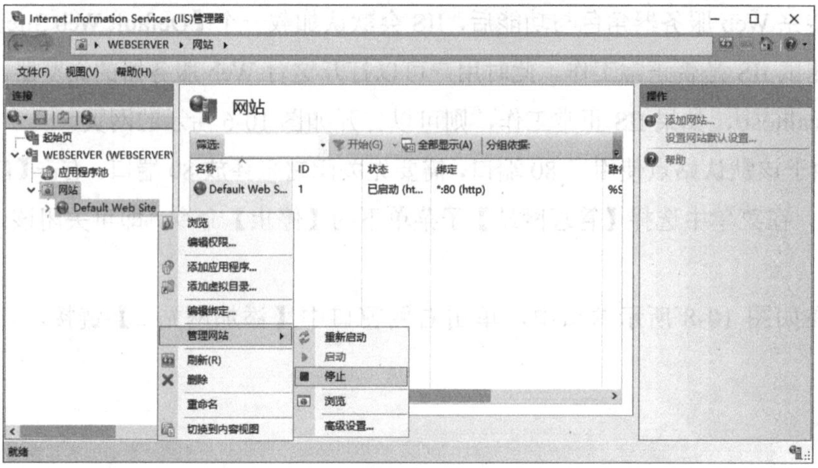

图 10-7 默认站点的停止操作

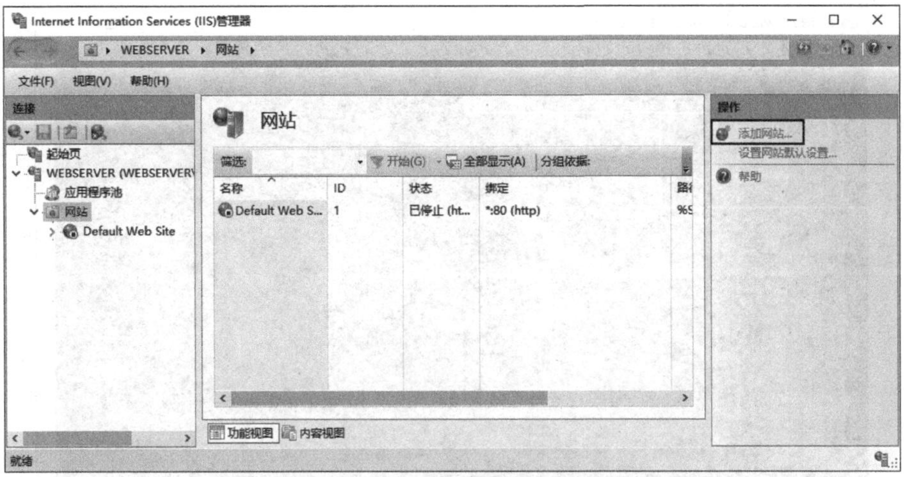

图 10-8　单击【添加网站...】链接

（5）系统弹出【添加网站】对话框中，输入【网站名称(S)】【物理路径(P)】【IP 地址(I)】等信息，其他保持默认设置，如图 10-9 所示。单击【确定】按钮，弹出【80 端口已经绑定给默认站点】提示对话框（如果删除默认站点，则无此警告），然后单击【确定】按钮完成网站的创建。

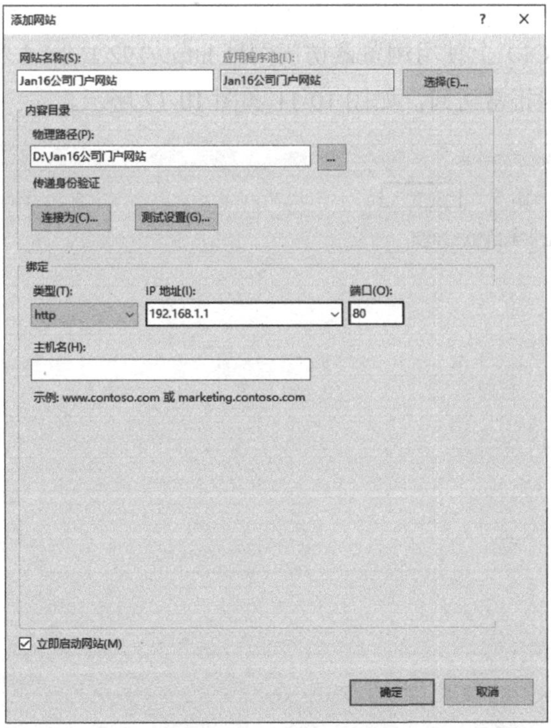

图 10-9　添加网站设置

（6）因网络管理员前期已在 DNS 服务器上注册了 www.Jan16.cn 的域名，所以，公司的所有计算机应该都能够解析该域名，测试结果如图 10-10 所示。

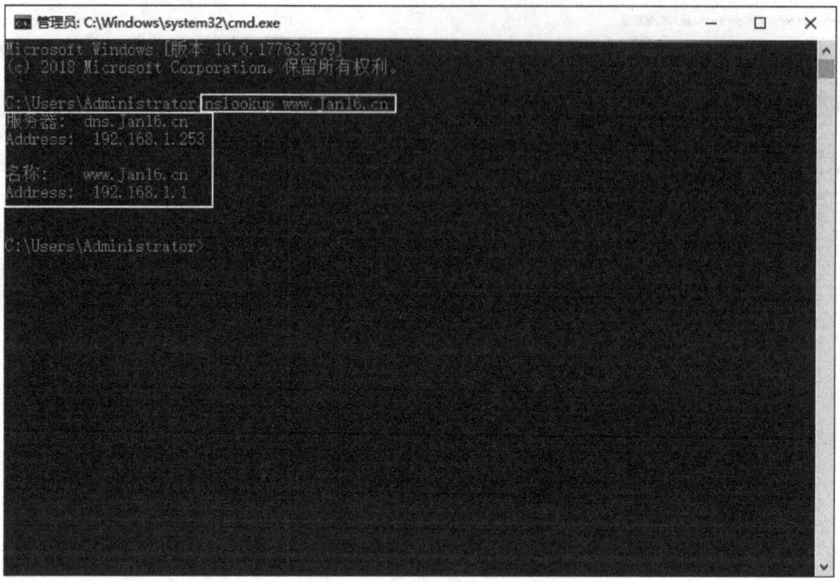

图 10-10　域名解析测试结果

任务验证

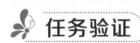

在公司客户机（PC1）上使用浏览器访问网址 http://192.168.1.1 和 http://www.Jan16.cn，结果显示公司网站均能正常访问，如图 10-11 和图 10-12 所示。

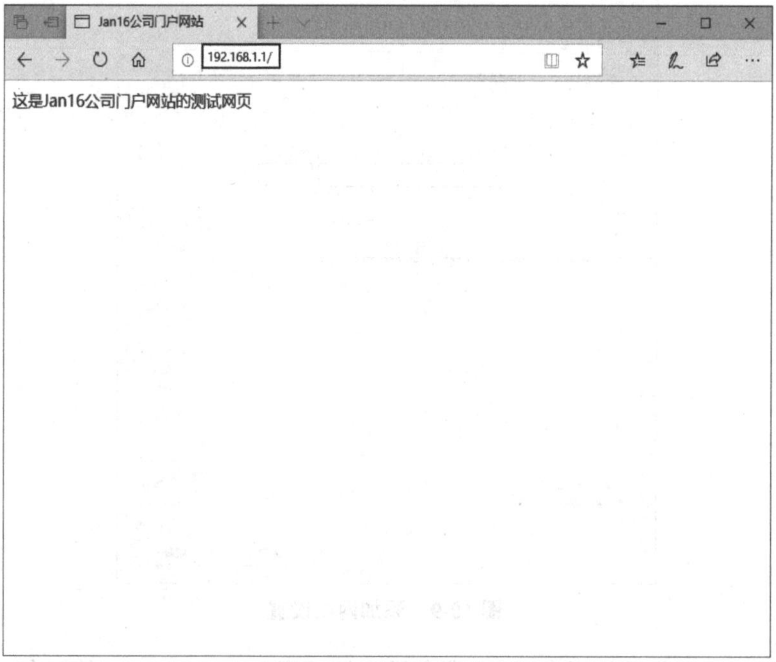

图 10-11　浏览器基于 IP 访问公司门户网站

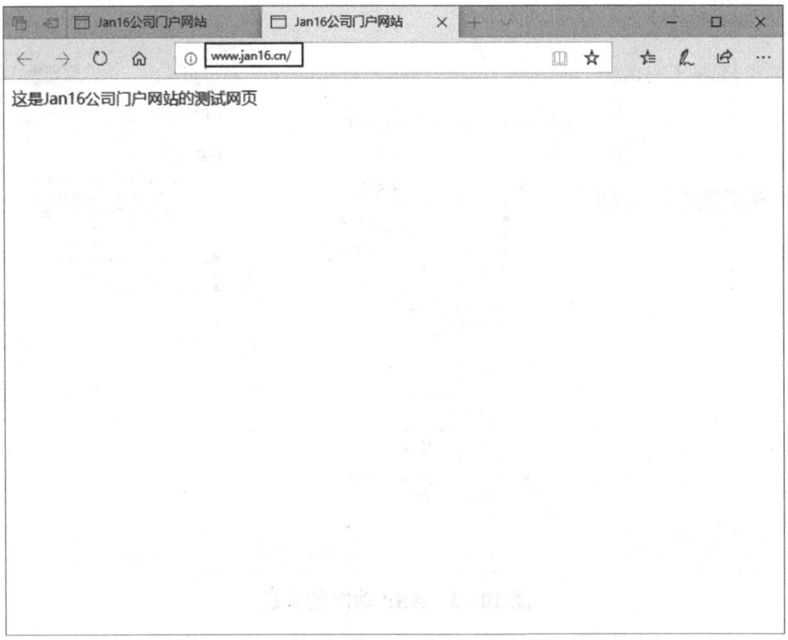

图 10-12　浏览器基于域名访问公司门户网站

任务 10-2　部署企业的人事管理系统（ASP）

任务规划

公司的人事管理系统是一个采用 ASP 技术的网站，信息中心网站管理员小锐已经收到该网站的所有数据，公司现在要求他在公司的一台安装 Windows Server 2019 操作系统的服务器上部署该站点，访问地址为 http://192.168.1.1:8080。在服务器上部署 ASP 网站，可通过以下步骤完成。

（1）添加 IIS 的 Web 服务对 ASP 动态网站的相关支持功能。

（2）将 ASP 网站文件拷贝到 Web 服务器，并通过 IIS 发布 ASP 站点。

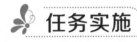

部署企业的人事管理系统（ASP）

任务实施

1. 添加 IIS 的 Web 服务对 ASP 动态网站的相关支持功能

在 Windows Server 2019 中打开【添加角色和功能向导】对话框，在【服务器角色】中，勾选【应用程序开发】【ASP】等复选框，如图 10-13 所示。单击【下一步(N)】按钮，完成 ASP 功能的安装。

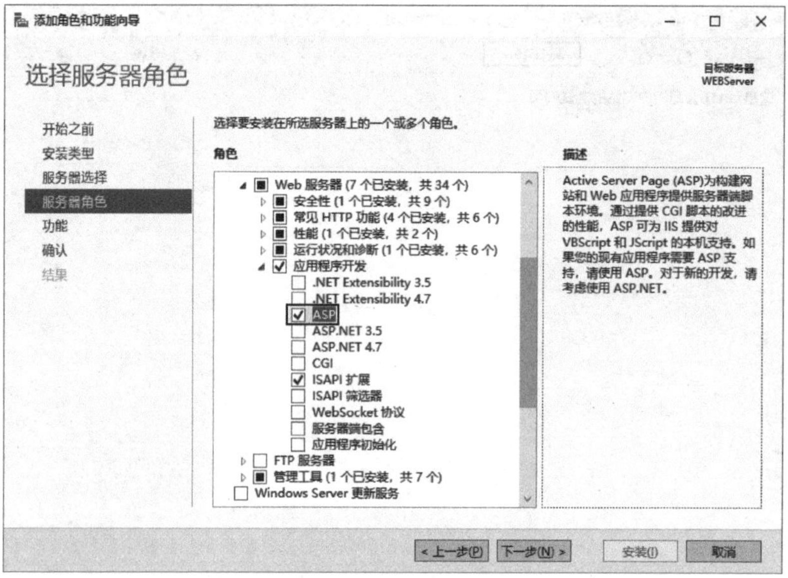

图 10-13　ASP 功能的安装

2. 将 ASP 网站文件拷贝到 Web 服务器，并通过 IIS 发布 ASP 站点

（1）将 ASP 网站文件复制到 Web 服务器的站点目录中，在本任务中将 ASP 网站文件存放在 Web 服务器的【D:\Jan16 公司人事管理系统】目录中。用一个新建的文件来代替网站文件，网站首页的文件名为 index.asp，网站目录和首页的内容如图 10-14 所示。

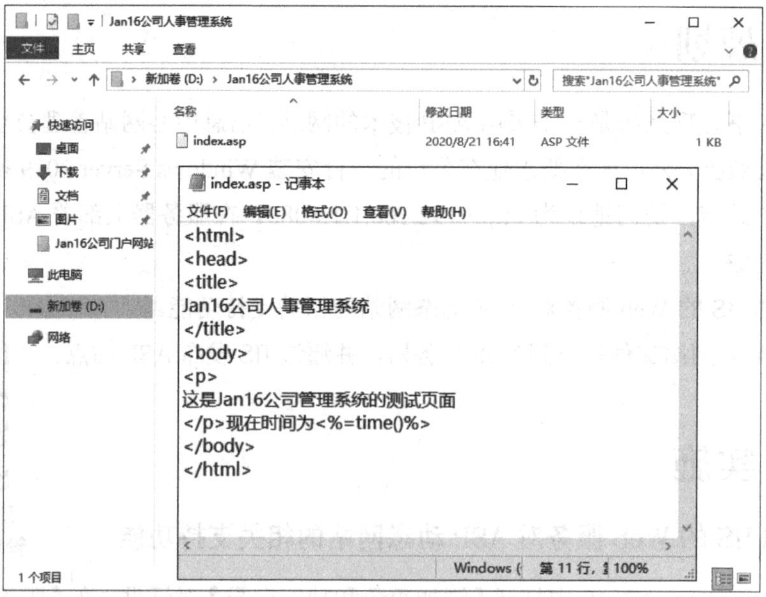

图 10-14　网站目录首页的内容

（2）在如图 10-15 所示【添加网站】对话框中，输入【网站名称(S)】【物理路径(P)】【IP 地址(I)】【端口(O)】信息，其他保持默认设置，单击【确定】按钮，完成网站的创建。

（3）在【Internet Information Services (IIS)管理器】窗口左边导航栏下选择【Jan16 公司人事管理系统】选项，单击右侧【操作】栏下面的【添加...】链接，在弹出的【添加默认文档】对话框（如图 10-16 所示）中输入“index.asp”，单击【确认】按钮，完成 ASP 站点的配置，配置结果如图 10-17 所示。

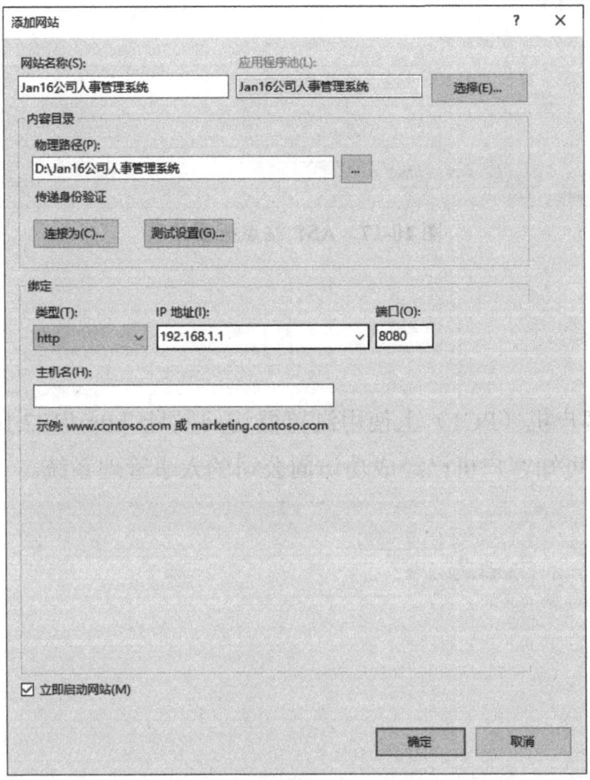

图 10-15　添加 ASP 网站

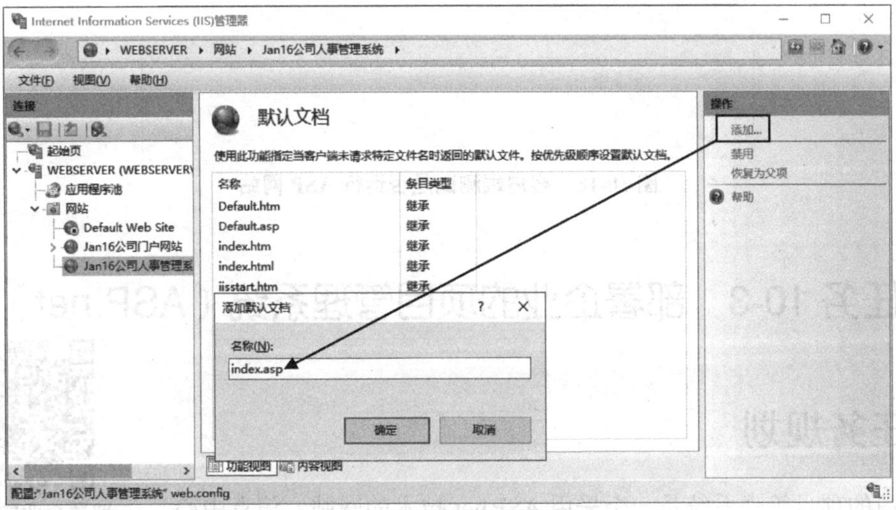

图 10-16　添加默认文档

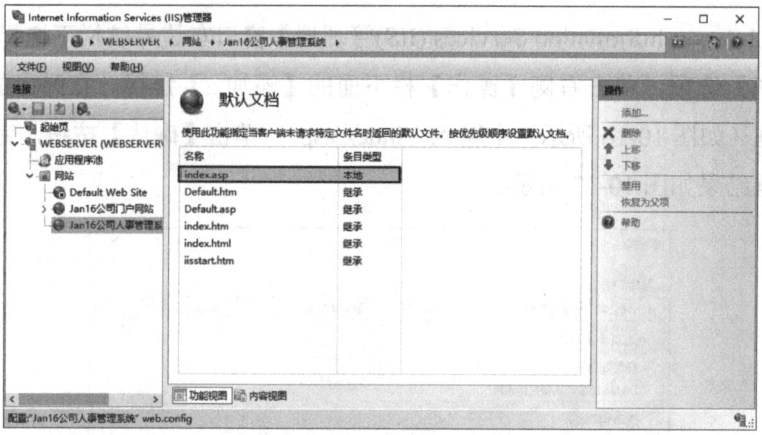

图 10-17　ASP 站点配置结果

任务验证

在公司内部的客户机（PC1）上使用浏览器访问网址 http://192.168.1.1:8080，结果如图 10-18 所示，由此可知客户机已经成功访问公司的人事管理系统。

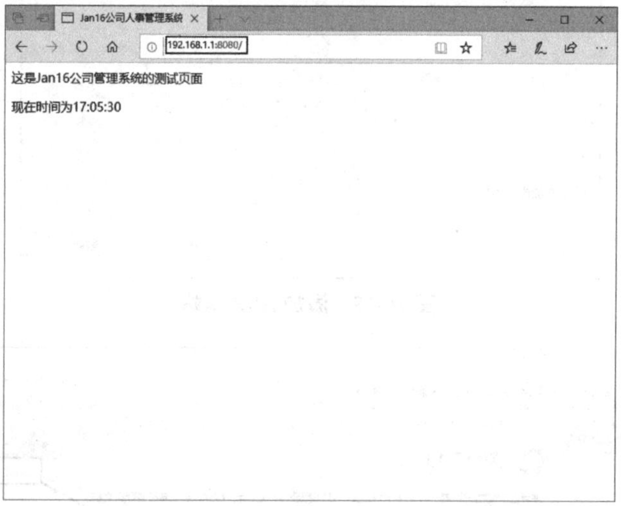

图 10-18　客户端测试是否运行 ASP 网站

任务 10-3　部署企业的项目管理系统（ASP.net）

任务规划

部署企业的项目管理系统（ASP.net）

公司的项目管理系统是一个采用 ASP.net 技术的网站，信息中心网站管理员小锐已经收到该网站的所有数据，现在公司要求他在公司的一台安装 Windows Server 2019 操作系统的服务器上部署该站点，根据前期规划，公司项目管理系统的访问地址为 http://pmp.Jan16.cn。

Windows Server 2019 的 IIS 虽然支持 ASP.net 站点的发布，但是需要安装 ASP.net 的功能组件，因此本任务需要通过以下几个步骤来完成。

（1）添加 IIS 的 Web 服务对 ASP.net 动态网站的相关支持功能。

（2）将 ASP.net 的网站文件拷贝到 Web 服务器，并通过 IIS 发布 ASP.net 站点。

任务实施

1. 添加 IIS 的 Web 服务对 ASP.net 动态网站的相关支持功能

（1）在 Windows Server 2019 中打开【添加角色和功能向导】对话框，在【服务器角色】中，勾选【ASP.NET 4.7】等复选框，如图 10-19 所示，然后单击【下一步(N)】按钮，完成 ASP.net 功能的安装。

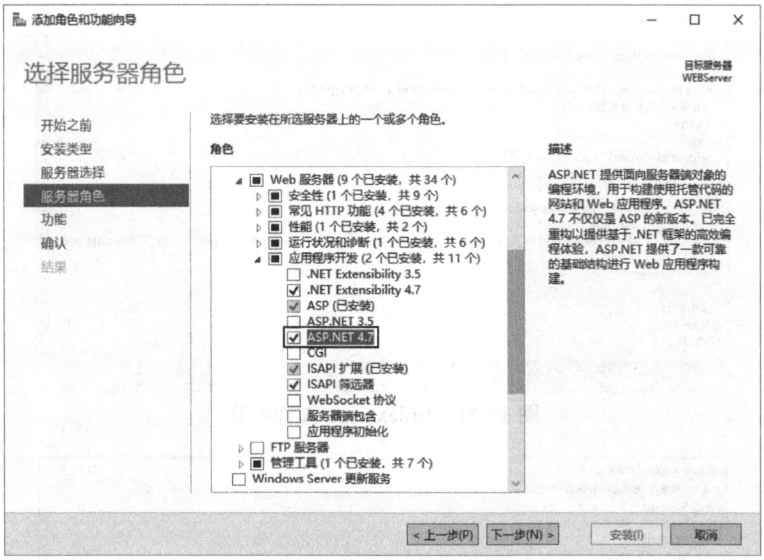

图 10-19　ASP.net 功能的安装

2. 将 ASP.net 的网站文件拷贝到 Web 服务器，并通过 IIS 发布 ASP.net 站点

（1）将 ASP.net 的网站文件拷贝到 Web 服务器的站点目录中，在本任务中将 ASP.net 的网站文件存放在【D:\Jan16 公司项目管理系统】目录中。用新建的文件来代替网站文件，文件名分别为 Index.aspx 和 Index.aspx.cs，网站目录和文件的内容分别如图 10-20～图 10-22 所示。

（2）在如图 10-23 所示【添加网站】对话框中，输入【网站名称(S)】【物理路径(P)】【IP 地址(I)】【端口(O)】【主机名(H)】信息，其他保持默认设置。单击【确定】按钮，完成网站的创建。

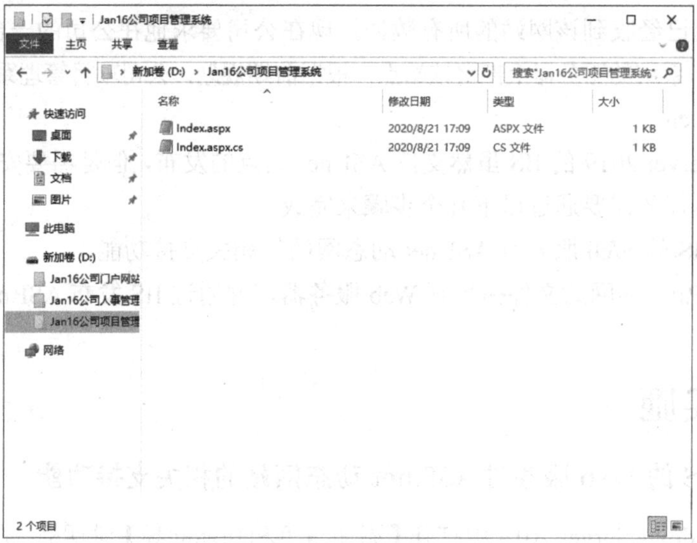

图 10-20　网站目录

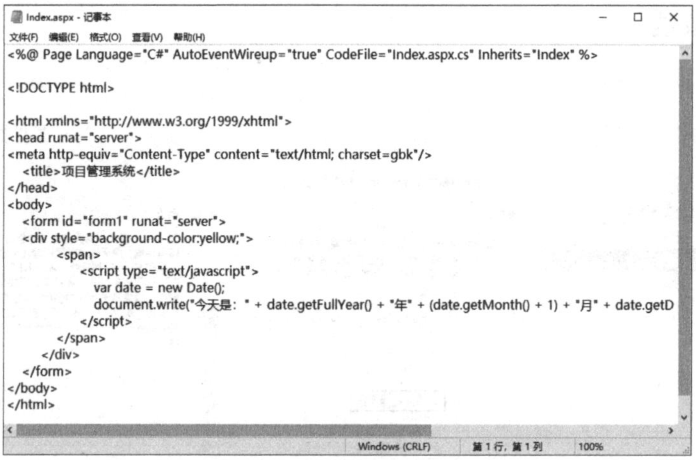

```
<%@ Page Language="C#" AutoEventWireup="true" CodeFile="Index.aspx.cs" Inherits="Index" %>

<!DOCTYPE html>

<html xmlns="http://www.w3.org/1999/xhtml">
<head runat="server">
<meta http-equiv="Content-Type" content="text/html; charset=gbk"/>
    <title>项目管理系统</title>
</head>
<body>
    <form id="form1" runat="server">
    <div style="background-color:yellow;">
            <span>
                <script type="text/javascript">
                    var date = new Date();
                    document.write("今天是: " + date.getFullYear() + "年" + (date.getMonth() + 1) + "月" + date.getD
                </script>
            </span>
        </div>
    </form>
</body>
</html>
```

图 10-21　Index.aspx 文件内容

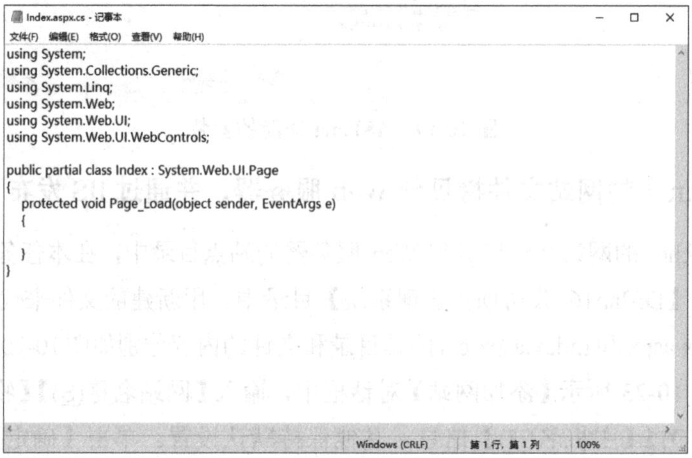

```
using System;
using System.Collections.Generic;
using System.Linq;
using System.Web;
using System.Web.UI;
using System.Web.UI.WebControls;

public partial class Index : System.Web.UI.Page
{
    protected void Page_Load(object sender, EventArgs e)
    {

    }
}
```

图 10-22　Index.aspx.cs 文件内容

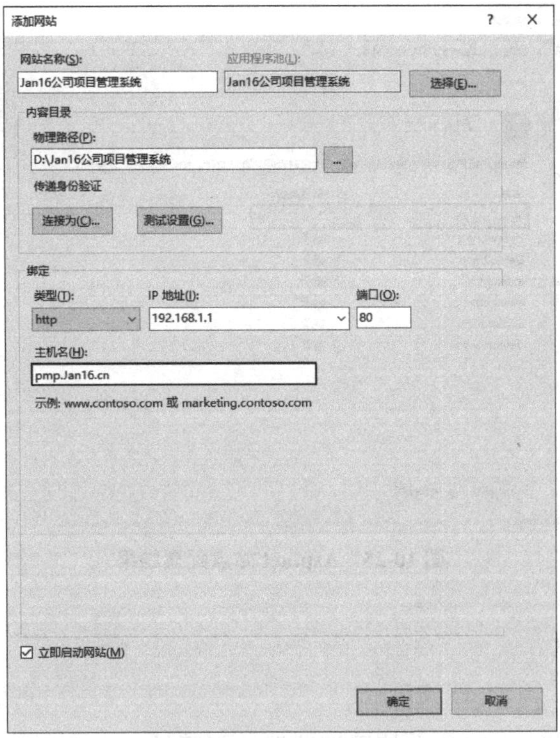

图 10-23　添加 ASPx 网站

（3）在【Internet Information Services (IIS)管理器】窗口左边导航栏下选择【Jan16 公司项目管理系统】链接，单击右侧【操作】栏下的【添加...】链接，在弹出的【添加默认文档】对话框中输入“index.aspx”（见图 10-24），单击【确认】按钮，完成 ASP.net 站点的配置，配置结果如图 10-25 所示。

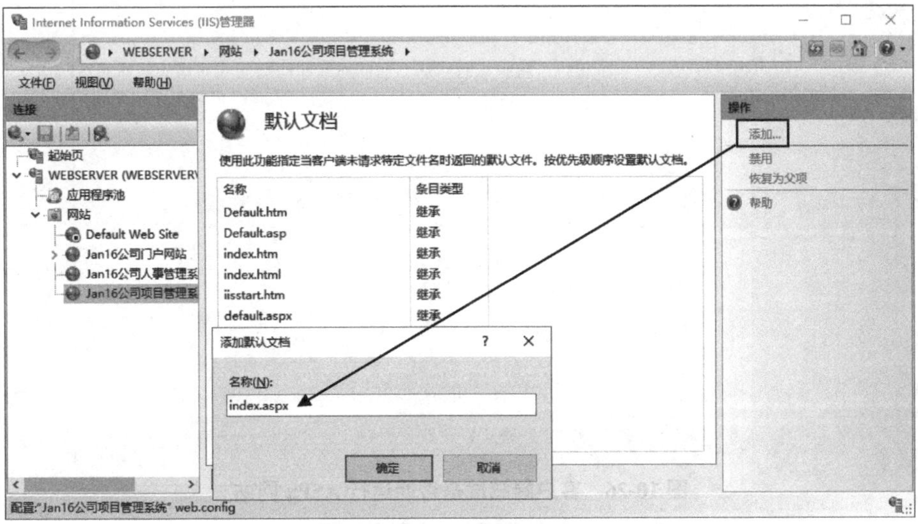

图 10-24　添加默认文档

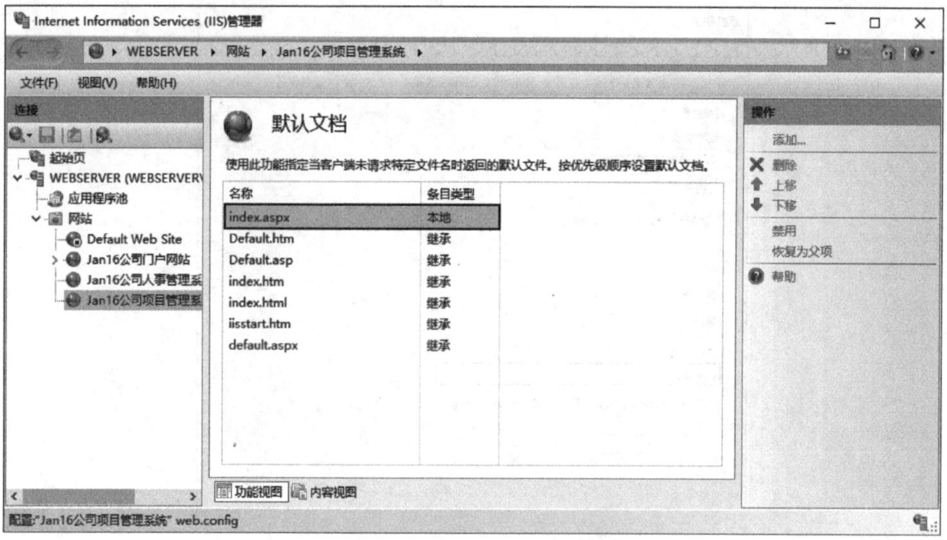

图 10-25　Asp.net 站点配置结果

任务验证

在公司内部客户机（PC1）上使用浏览器访问网址 http://pmp.Jan16.cn，页面显示如图 10-26 所示，该测试结果表明客户机已成功运行 ASPx 网站。

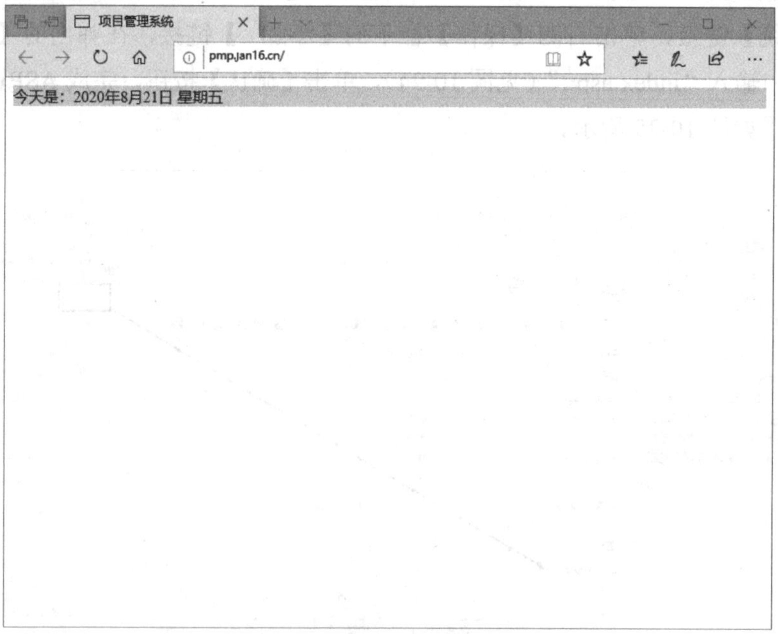

图 10-26　客户端测试是否能运行 ASPx 网站

任务 10-4　通过 FTP 远程更新企业门户网站

任务规划

公司门户网站、人事管理系统、项目管理系统等网站在服务器上发布后，其后续站点的更新将通过 FTP 进行。为此，公司要求为以上 3 个站点搭建相应的 FTP 站点，以实现远程更新网站的功能。

在 Windows Server 2019 中安装 FTP 功能，将公司门户网站的目录设置成 FTP 站点的目录，这样网站管理员就可以通过 FTP 服务远程更新 Web 站点，具体操作步骤如下。

（1）在站点服务器上创建站点管理员账户 user 01。

（2）部署 FTP 站点服务来远程更新公司门户网站。

通过 FTP 远程更新企业门户网站

任务实施

1. 在站点服务器上创建站点管理员账户 user 01

通过 FTP 服务远程更新 Web 站点文件时，通常使用实名 FTP 服务。因此根据任务要求，需要在站点服务器上创建一个用户账户 user 01 用于 FTP 站点更新门户网站。新建用户账户 user 01 的配置如图 10-27 所示。

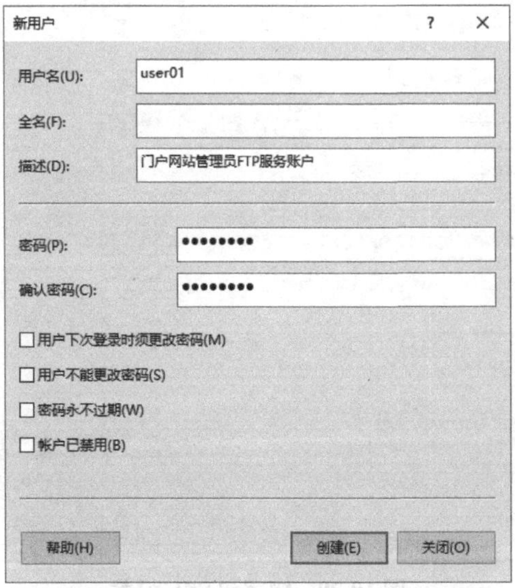

图 10-27　新建用户账户 user 01 的配置

2. 部署 FTP 站点服务来远程更新公司门户网站

（1）打开【Internet Information Services (IIS)管理器】窗口，单击展开【网站】，右击【Jan16公司门户网站】选项，在弹出的快捷菜单中选择【添加 FTP 发布...】命令，如图 10-28 所示。

图 10-28　添加 FTP 发布

（2）在打开的【添加 FTP 站点发布-绑定和 SSL 设置】对话框中，输入【IP 地址(A)】【端口(O)】等信息，如图 10-29 所示，单击【下一步(N)】按钮。

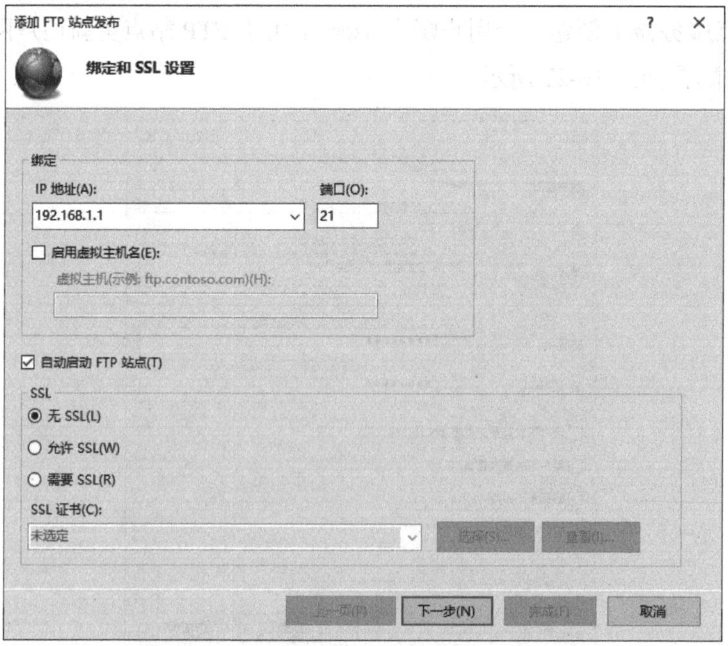

图 10-29　绑定和 SSL 设置

（3）打开如图 10-30 所示【添加 FTP 站点发布-身份验证和授权信息】对话框，勾选【基本(B)】【读取(D)】和【写入(W)】等复选框，在【允许访问(C)】的【指定用户】文本框中输入“user01”(已创建的网站管理员账户名称)。单击【完成(F)】按钮，完成 FTP 站点的创建。

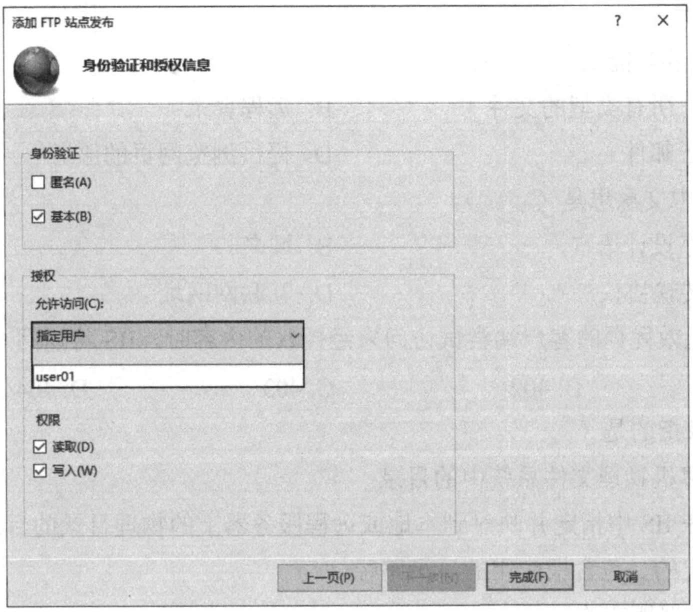

图 10-30　身份验证和授权信息

任务验证

在公司内部任何一台客户机上用 FTP 客户端登录 FTP 服务器进行测试，如图 10-31 所示，结果表明可以通过 FTP 远程上传和删除网站文件，实现网站的更新。

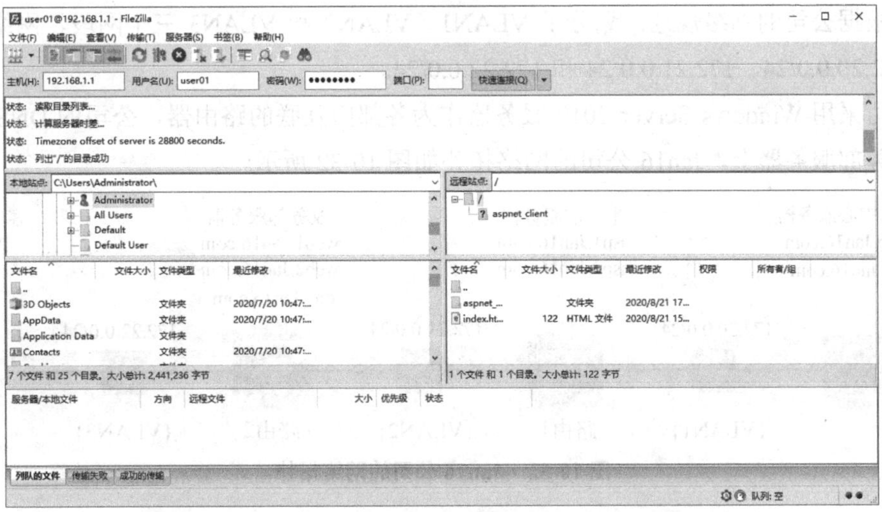

图 10-31　通过 FTP 客户端更新 Web 站点的目录文件

练习与实践 10

一、理论题

1. Web 的主要功能是（　　）。

A. 传送网上所有类型的文件　　B. 远程登录

D. 收发电子邮件　　D. 提供浏览网页的服务

2. HTTP 的中文意思是（　　）。

A. 高级程序设计语言　　B. 域名

C. 超文本传输协议　　D. 互联网网址

3. 当使用无效凭据的客户端尝试访问未经授权的内容时，IIS 将返回（　　）错误。

A. 401　　B. 402　　C. 403　　D. 404

4. 虚拟目录指的是（　　）。

A. 位于计算机物理文件系统中的目录

B. 管理员在 IIS 中指定并映射到本地或远程服务器上的物理目录的目录名称

C. 一个特定的、包含根应用的目录路径

D. Web 服务器所在的目录

5. HTTPS 使用的端口是（　　）。

A. 21　　B. 23　　C. 25　　D. 443

二、项目实训题

1. 项目背景与需求

Jan16 公司需要部署信息中心的门户网站、生产部的业务应用系统和业务部的内部办公系统。根据公司的网络规划，划分了 VLAN1、VLAN2 和 VLAN3 三个网段，网络地址分别为 172.20.0.0/24、172.21.0.0/24 和 172.22.0.0/24。

公司采用 Windows Server 2019 服务器作为各部门互联的路由器，公司的 DNS 服务部署在业务部服务器上，Jan16 公司的网络拓扑如图 10-32 所示。

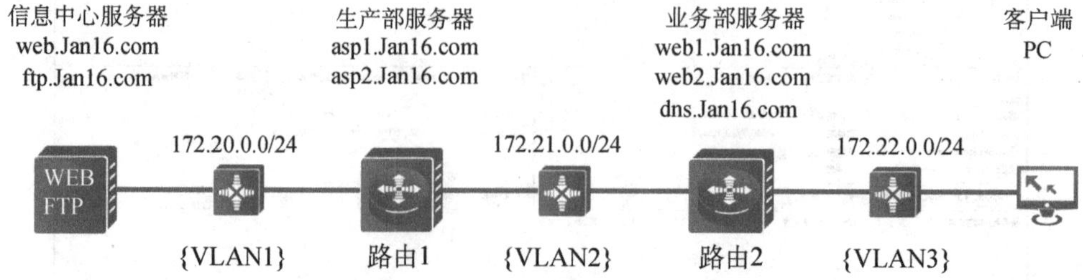

图 10-32　Jan16 公司的网络拓扑

公司希望网络管理员在实现各部门互联互通的基础上完成各部门网站的部署，具体需求如下。

（1）第 1 台信息中心服务器用于发布公司门户网站（静态），该网站通过 Serv_U 服务更新，公司的门户网站信息如表 10-1 所示。

表 10-1 公司门户网站信息表

网站名称	IP 地址/子网掩码	端口号	网站域名
门户网站	172.20.0.1/24	80	Web.Jan16.com

（2）第 2 台生产部服务器用于发布生产部的 2 个业务应用系统（ASP 架构），这 2 个业务系只允许通过域名访问。生产部的业务应用系统信息如表 10-2 所示。

表 10-2 生产部的业务应用系统信息表

网站名称	IP 地址/子网掩码	端口号	网站域名
应用业务系统 asp1	172.21.0.1/24	80	asp1.Jan16.com
应用业务系统 asp2	172.21.0.1/24	80	asp2.Jan16.com

（3）第 3 台业务部服务器用于发布业务部的 2 个内部办公系统（ASP.net 架构），这 2 个内部办公系统必须通过不同的 IP 访问。业务部的办公系统信息如表 10-3 所示。

表 10-3 业务部的办公系统信息表

网站名称	IP 地址/子网掩码	端口号	网站域名
办公系统 Web1	172.22.0.1/24	80	Web1.Jan16.com
办公系统 Web2	172.22.0.2/24	80	Web2.Jan16.com

2. 项目实施要求

（1）根据公司网络拓扑和项目背景，补充完成表 10-4 至表 10-7 所列计算机 TCP/IP 的相关配置信息。

表 10-4 信息中心服务器的 IP 信息规划表

信息中心服务器 IP 信息	
计算机名	
IP/掩码	
网关	
DNS	

表 10-5 生产部服务器的 IP 信息规划表

生产部服务器 IP 信息	
计算机名	
IP/掩码	
网关	
DNS	

表 10-6　业务部服务器的 IP 信息规划表

业务部服务器 IP 信息	
计算机名	
IP/掩码	
网关	
DNS	

表 10-7　客户端的 IP 信息规划表

客户端 IP 信息	
计算机名	
IP/掩码	
网关	
DNS	

（2）根据项目要求，完成计算机的互联互通，并截取以下结果。

- 在 PC 的命令行窗口运行 ping Web.jan16.com 的结果。
- 在生产部服务器的命令行窗口运行 Route Print 的结果。
- 在业务部服务器的命令行窗口运行 Route Print 的结果。

（3）使用 PC 客户端的浏览器访问公司的门户网站，并截图；在 PC 客户端创建一个门户网站 2，命名为 index.html，内容为“班级+学号+姓名+update”，并通过 FTP 更新门户网站页面，截取新网页的界面。

（4）使用 PC 客户端的浏览器访问生产部的 2 个业务应用系统（ASP 架构）的域名，分别截取公司 2 个业务系统的页面。

（5）使用 PC 客户端的浏览器访问业务部的 2 个办公系统（ASP.net 架构）的首页，分别截取公司 2 个办公系统的页面。

项目 11　部署信息中心的 NAT 网络服务

项目教学课件

项目学习目标

（1）掌握 NAT（网络地址转换）的概念与应用。

（2）掌握静态 NAT、动态 NAT、静态 NAPT、动态 NAPT 的工作原理与应用。

（3）掌握 ACL（访问控制列表）的工作原理与应用。

（4）掌握企业网出口设备 NAT 服务部署业务的实施流程。

（5）掌握企业网路由设备 ACL 功能部署业务的实施流程。

项目描述

Jan16 公司原先是通过拨号接入互联网，并使用公司的服务器为用户提供 Web 服务的。随着公司业务系统和服务器数量的增加，公司向运营商租用了 5 个公网 IP 地址用于满足公司网络的接入需求，并按业务需求增加了服务器，调整网络访问策略，具体要求如下。

（1）允许公司所有部门的计算机访问外网。

（2）将部署在信息中心的公司门户网站（192.168.1.3:80）映射到外网（8.8.8.3:80）。

（3）将部署在信息中心的 FTP 服务器（192.168.1.2）映射到外网（8.8.8.5）。

（4）禁止其他部门（含信息中心）的计算机访问财务部的服务器（192.168.3.1），财务部的服务器仅用于财务部的内部通信。

公司的网络拓扑如图 11-1 所示。

项目分析

计算机要访问 Internet，它首先需要获得一个公网 IP 地址，目前大部分用户访问公网都是通过拨号方式获得一个公网 IP 地址，然后通过这个公网 IP 地址访问 Internet。

当前，常用的公网地址为 IPv4，我国大约分配到 3.4 亿个。因 Internet 用户急剧增加，该地址目前已成为紧缺资源，为满足更多用户接入 Internet 的需求，NAT（网络地址转换）技术应运而生，它允许局域网（私网）共享一个或多个公网 IP 地址接入 Internet，这样既可以避免普通计算机接入公网还能减少 IPv4 地址的使用量。

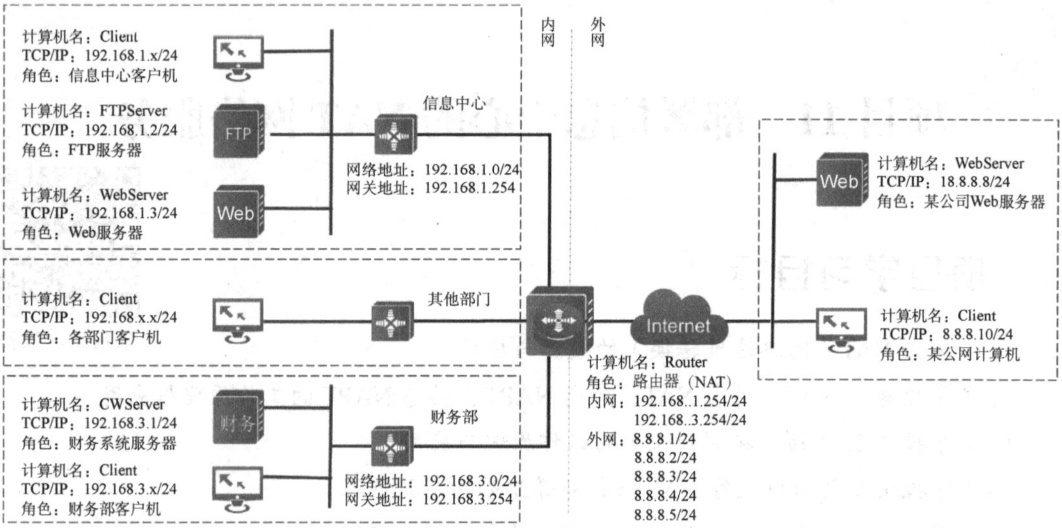

图 11-1　公司的网络拓扑

在本项目中，公司申请了 5 个固定的公网 IP 地址，管理员可以使用 NAT 技术来实现本项目的需求，具体涉及以下工作任务。

（1）部署动态 NAPT，实现公司计算机访问外网。

（2）部署静态 NAPT，将公司门户网站发布到 Internet 上。

（3）部署静态 NAT，将 FTP 服务器发布到 Internet 上。

（4）部署 ACL，限制其他部门访问财务部的服务器。

相关知识

11.1　NAT

NAT 的英文全称是 Network Address Translation，即网络地址转换，是一种把内部私有网络地址转换成合法的外部公有网络地址的技术。

当今的 Internet 使用 TCP/IP 实现了全世界计算机的互联互通，每台连入 Internet 的计算机要和其他计算机通信，都必须拥有一个唯一的、合法的 IP 地址，此 IP 地址由 Internet 管理机构 NIC 统一进行管理和分配。NIC 分配的 IP 地址被称为是公有的、合法的 IP 地址，这些 IP 地址具有唯一性，连入 Internet 的计算机只要拥有 NIC 分配的 IP 地址就可以和其他计算机通信。

但是，由于当前常用的 TCP/IP 版本是 IPv4，它具有天生的缺陷，就是 IP 地址的数量不够多，难以满足目前对 IP 地址数量的需求。所以，不是每台计算机都能申请并获得 NIC

分配的 IP 地址。一般而言，需要连入 Internet 的个人或家庭用户，都是通过 Internet 的服务提供商 ISP 间接获得合法的公有 IP 地址（例如，用户通过 ADSL 线路拨号，从电信局获得临时租用的公有 IP 地址）；对于大型机构而言，它们可能是直接向 Internet 管理机构申请并使用永久的公有 IP 地址，也可能是通过 ISP 间接获得永久或临时的公有 IP 地址。

由于无论是通过哪种方式获得公有的 IP 地址，实际上当前可用的 IP 地址数量依然不足。并且，IP 地址作为有限的资源，NIC 要为网络中数以亿计的计算机都分配公有的 IP 地址是不可能的。所以，为了使计算机能够具有 IP 地址并在专用网络（内部网络）中通信，NIC 定义了供专用网络内的计算机使用的专用 IP 地址。这些 IP 地址是在局部使用的（非全局的、不具有唯一性）、非公有的（私有的）IP 地址。这些 IP 地址的地址范围具体如下。

（1）A 类地址：10.0.0.0～10.255.255.255。

（2）B 类地址：172.16.0.0～172.31.255.255。

（3）C 类地址：192.168.0.0～192.168.255.255。

组织机构可根据自身园区网的大小及计算机数量的多少，采用不同类型的专用地址范围或者它们的组合。但是，这些 IP 地址不可能出现在 Internet 上，也就是说源地址或目的地址这些专有 IP 地址的数据包不可能在 Internet 上被传输，这样的数据包只能在内部专用的网络中被传输。

如果专用网络的计算机要访问 Internet，则组织机构在连接 Internet 的设备上至少需要一个公有的 IP 地址，然后采用 NAT 技术，将内部专用网络的计算机专用的私有 IP 地址转换为公有的 IP 地址，从而让使用专用 IP 地址的计算机能够和 Internet 的计算机进行通信。如图 11-2 所示，通过 NAT 设备，能够将专用网络内的专用 IP 地址和公有 IP 地址相互转换，从而实现专用网络内使用专用地址的计算机和连入 Internet 的计算机进行通信。

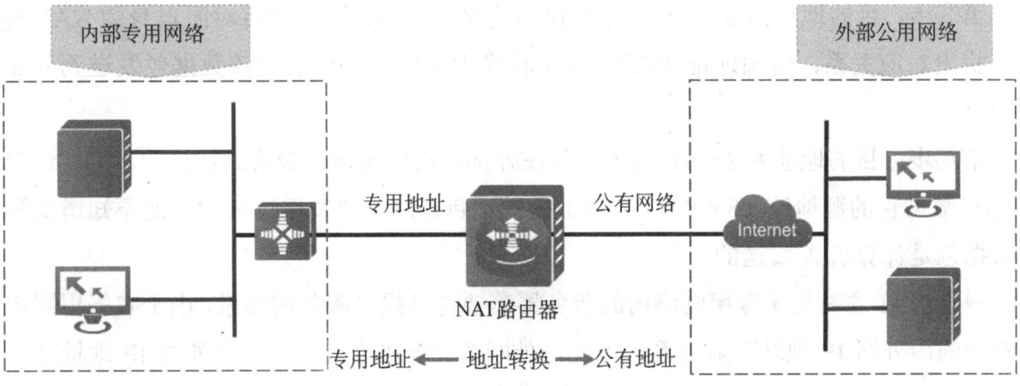

图 11-2　NAT 地址转换示意图

也可以说，NAT 就是将网络地址从一个地址空间转换到另外一个地址空间的技术。从技术原理的角度上来讲，NAT 分成 4 种类型：静态 NAT、动态 NAT、静态 NAPT 及动态 NAPT。

1. 静态 NAT

静态 NAT 是指在路由器中将内网 IP 地址固定地转换为外网的 IP 地址，通常应用在允许外网用户访问内网服务器的场景。

静态 NAT 的工作过程如图 11-3 所示。专用网络中采用 192.168.1.0/24 的 C 类专用地址，专用网络采用带有 NAT 功能的路由器和 Internet 互联，路由器左边的网卡连接着内部专用网络（左边网卡的 IP 地址是 192.168.1.254/24），右边的网卡连接着互联网（右边网卡的 IP 地址是 8.8.8.1/24），而且路由器还有多个公有的 IP 地址可被转换使用（8.8.8.2～8.8.8.5），互联网上计算机 C 的 IP 地址是 8.8.8.8/24。假设外部网络的计算机 C 需要和内部网络的计算机 A 通信，则其通信过程如下。

第①步：计算机 C 发送数据包给计算机 A，数据包的源 IP 地址（Source Address，SA）为 8.8.8.8，目标 IP 地址（Destination Address，DA）为 8.8.8.3（在外网，计算机 A 的 IP 地址为 8.8.8.3）。

第②步：数据包到达路由器时，路由器将查询本地的 NAT 映射表，找到映射条目后将数据包的目的地址（8.8.8.3）转换为内网的 IP 地址（192.168.1.1），源地址保持不变。NAT 路由器上有一个公有的 IP 地址池，在本次通信前，网络管理员已经在 NAT 路由器上配置了静态 NAT 地址的映射关系，其中指定了 192.168.1.1 与 8.8.8.3 的映射关系。

第③步：转换后的数据包在内网中传输，最终将被计算机 A 接收。

第④步：计算机 A 收到数据包后，将响应内容封装在目的地址为 8.8.8.8 的数据包中，然后将该数据包发送出去。

第⑤步：目的地址为 8.8.8.8 的数据包到达路由器后，路由器将对照自身的 NAT 映射表，找出对应关系，将源地址 192.168.1.1 转换为 8.8.8.3，然后将该数据包发送到外部网络中。

第⑥步：目的地址为 8.8.8.8 的数据包在外部网络中传送，最终到达计算机 C。计算机 C 通过数据包的源地址（8.8.8.3）只知道此数据包是路由器发送过来的，而不知道实际上该数据包是计算机 A 发送的。

静态 NAT 主要用于专用网络内的服务器需要对外提供服务的场景，由于它采用固定的一对一的内外网 IP 地址映射关系，因此，外网的计算机通过访问这个外网 IP 地址就可以访问到内网的服务器。

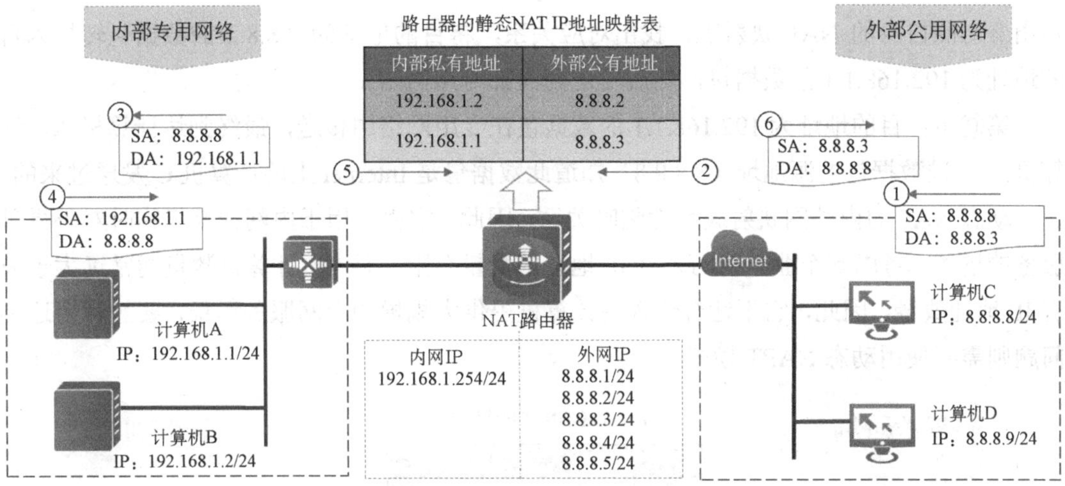

图 11-3　静态 NAT 的工作过程

2. 动态 NAT

动态NAT是将一个内部IP地址转换为一组外部IP地址池中的一个IP地址（公有地址）。动态 NAT 和静态 NAT 在地址转换上很相似，只是可用的公有 IP 地址不是被某个专用网络的计算机所永久独自占有。

动态 NAT 的工作过程如图 11-4 所示。与静态 NAT 类似，路由器上有一个公有 IP 地址池，地址池中有 4 个公有 IP 地址，它们是 8.8.8.2/24～8.8.88.8.8.5/24。假设专用网络的计算机 A 需要和互联网上的计算机 C 通信，则其通信过程如下。

第①步：计算机 A 发送源 IP 地址（Source Address，SA）为 192.168.1.1 的数据包给计算机 C。

第②步：数据包经过路由器的时候，路由器采用 NAT 技术，将数据包的源地址（192.168.1.1）转换为公有 IP 地址（8.8.8.2）。为什么会转换为 8.8.8.2？由于路由器上的地址池有多个公有 IP 地址，因此当需要进行地址转换时，路由器会在地址池中选择一个未被占用的地址来进行转换。这里假设 4 个地址都未被占用，则路由器会挑选第一个未被占用的地址。如果紧接着计算机 A 要发送数据包到 Internet，则路由器会挑选第二个未被占用的 IP 地址，也就是 8.8.8.3 来进行转换。地址池中公有 IP 地址的数量决定了可以同时访问 Internet 的内网计算机的数量，如果地址池中的 IP 地址都被使用了，那么内网的其他计算机就不能够和 Internet 的计算机通信了。当内网计算机和外网计算机的通信连接结束后，路由器将释放被占用的公有 IP 地址，这样，被释放的 IP 地址则又可以为其他内网计算机提供公网接入服务了。

第③步：源地址为 8.8.8.2 的数据包在 Internet 上转发，最终被计算机 C 接收。

第④步：计算机 C 收到源地址为 8.8.8.2 的数据包后转发，将响应内容封装在目的地址（Destination Address，DA）为 8.8.8.2 的数据包中，然后将该数据包发送出去。

第⑤步：目的地址为 8.8.8.2 的数据包最终经过路由转发，到达连接专用网络的路由器，路由器对照自身的 NAT 映射表，找出对应关系，将目的地址为 8.8.8.2 的数据包转换为目的地址为 192.168.1.1 的数据包，然后发送到内部专用网络。

第⑥步：目的地址为 192.168.1.1 的数据包在专用网络中传送，最终到达计算机 A。计算机 A 通过数据包的源地址（8.8.8.8）知道此数据包是 Internet 上的计算机 C 发送过来的。

动态 NAT 的内外网映射关系为临时关系，因此，它主要用于内网计算机临时对外提供服务的场景。考虑到企业申请的公有 IP 地址的数量有限，而内网计算机数量通常远大于公有 IP 地址数量，因此，它不适合给内网计算机提供大规模的上网服务场景，要想解决这类问题则需要使用动态 NAPT 模式。

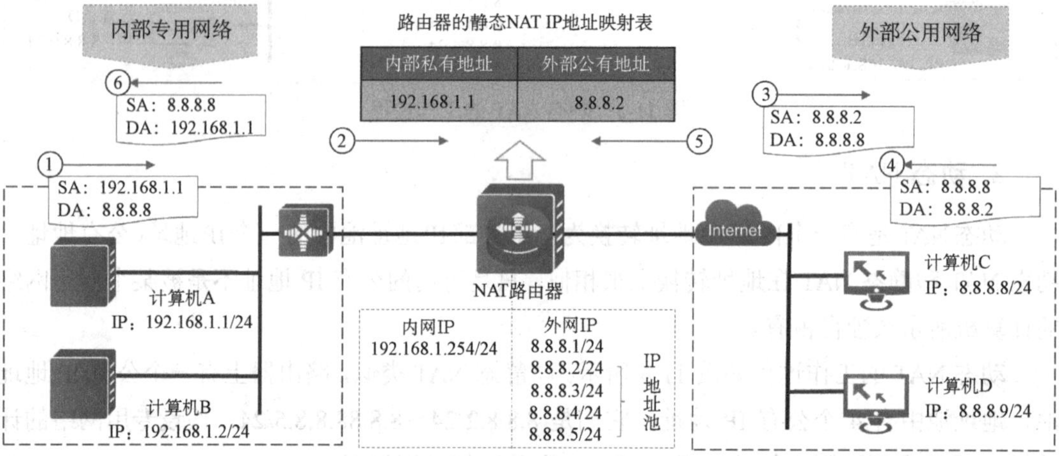

图 11-4　动态 NAT 的工作过程

3. 动态 NAPT

动态 NAPT 是以 IP 地址及端口号（TCP 或 UDP 协议）为转换条件，将专用网络的内部私有 IP 地址及端口号转换成外部公有 IP 地址及端口号。在静态 NAT 和动态 NAT 中，都是“IP 地址”到“IP 地址”的转换关系，而动态 NAPT 则是“IP 地址+端口”到“IP 地址+端口”的转换关系。“IP 地址”到“IP 地址”转换关系的局限性很大，因为公网 IP 地址一旦被占用，内网的其他计算机就不能再使用被占用的公网 IP 地址访问外网。而“IP 地址+端口”的转换关系则非常灵活，一个 IP 地址可以和多个端口进行组合（自由使用的端口号有几万个：1024～65535），所以，路由器上可用的网络地址映射关系的数量就很多，完全可以满足大量的内网计算机访问外网的需求。

动态 NAPT 的工作过程如图 11-5 所示。假设专用网络的计算机 A 要访问外网的服务器 B 的 Web 站点，则其通信过程如下。

第①步：计算机 A 发送数据包给计算机 B。数据包的源 IP 地址为 192.168.1.1，源端口号为 2000（2000 为一个给计算机 A 随机分配的端口号）；数据包的目的地址为 8.8.8.8，目的端口号为 80（Web 服务器的默认端口号是 80）。

第②步：数据包经过路由器的时候，路由器采用了动态 NAPT 技术，以“IP 地址+端口”形式进行转换。数据包的源地址及源端口号将从 192.168.1.1:2000 转化为 8.8.8.1:3000（3000 是路由器随机分配的端口号），目的地址及端口号不变，仍然指向计算机 B 的 Web 站点。转换后的源 IP 地址为路由器在外网的接口 IP 地址，源端口号为路由器上未被使用的可分配端口号，这里假设为 3000。

第③步：转换后的数据包在 Internet 上转发，最终被计算机 B 接收。

第④步：计算机 B 收到数据包后，将响应内容封装在目的地址为 8.8.8.1、目的端口号为 3000 的数据包中（源地址及端口为 8.8.8.8:80），然后将数据包发送出去。

第⑤步：响应的数据包最终经过路由转发，到达连接专用网络的路由器，路由器对照 NAPT 映射表，找出对应关系，将目的地址及端口号为 8.8.8.1:3000 的数据包转换为目的地址及端口号为 192.168.1.1:2000 的数据包，然后发送到内部专用网络。

第⑥步：目的地址及端口号为 192.168.1.1:2000 的数据包在专用网络中传送，最终到达计算机 A。计算机 A 通过数据包的源地址及端口号（8.8.8.8:80）知道此数据包是外网的计算机 B 发送过来的。

动态 NAPT 的内外网“IP 地址+端口”映射关系是临时的，因此，它主要应用在为内网计算机提供外网访问服务的场景。典型的应用有：家庭的宽带路由器拥有动态 NAPT 功能，即可以满足家庭电子设备访问 Internet；网吧的出口网关拥有动态 NAPT 功能，即可以满足网吧计算机访问 Internet。

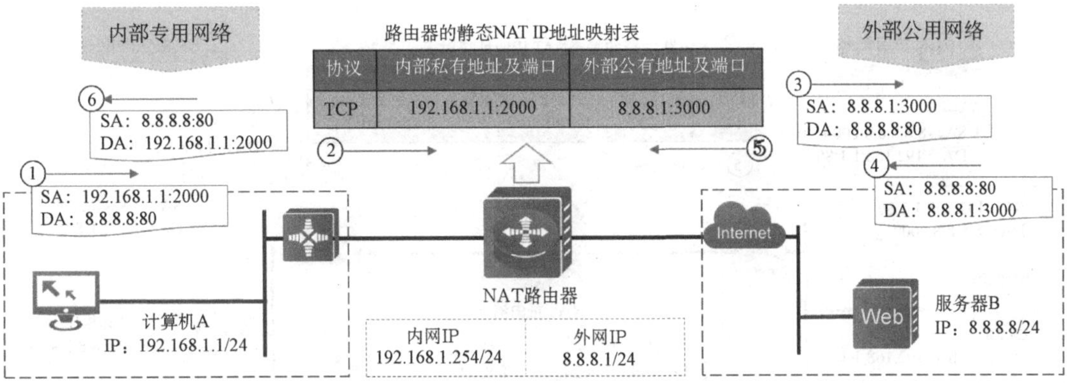

图 11-5　动态 NAPT 的工作过程

4. 静态 NAPT

静态 NAPT 是指在路由器中以“IP 地址+端口”形式，将内网 IP 地址及端口固定地转换为外网 IP 地址及端口，应用在允许外网用户访问内网计算机特定服务的场景。

静态 NAPT 的工作过程如图 11-6 所示。假设外网的计算机 B 需要访问服务器 A 的 Web 站点，则其通信过程如下。

第①步：计算机 B 发送数据包给服务器 A。数据包的源 IP 地址为 8.8.8.8，源端口号为 2000；数据包的目的地址为 8.8.8.1，目的端口号为 80（Web 服务器默认端口号是 80）。

第②步：数据包经过路由器的时候，路由器查询 NAPT 地址映射表，找到对应的映射条目后，数据包的目的地址及目的端口号将从 8.8.8.1:80 转化为 192.168.1.1:80，源地址及目的端口号不变。这里转换后的目的 IP 地址为内网服务器 A 的 IP 地址，目的端口号为服务器 A 的 Web 服务端口号。

第③步：转换后的数据包在专用网络上转发，最终被服务器 A 接收。

第④步：服务器 A 收到数据包后，将响应内容封装在目的地址为 8.8.8.8、目的端口号为 2000 的数据包中，然后将数据包发送出去。

第⑤步：响应数据包经过路由转发，到达路由器时，路由器对照静态 NAPT 映射表，找出对应关系，将源地址及端口号为 192.168.1.1:80 的数据包转换为源地址及端口号为 8.8.8.1:80 的数据包，然后发送到 Internet 中。

第⑥步：目的地址及端口号为 8.8.8.8:2000 的数据包在 Internet 中传送，最终到达计算机 B。计算机 B 通过数据包的源地址及端口号（8.8.8.1:80）知道这是它访问 Web 服务的响应数据包。但是，计算机 B 并不知道 Web 服务其实是由专用网络内的服务器 A 提供的，它只知道这个 Web 服务是由 Internet 上的 IP 地址为 8.8.8.1 的机器提供的。

静态 NAPT 的内外网“IP 地址+端口”映射关系是永久性的，因此，它主要应用在为内网服务器的指定服务（如 Web、FTP 等）向外网提供服务的场景。典型的应用有：公司将内部网络的门户网站映射到公网 IP 的 80 端口上，满足互联网用户访问公司门户网站的需求。

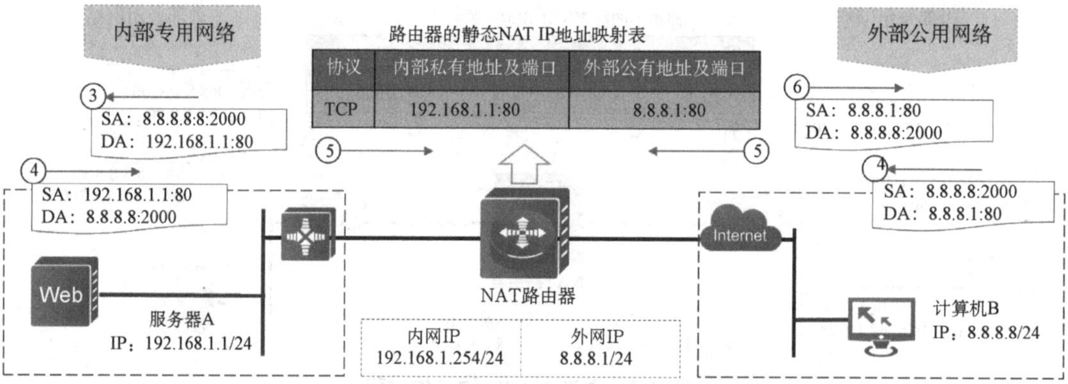

图 11-6 静态 NAPT 的工作过程

11.2 访问控制列表

路由器不仅可以用于实现多个局域网的互联，其在数据包的存储转发中还可以通过过滤特定的数据包来实现网络的安全访问控制和流量控制等。

访问控制列表（Access Control List，ACL）可以针对数据包的源地址、目标地址、传输层协议、端口号等条件设置匹配规则。访问控制列表由若干条规则组成，常称为接入控制列表，每个接入控制列表都声明了满足该表项的匹配条件及行为。

通过建立 ACL，可用于保证网络资源不被非法访问，其次还可以用于限制网络流量，提高网络性能，控制通信流量。在路由器的端口上配置 ACL 后，可以对入站端口和出站端口的数据包进行安全检测，下面举两个案例进行说明。

案例 1：在如图 11-7 所示的网络拓扑中，工资管理系统服务器的数据是属于比较机密的，公司仅允许财务主管和人事主管的计算机访问。

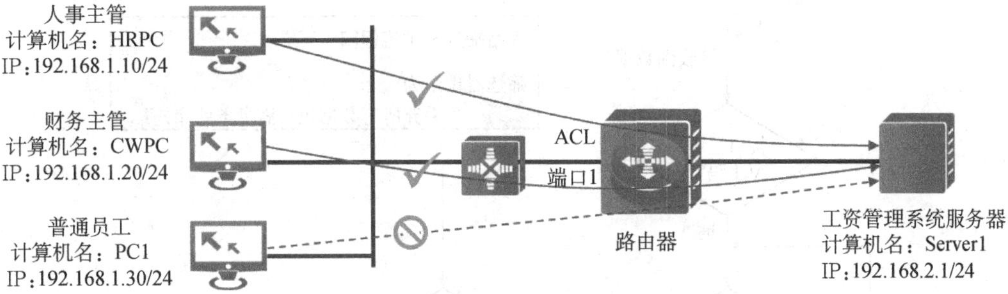

图 11-7　案例 1 的网络拓扑

创建一个如图 11-8 所示的针对路由器端口 1 的入站访问控制列表，路由器在端口 1 会根据入站规则对所有请求访问工资管理系统服务器的数据包进行匹配，人事主管的计算机 HRPC 和财务主管的计算机 CWPC 满足匹配规则 1 和 2，根据筛选器操作规则（匹配行为）将被允许访问 Server1；普通员工的计算机 PC1 因不满足匹配条件，根据筛选器操作规则将丢弃请求数据包（拒绝访问）。这里需要特别注意在筛选规则中，因为源地址和目标地址指向一台计算机，所以掩码均采用 255.255.255.255。

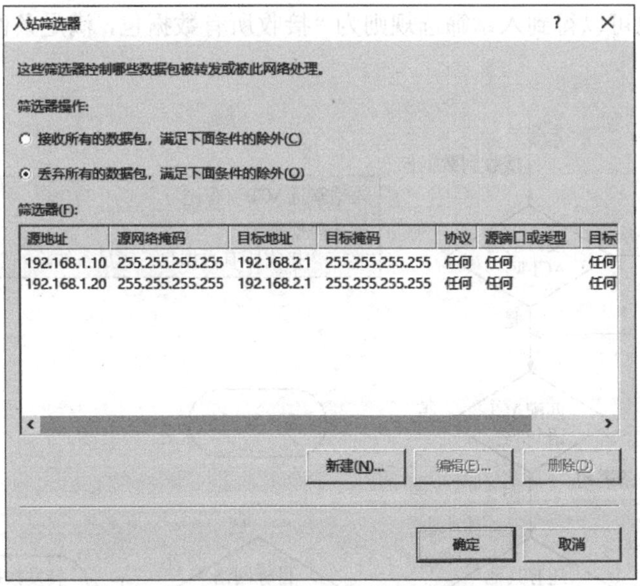

图 11-8　路由器端口 1 的入站筛选规则设置

案例 1 是一个将 ACL 应用到入站方向的例子，筛选器规则为“丢弃所有的数据包，满足条件的除外”。当设备端口收到数据包时，首先确定 ACL 是否被应用到了该端口，如果没有，则正常转发该数据包。如果有，则处理 ACL，从第一条语句开始，将条件和数据包内容相比较，如果没有匹配，则处理列表中的下一条语句，如果匹配，则接收该数据包，如果整个列表都没有找到匹配的规则，则丢弃该数据包。入站筛选 ACL（默认拒绝）流程图如图 11-9 所示。

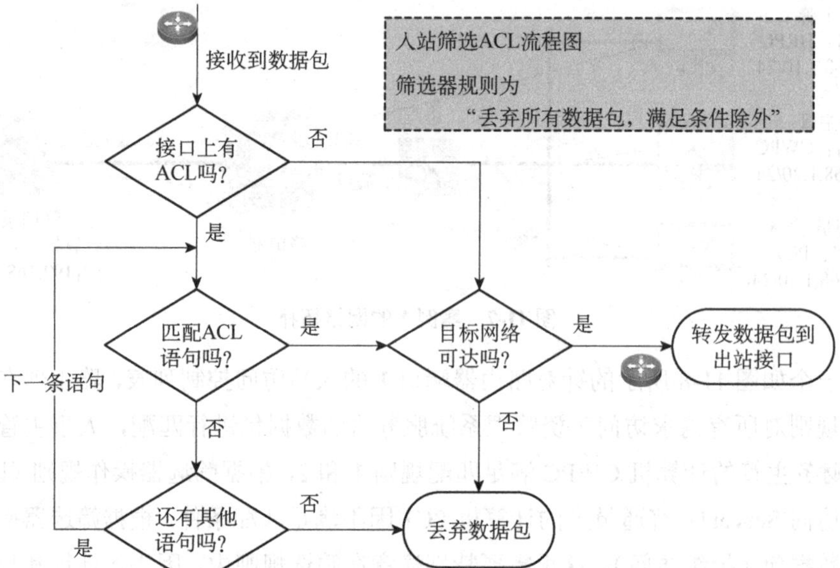

图 11-9　入站筛选 ACL（默认拒绝）流程图

根据案例 1 也可以得到入站筛选规则为“接收所有数据包，满足条件除外”的流程图，如图 11-10 所示。

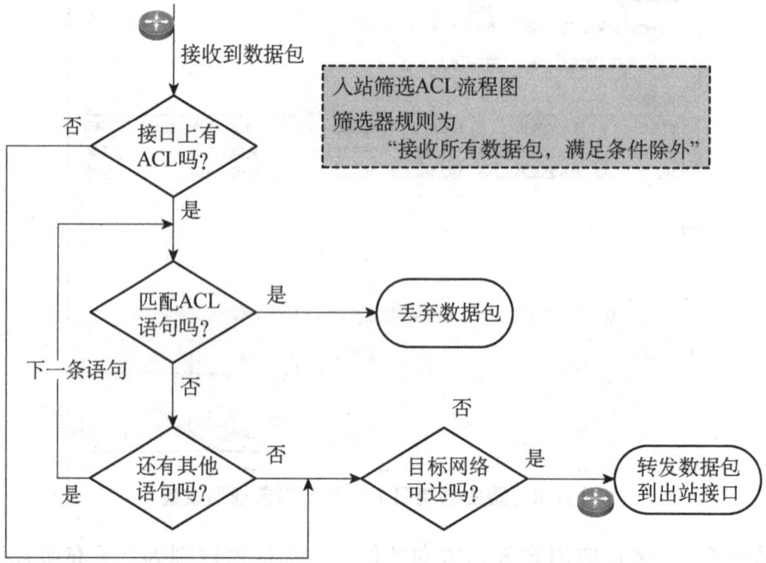

图 11-10　入站筛选 ACL（默认允许）流程图

案例 2：在如图 11-11 所示的网络拓扑中，公司服务器 1 提供 FTP 服务和 Web 服务，其中 Web 服务用于提供公司客户关系管理系统（Web 服务使用默认端口发布）。

基于安全考虑，对于 Web 服务，公司不允许生产部计算机访问该客户关系系统，其他部门则不受限制；对于 FTP 服务，所有部门都可以访问。

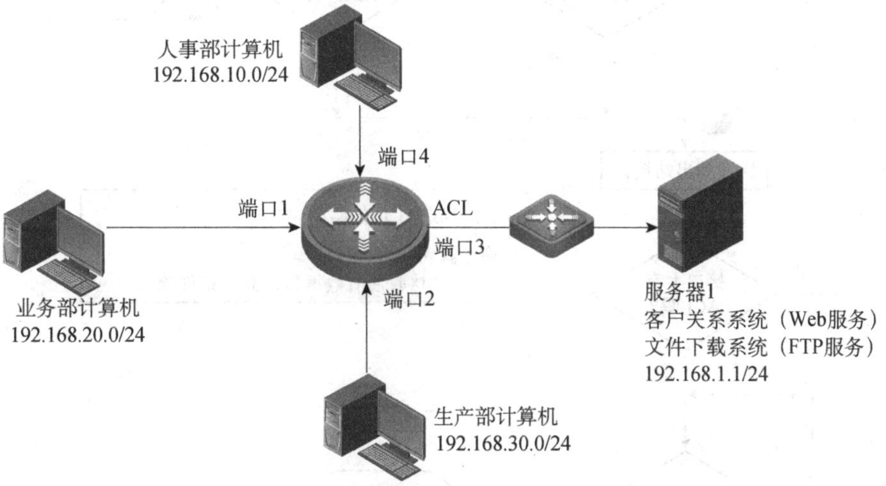

图 11-11　案例 2 的网络拓扑

这时可以创建一个如图 11-12 所示的针对路由器端口 3 的出站访问控制列表，这时路由器 R1 的端口 3 会根据出站规则对所有请求访问服务器 1 的数据包进行匹配。

生产部访问服务器 1 的 Web 服务时，因满足匹配规则，根据筛选器操作规则将丢弃请求数据包（拒绝访问）；而访问 FTP 服务时，因不满足匹配规则，根据筛选器操作规则将被允许访问；业务部和人事部访问服务器 1 时，因不满足匹配规则，根据筛选器操作规则将被允许访问服务器 1。

该例子也可以运用入站筛选规则，大家可以思考一下如何设计入站筛选 ACL。

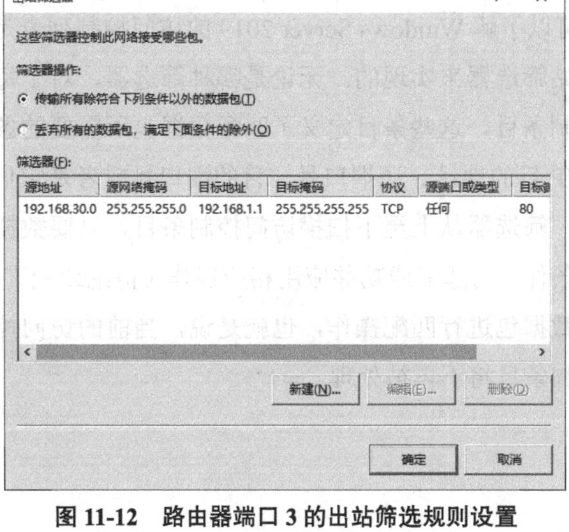

图 11-12　路由器端口 3 的出站筛选规则设置

案例 2 是一个将 ACL 应用到出站方向的例子，筛选器规则为“接收所有数据包，满足条件除外”，其流程图如图 11-13 所示。

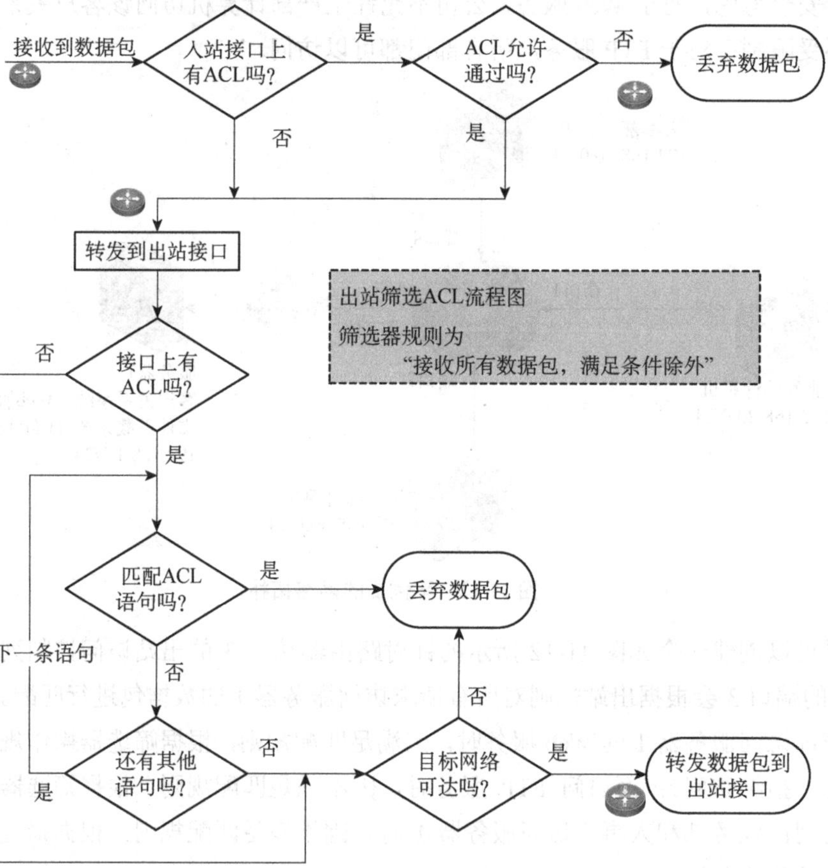

图 11-13　出站筛选 ACL（默认允许）流程图

同理，图 11-14 所示为筛选规则为“丢弃所有数据包，满足条件除外”的流程图。

通过案例 1 和 2 可以了解 Windows Server 2019 的访问控制列表是通过应用在物理接口上的入站筛选器和出站筛选器来实现的。无论是哪种筛选器，对于每个访问控制列表，都可以建立多个访问控制条目，这些条目定义了匹配数据包所需要的条件。这些条件可以是协议号、IP 源地址、IP 目的地址、源端口号、目的端口号或者是它们的组合。当数据包通过路由器接口的时候，筛选器从上至下扫描访问控制条目，只要数据包的特征条件符合访问控制条目中定义的条件，则匹配成功并应用相应操作（拒绝或允许数据包通过）。应用操作后，筛选器不再对数据包进行匹配操作，也就是说，当前的访问控制条目已经和数据包匹配，剩下的访问控制条目将不再被处理。

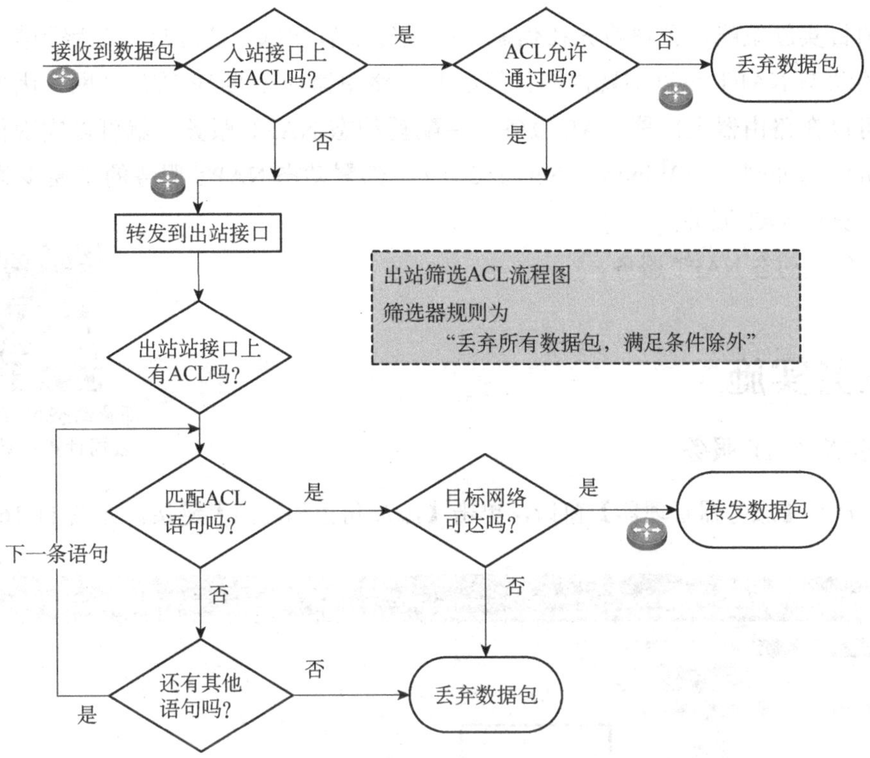

图 11-14　出站筛选 ACL（默认拒绝）流程图

任务 11-1　部署动态 NAPT，实现公司计算机访问外网

任务规划

为满足内网计算机接入外网，公司申请了 5 个固定的公网 IP 地址用于接入 Internet，并要求网络管理员在出口路由器上部署动态 NAPT 服务来实现内网计算机访问外网，信息中心的网络拓扑如图 11-15 所示。

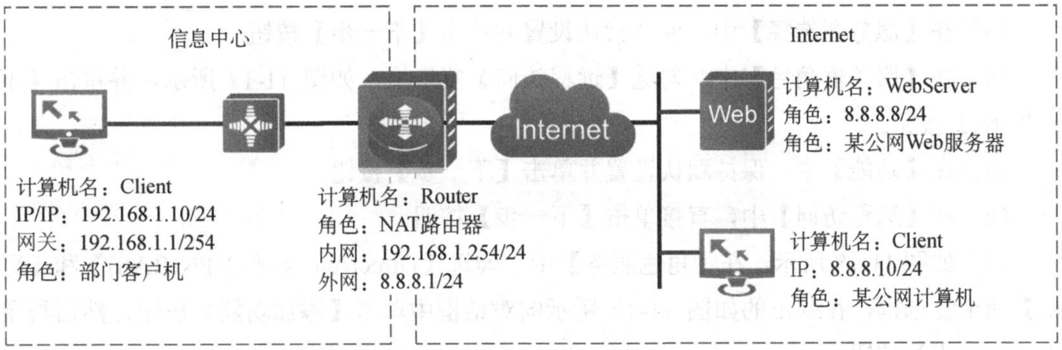

图 11-15　信息中心的网络拓扑

按项目实施策略，公司将先在信息中心进行部署测试，通过后再部署到其他部门。路由器的动态 NAPT 可以实现内网计算机共享路由器的公网 IP 访问外网，因此，网络管理员可以在路由器上部署 NAT 服务，并配置动态 NAPT 服务，就可以实现信息中心的计算机访问外网。在 Windows Server 2019 上部署动态 NAPT 服务的主要步骤如下。

（1）安装 NAT 服务。

（2）配置动态 NAPT 服务。

部署动态 NAPT，实现公司计算机访问外网

任务实施

1. 安装 NAT 服务

（1）打开【服务器管理器】窗口，单击【添加角色和功能】链接，如图 11-16 所示。

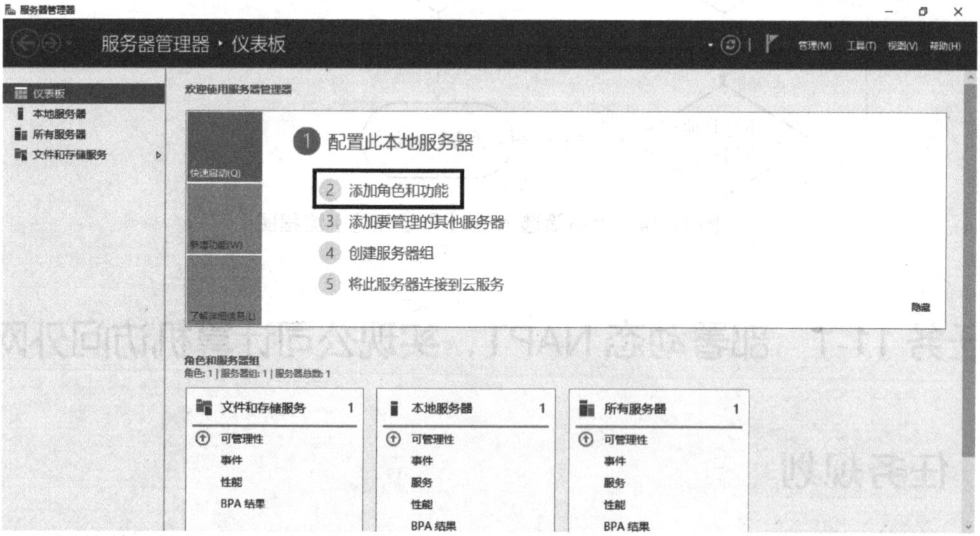

图 11-16 【服务器管理器】窗口

（2）弹出【添加角色和功能向导】对话框，在【安装类型】中，勾选【基于角色或基于功能的安装】复选框，单击【下一步】按钮。

（3）在【服务器选择】中，保持默认设置并单击【下一步】按钮。

（4）在【服务器角色】中，勾选【远程访问】复选框，如图 11-17 所示，并单击【下一步(N)】按钮。

（5）在【功能】中，保持默认设置并单击【下一步】按钮。

（6）在【远程访问】中，直接单击【下一步】按钮。

（7）如图 11-18 所示，在【角色服务】中，勾选【DirectAccess 和 VPN(RAS)】和【路由】两个复选框，在弹出的如图 11-19 所示的对话框中单击【添加功能】按钮，然后再单击【下一步】按钮。

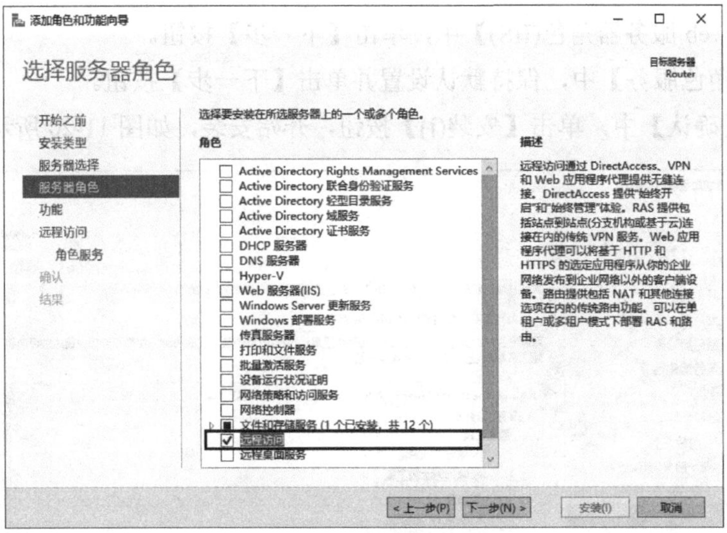

图 11-17　添加远程访问角色

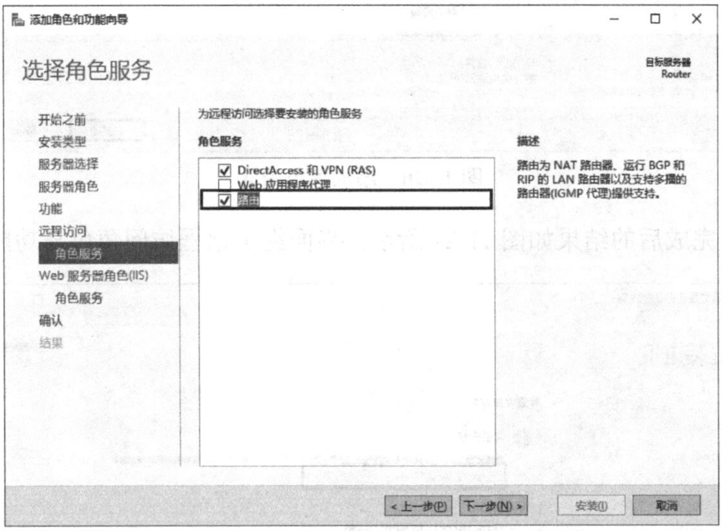

图 11-18　选择路由角色

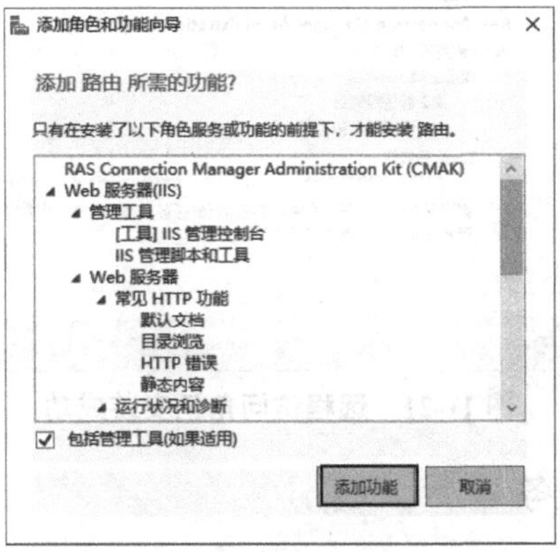

图 11-19　添加路由所需的功能

（8）在【Web 服务器角色(IIS)】中，单击【下一步】按钮。

（9）在【角色服务】中，保持默认设置并单击【下一步】按钮。

（10）在【确认】中，单击【安装(I)】按钮，开始安装，如图 11-20 所示。

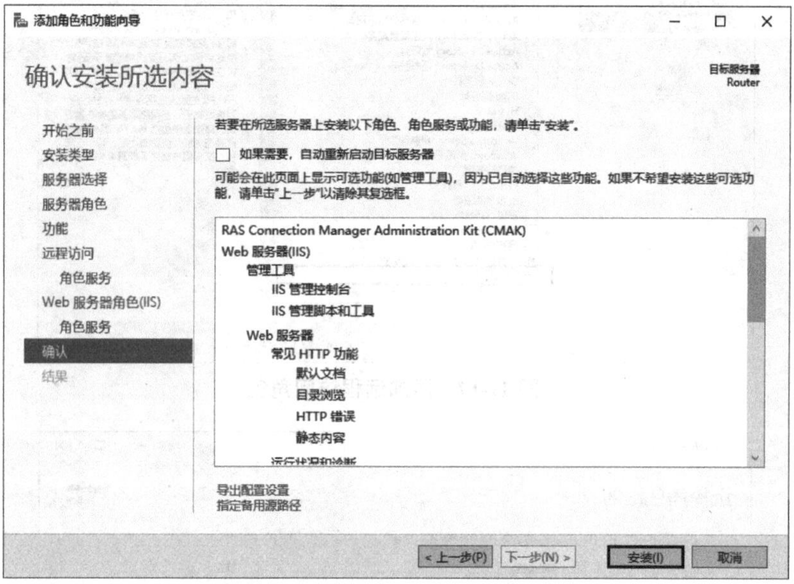

图 11-20　添加角色确认

（11）安装完成后的结果如图 11-21 所示，界面提示远程访问角色与功能安装成功。

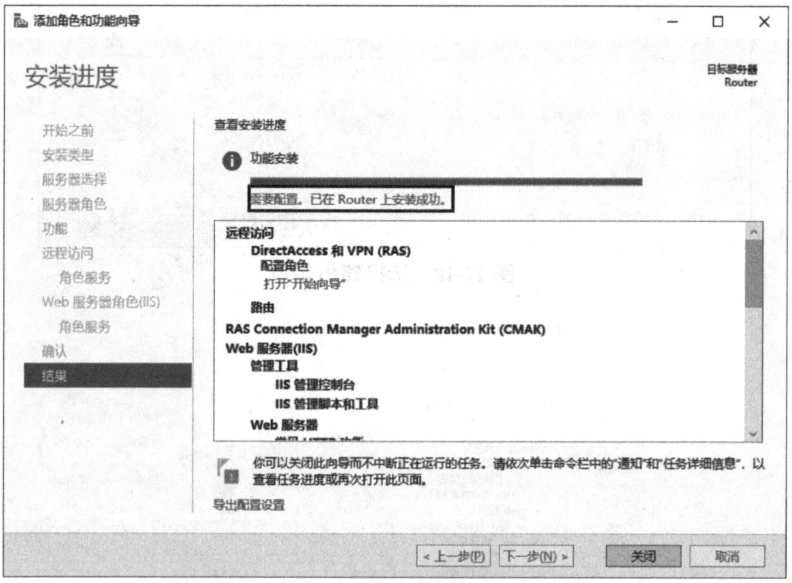

图 11-21　远程访问角色安装成功

2. 配置动态 NAPT 服务

（1）打开路由和远程访问：在【服务器管理器】窗口中，选择【工具(T)】下拉菜单中的【路由和远程访问】命令，打开如图 11-22 所示的【路由和远程访问】窗口。

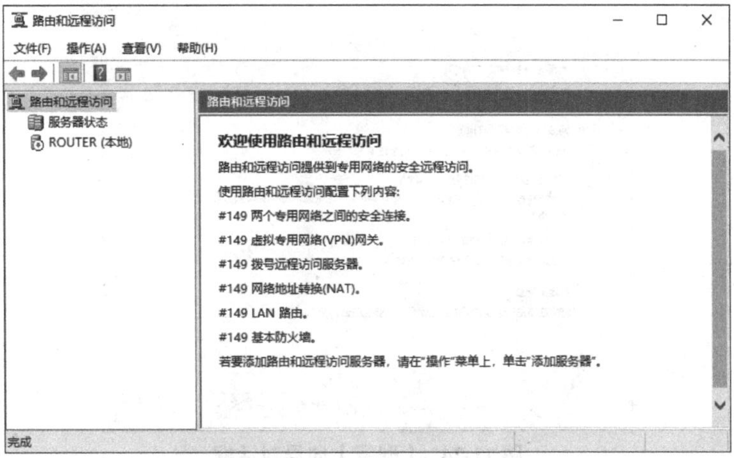

图 11-22 【路由和远程访问】窗口

（2）在左侧列表中，右击【ROUTFR（本地）】选项，在弹出的如图 11-23 所示的快捷菜单中选择【配置并启用路由和远程访问(C)】命令。

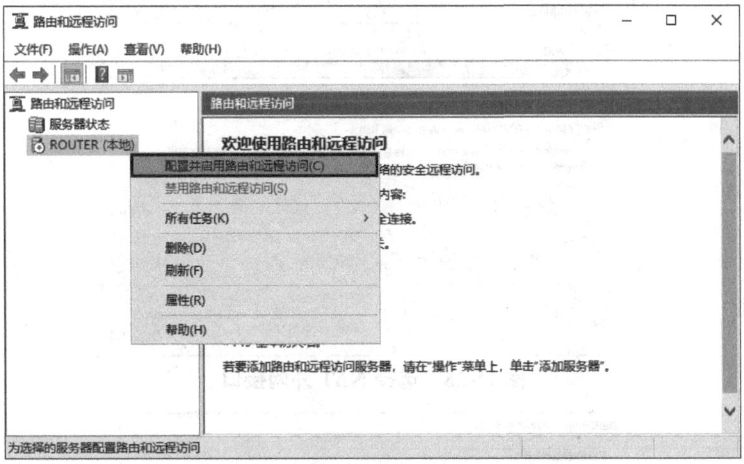

图 11-23 配置并启用路由和远程访问

（3）在弹出的【路由和远程访问服务器安装向导】对话框中，单击【下一步(N)】按钮。

（4）如图 11-24 所示，在【路由和远程访问服务器安装向导-配置】对话框中，选中【网络地址转换(NAT)(E)】单选按钮，然后单击【下一步(N)】按钮。

（5）如图 11-25 所示，在【路由和远程访问服务器安装向导-NAT Internet 连接】对话框中，选中【使用此公共接口连接到 Internet(U)】单选按钮，然后选择路由器连接外网的网卡，最后单击【下一步(N)】按钮。

（6）如图 11-26 所示，在【路由和远程访问服务器安装向导-名称和地址转换服务】对话框中选中【启用基本的名称和地址服务(E)】单选按钮，然后单击【下一步(N)】按钮。

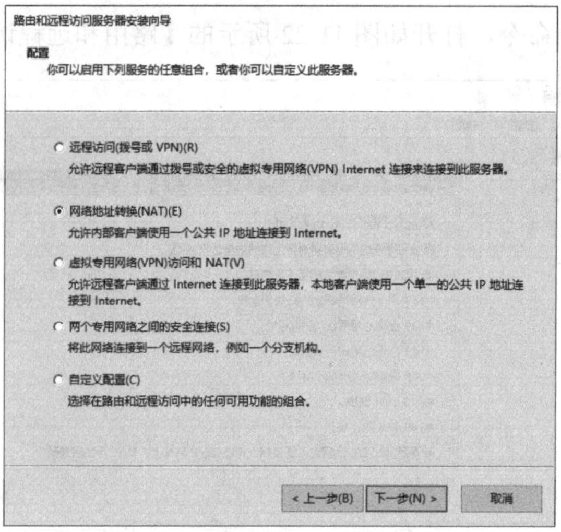

图 11-24 【配置】向导对话框

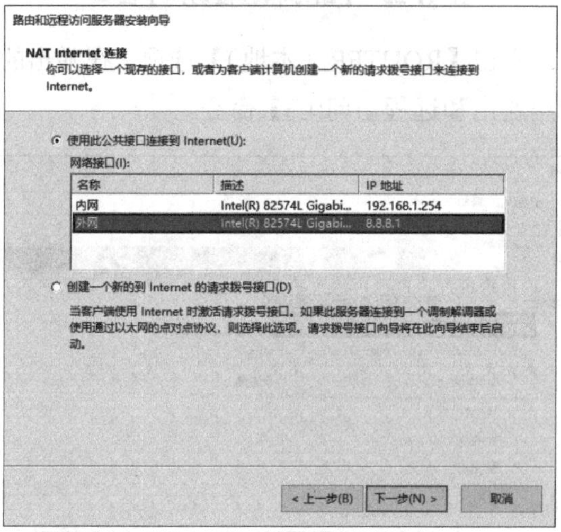

图 11-25 选择 NAT 外网接口

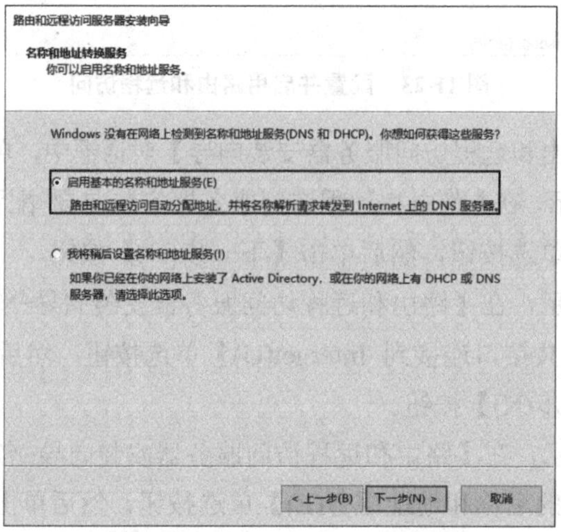

图 11-26 启用基本的名称和地址服务

（7）如图 11-27 所示，在【路由和远程访问服务器安装向导-地址分配范围】对话框中，查看网络地址和子网掩码的分配范围，确认无误后，单击【下一步(N)】按钮。

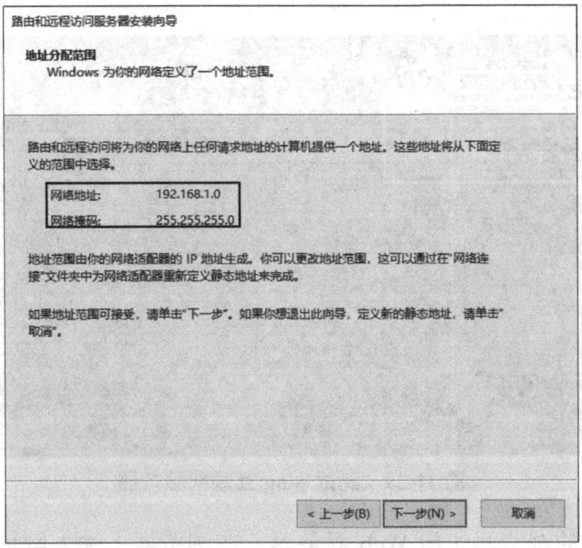

图 11-27　查看地址分配范围

（8）确认如图 11-28 所示的【摘要】内容无误后，单击【完成】按钮，完成动态 NAPT 的配置。

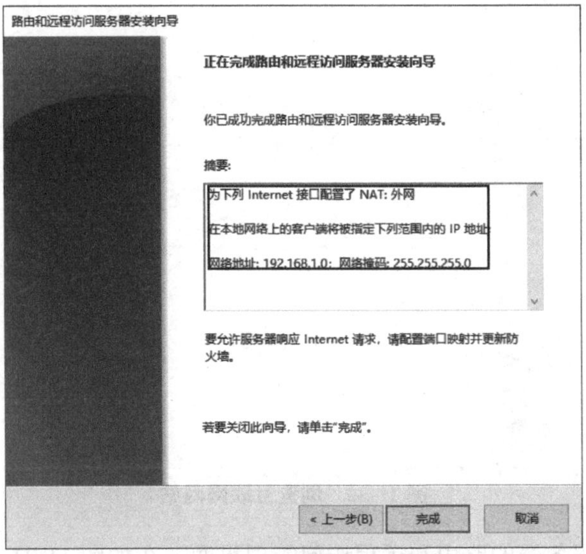

图 11-28　确认【摘要】内容

任务验证

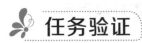

（1）在公司客户端（WIN-CLIENT）的命令行窗口中，执行 ping 8.8.8.10 命令，测试

与外网 Web 服务器 8.8.8.10 的连通性，结果如图 11-29 所示，该结果表明内网客户机和外网 Web 服务器可以正常通信了。

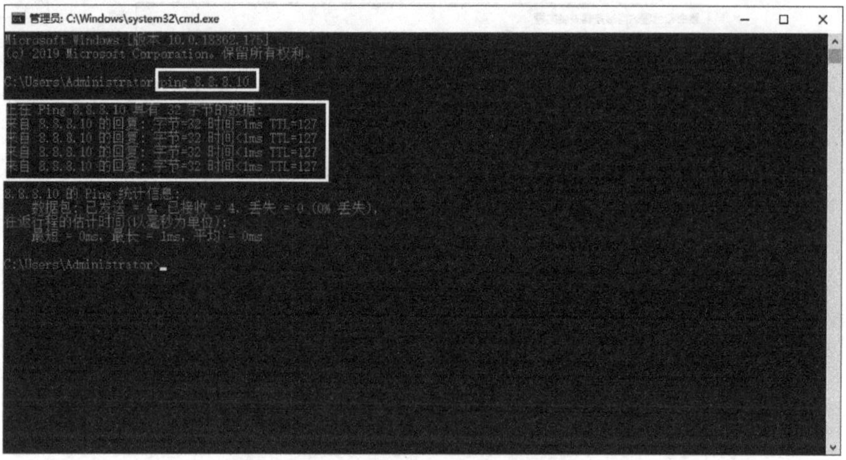

图 11-29　测试 ping 互联网服务器

（2）通过客户端的浏览器访问 Web 服务器，在浏览器上输入网址 http://8.8.8.8/，结果表明可以正常访问外部网站，如图 11-30 所示。

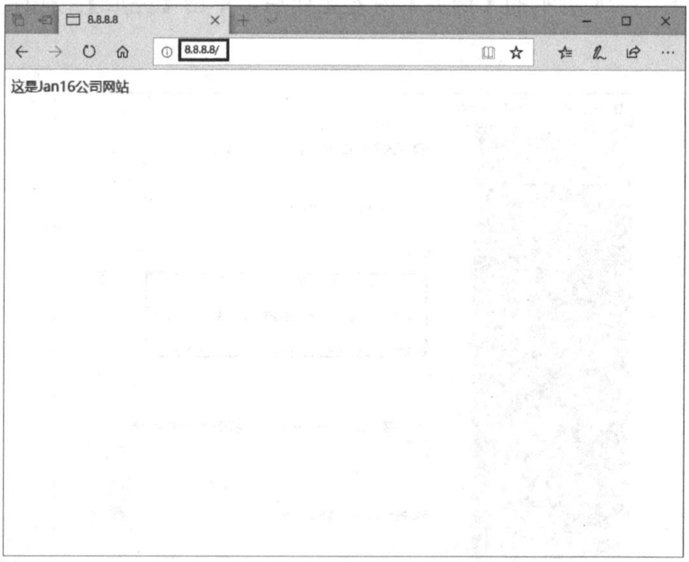

图 11-30　浏览互联网网站

（3）打开 NAT 服务器的路由和远程访问管理界面，在如图 11-31 所示的【外网】的右键快捷菜单中选择【显示映射(M)】命令，弹出【ROUTER-网络地址转换会话映射表格】对话框中可以看到内网客户机和外网 Web 站点直接的映射关系，如图 11-32 所示。

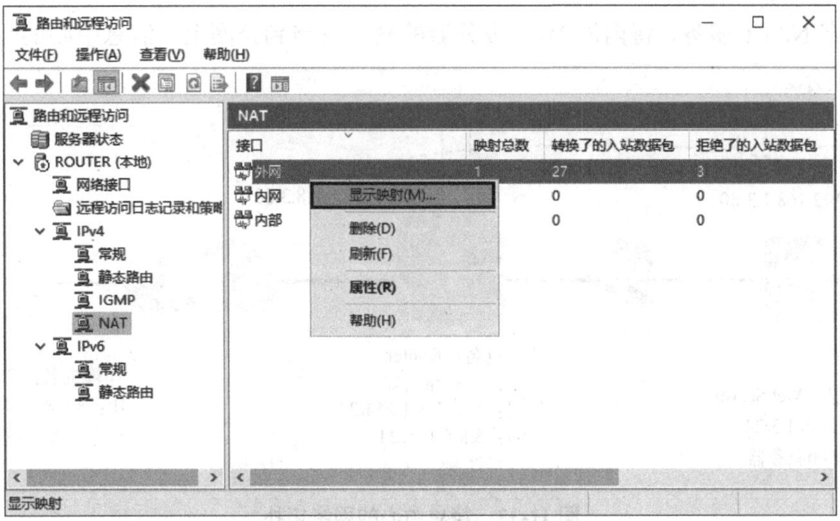

图 11-31　显示地址转换映射

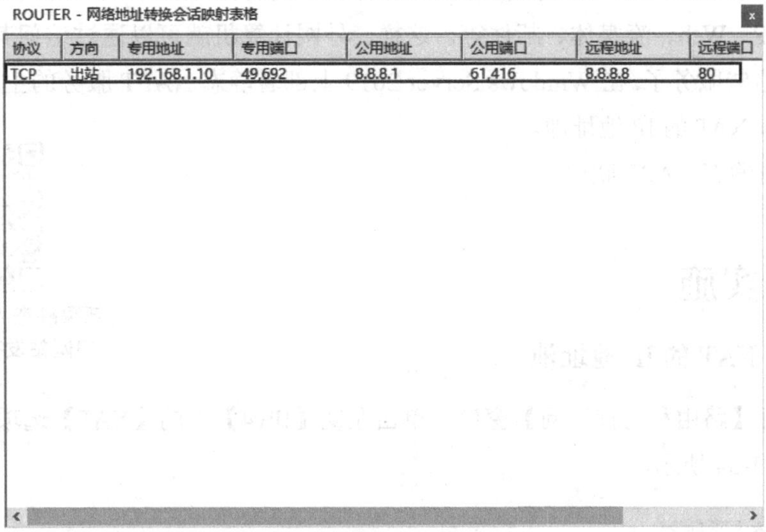

图 11-32　显示地址转换映射表

任务 11-2　部署静态 NAPT，将公司门户网站发布到 Internet 上

任务规划

公司已经在信息中心的 Web 服务器上部署了公司门户网站（http://192.168.1.3:80），为方便客户通过门户网站了解公司产品和办理相关业务，公司要求网络管理员在出口路由器

上部署静态 NAPT 服务，将内网 Web 服务器的网站发布到公网上。信息中心的网络拓扑如图 11-33 所示。

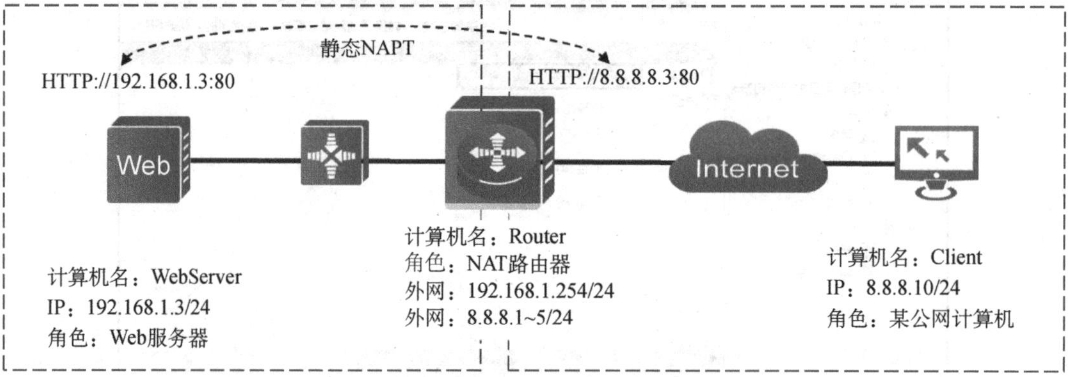

图 11-33 信息中心的网络拓扑

路由器的静态 NAPT 可以实现将内网计算机上的特定服务永久映射到外网，这些服务通常为 FTP、Web、流媒体、邮件等。这样，外网计算机就可以通过访问其映射的外网地址访问到这些服务了。在 Windows Server 2019 上部署静态 NAPT 服务的主要步骤如下。

（1）配置 NAT 的 IP 地址池。

（2）配置静态 NAPT 映射。

部署静态 NAPT，将公司门户网站发布到 Internet 上

任务实施

1. 配置 NAT 的 IP 地址池

（1）打开【路由和远程访问】窗口，单击左侧【IPv4】下的【NAT】选项，查看 NAT 信息，如图 11-34 所示。

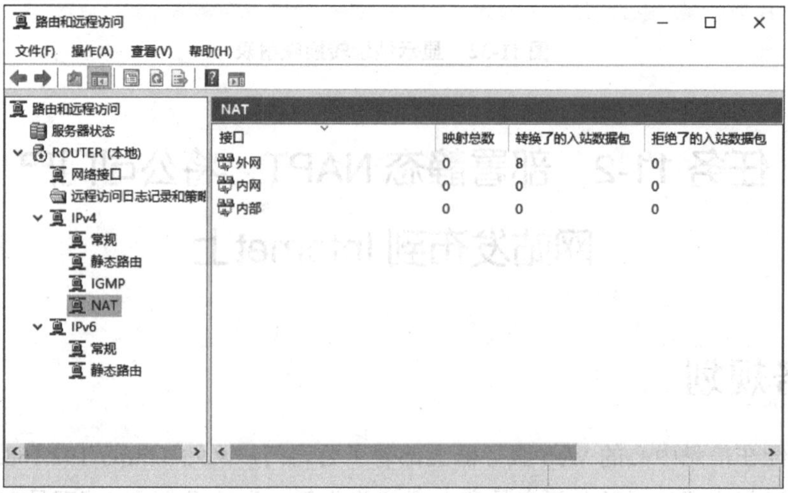

图 11-34 查看【NAT】信息

（2）如图 11-35 所示，在【外网】的右键快捷菜单中选择【属性(R)】命令。

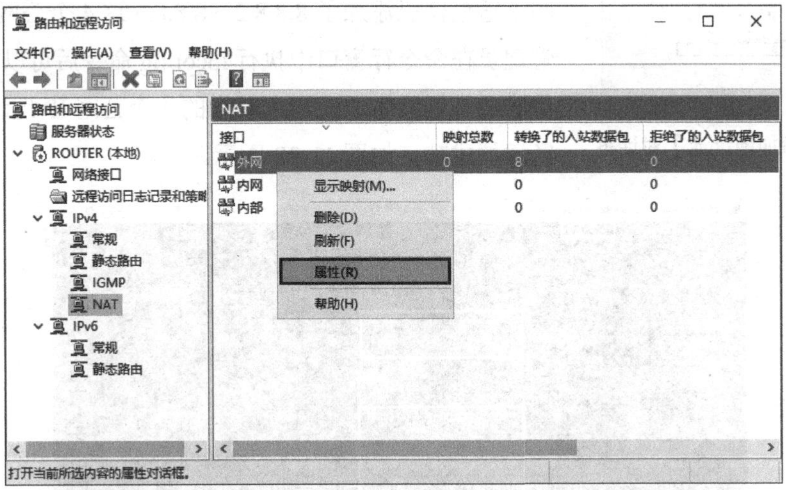

图 11-35　选择【外网】右键快捷菜单中的【属性(R)】命令

（3）在弹出的【外网 属性】对话框中打开【地址池】选项卡，如图 11-36 所示。

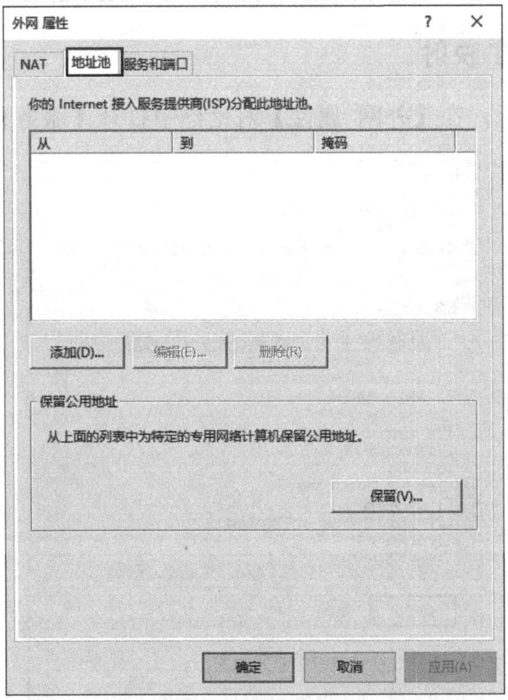

图 11-36　【地址池】选项卡

（4）单击【添加(D)】按钮，在弹出的如图 11-37 所示的【添加地址池】对话框中，输入路由器的公网起始地址和结束地址（8.8.8.2，8.8.8.5），然后单击【确定】按钮，完成 IP 地址池的配置。

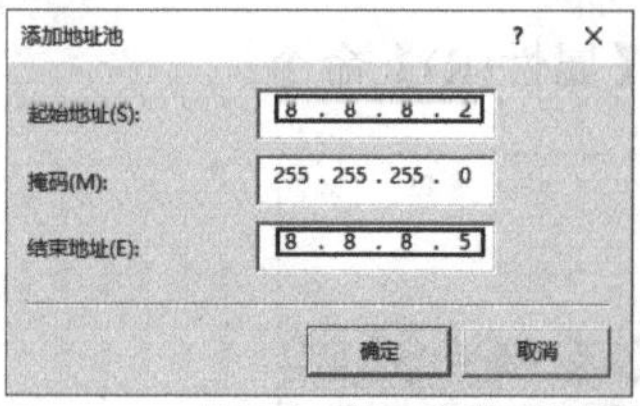

图 11-37 【添加地址池】对话框

注意：在添加 IP 地址池前，要确认 NAT 服务器的外网网络适配器已添加了 8.8.8.2～8.8.8.5 这 4 个公网 IP 地址。若管理员在命令行窗口中执行 ipconfig 命令后可以看到 NAT 服务器的外网网络适配器上新增的 4 个公网 IP 地址，则表明已经添加成功，如图 11-38 所示。

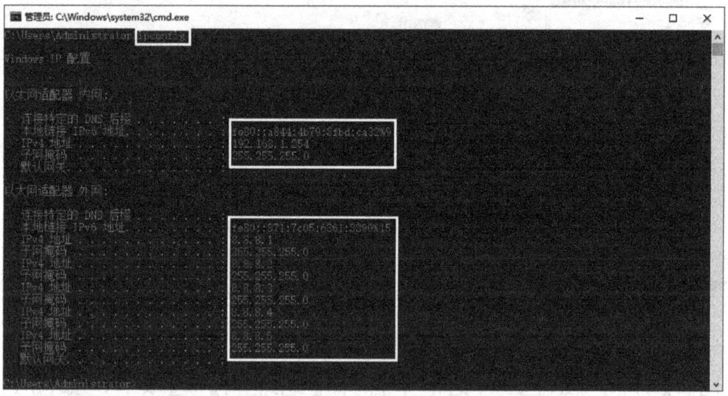

图 11-38 通过 ipconfig 命令查看 NAT 路由器的 IP 地址

2. 配置静态 NAPT 映射

（1）如图 11-39 所示，在【外网 属性】对话框中打开【服务和端口】选项卡。

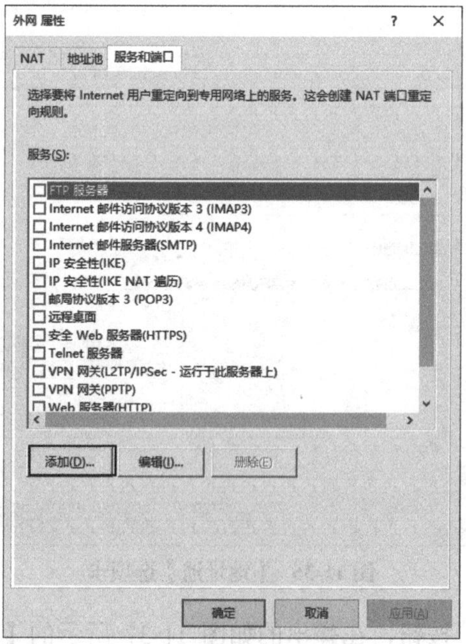

图 11-39 【服务和端口】选项卡

（2）单击【添加(D)】按钮，在弹出的如图 11-40 所示的【编辑服务】对话框中输入【服务描述】【公用地址】【协议】等信息，如图 11-40 所示。

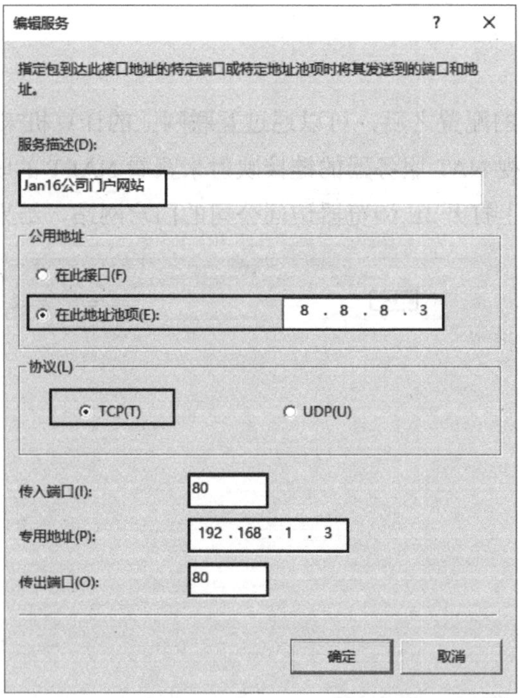

图 11-40　静态 NAPT 的 Web 映射设置

（3）单击【确定】按钮，完成静态 NAPT 的配置，结果如图 11-41 所示。

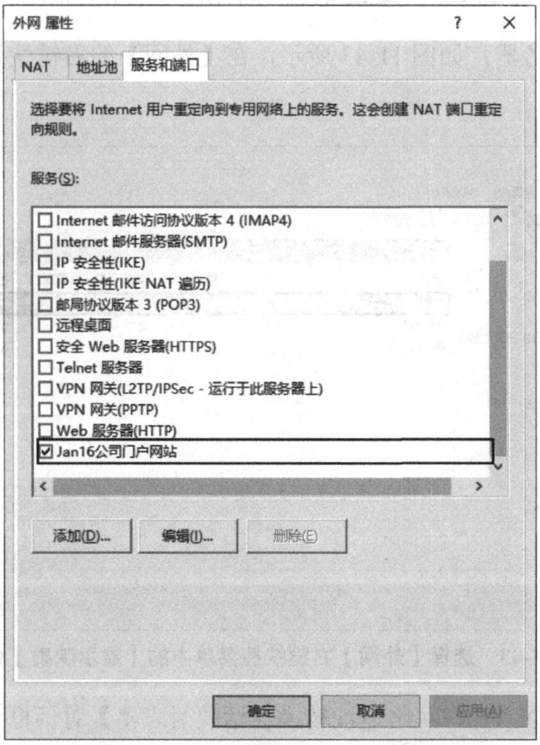

图 11-41　完成静态 NAPT 的配置

任务验证

在完成静态 NAPT 的配置之后，可以通过互联网上的计算机来测试公司网站的访问情况，同时也可以通过监视 NAT 服务器的链接映射来查看 NAPT 的映射记录。

（1）在公网计算机上打开 IE 浏览器访问公司的门户网站，结果如图 11-42 所示。

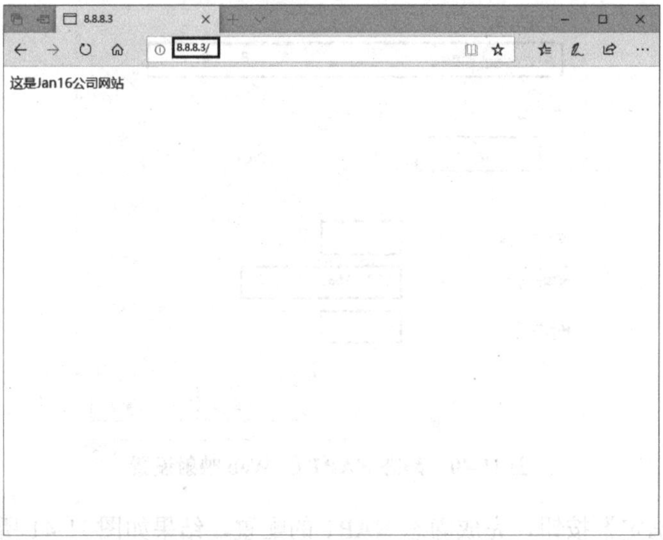

图 11-42　通过公网计算机访问公司门户网站

（2）回到 NAT 服务器，如图 11-43 所示，在【外网】的右键快捷菜单中选择【显示映射】命令。

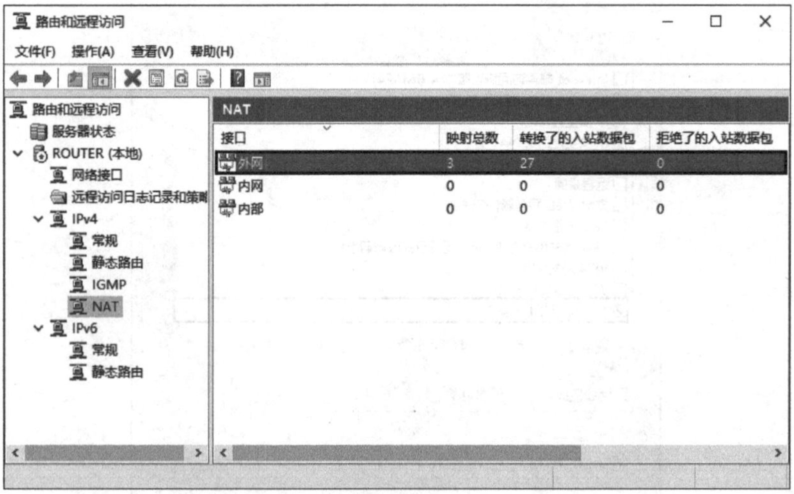

图 11-43　选择【外网】右键快捷菜单中的【显示映射】命令

（3）在弹出的【ROUTER-网络地址转换会话映射表格】对话框中，可以看到外网计算机、NAT 服务器和内网 Web 服务器的地址映射结果，如图 11-44 所示。

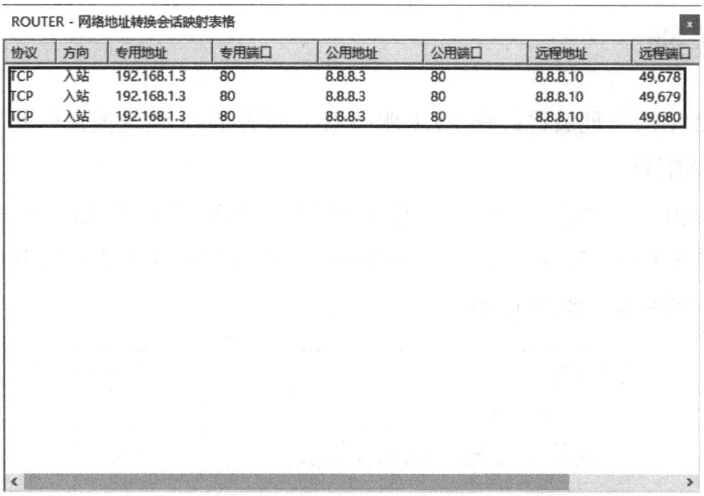

ROUTER - 网络地址转换会话映射表格

协议	方向	专用地址	专用端口	公用地址	公用端口	远程地址	远程端口
TCP	入站	192.168.1.3	80	8.8.8.3	80	8.8.8.10	49,678
TCP	入站	192.168.1.3	80	8.8.8.3	80	8.8.8.10	49,679
TCP	入站	192.168.1.3	80	8.8.8.3	80	8.8.8.10	49,680

图 11-44 查看网络地址转换会话映射表

任务 11-3 部署静态 NAT，将 FTP 服务器发布到 Internet 上

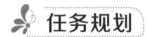

部署静态 NAT，将 FTP 服务器发布到 Internet 上

任务规划

由于公司在信息中心的 FTP 服务器兼具一些其他服务，例如非 TCP 和 UDP 服务，因此为了方便公司用户在外网访问它，公司现要求网络管理员在出口路由器上部署静态 NAT 服务，以便于公司员工在家中或出差时均能访问它。信息中心的网络拓扑如图 11-45 所示。

路由器的静态 NAT 可以实现将内网计算机永久映射到外网，因此在出口路由器上部署了静态 NAT 服务后，外网计算机就可以通过访问其映射的外网 IP 地址访问它了。在 Windows Server 2019 上部署静态 NAT 服务的主要步骤是配置静态 NAT 映射。

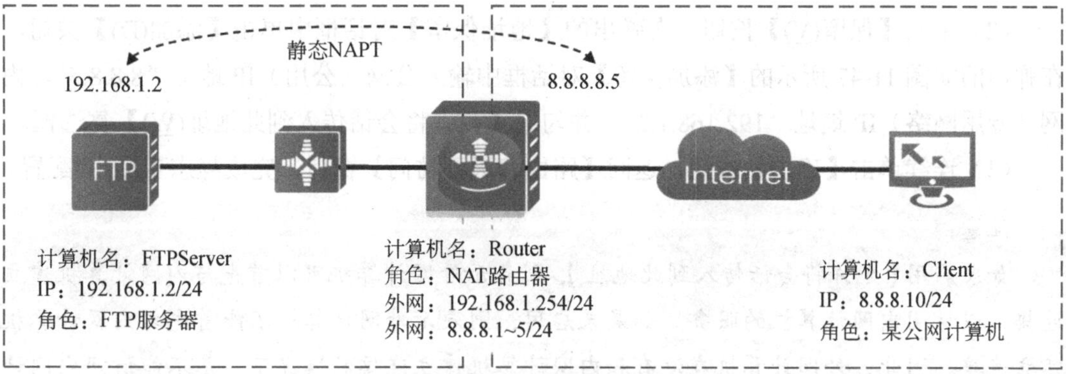

图 11-45 公司的网络拓扑

任务实施

在任务 11-2 中，管理员已经在 NAT 服务器上部署了 IP 地址池，因此本任务可以直接进行静态 NAT 的配置。

（1）打开【路由和远程访问】窗口，并依次展开【WIN-NAT-SERVER（本地）】→【IPV4】→【NAT】，然后右击【NAT】，在弹出的快捷菜单中选择【属性】命令，打开该接口属性对话框的【地址池】选项卡，如图 11-46 所示。

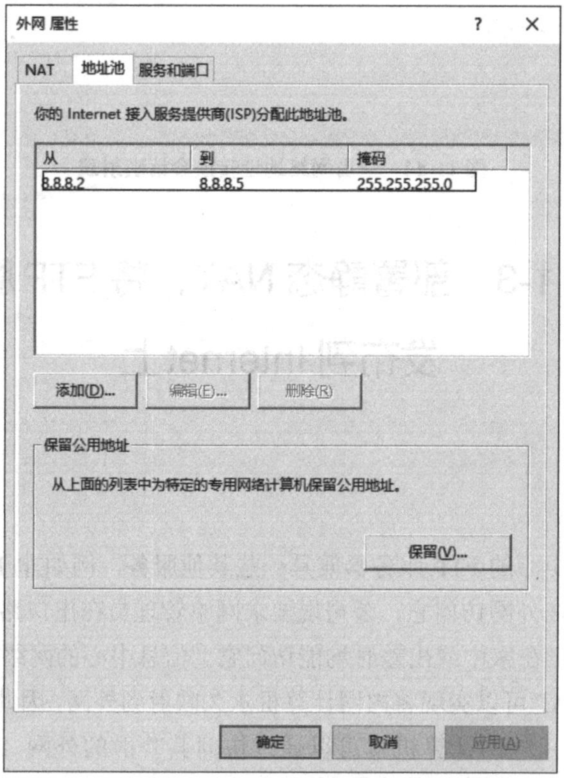

图 11-46 【NAT】接口属性对话框

（2）单击【保留(V)】按钮，在弹出的【地址保留】对话框中单击【添加(D)】按钮，在弹出的如图 11-47 所示的【添加保留】对话框中输入公网（公用）IP 地址“8.8.8.5”，内网（专用网络）IP 地址“192.168.1.2”，并勾选【允许将会话传入到此地址(W)】复选框。

（3）连续单击【确定】按钮，返回【路由和远程访问】窗口，完成静态 NAT 的配置。

注意：

如果启用【允许将会话传入到此地址】，则表示外网计算机可以首先与内网计算机建立连接，以访问内网计算机的服务。如果未启用，则表示外网计算机不能首先与内网计算机建立连接。因此，外网计算机在没有和内网计算机建立连接的情况下，是不能访问内网计算机的。

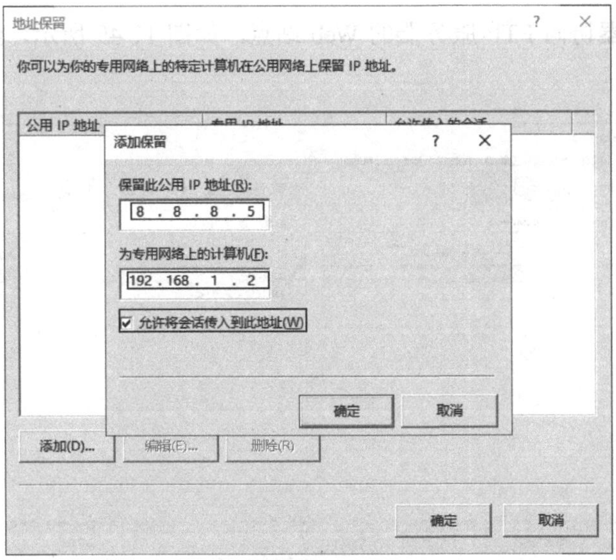

图 11-47　【添加保留】对话框

任务验证

完成静态 NAT 的配置后，可以通过一台互联网计算机测试公司 FTP 服务器的访问情况，测试方式包括访问其 FTP 站点、远程桌面登录等。访问成功后还可以在 NAT 服务器上查看地址映射表。

（1）在外网客户机打开命令行窗口，执行 ping 8.8.8.5 命令，结果如图 11-48 所示。

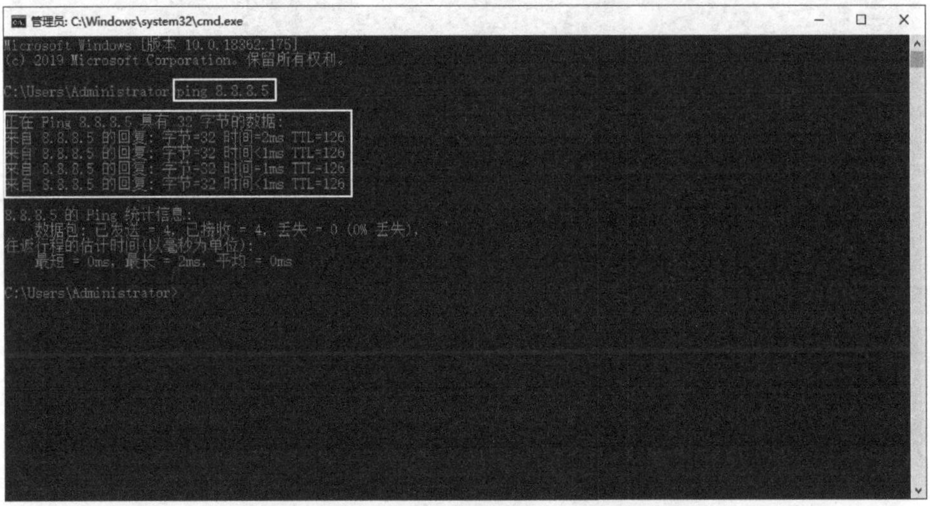

图 11-48　测试 ping 映射后的公司资料服务器

从 Ping 命令的返回 TTL 值可以看出，它经过了一台路由器的转发（TTL 原值为 126 且测试客户机也是 8.8.8.0/24 网段），根据网络拓扑，可以确定 NAT 转换成功。

（2）使用浏览器访问 FTP 服务器的 Web 站点，如图 11-49 所示，结果显示 NAT 转换成功。

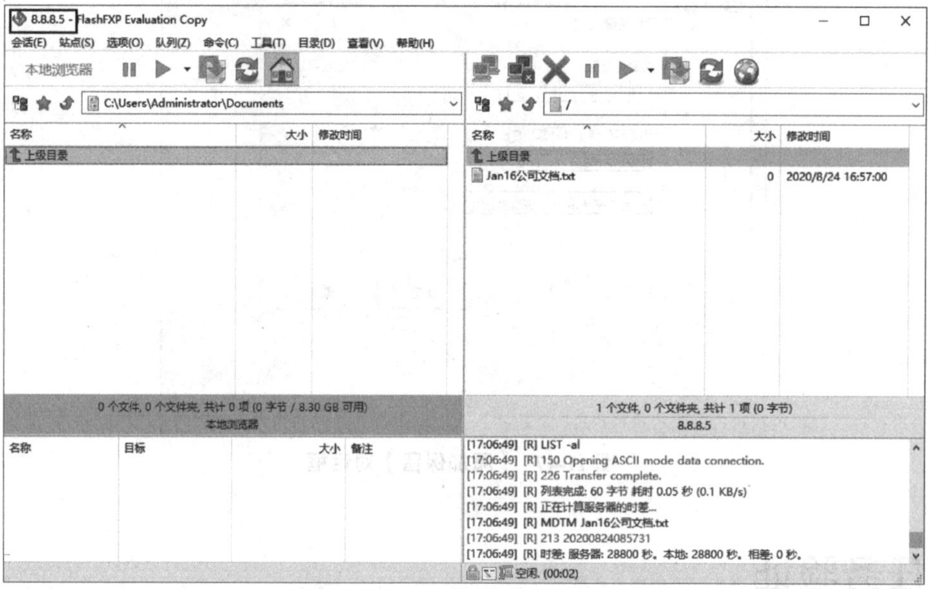

图 11-49　浏览资料服务器网站

（3）使用外网计算机通过远程桌面链接工具可以登录到公司 FTP 服务器，如图 11-50 所示，证明 NAT 转换成功。

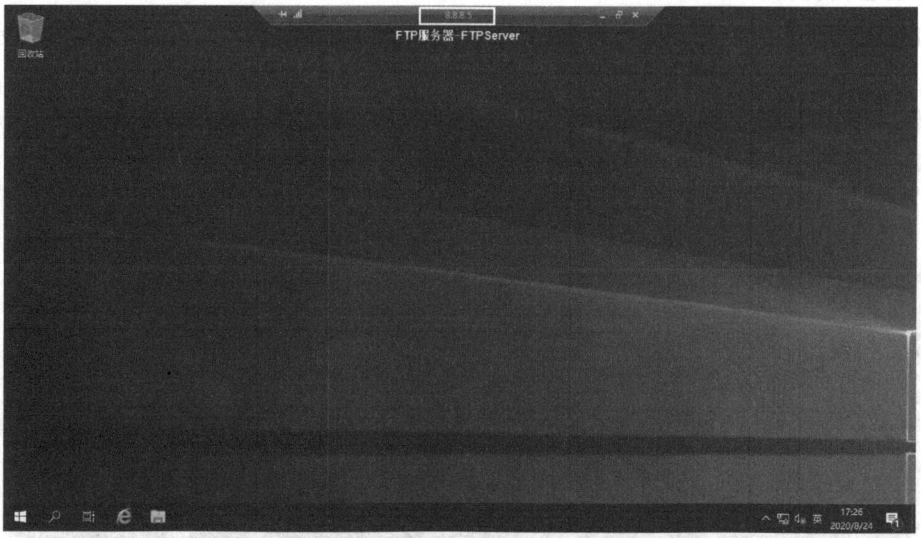

图 11-50　远程管理公司资料服务器

（4）打开 NAT 服务器的【路由和远程访问】窗口，在【外网】的右键快捷菜单中选择【显示映射】命令，在打开如图 11-51 所示的【ROUTER-网络地址转换会话映射表格】对话框中可以看到互联网客户端和内外服务器的多条映射记录。

ROUTER - 网络地址转换会话映射表格

协议	方向	专用地址	专用端口	公用地址	公用端口	远程地址	远程端口
UDP	入站	192.168.1.2	3,389	8.8.8.5	3,389	8.8.8.10	51,563
TCP	入站	192.168.1.2	21	8.8.8.5	21	8.8.8.10	49,705
TCP	入站	192.168.1.2	3,389	8.8.8.5	3,389	8.8.8.10	49,707
TCP	入站	192.168.1.2	3,389	8.8.8.5	3,389	8.8.8.10	49,708

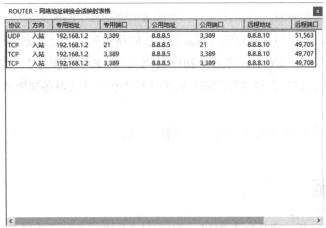

图 11-51　网络地址转换会话映射表格

任务 11-4　部署 ACL，限制其他部门访问财务部的服务器

任务规划

公司在财务部部署了一台专属服务器（IP：192.168.3.1），该服务器仅允许财务部内部的人员访问，公司要求网络管理员在财务部的出口路由器上配置 ACL 以限制其他部门访问该服务器，公司的网络拓扑如图 11-52 所示。

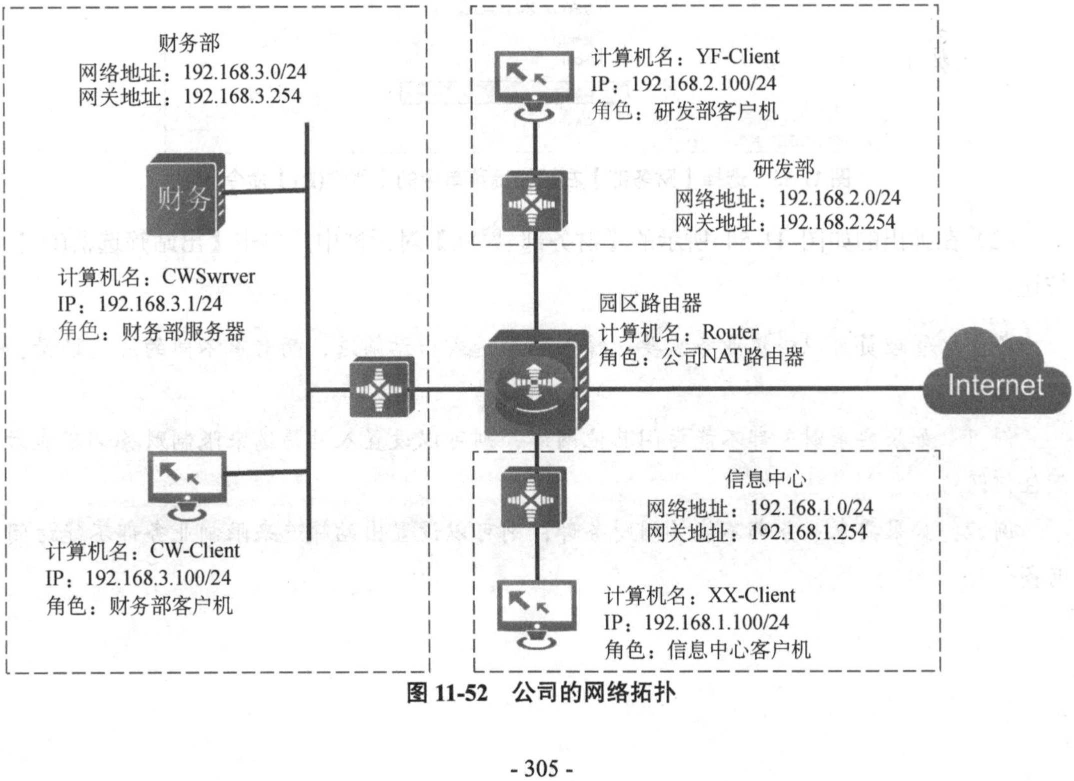

图 11-52　公司的网络拓扑

路由器的访问控制列表，可以在网络层和传输层限制各子网间的通信，在 ACL 的配置上通常采用就近原则，即在与受限制的目标直接连接的路由接口上配置访问控制列表。

因此，本任务可以在 Windows Server 2019 的路由和远程访问服务中，在与财务部直接连接的网卡上配置 ACL，限制入口方向的任何数据包都不允许访问财务部服务器，其主要步骤如下：

在路由器与财务部连接的路由接口上配置 ACL。

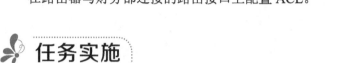

部署 ACL，限制其他部门访问财务部的服务器

任务实施

（1）打开【路由和远程访问】窗口，如图 11-53 所示，右击【财务部】接口，在弹出的快捷菜单中选择【属性(R)】命令。

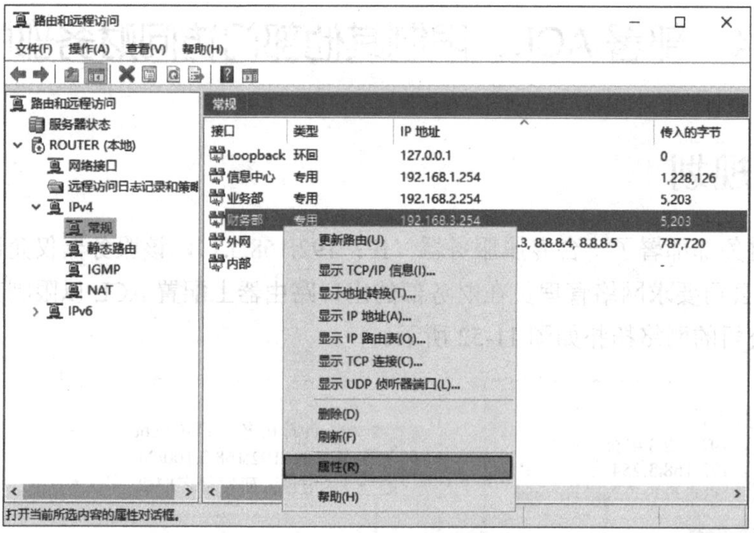

图 11-53　选择【财务部】右键快捷菜单中的【属性(R)】命令

（2）在弹出的如图 11-54 所示的【财务部 属性】对话框中，单击【出站筛选器(O)】按钮。

备注：管理员可以根据业务需要选择入站筛选或出站筛选，两者有不同的应用场景，举例如下。

例 1：如果要求财务部不能访问其他网络，则可以设置入站筛选来限制财务部不能访问任何网络。

例 2：如果要求业务部不能访问财务部，则可以设置出站筛选来限制业务部不能访问财务部。

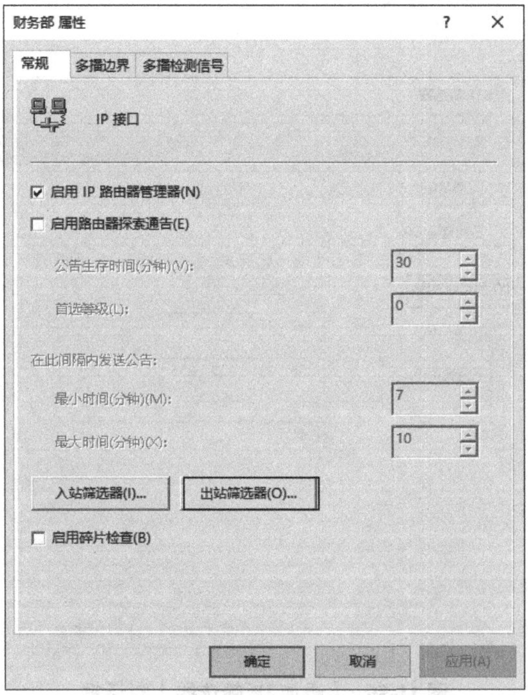

图 11-54 【财务部 属性】对话框

（3）在打开的如图 11-55 所示的【出站筛选器】对话框中，单击【新建(N)】按钮。

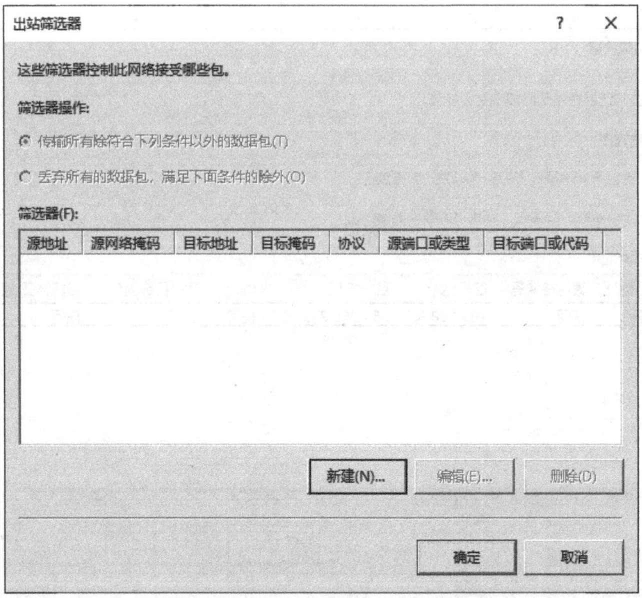

图 11-55 【出站筛选器】对话框

（4）弹出【添加 IP 筛选器】对话框，根据任务背景，要求限制其他部门不能访问财务部服务器（192.168.3.1），因此，在本对话框中应按图 11-56 设置 IP 筛选规则。这里，【源网络】不指定则表示任何网络，【目标网络】采用 32 位的掩码来表示具体的

IP 地址。

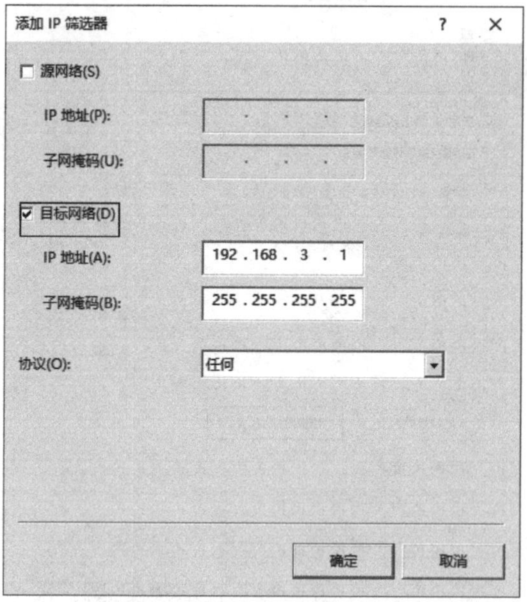

图 11-56 【添加 IP 筛选器】对话框

（5）单击【确定】按钮，返回【出站筛选器】对话框。如图 11-57 所示，选中【传输所有除符合下列条件以外的数据包(I)】单选按钮。根据任务背景，该选项正好满足任务要求。

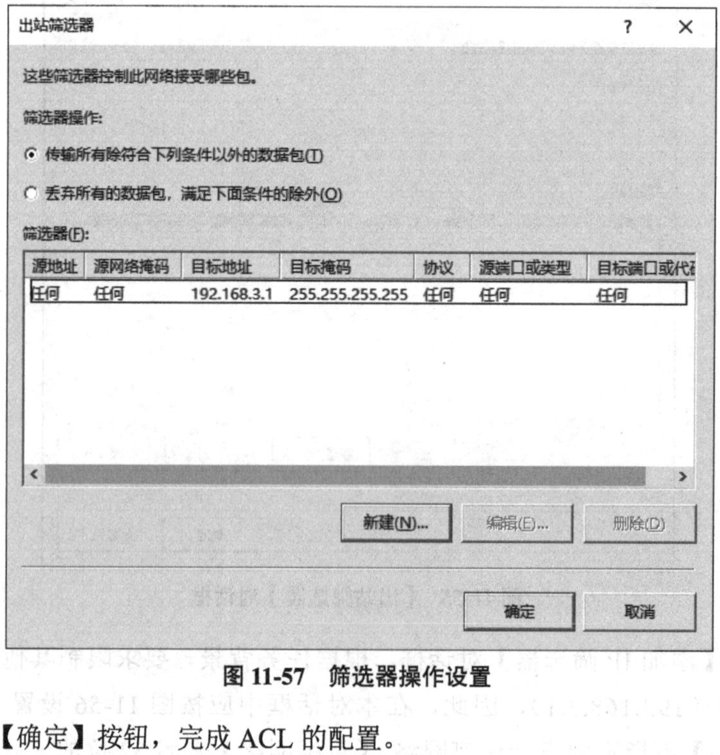

图 11-57 筛选器操作设置

（6）单击【确定】按钮，完成 ACL 的配置。

任务验证

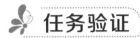

（1）公司其他部门的客户机通过执行 ping 192.168.3.100 命令访问财务部的一台客户机时，可以连通；而公司其他部门的客户机通过执行 ping 192.168.3.1 命令，访问财务部的服务器时，无法联通。由此说明，路由器丢弃了其他部门的客户机访问财务部服务器的数据包，结果如图 11-58 所示。

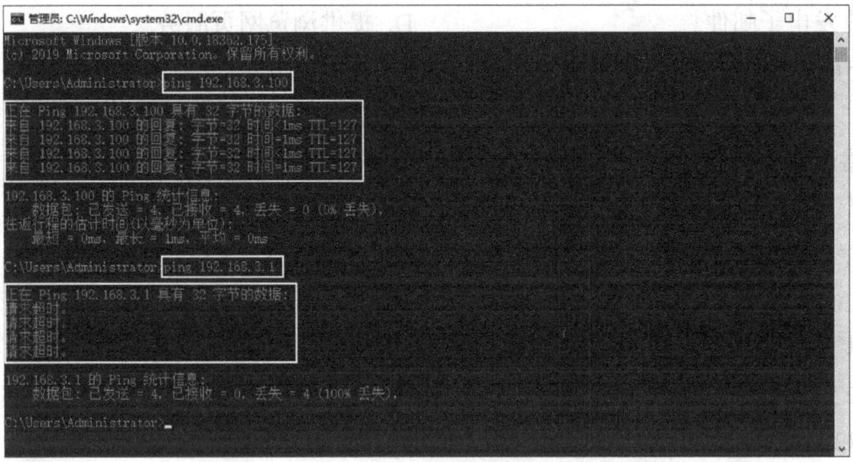

图 11-58　公司其他部门的客户机测试财务部服务器和财务部客户机的连通性

（2）在路由器的【路由和远程访问】窗口中，可以看到【财务部】接口启用了【静态筛选器】，如图 11-59 所示。

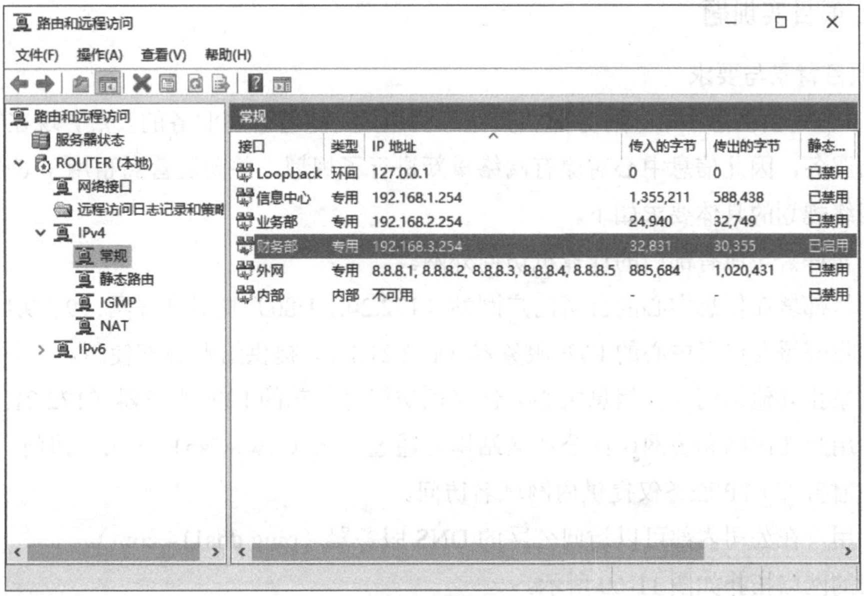

图 11-59　【静态筛选器】已启用

练习与实践 11

一、理论题

1. NAT 的英文全称是 Network Address Translation，中文意思是（　　）。

A. 网络地址转换　　B. 域名解析

C. 收发电子邮件　　D. 提供浏览网页服务

2. 不能实现网络地址转换的设备是（　　）。

A. 二层交换机　　B. 三层交换机

C. 路由器　　D. 防火墙

3. 以下（　　）不是 NAT 技术的分类。

A. 静态 NAT　　B. 动态 NAT

C. NAPT　　D. 全面 NAT

4. 以下 IP 地址中，属于私网 IP 地址的是（　　）。

A. 192.169.1.1　　B. 11.10.1.1

C. 172.31.1.1　　D. 172.32.1.1

5. NAT 技术在一定程度上解决了（　　）不足的问题。

A. 私网地址　　B. 公网地址

C. TCP 端口　　D. UDP 端口

二、项目实训题

1. 项目背景与要求

Jan16 公司由信息中心、财务部和其他部门组成。随着公司业务的发展，现在需要对外提供网站服务，因此信息中心对原有网络重新进行了规划，并向运营商租用了 6 个公网 IP 地址，网络规划的具体要求如下。

（1）允许公司所有部门的计算机访问外网。

（2）将部署在信息中心的公司门户网站（172.20.1.1:80）映射到外网（9.9.9.1:80）。

（3）将部署在信息中心的 FTP 服务器（172.21.1.1）提供给财务部使用。

（4）禁止其他部门（含信息中心）计算机访问财务部的 FTP 服务器（172.21.1.1）。

（5）用户在内网和公网访问公司网站均可通过域名（www.Jan16.com）访问。

（6）财务部 FTP 服务仅提供内网域名访问。

（7）用户在公司内部可以访问公网的 DNS 服务器（ping dns114.com）。

公司的网络拓扑如图 11-60 所示。

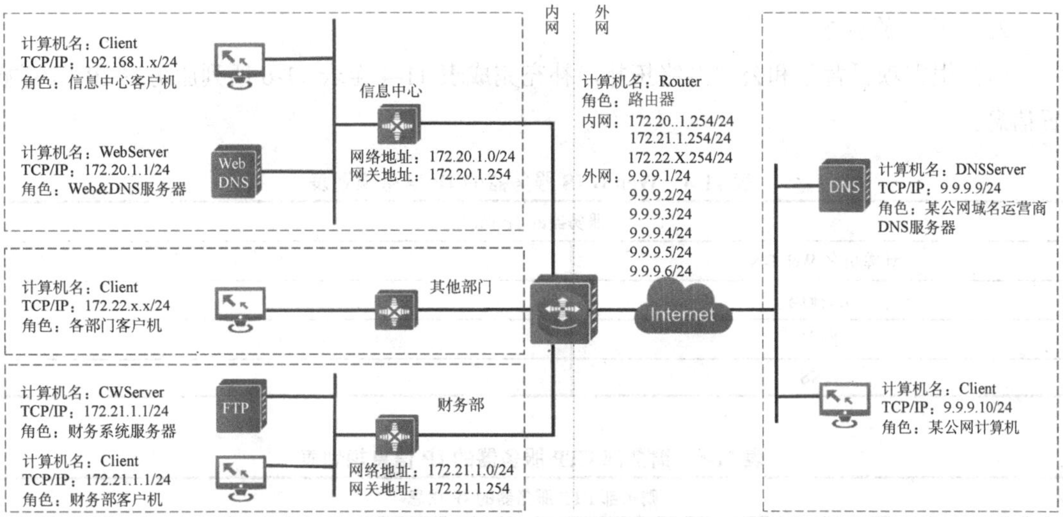

图 11-60　公司的网络拓扑

公司网络拓扑的详细信息如下。

（1）公司网络规划为 3 个网段，分别为 172.20.1.0/24、172.21.1.0/24 和 172.22.1.0/24，内网的私有 IP 地址规划如表 11-1 所示。

表 11-1　公司内网私有 IP 地址规划表

部门	内网私有地址网段
信息中心	172.20.1.0/24
财务部	172.21.1.0/24
其他部门	172.22.1.0/24

（2）为方便员工和客户访问公司资源，信息中心部署了 Web、FTP 和 DNS 服务，详细信息如表 11-2 所示。

表 11-2　公司内网域名和 IP 信息表

域名	IP 地址	角色	内网计算机名称
WWW.Jan16.com	172.20.1.1	Web 服务器	Web
FTP.Jan16.com	172.21.1.1	财务处 FTP 服务器	FTP
DNS.Jan16.com	172.20.1.1	DNS 服务器	DNS

（3）某公网运营商为公司提供了公网域名和 IP 地址租用服务，公网 DNS 服务器注册的域名信息如表 11-3 所示：

表 11-3　公网 DNS 服务器注册的域名信息表

域名	IP 地址	NAT 方式	应用
WWW.Jan16.com	9.9.9.1	静态 NAPT	公司网站
DNS114.com	9.9.9.9	/	公网 DNS 服务器

2. 项目实施要求

（1）根据项目背景和公司网络拓扑，补充完成表 11-4 至表 11-6 所列服务器 IP 相关配置信息。

表 11-4　Web DNS 服务器的 IP 信息规划表

服务器的 IP 信息	
计算机名 Web DNS	
IP/掩码	
网关	
DNS	

表 11-5　财务部 FTP 服务器的 IP 信息规划表

财务部 FTP 服务器的 IP 信息	
计算机名	
IP/掩码	
网关	
DNS	

表 11-6　公网 DNS 服务器的 IP 信息规划表

公网 DNS 服务器的 IP 信息	
计算机名	
IP/掩码	
网关	
DNS	

（2）根据项目要求，给各计算机配置 IP、DNS、路由等实现相互通信和服务发布。（备注：至少要运行 4 台服务器，如果实训硬件配置不足，其他客户机可以省略。）完成后，截取以下结果。

① 在内网 DNS 服务器截取 DNS 服务器管理器中的转发器配置界面；

② 在内网 DNS 服务器截取 DNS 服务器管理器中的正向查找区域所有区域的管理视图；

③ 在公网 DNS 服务器截取 DNS 服务器管理器中的正向查找区域所有区域的管理视图；

④ 在内网 Web DNS 服务器的命令行窗口运行 ping www.jan16.com 的结果；

⑤ 在公网 DNS 服务器的命令行窗口运行 ping www.jan16.com 的结果；

⑥ 在内网 Web DNS 服务器的命令行窗口运行 ftp ftp.jan16.com 的结果；

⑦ 在内网 Web DNS 服务器的命令行窗口运行 ping dns114.com 的结果；

⑧ 在路由器 Router 的命令行窗口运行 Route Print 的结果；

⑨ 在路由器 Router 的路由与远程访问管理窗口中截取 NAT 配置的主要界面（至少包括地址池、映射关系、ACL 等关键信息）。

项目 12　部署企业的邮件服务

项目学习目标

（1）掌握 POP3 和 SMTP 服务的概念与应用。
（2）掌握电子邮件系统的工作原理与应用。
（3）掌握商用 WinWebMail 邮件服务产品的部署与应用。
（4）掌握企业网邮件服务的部署业务实施流程。

项目教学课件

项目描述

Jan16 公司的员工早期都是使用个人邮箱与客户沟通的，由于公司员工岗位发生变动，客户再通过原邮件地址同公司联系时，往往会因原员工离职造成沟通不畅，这将导致客户体验感降低甚至流失客户。为此，公司期望部署企业邮箱系统，统一邮件服务地址，实现岗位与企业邮件系统的对接，这样人事变动就不会影响客户与公司的邮件沟通。公司邮件服务系统的网络拓扑如图 12-1 所示。

公司邮件服务系统的部署，可以通过以下两种方式实现。

（1）运用 Windows Server 2019 服务器上 POP3 与 SMTP 角色和功能，实现邮件服务的部署。

（2）在服务器上安装第三方邮件服务软件，如 WinWebMail 实现邮件服务。

部署完成后，公司要求决策部门通过体验两种邮件服务，综合对比，最终确定公司邮件服务产品的选型。

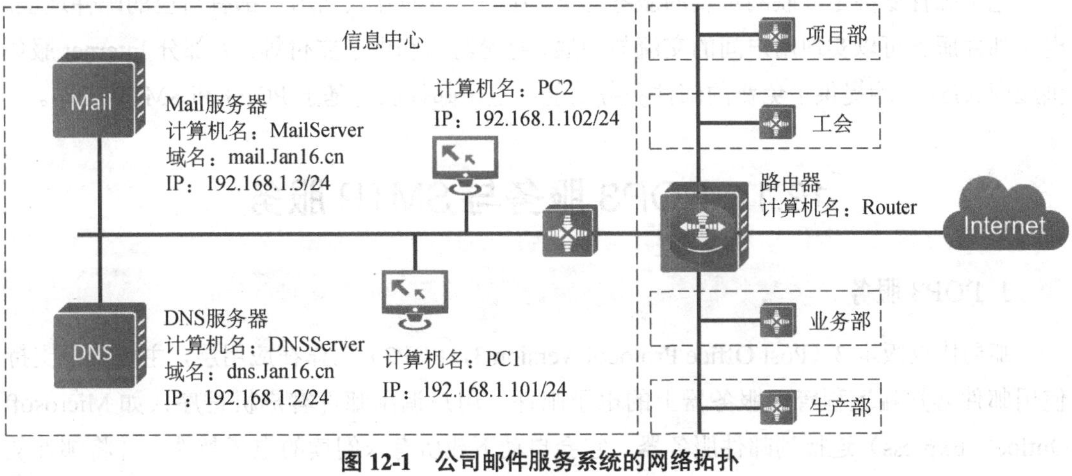

图 12-1　公司邮件服务系统的网络拓扑

项目分析

应用电子邮件服务之前需要在服务器上安装电子邮件服务角色和功能，目前被广泛采用的电子邮件服务产品有 WinWebMail、Microsoft Exchange、Microsoft POP3 和 SMTP 等。

电子邮件需使用域名进行通信，该服务需要 DNS 服务的支持，因此，网络管理员可以在 Windows Server 2019 服务器上安装 POP3 与 SMTP 的角色和功能，并在 DNS 服务器上注册邮件服务相关域名信息即可搭建一个简单的邮件服务；也可以在 Windows Server 2019 服务器上安装第三方邮件服务软件（如 WinWebMail）实现邮件服务的部署，并在 DNS 服务器上注册邮箱服务相关域名信息来搭建一个第三方邮件服务。

本项目要求部署两种邮件服务，第一种为 Windows Server 2019 系统自带的邮件服务功能，第二种为第三方邮件服务产品。

Windows Server 2019 自带的邮件服务在使用功能、便捷性等方面相对于专业的电子邮件服务稍显不足，为此绝大部分企业均部署了专门的电子邮件服务。

本项目根据该公司邮件服务系统的网络拓扑，通过以下两种方式来实现邮件服务的部署。

（1）Windows Server 2019 电子邮件服务的安装与配置：在 Windows Server 2019 服务器上安装 POP3 与 SMTP 角色和功能实现邮件服务的部署，并在 DNS 服务器上注册邮箱服务相关信息实现邮件服务。

（2）WinWebMail 邮件服务器的安装及配置：在 Windows Server 2019 服务器上安装 WinWebMail 邮件服务软件，并在 DNS 服务器上注册邮箱服务相关信息，实现第三方邮件服务的部署。（注：WinWebMail 不是微软自带的组件，需要单独下载。）

相关知识

电子邮件服务是互联网重要的服务之一，几乎所有的互联网用户都有自己的邮件地址。电子邮件服务可以实现用户间的交流与沟通、身份验证和电子支付等，大部分 Internet 服务供应商（ISP）均提供了免费的邮件服务功能，电子邮件服务基于 POP3 和 SMTP 工作。

12.1 POP3 服务与 SMTP 服务

1. POP3 服务

邮局协议版本 3（Post Office Protocol-Version 3，POP3）工作在应用层，主要用于支持使用邮件客户端远程管理服务器上的电子邮件。用户调用邮件客户机程序（如 Microsoft Outlook Express）连接到邮件服务器，它会自动下载所有未阅读的电子邮件，并将邮件从邮件服务器端存储到本地计算机，以方便用户“离线”处理邮件。

2. SMTP 服务

简单邮件传输协议（Simple Mail Transfer Protocol，SMTP）工作在应用层，它基于 TCP 提供可靠的数据传输服务，把邮件消息从发信人的邮件服务器传送到收信人的邮件服务器。

电子邮件系统发邮件时是根据收信人的地址后缀来定位目标邮件服务器的，SMTP 服务器是基于 DNS 中的邮件交换（MX）记录来确定路由的，然后通过邮件传输代理程序将邮件传送到目的地。

3. POP3 和 SMTP 的区别与联系

POP3 允许在电子邮件客户端下载服务器上的邮件，但是在客户端的操作（如移动邮件、标记已读等）不会反馈到服务器上。比如通过客户端收取了邮箱中的 3 封邮件并移动到其他文件夹，但邮箱服务器上的这些邮件是没有被移动的。

SMTP 是一组用于从源地址到目的地址传输邮件的规范，它帮助计算机在发送或中转信件时找到下一个目的地，然后通过 Internet 将其发送到目的服务器。SMTP 服务器就是遵循 SMTP 发送邮件的服务器。

SMTP 服务实现了在服务器之间发送和接收电子邮件，而 POP3 服务实现了电子邮件从邮件服务器存储到用户的计算机上。

12.2　电子邮件系统及其工作原理

1. 电子邮件系统概述

电子邮件系统由以下 3 个组件组成：POP3 电子邮件客户端、简单邮件传输协议（SMTP）服务及 POP3 服务。对电子邮件系统组件的描述如表 12-1 所示。

表 12-1　电子邮件系统组件描述表

组件	描述
POP3 电子邮件客户端	POP3 电子邮件客户端是用于读取、撰写及管理电子邮件的软件。 POP3 电子邮件客户端从邮件服务器检索电子邮件，并将其传送到用户的本地计算机上，然后由用户进行管理。例如，Microsoft Outlook Express 就是一种支持 POP3 的电子邮件客户端
SMTP 服务	SMTP 服务是使用 SMTP 将电子邮件从发件人传送到收件人的电子邮件传输系统。 POP3 服务使用 SMTP 服务作为电子邮件传输系统。用户在 POP3 电子邮件客户端撰写电子邮件，然后当用户通过 Internet 或网络连接到邮件服务器时，SMTP 服务将提取电子邮件，并通过 Internet 将其传送到收件人的邮件服务器中
POP3 服务	POP3 服务是使用 POP3 将电子邮件从邮件服务器下载到用户本地计算机上的电子邮件检索系统。 用户电子邮件客户端和电子邮件服务器之间的连接由 POP3 控制

2. 电子邮件系统的工作原理

下面以图 12-2 所示的案例为例，具体说明电子邮件系统的工作原理。

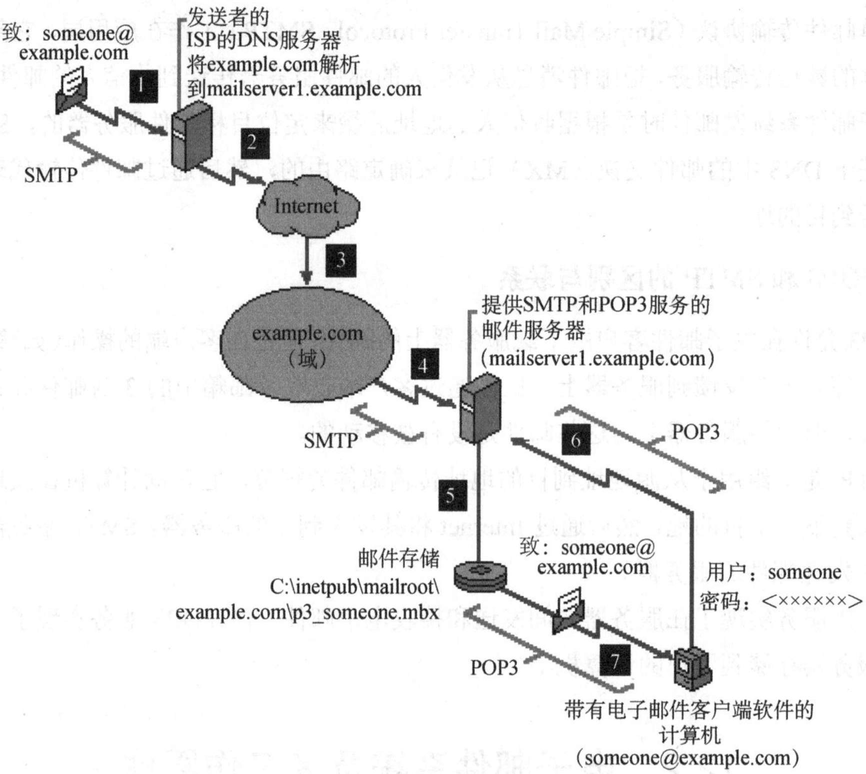

图 12-2　电子邮件系统案例

（1）用户通过电子邮件客户端将电子邮件发送到 someone@example.com。

（2）SMTP 服务提取该电子邮件，并通过域名 example.com 获知该域的邮件服务器域名为 mailserver1.example.com，然后将该邮件发送到 Internet，目标地址为 mailserver1.example.com。

（3）电子邮件发送给 mailserver1.example.com 邮件服务器，该服务器是运行 POP3 服务的邮件服务器。

（4）someone@example.com 的电子邮件由 mailserver1.example.com 邮件服务器接收。

（5）mailserver1.example.com 将邮件转到邮件存储目录，每个用户都有一个专门的存储目录。

（6）用户 someone 连接到运行 POP3 服务的邮件服务器，POP3 服务会验证用户 someone 的身份，然后决定接受或拒绝该连接。

（7）如果连接成功，用户 someone 所有的电子邮件将从邮件服务器下载到该用户的本地计算机上。

任务 12-1 Windows Server 2019 电子邮件服务的安装与配置

任务规划

根据公司电子邮件服务的拓扑规划，在公司邮件服务器上部署 Windows Server 2019 的 POP3 与 SMTP 角色和功能，实现邮件服务的部署。

使用 Windows Server 2019 系统自带的 POP3 和 SMTP 服务部署公司的邮件服务，具体包括以下几个步骤。

（1）在邮件服务器上安装 POP3、SMTP 角色和功能。

（2）配置邮件服务器并创建用户。

（3）在 DNS 服务器上为邮件服务器注册 DNS。

（4）在邮件服务器上注册测试账户 user1 和 user2。

Windows Server 2019 电子邮件服务的安装与配置

任务实施

1. 在邮件服务器上安装 POP3、SMTP 角色和功能

（1）打开邮件服务器 MailServer 的【服务器管理器】窗口，单击【添加角色和功能】链接。

（2）在弹出的【添加角色和功能向导】对话框中，采用默认设置，持续单击【下一步】按钮，直到进入【选择服务器角色】界面，选择【Web 服务器(IIS)】，然后单击【下一步】按钮。

（3）在【功能】中，选择【SMTP 服务器】，然后单击【下一步】按钮。

（4）在后续向导中，采用默认设置，单击【下一步】按钮，直到完成安装。

（5）在【服务器管理器】窗口中，单击【工具(T)】按钮，在其下拉式菜中选择【Internet Information Services(IIS) 6.0 管理器】命令，打开【Internet Information Services(IIS) 6.0 管理器】窗口，右击【SMTP Virtual Server #1】，然后在弹出的快捷菜单中选择【属性(R)】命令，如图 12-3 所示。

（6）在弹出的如图 12-4 所示的【[SMTP Virtual Server #1]属性】对话框中，设置【IP 地址(p)】为“192.168.1.3”，单击【确定】按钮完成 SMTP 服务器的 IP 地址绑定。

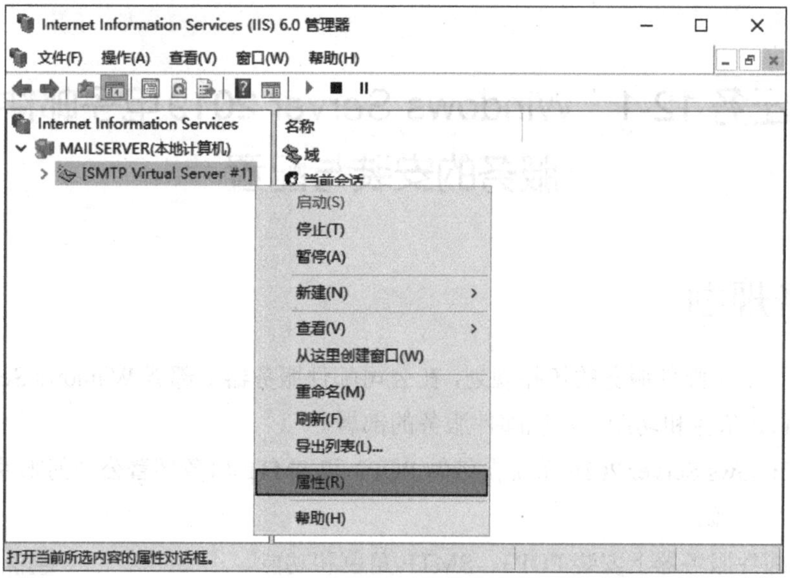

图 12-3 【SMTP Virtual Server #1】右键快捷菜单

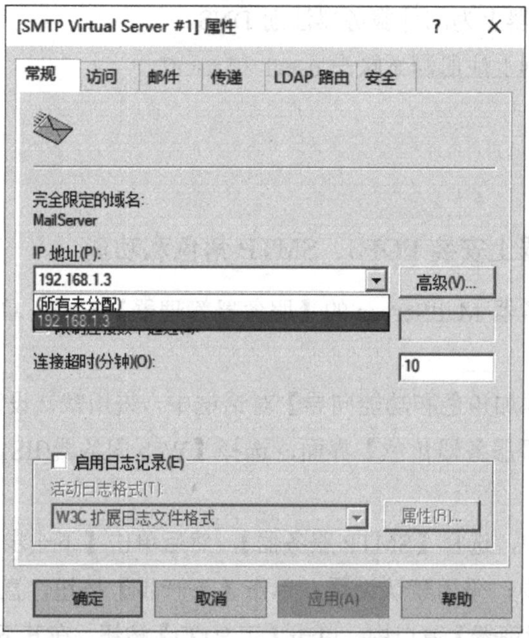

图 12-4 【[SMTP Virtual Server #1]属性】对话框

（7）如图 12-5 所示，右击【域】选项，在弹出的快捷菜单中选择【新建(N)】子菜单下的【域...】命令。

（8）在【新建 SMTP 域向导】对话框中，选择【别名】选项，然后单击【下一步】按钮，在【名称(M)】文本框中输入“Jan16.cn”，最后单击【完成】按钮，完成本地别名域的创建。

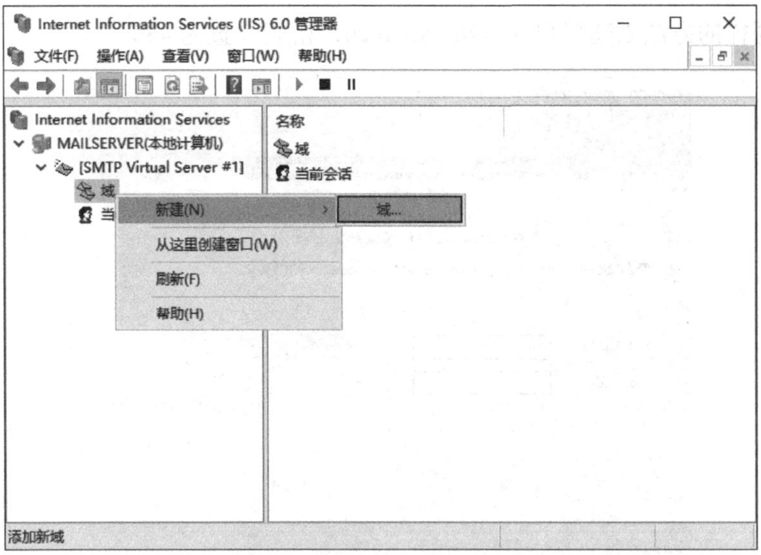

图 12-5　【域】快捷菜单

2. 配置邮件服务器并创建用户

由于 Windows Server 2019 没有集成 POP3 服务，所以 POP3 服务器需要使用第三方的安装包 VisendoSMTPExtender_plus_x64.msi，该安装包需到其官网上下载，并按默认设置安装完成。Visendo SmtpExtender Plus 控制台的管理界面如图 12-6 所示。

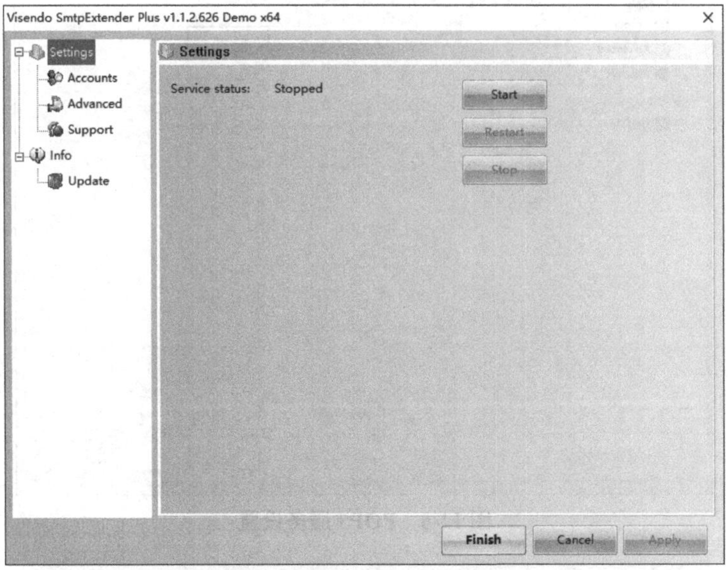

图 12-6　Visendo SmtpExtender Plus 控制台的管理界面

（1）单击【Accounts】选项，打开如图 12-7 所示的账号创建向导对话框，选中【Single account】单选按钮，在【E-Mail address】文本框中输入“user1@Jan16.cn”，在【Password】文本框中输入“123”，单击【完成】按钮完成账号创建。

（2）按同样的方法创建账户 user2@Jan16.cn，密码设置为 456。

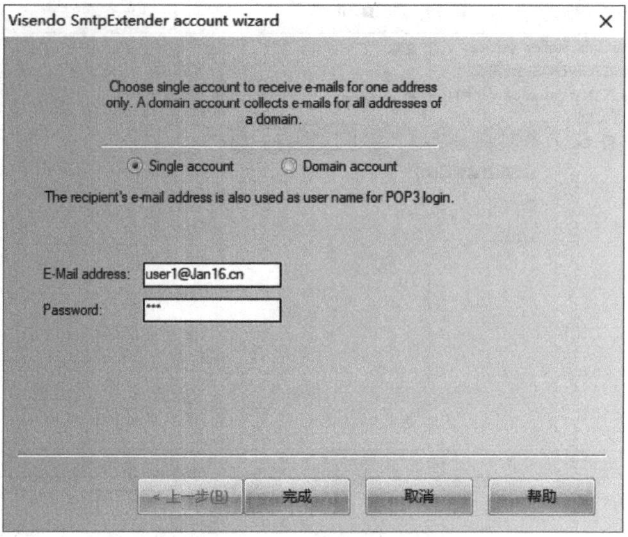

图 12-7　账号创建向导对话框

（3）单击如图 12-8 所示【Settings】选项，然后单击【Start】按钮，启动 POP3 服务，最后单击【Finish】按钮，完成设置。

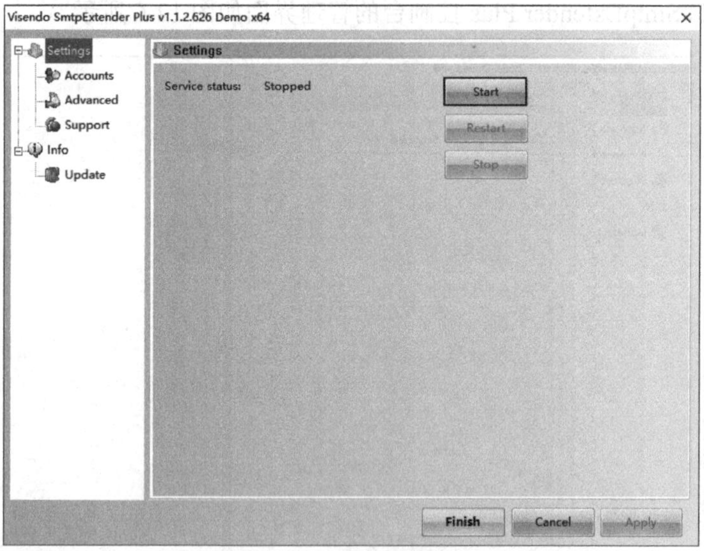

图 12-8　POP3 服务设置

（4）在 Windows Server 2019 系统的【服务器管理器】窗口，单击【工具(T)】菜单，在其下拉式菜单中选择【服务】命令，打开【服务】窗口，从中可以看到【简单邮件传输协议(SMTP)】服务和【Visendo SMTP Extender Service 2020】服务都为正在运行状态，分别如图 12-9 和图 12-10 所示。

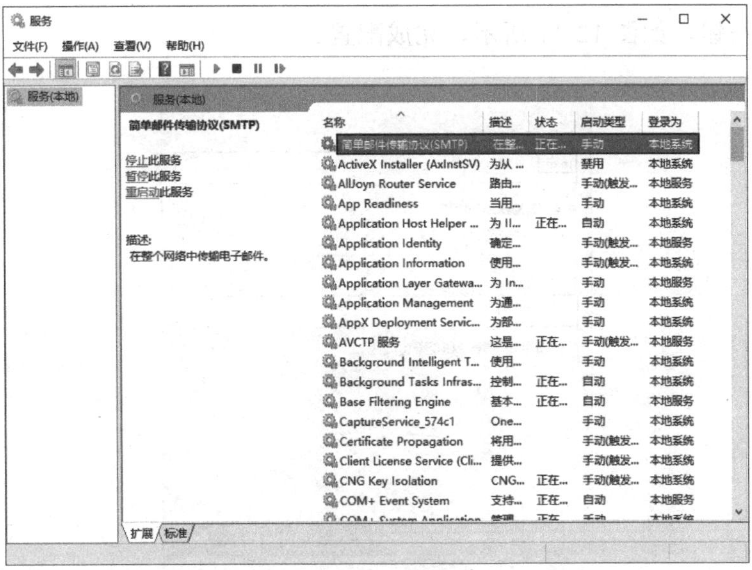

图 12-9　【简单邮件传输协议(SMTP)】服务运行状态

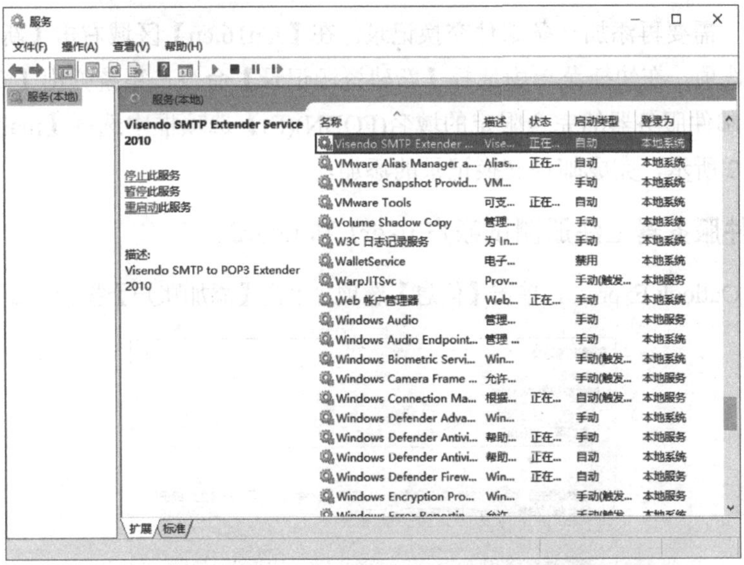

图 12-10　【Visendo SMTP Extender Service 2010】服务运行状态

3. 在 DNS 服务器上为邮件服务器注册 DNS

说明：关于【Jan16.cn】正向查找区域的创建可参考项目 7，本项目仅介绍邮件服务器 DNS 记录的注册部分。

（1）打开 IP 地址为 192.168.1.2 的 DNS 服务器的【DNS 管理器】窗口，在窗口的【Jan16.cn】区域中，右击【新建主机(A 或 AAAA)(S)...】选项，在其快捷菜单中选择【新建】命令，系统弹出【新建主机】对话框，在【名称（如果为空则使用其父域名称）(N)】文本框中输入“mail”，在【IP 地址(P)】文本框中输入“192.168.1.3”，单击【添加主机(H)】按钮，如图 12-11 所示，完成配置。

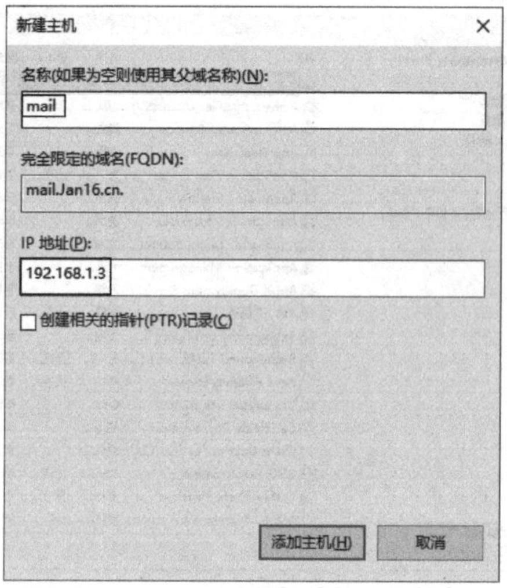

图 12-11　添加主机记录

（2）此外，需要再添加一条邮件交换记录。在【Jan16.cn】区域右击【新建邮件交换器(MX)(M)…】选项，在快捷菜单中选择【新建资源记录】命令，系统弹出【新建资源记录】对话框，在【邮件服务器的完全限定的域名(FQDN)(F)】选项框中选择【mail.Jan16.cn】选项，如图 12-12 所示，完成邮件交换记录的添加。

4. 在邮件服务器上注册测试账户 user1 和 user2

（1）打开 Outlook Express，单击【信息】选项，单击【添加账户】按钮，如图 12-13 所示。

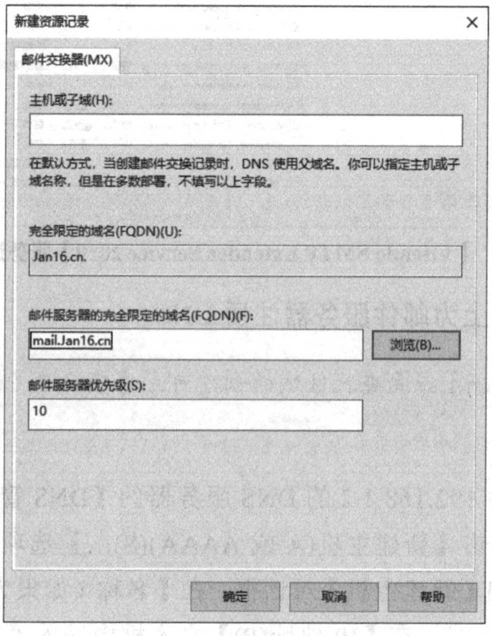

图 12-12　添加 MX 记录

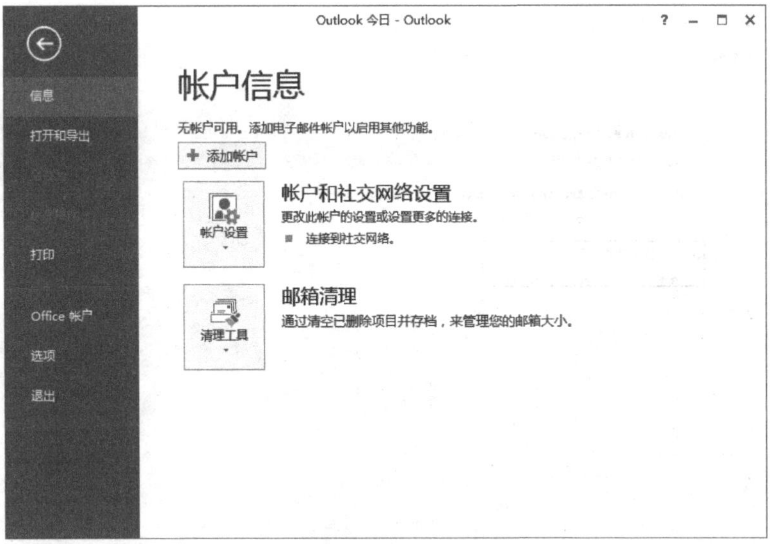

图 12-13　创建账户界面

（2）在【自动账户设置】界面，选择【手动设置或其他服务器类型(M)】单选按钮，然后单击【下一步(N)】按钮，如图 12-14 所示。

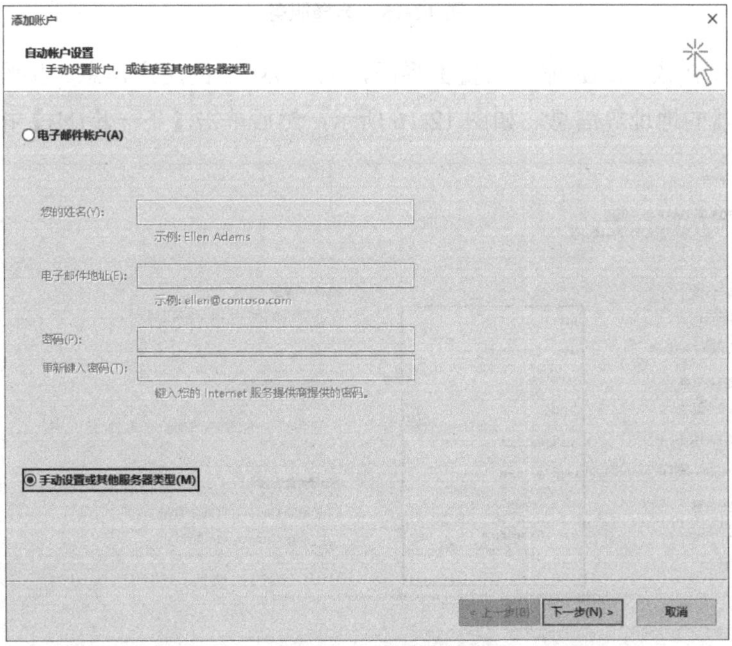

图 12-14　自动账户设置

（3）在【选择服务】界面，选择【POP 或 IMAP(P)】单选按钮，然后单击【下一步(N)】按钮，如图 12-15 所示。

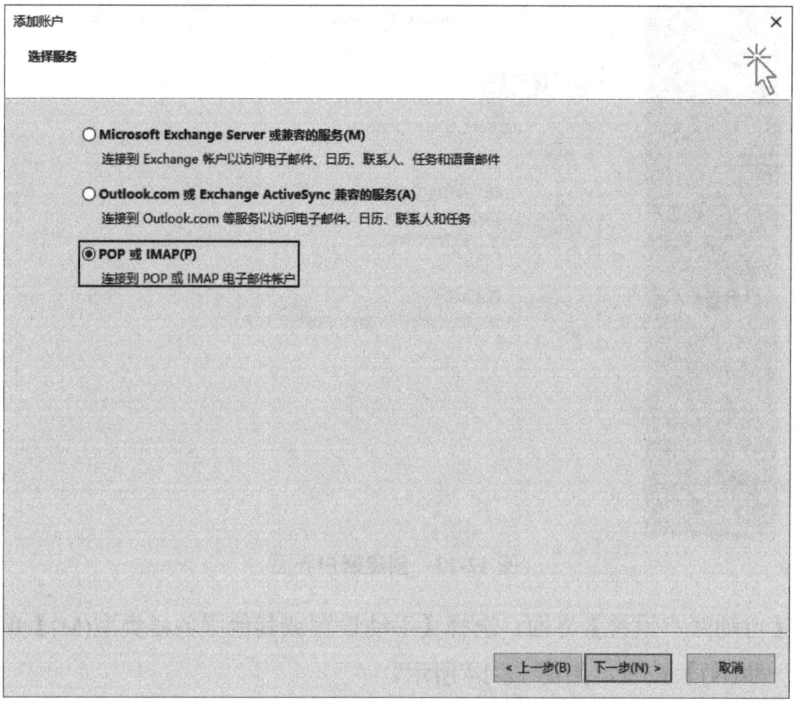

图 12-15　选择服务

（4）在【POP 或 IMAP 账户设置】界面，输入 user1 的用户信息、接收邮件服务器和发送邮件服务器的地址等信息，如图 12-16 所示，然后单击【下一步(N)】按钮。

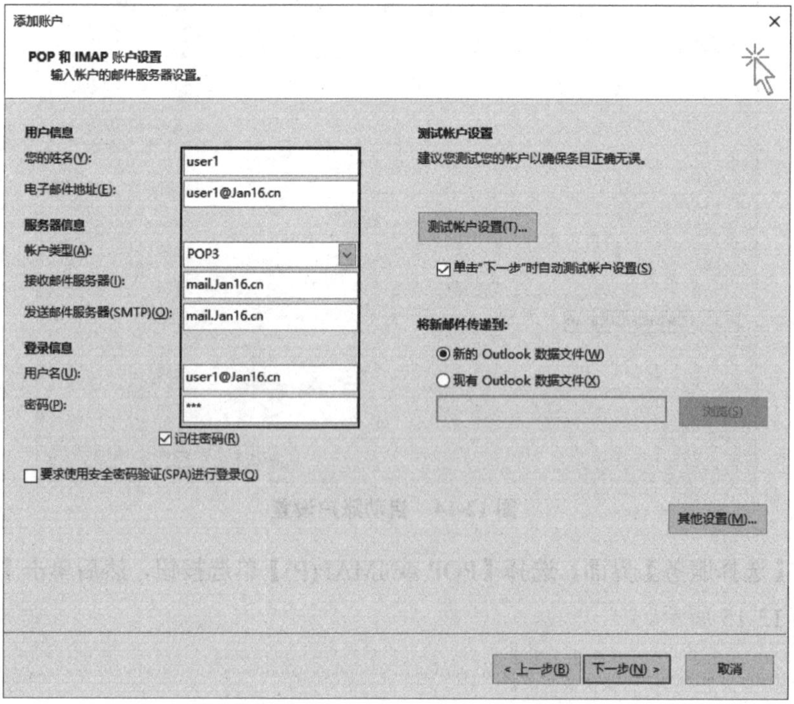

图 12-16　POP 和 IMAP 账户设置

（5）在弹出的【测试账户设置】对话框中，如果状态显示为已完成，表示创建的账户没有问题，最后单击【关闭(C)】按钮，如图 12-17 所示，完成设置。

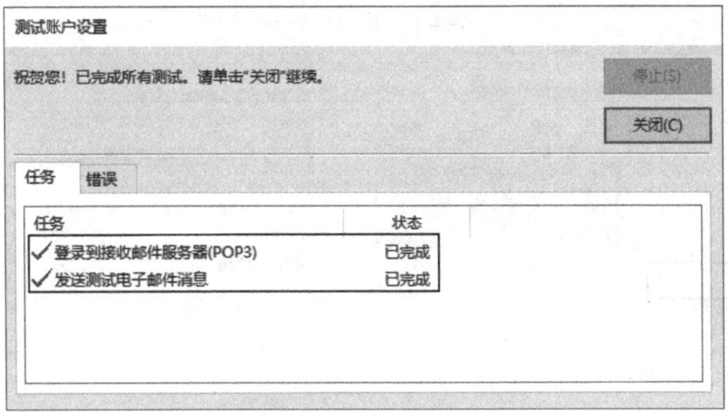

图 12-17　测试账户设置

（6）按同样的方法，创建 user2 账号。

任务验证

（1）分别在两台客户机的 Windows 操作系统中打开 Outlook Express，并用刚刚创建的两个邮箱账户 user1 和 user2 配置 Outlook Express。两台客户机的 IP 及 DNS 地址如表 12-2 所示。

表 12-2　客户机 IP 及 DNS 地址

设备	IP 地址	子网掩码	DNS 地址
客户机 PC1	192.168.1.101	255.255.255.0	192.168.1.2
客户机 PC2	192.168.1.102	255.255.255.0	192.168.1.2

（2）使用用户 user1 发一封邮件给 user2，结果如图 12-18 所示。

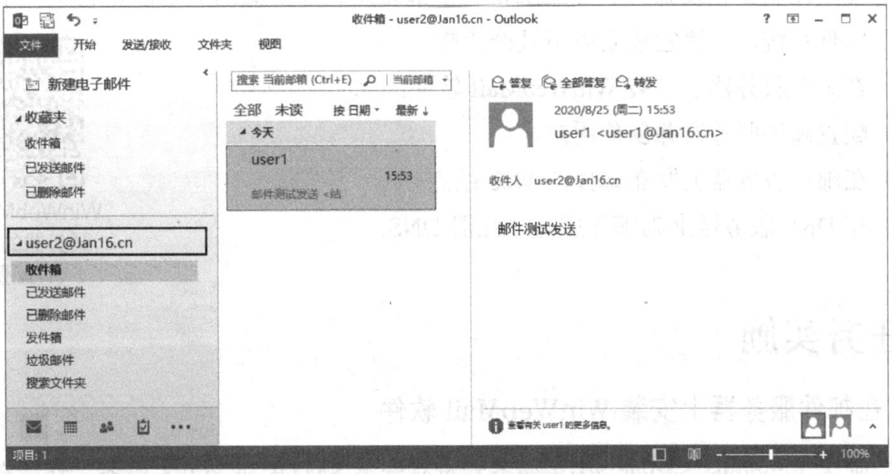

图 12-18　user1 给 user2 发送邮件

（3）使用用户 user2 接收邮件，可以从如图 12-19 所示的界面中看到 user2 收到了 user1 发送的邮件。由此，可证明邮箱用户能正常收发邮件，邮件服务配置成功。

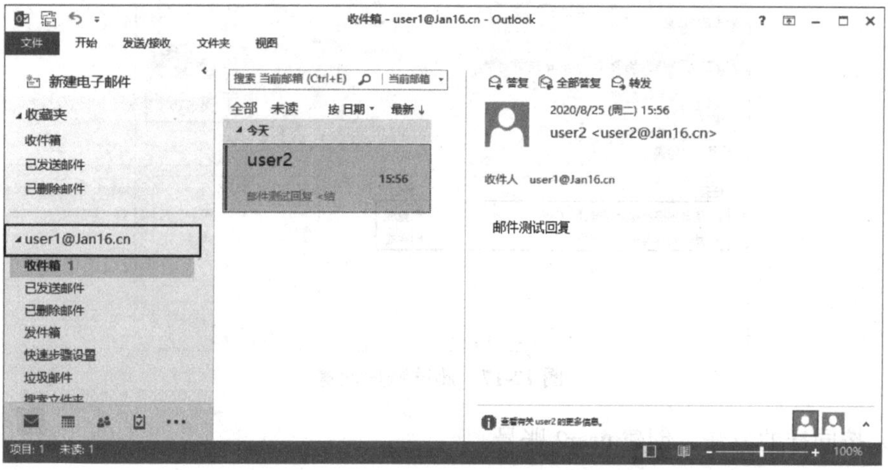

图 12-19 user2 接收 user1 发送的邮件

任务 12-2 WinWebMail 邮件服务器的安装与配置

任务规划

根据公司对电子邮件服务的拓扑规划，现要在公司邮件服务器上部署 WinWebMail 服务，实现邮件服务的部署。

WinWebMail 是一款专业的邮件服务软件，它不仅支持 SMTP 和 POP3 具有的功能，本身还具有使用浏览器收发邮件、数字加密、中继转发、邮件撤回等功能。它是一款典型的商用电子邮件系统，部署它需要以下几个步骤。

（1）在邮件服务器上安装 WinWebMail 软件。

（2）配置邮件服务器并创建用户。

（3）在邮件服务器上发布邮件的 Web 站点。

（4）在 DNS 服务器上为邮件服务器注册 DNS。

WinWebMail 邮件服务器的安装与配置

任务实施

1. 在邮件服务器上安装 WinWebMail 软件

（1）确认 Windows Server 2019 服务器没有安装 SMTP 和 POP3 服务，然后在 http://www.winwebmail.com/网站下载最新版本的 WinWebMail 软件安装包，并按安装向导完成软

件安装。

（2）运行 WinWebMail 软件安装包，在系统托盘中有一个 WinWebMail 图标，右击后在弹出的如图 12-20 所示的快捷菜单中选择【服务】命令。

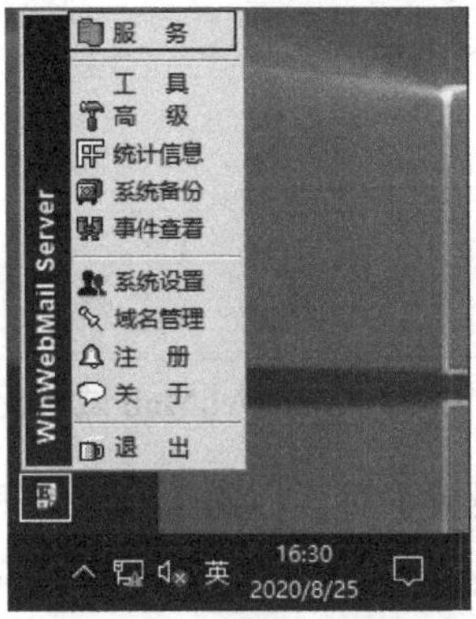

图 12-20　WinWebMail 图标的右键快捷菜单

（3）在打开的【WinWebMail 服务】对话框中，根据项目拓扑填写对应的 DNS 的 IP 地址 192.168.1.2，备用 DNS 的 IP 地址为 8.8.8.8，然后单击【启动 WinWebMail 服务程序】按钮，再单击【√】按钮，启动 WinWebMail 服务，如图 12-21 所示。

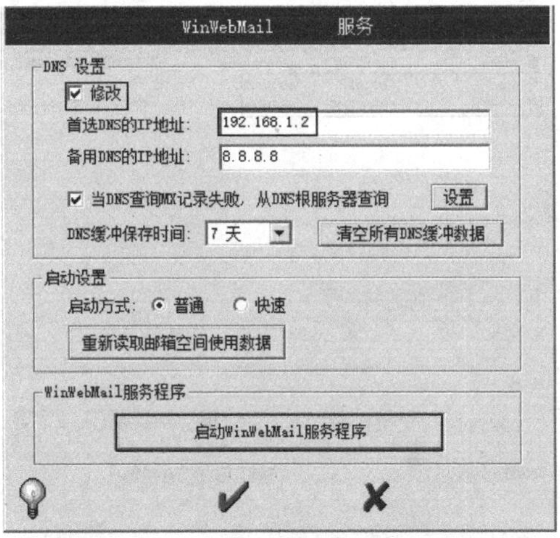

图 12-21　WinWebMail 服务配置

（4）再次右击系统托盘的【WinWebMail】图标，在弹出的快捷菜单中选择【域名管理】命令。

（5）在弹出的如图 12-22 所示的【WinWebMail 域名管理】对话框中，单击【新建】图标，然后输入 Jan16.cn 域名，单击【√】按钮完成域名的设置。

2. 配置邮件服务器并创建用户

（1）右击系统托盘的【WinWebMail】图标，在弹出的快捷菜单中选择【系统设置】命令。

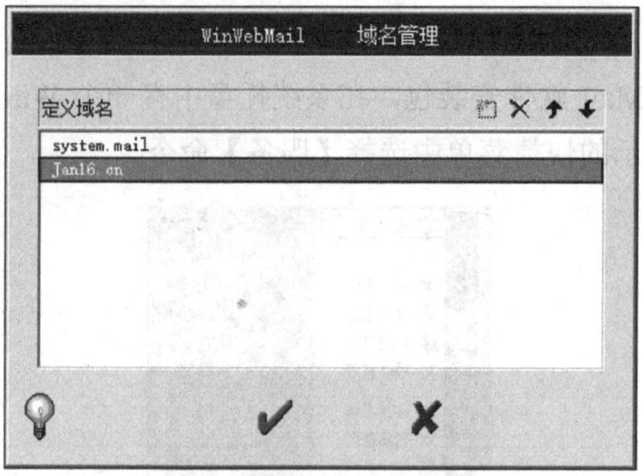

图 12-22　WinWebMail 域名设置

（2）在【WinWebMail 系统设置】对话框的【用户管理】选项卡中，可以添加和删除用户。添加用户 user1，密码为 123；添加用户 user2，密码为 456；二者的域名都设置为 Jan16.cn，如图 12-23 所示。

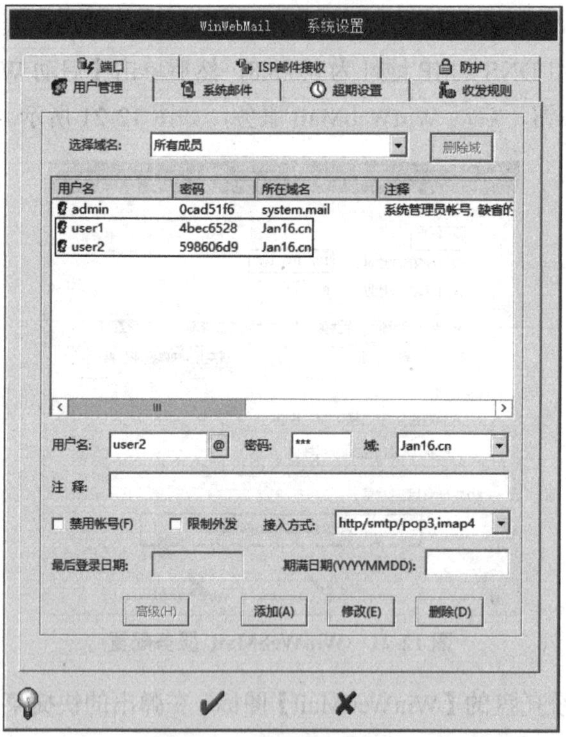

图 12-23　用户管理设置

（3）在【WinWebMail 系统设置】对话框中，打开【收发规则】选项卡，设置【外发邮件时 Helo 命令后的内容】【缺省邮箱大小】和【最大邮件数】等参数，如图 12-24 所示。

（4）在【WinWebMail 系统设置】对话框中，打开【防护】选项卡，选中【启用 SMTP 域名验证功能】复选框，如图 12-25 所示。

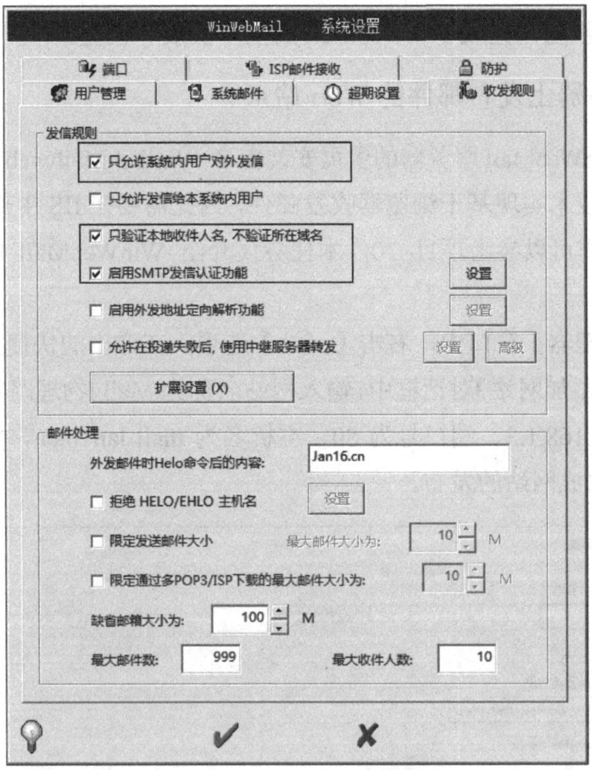

图 12-24　收发规则设置

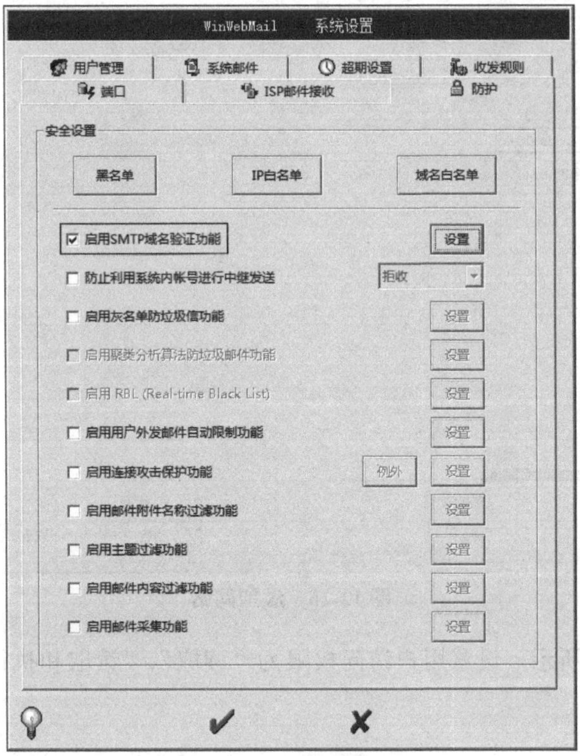

图 12-25　防护设置

（5）单击【√】按钮，完成 WinWebMail 的基本安装和设置。

3. 在邮件服务器上发布邮件的 Web 站点

默认情况下，WinWebMail 服务器的主页安装在 E:\WinWebMail\web 目录中。WinWebMail 邮件服务采用 ASP 技术实现基于浏览器收发邮件，为此需要在 IIS 中部署一个基于 ASP 的 Web 站点，相关操作可以参考项目 10，本任务仅介绍 WinWebMail 邮件服务站点的发布部分。

（1）在【IIS 管理器】窗口中，右击【网站】选项，在弹出的快捷菜单中选择【添加网站】命令，在弹出的【添加网站】对话框中，输入网站名称为 Mail、物理路径为 E:\WinWebMail\web、IP 地址为 192.168.1.3、端口号为 80、主机名为 mail.Jan16.cn，如图 12-26 所示。点击【确定】按钮，完成网站的发布。

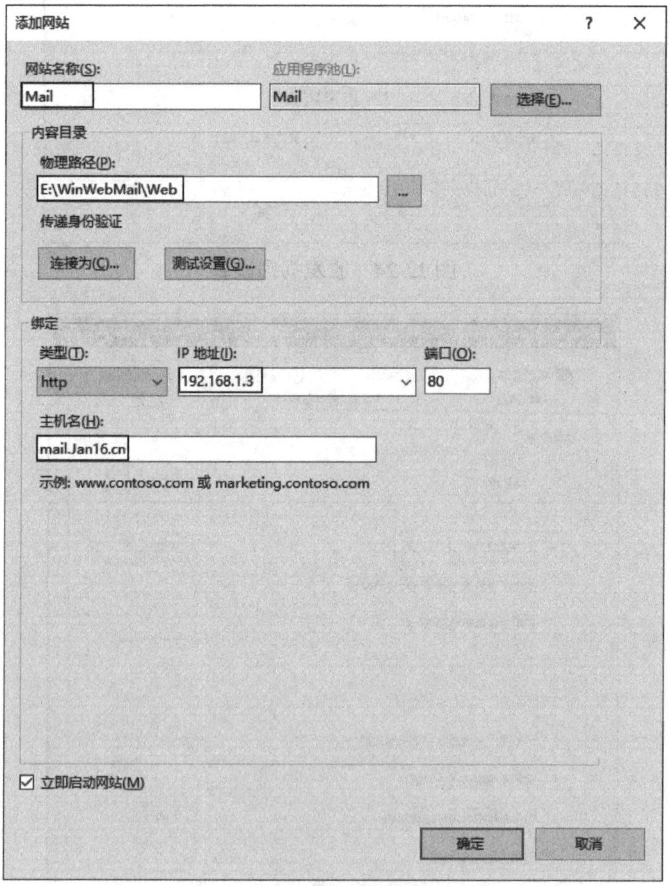

图 12-26　添加网站

（2）如图 12-27 所示，设置用户访问权限为“读取”、“读取和执行”和“写入”。

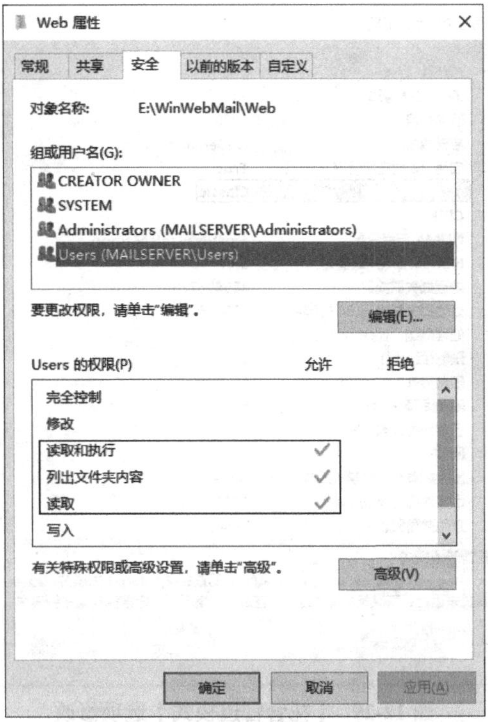

图 12-27　站点用户访问权限设置

（3）单击【应用程序池】选项，在弹出的【应用程序池默认设置】对话框中将【启用 32 位应用程序】选项的“False”改为“True”，如图 12-28 所示；将【托管管道模式】改为“Classic”，如图 12-29 所示。

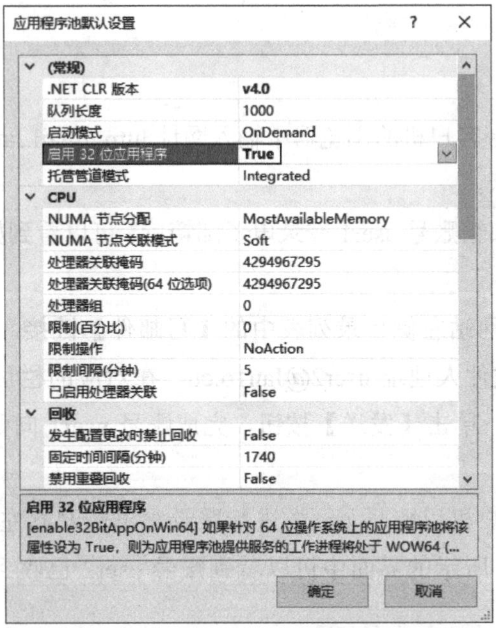

图 12-28　【启用 32 位应用程序】选项修改

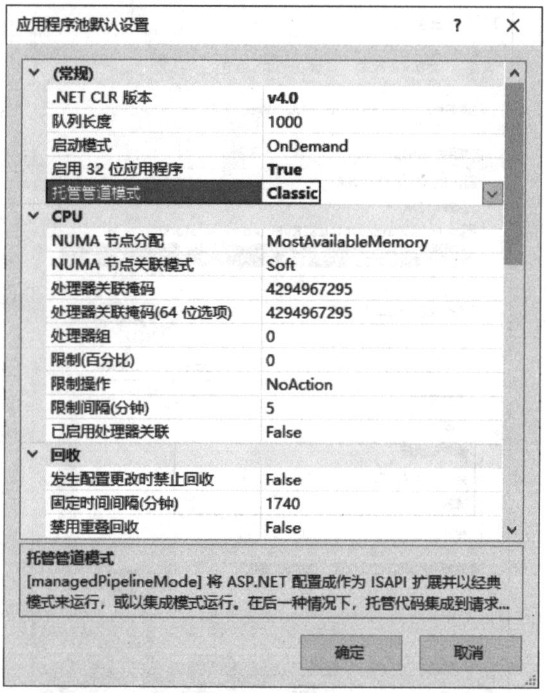

图 12-29 【托管管道模式】选项修改

4. 在 DNS 服务器上为邮件服务器注册 DNS

采用与任务 12-1 中 DNS 服务器完全相同的配置，完成邮件服务器主机和邮件交换记录的注册。

任务验证

（1）在公司任意一台客户机的浏览器中输入网址 http://mail.Jan16.cn，即可进入邮箱登录界面，如图 12-30 所示。

（2）使用已创建的邮箱账号 user1 登录电子邮箱后，可以看到如图 12-31 所示的邮件管理界面。

（3）在客户端单击网站左侧目录列表中的【写邮件】链接，在打开的邮件编辑栏的【收件人】栏目中输入收件人地址 user2@Jan16.cn，在对应的栏目中输入主题及内容，如图 12-32 所示。完成后，单击【发送】按钮，完成账号 user1 向账号 user2 发送的一封测试邮件。

（4）使用另一台客户机以账号 user2 进行登录，单击网站左侧目录列表中的【收邮件】链接，在如图 12-33 所示的界面中可以看到账号 user2 已收到账号 user1 发送过来的邮件。

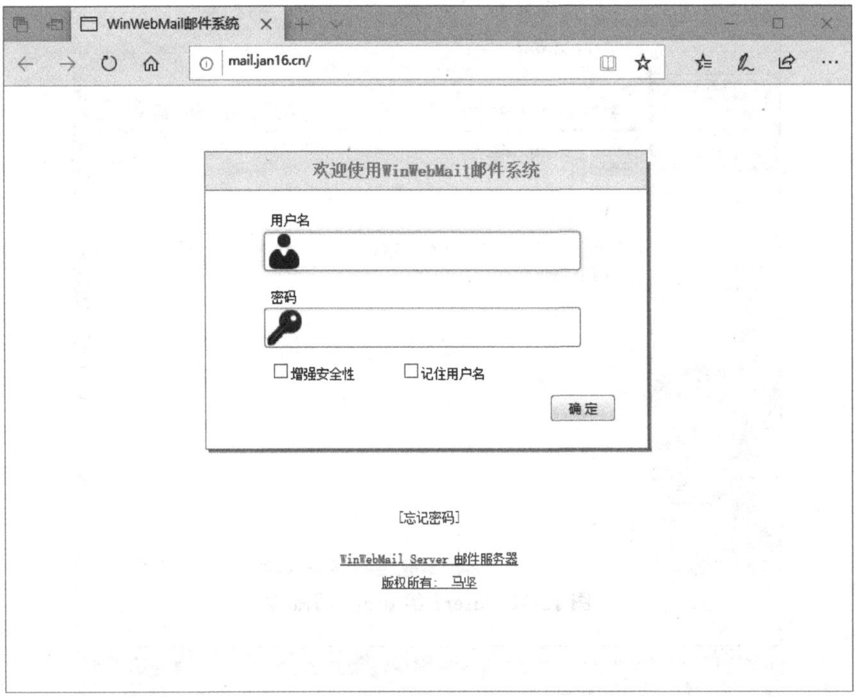

图 12-30　使用浏览器登录邮箱界面

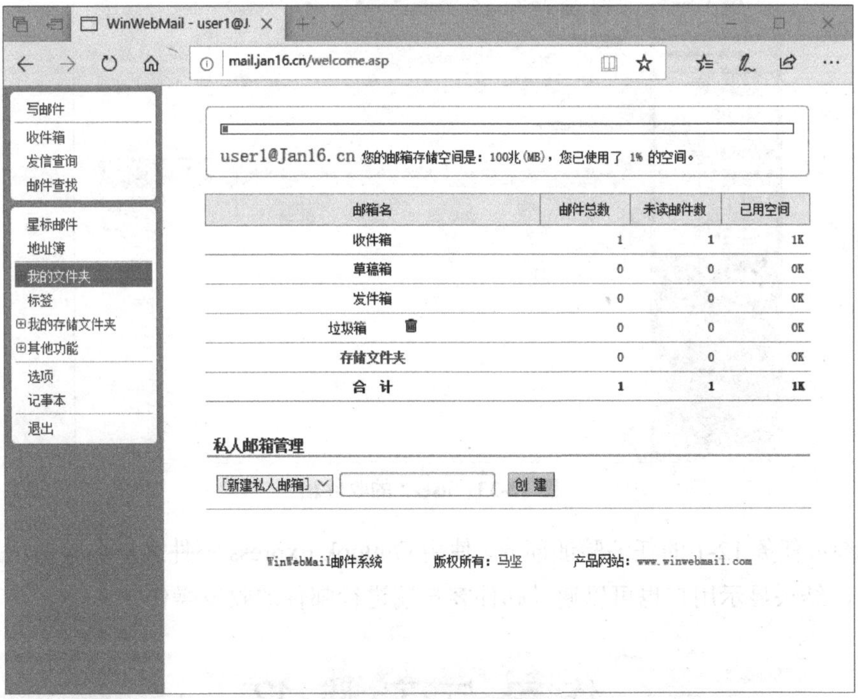

图 12-31　邮件管理界面

图 12-32　user1 给 user2 写邮件

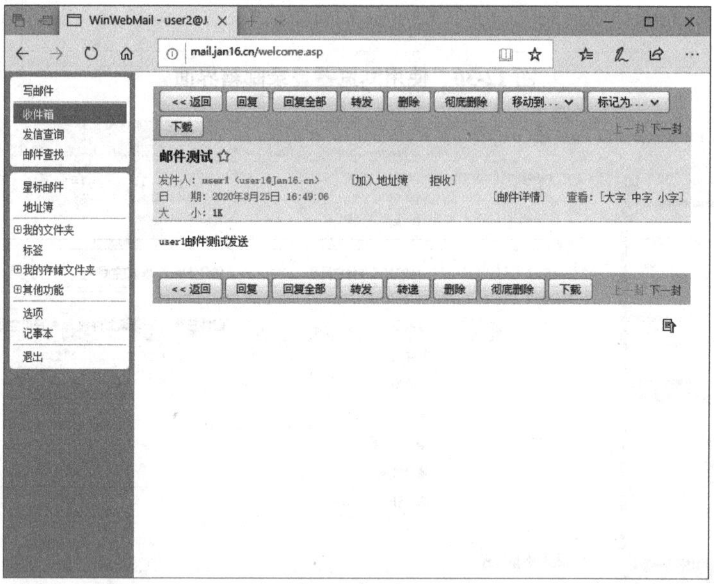

图 12-33　user2 的收件箱

（5）参考任务 12-1 的任务验证部分，使用 Outlook Express 邮件客户端验证用户的邮件收发操作，结果显示用户也可以通过邮件客户端进行邮件的收发操作。

练习与实践 12

一、理论题

1. 以下（　　）不是电子邮件系统的 3 个组件。

A. POP3 电子邮件客户端　　B. POP3 服务
C. SMTP 服务　　D. FTP 服务

2.（　　）把邮件消息从发信人的邮件服务器传送到收信人的邮件服务器。

A. SMTP　　B. POP3　　C. DNS　　D. FTP

3. SMTP 服务的端口号是（　　）。

A. 20　　B. 25　　C. 22　　D. 21

4. POP3 服务的端口号是（　　）

A. 120　　B. 25　　C. 110　　D. 21

5. 以下（　　）是邮件服务器软件。

A. WinWebMail　　B. FTP　　C. DNS　　D. DHCP

二、项目实训题

1. 项目背景与需求

Jan16 公司为实现与客户沟通时统一使用公司的邮件地址，近期采购了一套邮件服务软件 WinWebMail，邮件服务器和配套的相关服务的网络拓扑如图 12-34 所示。

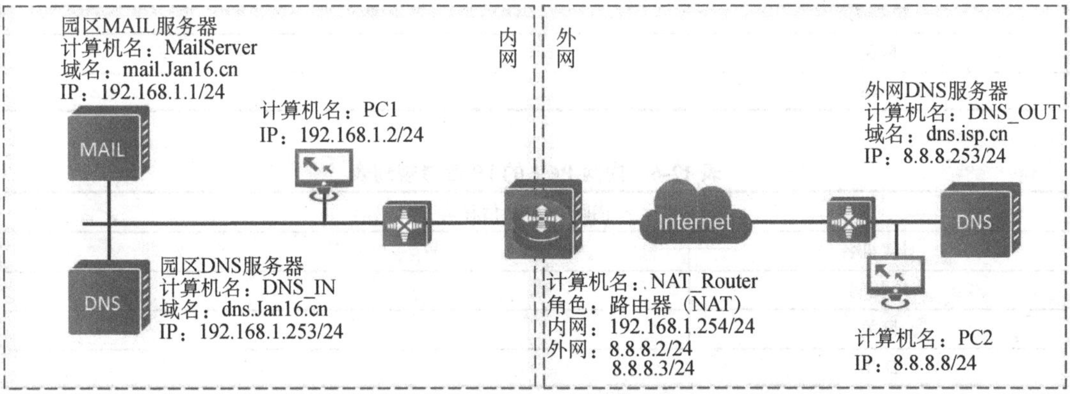

图 12-34 邮件服务和配套的相关服务的网络拓扑

公司希望网络管理员尽快完成公司邮件服务系统的部署，具体要求如下。

（1）邮件服务器使用 WinWebMail 软件部署，允许客户通过 Outlook Express 和浏览器访问。

（2）公司路由器需要将邮件服务器映射到公网，映射信息如表 12-3 所示。

表 12-3 NAT 需求映射表

源 IP 地址：端口号	公网 IP：端口号
192.168.1.1:25	8.8.8.2:25
192.168.1.1:110	8.8.8.2:110

（3）内网 DNS 服务器负责 Jan16 公司内计算机域名和公网域名的解析，管理员需要完

成邮件服务器和 DNS 服务器域名的注册。

（4）公网 DNS 服务器负责公网域名的解析，在本项目中仅需要实现公网域名 dns.isp.cn 和 Jan16 公司邮件服务器的解析，管理员需要按项目需求完成相关域名的注册。

2. 项目实施要求

（1）根据项目背景和公司网络拓扑，补充完成表 12-4 至表 12-8 所列计算机 TCP/IP 的相关信息。

表 12-4　园区 MAIL 服务器的 IP 信息规划表

园区 MAIL 服务器 IP 信息	
计算机名	
IP/掩码	
网关	
DNS	

表 12-5　园区 DNS 服务器的 IP 信息规划表

园区 DNS 服务器 IP 信息	
计算机名	
IP/掩码	
网关	
DNS	

表 12-6　内网 PC1 的 IP 信息规划表

内网 PC1 IP 信息	
计算机名	
IP/掩码	
网关	
DNS	

表 12-7　外网 DNS 服务器的 IP 信息规划表

外网 DNS 服务器 IP 信息	
计算机名	
IP/掩码	
网关	
DNS	

表 12-8　外网 PC2 的 IP 信息规划表

外网 PC2 IP 信息	
计算机名	
IP/掩码	
网关	
DNS	

（2）根据项目的要求，完成计算机的互联互通，并截取以下结果。

- 在 PC1 的命令行窗口运行 ping dns.isp.cn 的结果。
- 在 PC1 的命令行窗口运行 ping mail.jan16.cn 的结果。
- 在 PC2 的命令行窗口运行 ping mail.jan16.cn 的结果。

（3）在邮件服务器创建两个账号 jack 和 tom，并截取以下结果。

- 在 PC1 的 IE 浏览器上用 jack 用户登录 Jan16 的邮件服务器地址，并发送一封邮件给 tom，邮件主题和内容均为“班级+学号+姓名”，截取发送成功后的页面截图。
- 在 PC2 使用 Outlook Express 登录 tom 的邮箱账户，收取邮件后，回复一封邮件给 jack，内容为“邮件服务测试成功”。

（4）在 NAT 服务器的外网接口上查看地址映射，并将映射结果截图。

项目 13　部署信息中心的虚拟化服务

项目教学课件

项目学习目标

（1）掌握虚拟化的概念与应用。

（2）掌握 Hyper-V 虚拟化的部署与应用。

（3）掌握虚拟机快照的配置与管理。

（4）掌握企业信息中心虚拟化简单服务的部署业务实施流程。

项目描述

Jan16 公司有项目部、工会、业务部、生产部和信息中心等部门。其中，信息中心负责公司所有服务器的管理，经过多年的建设已经部署有 DNS、DHCP 等服务器，公司的网络拓扑如图 13-1 所示。

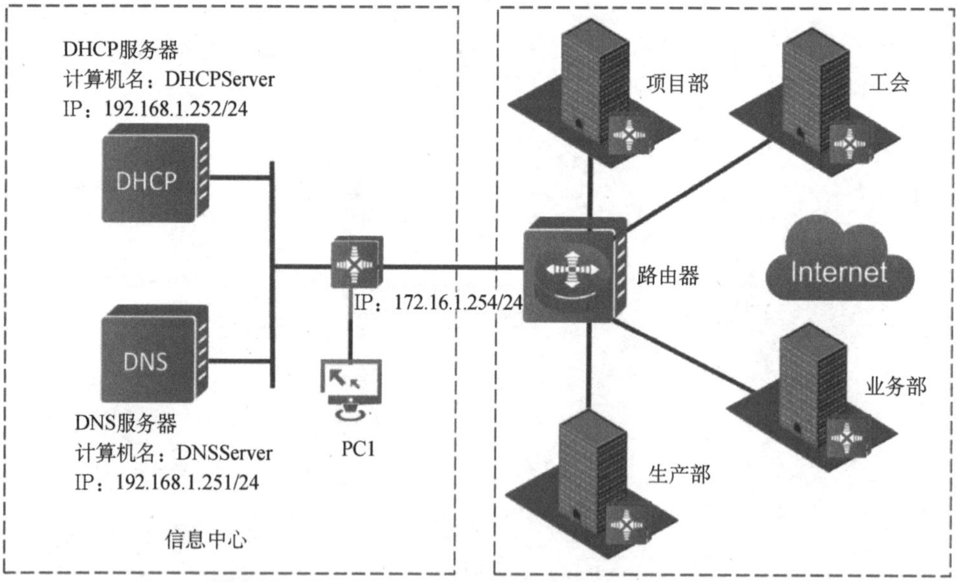

图 13-1　Jan16 公司的网络拓扑（服务器虚拟化前）

这些服务器已经连续运行超过 5 年，近年来，它们已经陆续开始出现故障，并导致业务中断。随着服务器性能的提升和虚拟化技术的成熟，公司采购了一台安装有 Windows Server 2019 系统的高性能服务器，拟通过虚拟化的方式将这些业务系统部署到虚拟机中，以提高服务的稳定性和可靠性，改造后公司的网络拓扑如图 13-2 所示。

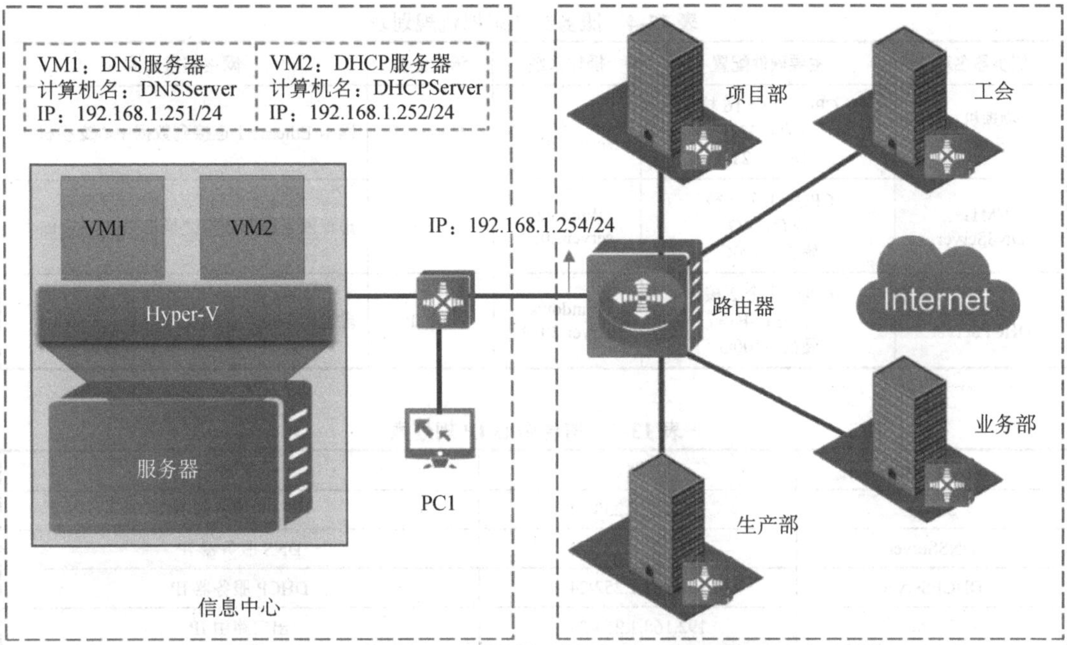

图 13-2　Jan16 公司的网络拓扑（服务器虚拟化后）

为做好迁移工作，公司希望网络管理员尽快做好前期测试工作，要求如下。

（1）在服务器上安装 Hyper-V 虚拟化角色和功能，并按表 13-1、表 13-2 和表 13-3 分别对服务器网络虚拟化、CPU 虚拟化和 Hyper-V 存储虚拟化进行配置。

表 13-1　服务器网络虚拟化规划表

序号	虚拟交换机名称	连接方式	用途
1	Out_vSwitch	桥接	配置虚拟交换机关联服务器物理网卡（Ethernet1），将虚拟机和物理网卡所在网络互联

表 13-2　CPU 虚拟化规划表

功能	Inter VT-X 或 AMD-V	备注
是否启用	启用	Hyper-V 服务要求服务器 BIOS 启用 CPU 虚拟化

表 13-3　Hyper-V 存储虚拟化规划表

序号	名称	存储位置/文件名	存储空间大小	用途
1	DNSServer	E:\Hyper-V\VM\DNSServer	/	存储虚拟机 VM1 配置文件的位置
2	DHCPServer	E:\Hyper-V\VM\DHCPServer	/	存储虚拟机 VM2 配置文件的位置
3	DNSServer.vhdx	E:\Hyper-V\Virtual Hard Disks \DNSServer.vhdx	100G	存储 VM1 虚拟硬盘文件的位置
4	DHCPServer.vhdx	E:\Hyper-V\Virtual Hard Disks \DHCPServer.vhdx	100G	存储 VM2 虚拟硬盘文件的位置

（2）安装与配置虚拟机，并按表 13-4 和表 13-5 的要求部署 DNS 和 DHCP 服务。

表 13-4　服务器和虚拟机规划表

服务器名称	主要硬件配置	操作系统	承载业务	网络连接方式
物理机：SERVER	CPU：2 个 16 核 内存：32G 硬盘：2T	Windows server 2019	Hyper-V	网卡 Ethernet1 连接到数据中心交换机
VM1：DNSServer	CPU：1 个 2 核 内存：4G 硬盘：100G	Windows server 2019	DNS	虚拟网卡接入虚拟交换机 Out_vSwitch
VM2:DHCPServer	CPU：1 个 2 核 内存：4G 硬盘：100G	Windows server 2019	DHCP	虚拟网卡接入虚拟交换机 Out_vSwitch

表 13-5　信息中心 IP 规划表

机器名称	IP 地址	用途
Server	192.168.1.250/24	虚拟化服务器 IP
DNSServer	192.168.1.251/24	DNS 服务器 IP
DHCPServer	192.168.1.252/24	DHCP 服务器 IP
Router	192.168.1.254/24	出口路由 IP
PC1	192.168.1.10～100/24	客户机 IP，由 DHCP 服务器分配

（3）使用快照功能备份两台虚拟机。

项目分析

通过虚拟化服务，可以在一台高性能的计算机上部署多个虚拟机，每台虚拟机承载一个或多个服务系统。虚拟化有利于提高计算机的利用率、减少物理计算机的数量、减低能耗，并能通过一台宿主计算机管理多台虚拟机，让服务器的管理变得更为便捷高效。

如果同时部署两台 Hyper-V 服务器，则虚拟机可以在两个物理宿主机间进行实时迁移，因此，可实现虚拟机的高可用、负载均衡等功能。

根据该公司的网络拓扑和项目需求，本项目可以通过以下工作任务来完成。

（1）安装和配置 Hyper-V 服务：在服务器上部署 Hyper-V 服务。

（2）在 Hyper-V 中部署 DNS 和 DHCP 两台虚拟机：在 Hyper-V 服务中部署两台虚拟机，并分别完成 DHCP 和 DNS 服务的安装与业务部署。

（3）配置与管理虚拟机的快照：在 Hyper-V 服务中，配置虚拟机的快照，当虚拟机出现故障时，可以快速还原到快照状态。

相关知识

13.1　虚拟化的概念

虚拟化技术可以理解为将一个计算机资源从另一个计算机资源中剥离的一种技术，它将一台计算机（宿主机）虚拟为多台逻辑计算机。在没有虚拟化技术的单一情况下，一台计算机只能运行一个操作系统，虽然用户可以在一台计算机上安装两个甚至多个操作系统，但是同时运行的操作系统只有一个；而通过虚拟化技术，用户可以在同一台计算机上同时启动多个操作系统，每个操作系统上都可以有许多不同的应用，并且应用之间互不干扰。

以一台计算机的虚拟化为例，虚拟化系统将把宿主机的 CPU、网络、内存、存储、GPU 等虚拟为资源池。虚拟化系统负责给虚拟机分配 CPU、内存、网络等资源，这些资源可以是固定的，也可以是动态的。例如，如果一台虚拟机在业务繁忙时，其资源较为紧张，则虚拟化系统可以调度（分配）更多的资源给它，以确保业务的稳定运行。反之，在其空闲时，虚拟化系统也可以回收其部分资源。因此，虚拟化技术使得宿主机可以根据虚拟机的业务状态动态分配相关资源，实现资源的最大化利用。

数据中心在没有引入虚拟化技术前，一些服务器的利用率（CPU、内存、磁盘等）都普遍较低，造成资源浪费，而一些计算机则经常在业务繁忙时间出现性能瓶颈，导致业务效率低下。而采用了虚拟化技术后，虚拟化系统将这些资源池化后统一管理，让各业务系统的资源可以按需动态分配，确保了企业各虚拟机（业务系统）运行的稳定性、可靠性；同时，它通过提高服务器的利用率降低了服务器的数量，也降低了数据中心的能耗。

业界主要的虚拟化产品有 Hyper-V、VMware Workstation、VMware ESXi、KVM 等。

13.2　Hyper-V 虚拟化

Hyper-V 是 Windows Server 2019 中的一个功能组件，它将服务器的网络、CPU、磁盘等资源虚拟化，按需分配给虚拟机使用，其架构如图 13-3 所示。

Hyper-V 提供以下虚拟化功能。

（1）CPU 虚拟化：当多个 VM 共享 CPU 资源时，Hyper-V 会对 VM 中的敏感指令进行截获并模拟执行。

（2）内存虚拟化：当多个 VM 共享同一物理内存时，内存间会被相互隔离。

（3）I/O 虚拟化：当多个 VM 共享一个物理设备时，如磁盘、网卡，虚拟化一般通过时分多路技术进行复用。

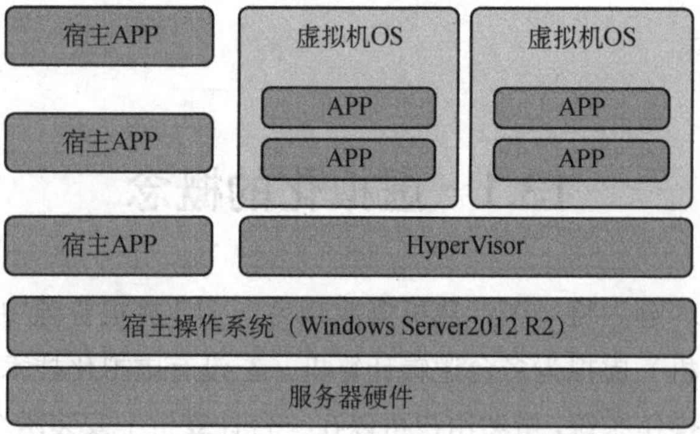

图 13-3　Windows Server 2019 Hyper-V 虚拟化的架构图

任务 13-1　安装和配置 Hyper-V 服务

任务规划

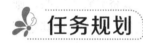

Jan16 公司要求在一台已经安装 Windows Server 2019 操作系统的服务器上部署 Hyper-V 服务，并要求按业务规划表 13-1 和 13-2 完成相关配置。

根据任务要求，需要在服务器上安装 Hyper-V 角色和功能、配置虚拟交换机 Out_vSwitch、开启 CPU 虚拟化功能，具体涉及以下几个步骤。

（1）开启服务器的 CPU 虚拟化功能。

（2）在 Windows Server 2019 服务器上安装 Hyper-V 角色和功能。

（3）在 Hyper-V 服务中配置虚拟交换机 Out-vSwitch。

安装和配置 Hyper-V 服务

任务实施

1. 开启服务器的 CPU 虚拟化功能

在服务器的 BIOS 中进行功能设定时，启用如图 13-4 所示的虚拟化技术功能。开启该功能是 Hyper-V 虚拟化的必要条件。

2. 在 Windows Server 2019 服务器上安装 Hyper-V 角色和功能

（1）打开【服务器管理器】窗口，单击【添加角色和功能】链接，在弹出的【添加角色和功能向导】对话框中单击【下一步】按钮。

（2）在【安装类型】界面，勾选【基于角色或基于功能的安装】复选框，然后单击【下一步】按钮。

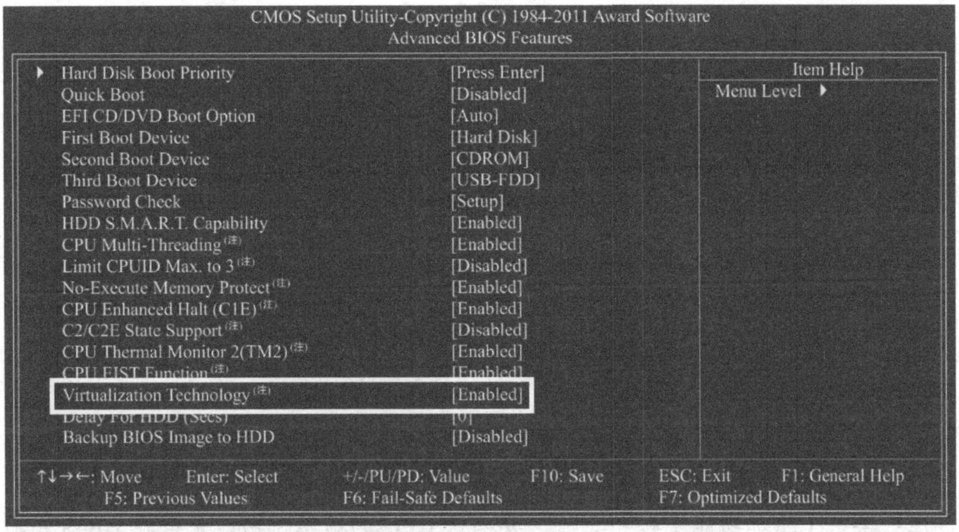

图 13-4　在 BIOS 中启用虚拟化技术功能

（3）在【服务器选择】界面，保持默认设置，然后单击【下一步】按钮。

（4）在【服务器角色】界面的【角色】选项列表中勾选【Hyper-V】复选框，如图 13-5 所示。单击【下一步】按钮，在弹出对话框中单击【添加功能】按钮，如图 13-6 所示，然后单击【下一步】按钮。

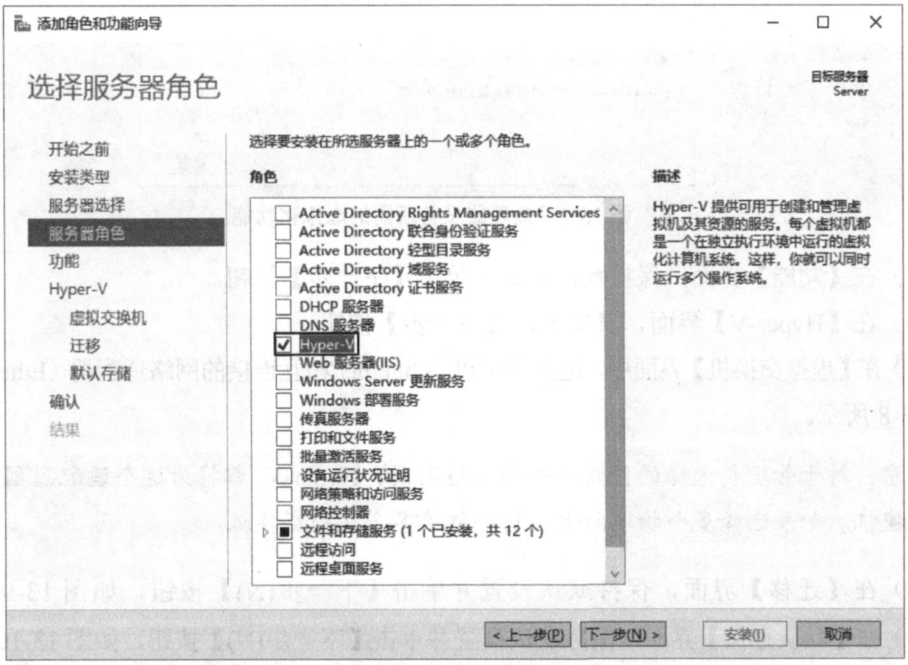

图 13-5　服务器角色选择

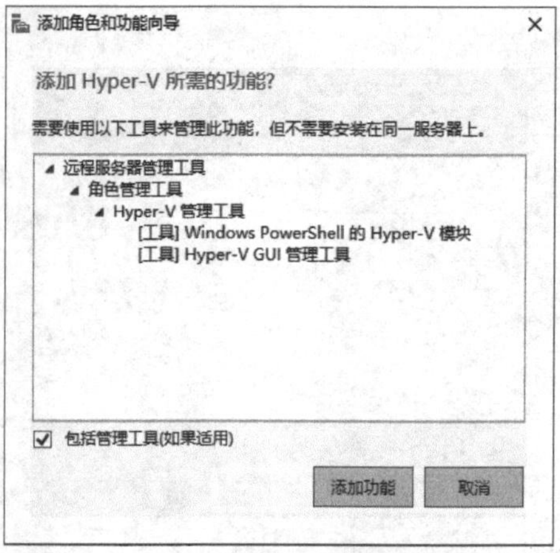

图 13-6　添加功能

备注：单击【添加功能】按钮之前，要确认 CPU 的虚拟化功能是否在 BIOS 中打开，如果没有将 CPU 的虚拟化功能打开，将会弹出一个如图 13-7 所示的对话框，提示“处理器没有所需的虚拟化功能”。

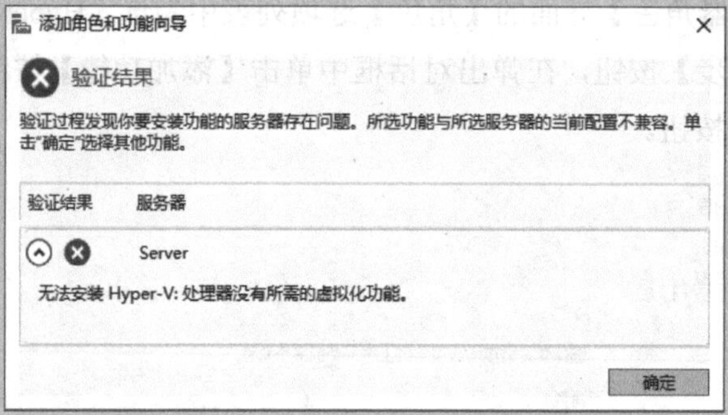

图 13-7　处理器没有所需的虚拟化功能

（5）在【功能】界面，保持默认设置并单击【下一步】按钮。

（6）在【Hyper-V】界面，直接单击【下一步】按钮。

（7）在【虚拟交换机】界面中，选择宿主机与 Internet 相互连接的网络适配器（Ethernet1），如图 13-8 所示。

注意：对于管理员选择的任意一个网络适配器，Hyper-V 都将为这个适配器创建一个虚拟交换机。如果选择多个物理网卡，则会创建多个虚拟交换机。

（8）在【迁移】界面，保持默认设置并单击【下一步(N)】按钮，如图 13-9 所示。

（9）在【默认存储】界面，保持默认设置并单击【下一步(N)】按钮，如图 13-10 所示，然后根据表 13-3 更换存储位置，如图 13-11 所示。

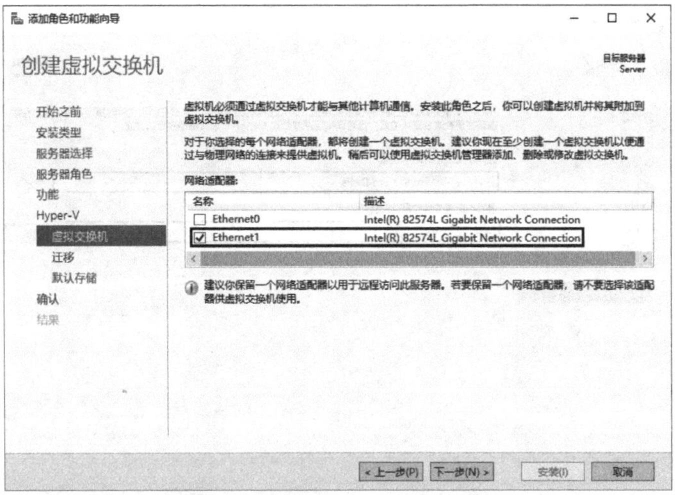

图 13-8 创建虚拟交换机设置

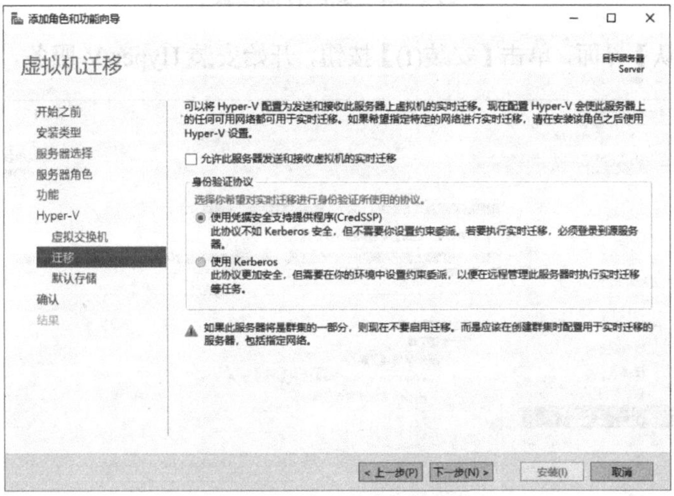

图 13-9 虚拟机迁移设置

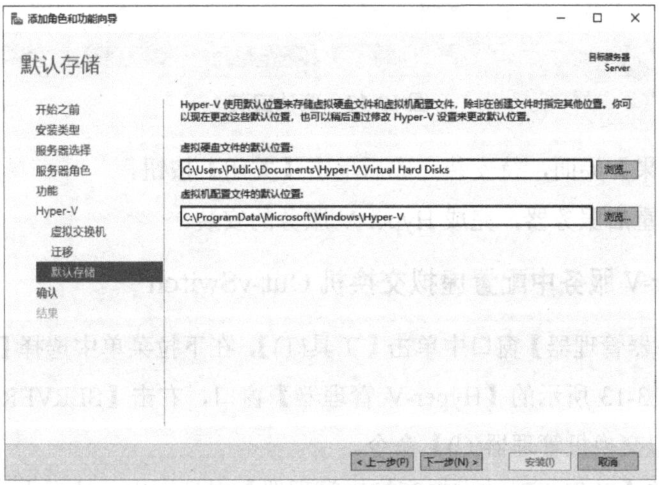

图 13-10 默认存储位置

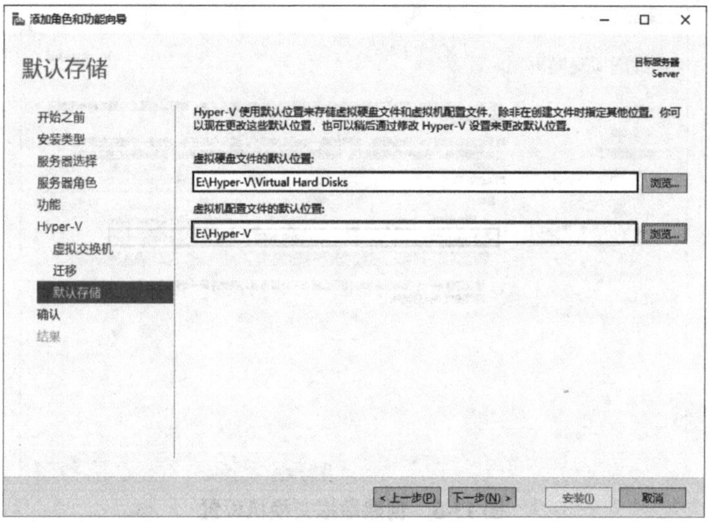

图 13-11　更改存储位置

（10）在【确认】界面，单击【安装(I)】按钮，开始安装 Hyper-V 服务，如图 13-12 所示。

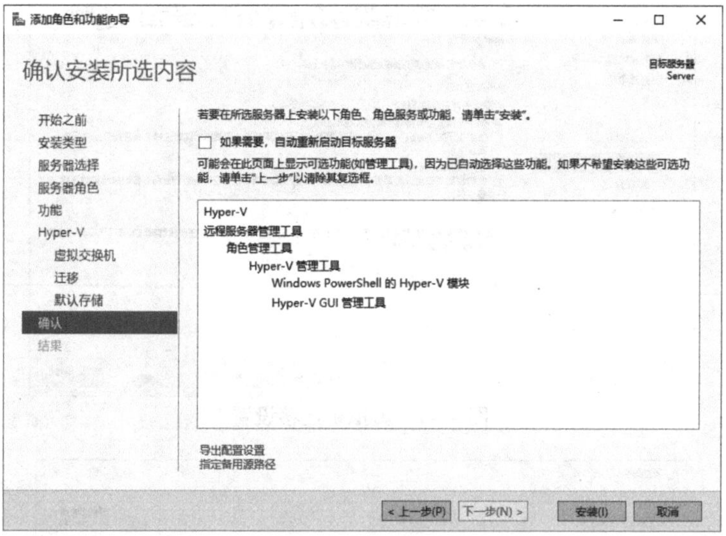

图 13-12　确认安装

（11）在【结果】界面，待安装完成后单击【关闭】按钮。

（12）按提示重启服务器，完成 Hyper-V 服务的安装。

3. 在 Hyper-V 服务中配置虚拟交换机 Out-vSwitch

（1）在【服务器管理器】窗口中单击【工具(T)】，在下拉菜单中选择【Hyper-V 管理器】命令，弹出如图 13-13 所示的【Hyper-V 管理器】窗口，右击【SERVER】，在弹出的快捷菜单中选择【虚拟交换机管理器(C)】命令。

（2）在打开的【SERVER 的虚拟交换机管理器】对话框中，选择上一个步骤创建的虚拟交换机，并在【虚拟交换机属性】的【名称(N):】文本框中输入“Out_vSwitch”，将交换机重命名，如图 13-14 所示。

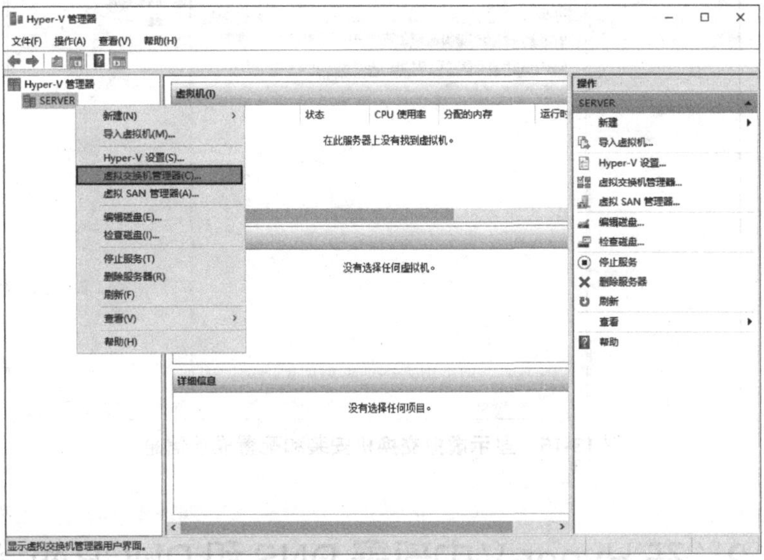

图 13-13　【Hyper-V 管理器】窗口

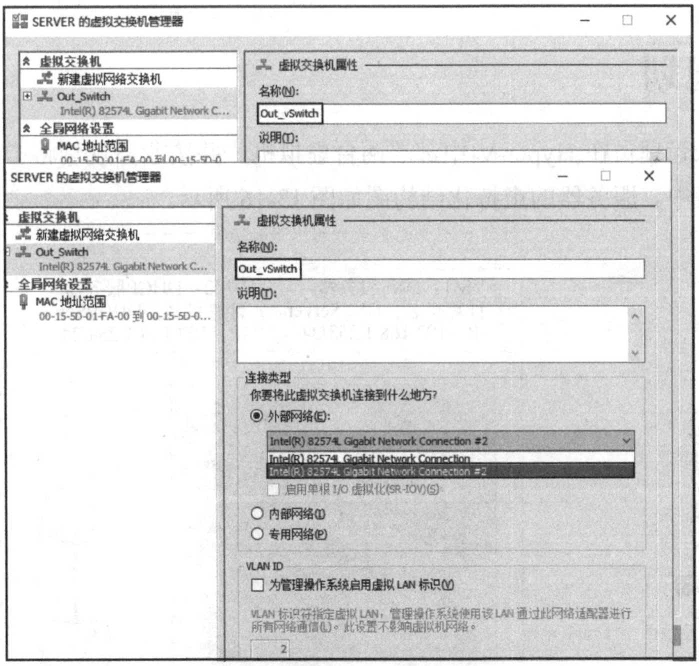

图 13-14　选择虚拟交换机并重命名

任务验证

打开【Hyper-V 管理器】窗口，如图 13-15 所示，该窗口显示虚拟交换机已安装和配置成功。

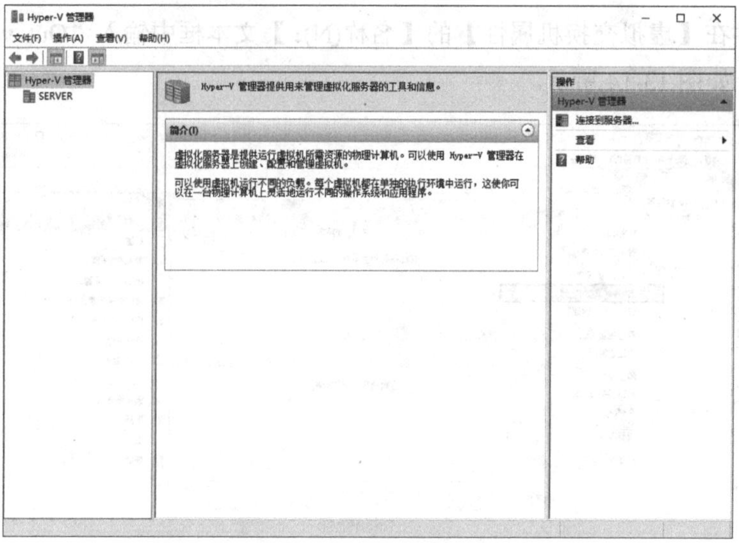

图 13-15　显示虚拟交换机安装和配置成功信息

任务 13-2　在 Hyper-V 中部署 DNS 和 DHCP 两台虚拟机

任务规划

本任务要求管理员在 Hyper-V 中部署两台虚拟机，并按业务规划将 DHCP 和 DNS 服务部署到虚拟机中。服务器的虚拟化结构图如图 13-16 所示。

在 Hyper-V 中部署 DNS 和 DHCP 两台虚拟机

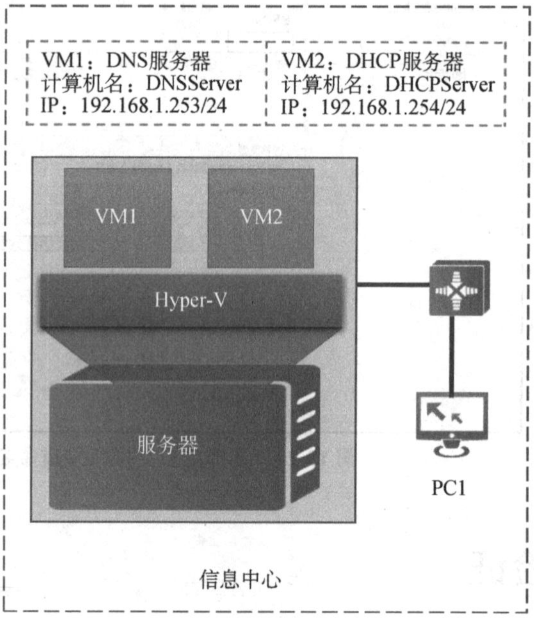

图 13-16　服务器的虚拟化结构图

根据任务规划使用两台虚拟机部署 DHCP 和 DNS 服务具体涉及以下几个步骤。

（1）创建虚拟机存储目录。

（2）在 Hyper-V 中创建虚拟机 DNSServer 和 DHCPServer。

（3）在虚拟机安装和配置 DHCP 和 DNS 服务。

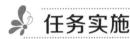

任务实施

1. 创建虚拟机存储目录

根据业务规划表 13-3，在服务器的 E 盘为两台虚拟机分别创建数据存储目录，结果如图 13-17 所示。虚拟机的磁盘文件可以在新建虚拟机时创建，也可以提前创建，本任务将在创建虚拟机时按向导创建对应的虚拟机磁盘文件。

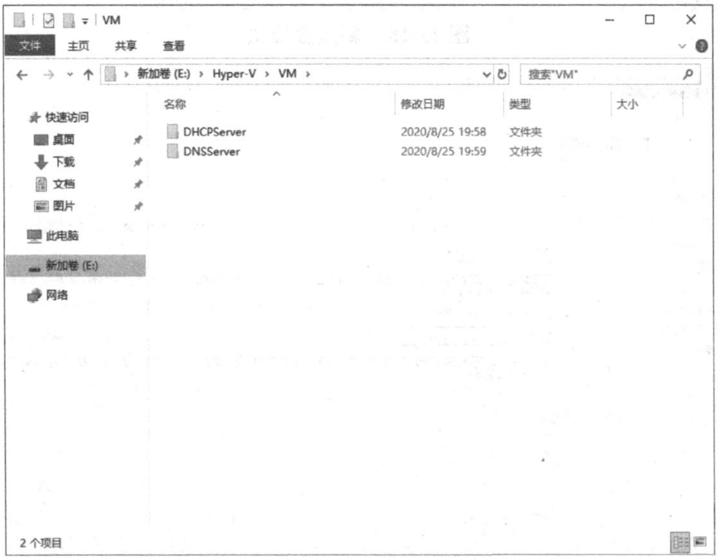

图 13-17　在硬盘中创建数据存储目录

2. 在 Hyper-V 中创建虚拟机 DNSServer 和 DHCPServer

（1）在【服务器管理器】窗口，单击【工具(T)】菜单，在下拉菜单中选择【Hyper-V 管理器】命令。

（2）打开【Hyper-V 管理器】窗口，右击【SERVER】，在弹出的快捷菜单中选择【新建(N)】→【虚拟机(M)...】命令，如图 13-18 所示。

（3）在弹出的【新建虚拟机向导】对话框中单击【下一步(N)】按钮。在【指定名称和位置】界面，在【名称(M):】文本框中输入“DNSServer”，在【位置(L):】文本框中输入规划表 13-3 中指定的路径“E:\Hyper-V\VM\DNSServer\”，如图 13-19 所示，然后单击【下一步(N)】按钮。

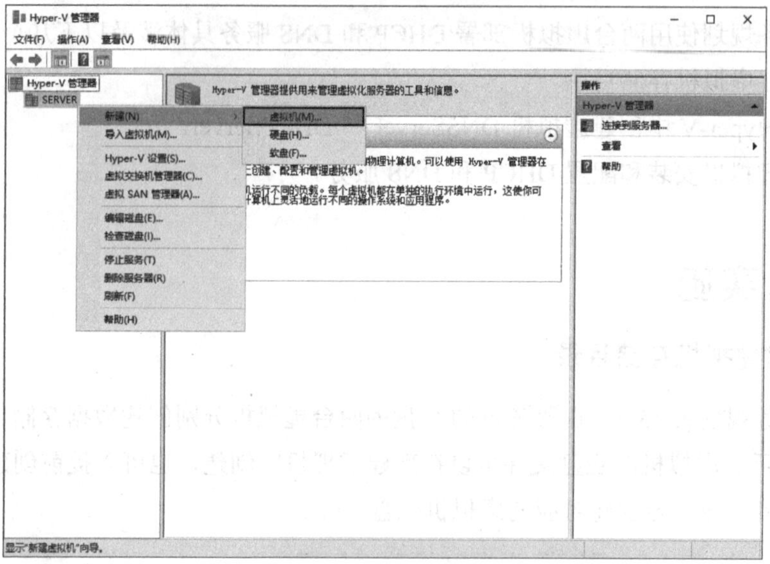

图 13-18　新建虚拟机

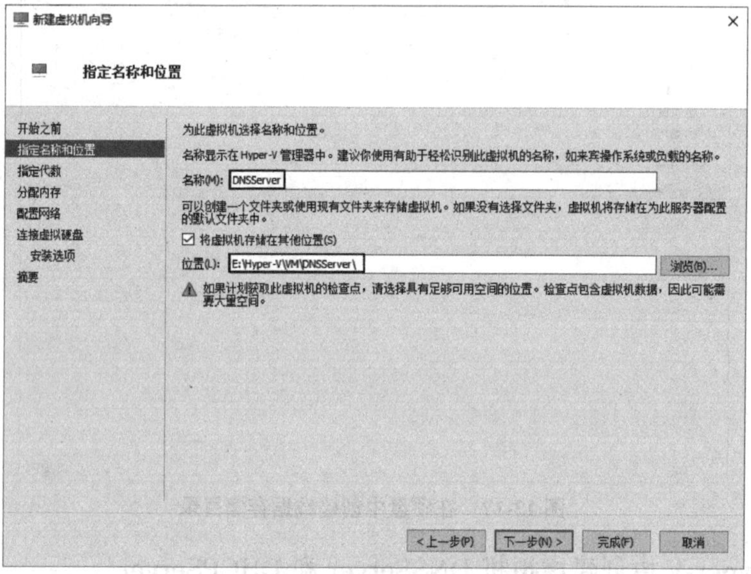

图 13-19　指定名称和位置

（4）在【指定代数】界面，设置虚拟机的代数为【第二代(2)】，如图 13-20 所示，然后单击【下一步(N)】按钮。

（5）在【分配内存】界面，按业务规划表 13-4，设置内存的大小为 4096MB（4G），如图 13-21 所示，然后单击【下一步(N)】按钮。

（6）在【配置网络】界面，在【连接(C):】下拉列表中选择【Out_vSwitch】选项，如图 13-22 所示，然后单击【下一步(N)】按钮。

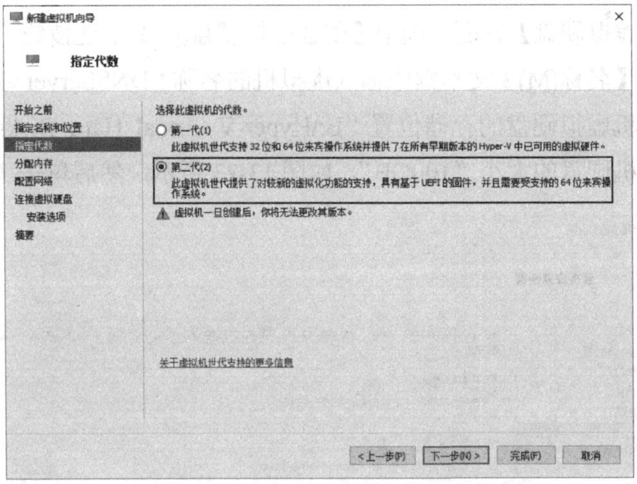

图 13-20　设置虚拟机的 CPU 指定代数

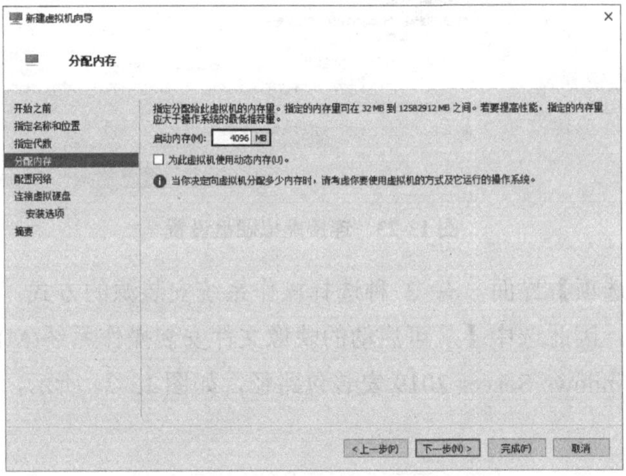

图 13-21　设置内存大小

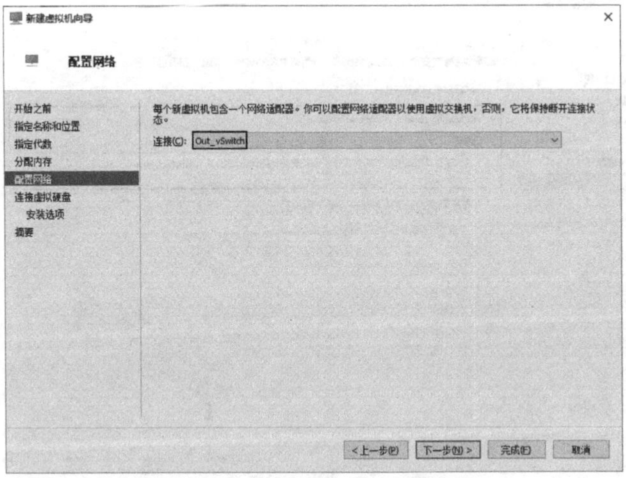

图 13-22　设置虚拟机的连接网络

（7）在【连接虚拟硬盘】界面，选中【创建虚拟硬盘(C)】单选按钮，然后根据业务规划表 13-3 的要求，在【名称(M)】文本框中输入虚拟机的名称“DNSServer.vhdx”，在【位置(L)】文本框中输入虚拟机虚拟硬盘的存储位置“E:\Hyper-V\Virtual Hard Disks\”，在【大小(S)】文本框中输入虚拟机硬盘的大小“100GB”，如图 13-23 所示，然后单击【下一步(N)】按钮。

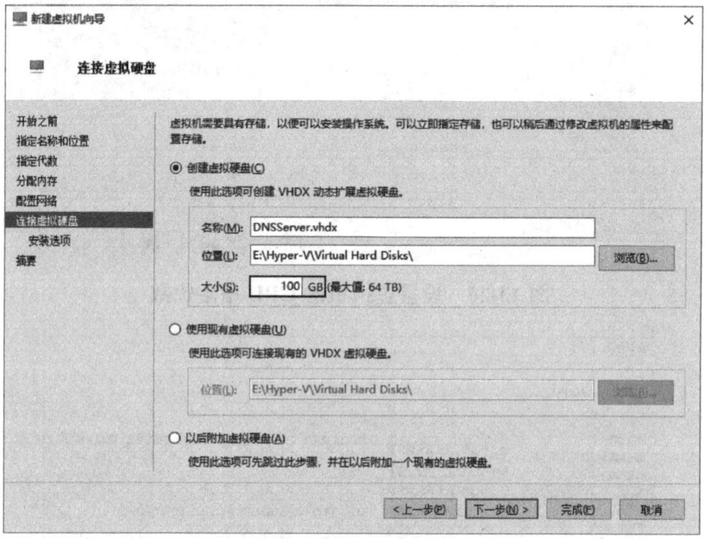

图 13-23 连接虚拟硬盘设置

（8）在【安装选项】界面，有 3 种选择操作系统安装源的方式，本任务将通过映像文件方式进行安装，因此选中【从可启动的映像文件安装操作系统(M)】单选按钮，并指向已经下载好的 Windows Server 2019 安装包路径，如图 13-24 所示，然后单击【下一步(N)】按钮。

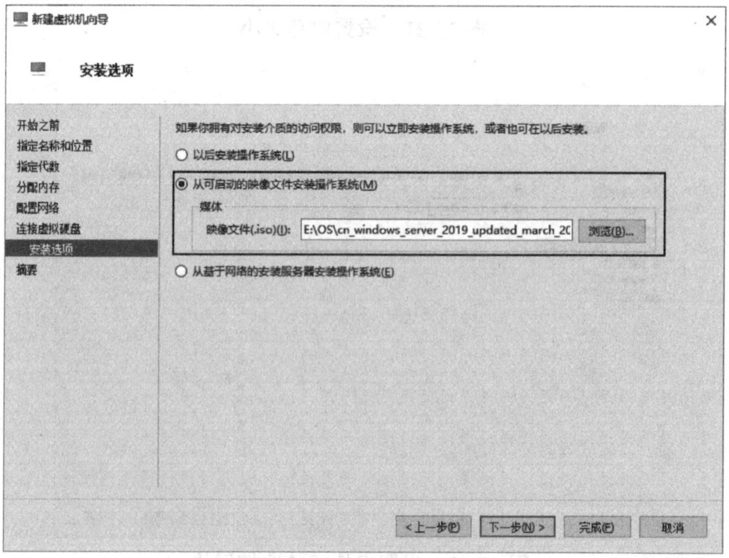

图 13-24 安装选项设置

（9）在【摘要】界面，可以再次确认新建的虚拟机参数是否和项目规划表一致，确认无误后单击【完成(F)】按钮，完成虚拟机的新建，如图 13-25 所示。

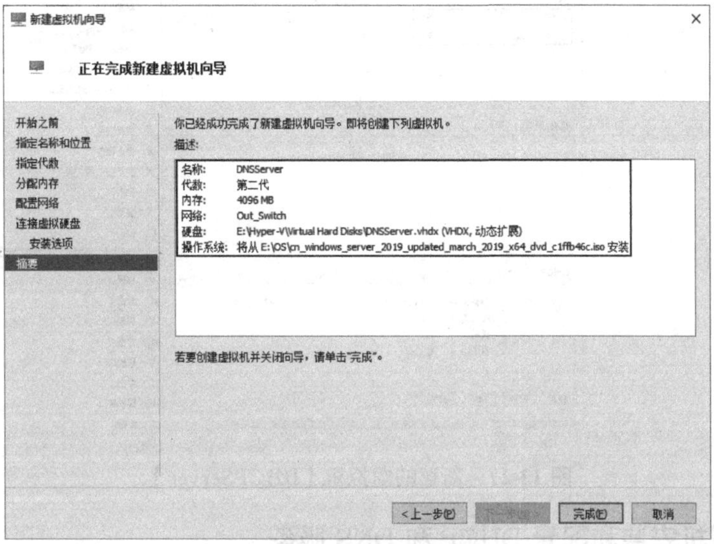

图 13-25　新建虚拟机摘要

（10）回到【Hyper-V 管理器】窗口，在虚拟机视图中可以看到新建的虚拟机【DNSServer】，如图 13-26 所示。

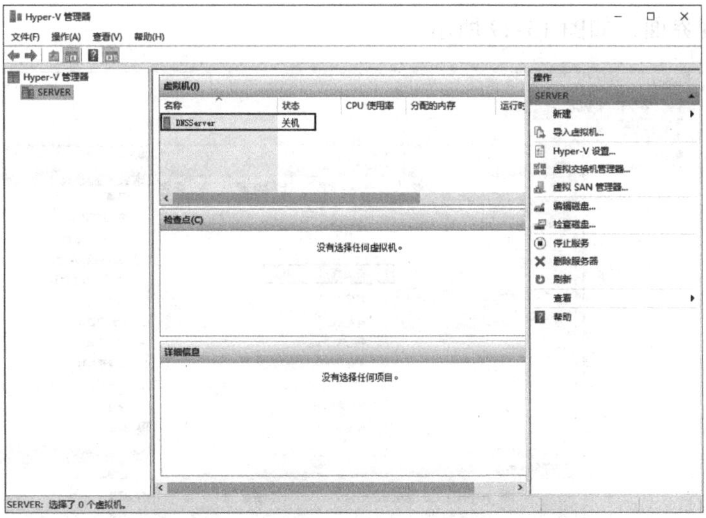

图 13-26　新建的虚拟机【DNS Server】

（11）重复以上操作，继续完成【DHCPServer】虚拟机的创建，完成后的结果如图 13-27 所示。

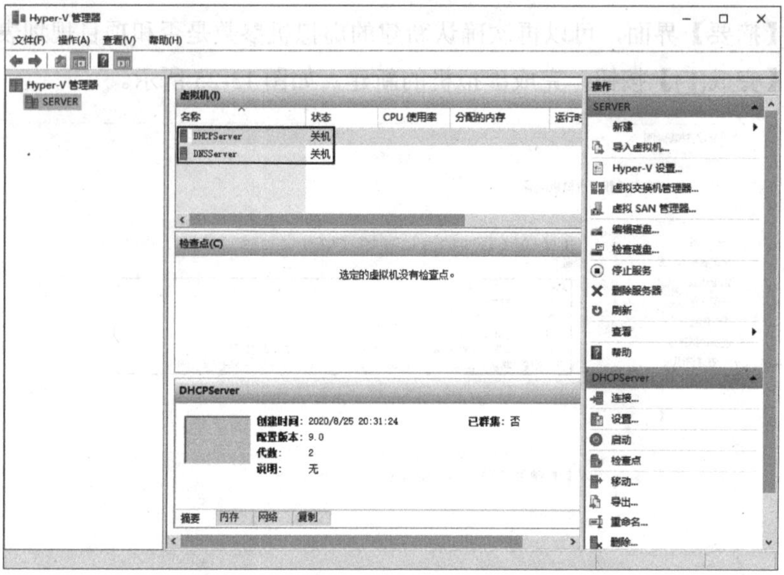

图 13-27 新建的虚拟机【DHCPServer】

3. 在虚拟机安装和配置 DHCP 和 DNS 服务

（1）如图 13-28 所示，在【Hyper-V 管理器】窗口中选中并右击【DHCPServer】，在弹出的快捷菜单中选择【启动(S)】命令，启动虚拟机。

（2）继续右击【DHCPServer】虚拟机，在弹出的快捷菜单中选择【连接(O)】命令，打开虚拟机管理界面，如图 13-29 所示。

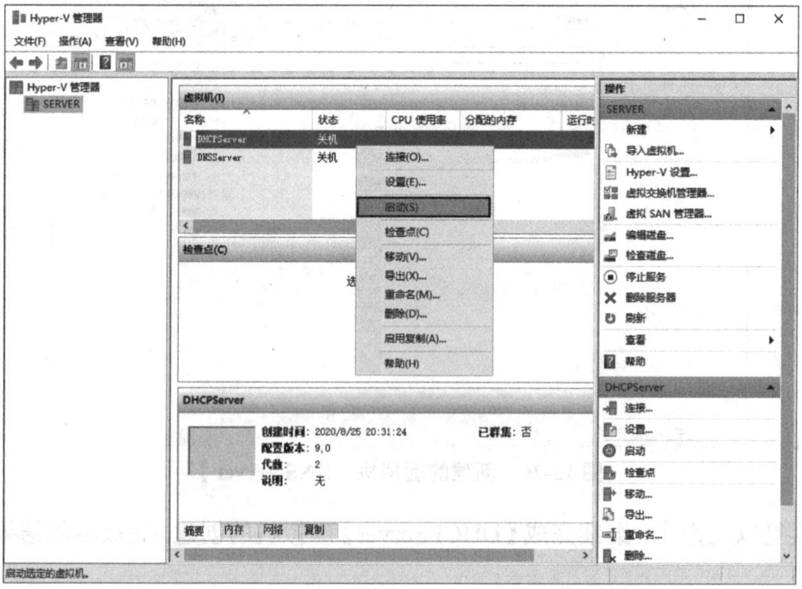

图 13-28 启动 DHCPServer 虚拟机操作

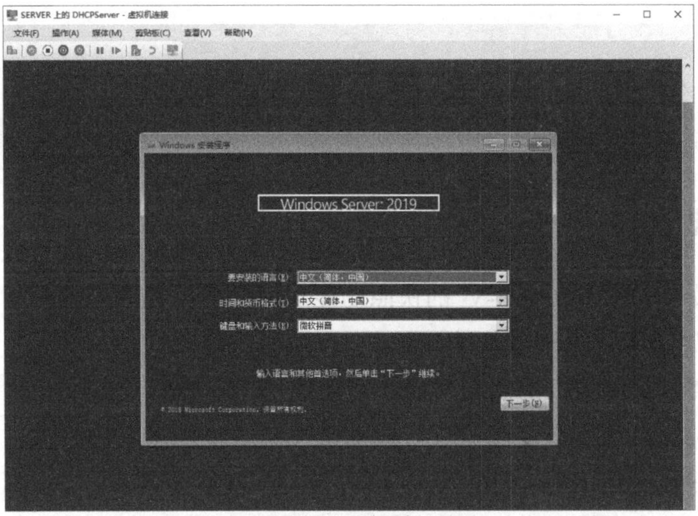

图 13-29　虚拟机管理界面

（3）参考项目 1 完成 Windows Server 2019 系统的安装，参考项目 7 和项目 8 完成 DNS、DHCP 服务的部署。

任务验证

启动信息中心的客户机 PC1，查看 PC1 网络连接的详细信息，结果如图 13-30 所示。该结果表明 PC1 成功通过虚拟机 DHCP 服务器获取到了 IP 地址。此外，还可以进一步通过配置 DNS 服务器的域名服务，在客户端测试 DNS 解析功能是否正常。

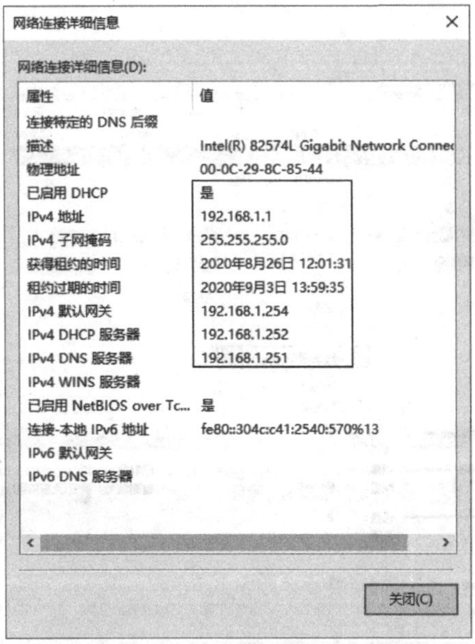

图 13-30　PC1 网络连接的详细信息

任务 13-3　配置与管理虚拟机的快照

任务规划

网络管理员希望使用 Hyper-V 的快照功能对两台虚拟机进行备份，以便在虚拟机出现故障时能快速恢复。

配置与管理虚拟机的快照

快照技术类似于照相机的照相功能，它通过 Microsoft Volume Shadow Copy Service（卷影复制服务）技术来存储虚拟机建立快照时的状态，这些状态包括虚拟机系统的内存、磁盘、网络等内容。在虚拟机出现故障时，快照恢复功能可以让虚拟机快速恢复到快照建立时间点的状态。需要注意的是，快照恢复将不能恢复 VM 建立快照之后系统发生的变化数据，因此快照功能非常适合用于 DNS、DHCP 等数据变化很小的虚拟机备份。

任务实施

打开【Hyper-V 管理器】窗口的【SERVER】，右击【DNSServer】，在弹出的如图 13-31 所示快捷菜单中选择【检查点(C)】命令，即完成快照的创建。结果如图 13-32 所示，在【检查点(C)】区域出现了当前时间的快照。

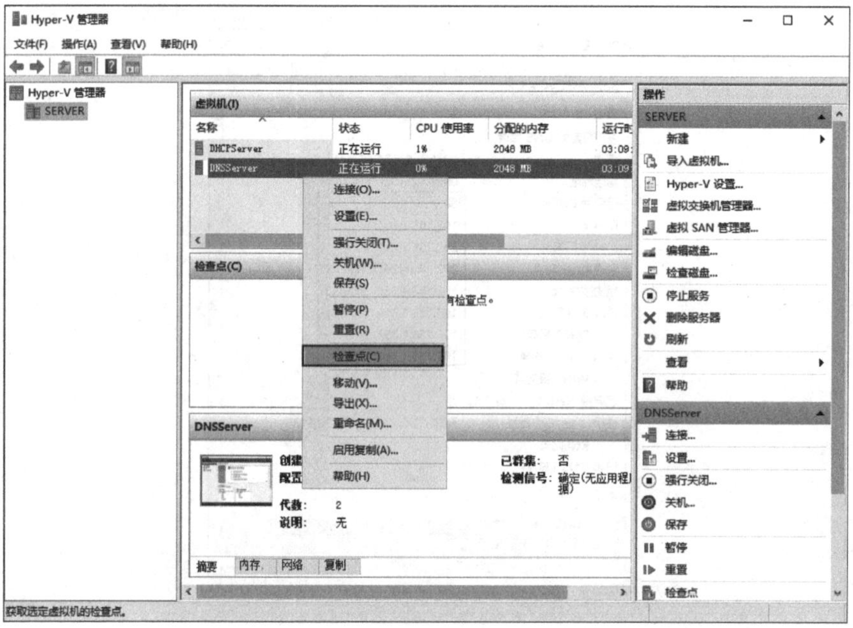

图 13-31　创建快照

任务验证

当虚拟机出现故障或误操作时，网络管理员可以通过快照（检查点）功能还原虚拟机，在验证部分将演示如何恢复虚拟机到快照状态。

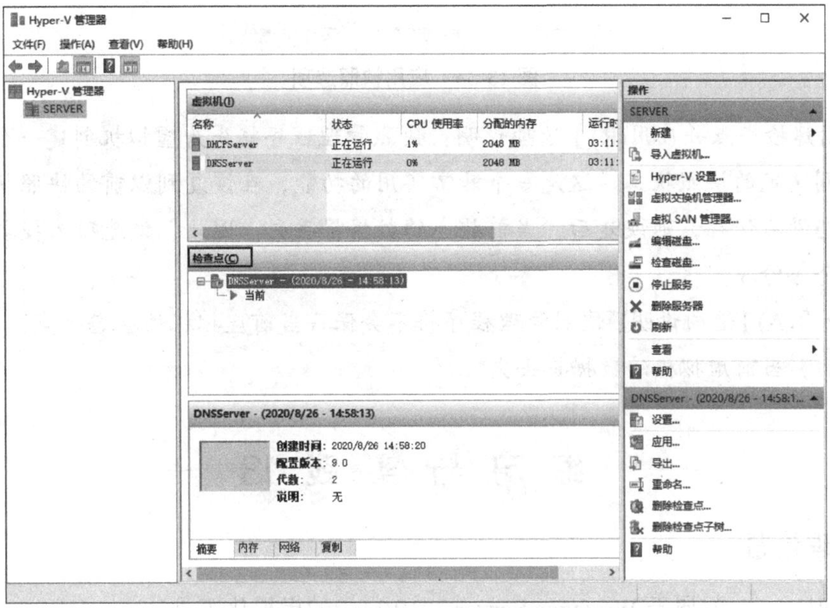

图 13-32　DNSServer 的快照

（1）在如图 13-33 所示的【Hyper-V 管理器】窗口中，右击【DNSServer】，在弹出的快捷菜单中选择【应用(A)】命令。

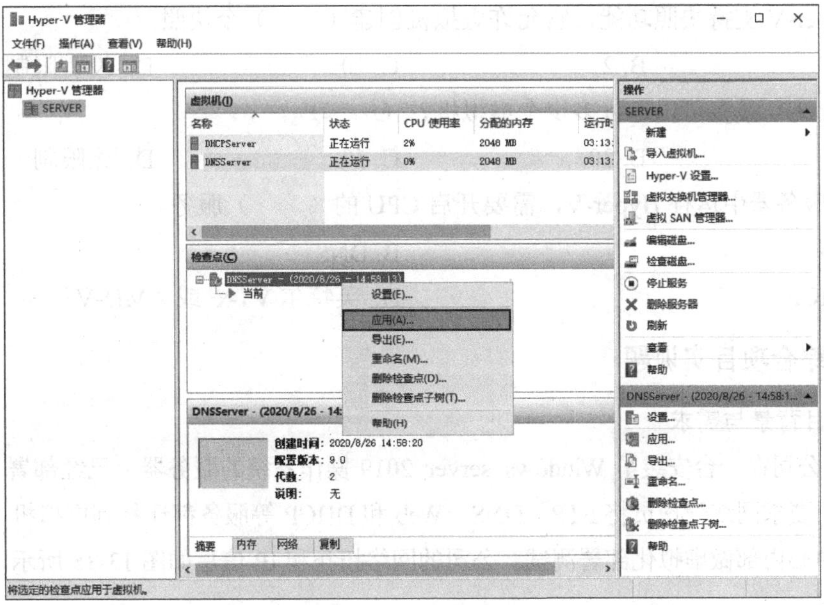

图 13-33　应用快照操作

（2）在弹出的如图 13-34 所示的【应用检查点】对话框中，管理员可以选择【创建检查点并应用(R)】或【应用(A)】两个选项进行还原，建议使用【创建检查点并应用(R)】。

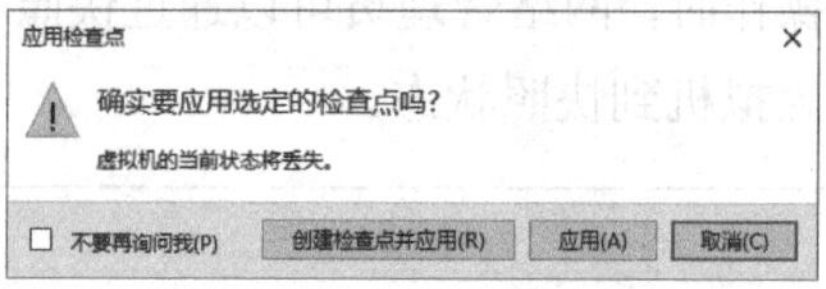

图 13-34　应用快照选项

● 【创建检查点并应用(R)】选项说明：快照管理程序将先为虚拟机创建一个快照，然后再恢复到选定的快照状态。这是一个非常实用的功能，在恢复到以前的快照状态时，如果当前状态没有保存，则恢复后，当前状态的数据将丢失。因此，该选项为提取当前数据提供了一个备份源。

● 【应用(A)】选项说明：快照管理程序将不会保存当前虚拟机的状态而直接应用快照，快照恢复后，当前虚拟机的数据将丢失。

练习与实践 13

一、理论题

1. 下列（　　）属于 Windwos Server 2019 自带的虚拟化工具。

A. Xen　　B. KVM　　C. Hyper-V　　D. VMware

2. Windows Server 2019 的 Hyper-V 的版本是（　　）。

A. 1.0　　B. 2.0　　C. 3.0　　D. 4.0

3. Hyper-V 支持快照功能，它允许虚拟机创建（　　）个快照。

A. 1　　B. 2　　C. 10　　D. 没有限制

4. Hyper-V 最多可以运行多少个虚拟机？（　　）

A. 10　　B. 30　　C. 50　　D. 无限制

5. 在服务器中运行 Hyper-V，需要开启 CPU 的（　　）服务。

A. AD　　B. DNS

C. DHCP　　D. 英特尔 VT-x 或 AMD-V

二、综合项目实训题

1. 项目背景与需求

Jan16 公司在一台安装了 Windows server 2019 操作系统的服务器上已经部署了 Hyper-V 服务，公司要求网络管理员将 FTP、DNS、Web 和 DHCP 等服务都迁移到虚拟机上，当前将先在网络中心内部做虚拟化部署测试。公司的网络拓扑和 IP 信息如图 13-35 所示，项目的详细需求如下。

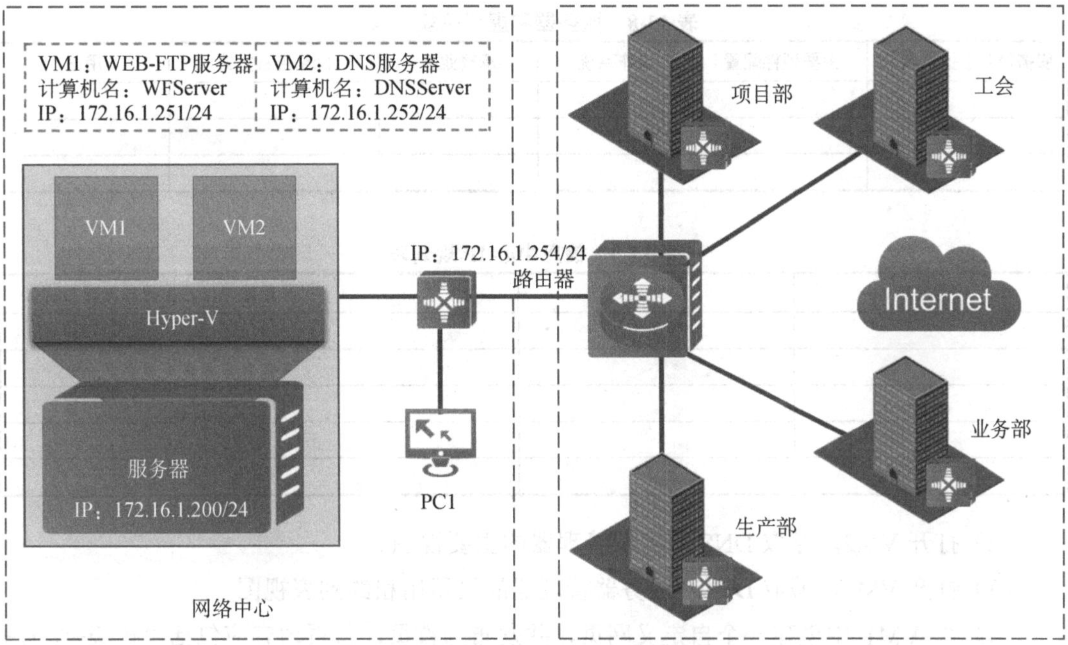

图 13-35　Jan16 公司的网络拓扑和 IP 信息

（1）在 Hyper-V 中创建虚拟机 VM1 和 VM2，VM1 用于部署 Web 和 FTP 服务，VM2 用于部署 DNS 和 DHCP 服务。

（2）在 VM1 中部署 Web 和 FTP 服务后，为方便管理员通过 FTP 更新 Web 站点，要求将 Web 和 FTP 的主目录设置为同一个目录 E:\Web_FTP\，VM1 的域名为 www.Jun16. com，FTP 服务的账户名和密码为 admin/123。

（3）在 VM2 中部署 DHCP 和 DNS 服务后，为 Jan16 公司提供 DNS 解析服务并给网络中心客户机自动分配 IP 地址，IP 地址的范围为 172.16.1.10～30/24。

2. 项目实施要求

（1）根据项目背景，分析项目需求，完成网络虚拟化规划、Hyper-V 存储虚拟化规划、服务器和虚拟机规划、信息中心 IP 规划工作，并将规划结果填入表 13-6～表 13-9 中。

表 13-6　网络虚拟化规划表

序号	虚拟交换机名称	连接方式	用途
1			
2			

表 13-7　Hyper-V 存储虚拟化规划表

序号	名称	存储位置/文件名	存储空间大小	用途
1				
2				
3				
4				

表 13-8　服务器和虚拟机规划表

服务器和虚拟机名称	主要硬件配置	操作系统	承载业务	网络连接方式	用途

表 13-9　信息中心 IP 规划表

机器名称	IP 地址	用途

（2）打开 VM2，截取 DNS 服务器管理器的主要视图。

（3）打开 VM2，截取 DHCP 服务器管理器的已租用租约列表视图。

（4）在 VM1 中创建一个自定义网页，并发布为首页，首页内容应包括“班级+学号+姓名的 Jan16 首页”，然后在 PC1 中打开浏览器，访问 www.Jan16.com，截取浏览器页面。

（5）在 PC1 访问 FTP://www.Jan16.com，截取 FTP 站点首页界面。

项目 14　部署企业的活动目录服务

项目教学课件

项目学习目标

（1）了解活动目录、活动目录对象、活动目录架构的概念与应用。

（2）了解活动目录逻辑结构、物理结构的相关知识。

（3）掌握 DNS 服务与活动目录的关系与应用。

（4）掌握企业组织架构下活动目录域控制器的部署、域用户和计算机的管理等简单域服务部署业务实施流程。

项目描述

随着 Jan16 公司规模的扩大，公司人员和计算机规模随之增长，以传统工作组方式管理公司计算机的模式已不能满足公司发展的需求，为保障公司业务安全稳定地运行，实现资源的集中管理，网络管理部将引入全新的 Windows Server 2019 域来管理公司的用户和计算机。

为让部门员工尽快熟悉 Windows Server 2019 的域环境，将在一台安装 Windows Server 2019 操作系统的新服务器上建立公司的第一台域控制器。公司域的规划如下。

（1）域控制器名称为 DC1。

（2）域名为 JAN16.cn。

（3）域的简称为 JAN16。

（4）域控制器的 IP 地址为 192.168.1.1/24。

（5）域用户为 candy、jack，其中 jack 为实习生，仅允许在上班时间（周一～五的 8：00～17：00）登录域。

公司域测试环境的网络拓扑如图 14-1 所示。

项目分析

本项目需要管理员了解活动目录的概念、活动目录的逻辑结构、活动目录的物理结构及 DNS 服务与活动目录的相关性，并在测试环境中部署企业的第一台域控制器，然后将企业的用户和计算机加入域，实现用域来管理公司的用户和计算机，工作任务分解如下。

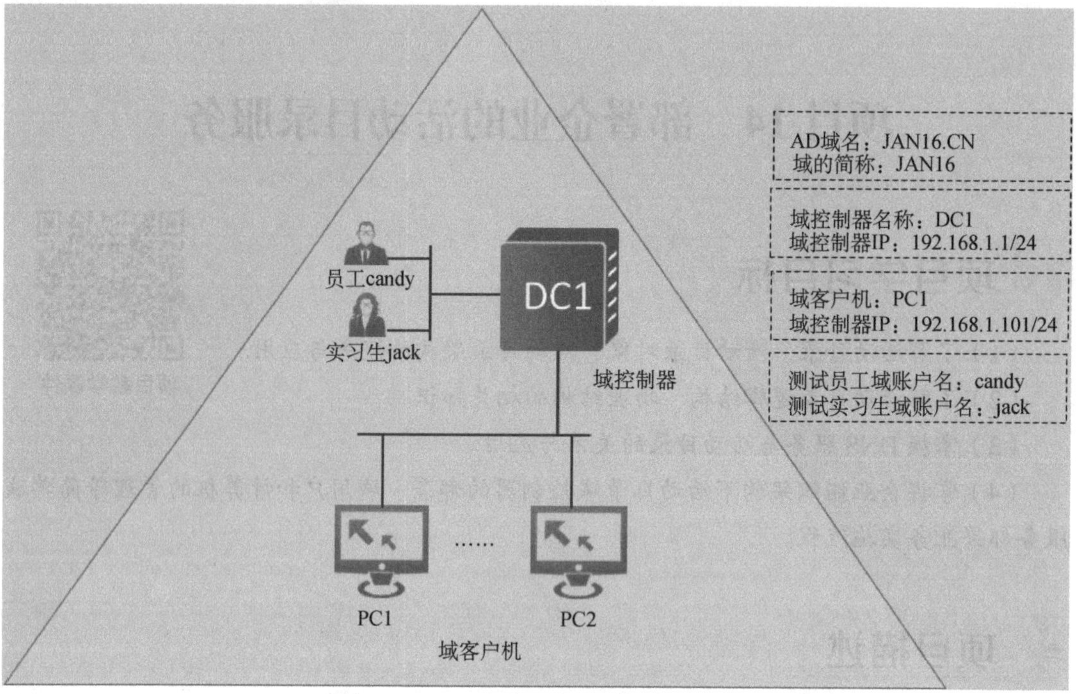

图 14-1 公司域测试环境的网络拓扑

（1）部署企业的第一台域控制器：根据公司测试环境的网络拓扑和域相关信息部署企业第一台域控制器。

（2）将用户和计算机加入域：将客户机和测试账户加入域。

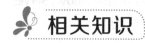

相关知识

14.1 什么是活动目录

活动目录（Active Directory，简称 AD）由活动和目录两部分组成，其中活动是用来修饰目录的，其核心是目录，而目录是指目录服务（Directory Service）。

1. 目录的概念

对于目录，大家最熟悉的就是书的目录，通过它就能知道书的大致内容。但目录服务和书的目录不同，目录服务是一种网络服务，它存储网络资源并使用户和应用程序能访问这些资源。

在活动目录管理的网络中，目录首先是一个容器，它存储了所有的用户、计算机、应用服务等资源，同时对于这些资源，目录服务通过规则能够让用户和应用程序快捷地访问这些资源。

例如，在工作组的计算机管理中，如果一个用户需要使用多台计算机，那么网络管理员需要在这些计算机上为该用户创建账户并授予相应的访问权限。如果有大量的用户都有这类需求，那么网络管理员的管理难度将大大提升。但在活动目录的管理方式下，用户作为资源被统一管理，每个员工拥有唯一的活动目录账户，通过对该用户授权允许访问特定组的计算机即可完成该工作。通过比较不难得出 AD 在管理大量用户和计算机时所具有的优势。

2. 活动的概念

对于活动，可以理解为是动态的、可扩展的，主要体现在以下两个方面。

1）AD（活动目录）对象的数量可以按需增减或移动

AD 中的对象可以按需求增加、减少或移动，例如新购置了计算机、有部分员工离职、员工变换工作岗位，这些都必须相应地在 AD 中进行变更。

2）AD（活动目录）对象的属性是可以增加的

每个对象都是用它的属性进行描述的，AD 对象的管理实际上就是对对象属性的管理，而对象的属性是可能发生变化的。例如，联系方式这个属性原先只有通信地址、手机、电子邮件等，可随着社会发展，用户的联系方式可能需要增加微信号、微博号等。而且这些属性还在持续变化，在 AD 中支持对象的属性增加后，AD 管理员只需通过修改 AD 架构即可增加属性，然后 AD 用户就可以在 AD 中使用这个属性了。

需要注意的是，AD 对象的属性可以增加，但是不可以减少，如果一些对象属性不允许使用则可以设置为禁用。

综上，活动目录是一个数据库，它存储着网络中重要的资源。当用户需要访问网络中的资源时，就可以在活动目录中进行检索并能快速查找到需要的对象。活动目录是一种分布式服务，当网络的地址范围很大时，可以通过位于不同地点的活动目录数据库提供相同的服务来满足用户的需求。

14.2　活动目录的对象

简单地说，在 AD 中可以被管理的一切资源都称为 AD 的对象，如用户、组、计算机账户、共享文件夹等。AD 的资源管理就是对这些 AD 对象的管理，包括设置对象的属性、安全性等。每个对象都存储在 AD 的逻辑结构中，可以说 AD 对象是组成 AD 的基本元素。

14.3　活动目录的架构

架构（Schema）就是活动目录的基本结构，是组成活动目录的规则。

AD 架构中包含两个方面的内容：对象类和对象属性。其中，对象类用来定义在 AD 中可以创建的所有可能的目录对象，如用户、组等；对象属性用来定义可以标识目录对象的属性，如用户可以有登录名、电话号码等属性。也就是说 AD 架构用来定义数据类型、语法规则、命名约定等内容。

当在 AD 中创建对象时，需要遵守 AD 架构规则，只有在 AD 架构中定义了一个对象的属性才可以在 AD 中使用该属性。前面叙述的 AD 中的对象属性是可以增加的，这就需要通过扩展 AD 架构来实现。

AD 架构存储在 AD 架构表中，当扩展时只需要在架构表中进行修改即可，在整个活动目录中只能有一个架构，也就是说在 AD 中所有的对象都会遵守同样的规则，这将有助于对网络资源进行管理。

14.4 轻型目录访问协议

LDAP（Light Directory Access Protocol，轻型目录访问协议）是访问 AD 的协议，当 AD 中对象的数量非常大时，如果要对某个对象进行管理和使用就应定位该对象，这时就需要有一种层次结构来查找它，LDAP 就提供了这种机制。

例如寄快递，如果要给张三寄快递，你需要知道他住在哪个城市、区、街道、大楼、楼层、房间号等信息，最后才能根据这些信息将物品快递给他。这就是一种层次结构，LDAP 就是类似的结构。

在 LDAP 给出了严格的命名规范，按照这个规范可以唯一地定位一个 AD 对象，如表 14-1 所示。

表 14-1　LDAP 中关于 DC、OU 和 CN 的定义

名字	属性	描述
DC	域组件	活动目录域的 DNS 名称
OU	组织单位	组织单位可以和实际中的一个行政部门相对应，在组织单位中可以包括其他对象，如用户、计算机等
CN	普通名字	除了域组件和组织单位外的所有对象，如用户、打印机等

按照这个规范，假如在域 EDU.CN 中有一个组织单位 SOFTWARE，在这个组织单位下有一个用户账户 candy，那么在活动目录中的 LDAP 就用下面的方式来标识该对象：CN=candy，OU=software，DC=EDU，DC=cn。

LDAP 的命名包括两种类型：辨别名（Distinguished Names）和相关辨别名（Relative Distinguished Names）。

上面例子中，“CN=candy，OU=software，DC=EDU，DC=cn”就是 candy 这个对象在 AD 中的辨别名；而相关辨别名是指辨别名中唯一能标识这个对象的部分，通常为辨别名中最前面的一个。在上面这个例子中，CN=candy 就是 candy 这个对象在 AD 中的相关辨别名，该名称在 AD 中必须唯一。

14.5　活动目录的逻辑结构

在活动目录中有很多资源，要对这些资源进行很好地管理就必须把它们有效地组织起来，活动目录的逻辑结构就是用来组织资源的。

活动目录的逻辑结构可以和公司的组织机构图结合起来理解，通过对资源进行逻辑组织，使用户可以通过名称而不是通过物理位置来查找资源，并且使网络的物理结构对用户透明化。

活动目录的逻辑结构包括域（Domain）、域树（Domain Tree）、域目录林（Forest）和组织单位（Organization Unit），如图 14-2 所示。

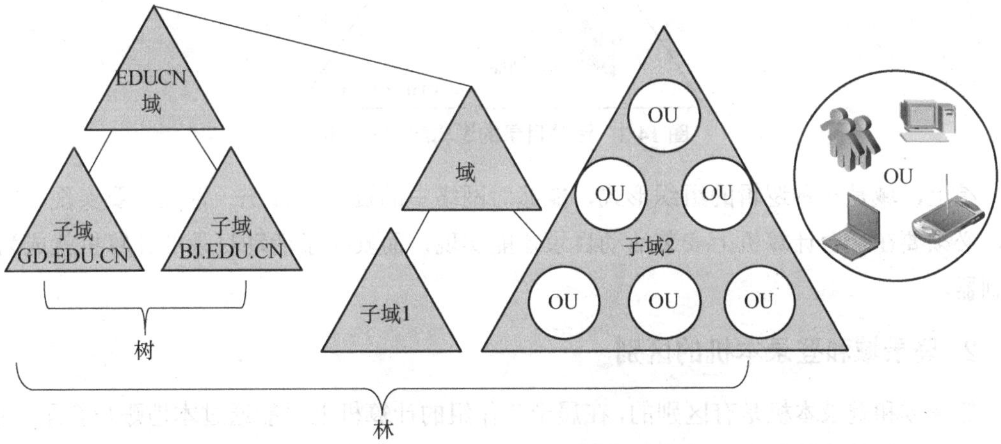

图 14-2　活动目录的逻辑结构

1. 域的概念

域是活动目录逻辑结构的核心单元，是活动目录对象的容器。同时，域定义了 3 个边界：安全边界、管理边界、复制边界。

安全边界：域中所有的对象都保存在域中，并且每个域只保存属于本域的对象，所以域管理员只能管理本域。安全边界的作用就是保证域的管理者只能在该域内拥有必要的管理权限，而对于其他域（如子域）则没有权限。

管理边界：每个域只能管理自身区域的对象，例如父域和子域是两个独立的域，两个域的管理员仅能管理自身区域的对象，但是由于它们存在逻辑上的父子信任关系，因此两个域的用户可以相互访问，但是不能管理对方区域的对象。

复制边界：域是复制的单元，域是一种逻辑的组织形式，因此一个域可以跨越多个物理位置。如图 14-3 所示，EDU 公司在北京和广州都设有相关机构，它们都隶属域 EDU.CN，北京和广州两地通过 ADSL 拨号互联，同时两地各部署了一台域控制器。如果 EDU 域中只有一台域控制器在北京，那么广州的客户端在登录域或者使用域中的资源时都要通过北京的域控制器进行查找，而北京和广州的连接是慢速的。这种情况下，为了提高用户的访问速率可以在广州也部署一台域控制器，同时让广州的域控制器复制北京域控制器的所有数据，这样广州的用户只需通过本地域控制器即可实现快速登录和资源查找。由于域控制器的数据是动态的（如管理员禁用了一个用户），所以域内的所有域控制器之间还必须实现数据同步。域控制器仅能复制域内的数据，其他域的数据不能复制，所以域是复制边界。

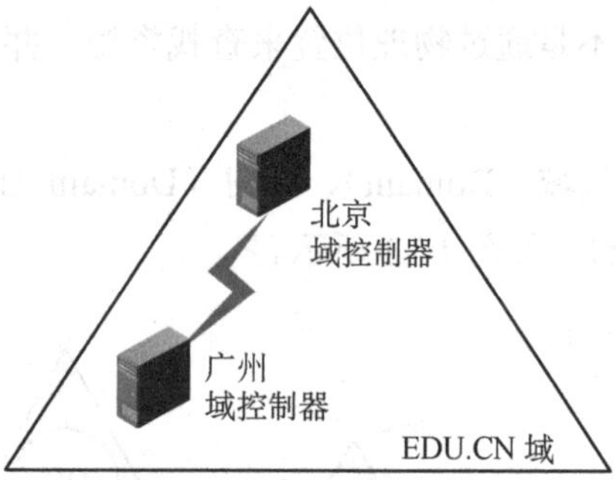

图 14-3　活动目录的逻辑结构——域

综上，域是一种逻辑的组织形式，能够对网络中的资源进行统一管理，要实现域的管理，必须要在一台计算机上安装活动目录才能实现，而安装了活动目录的计算机就成为域控制器。

2. 登录域和登录本机的区别

登录域和登录本机是有区别的，在属于工作组的计算机上只能通过本地账户登录本机，在一台加入域的计算机上可以选择登录到域或者登录到本机，如图 14-4 所示。

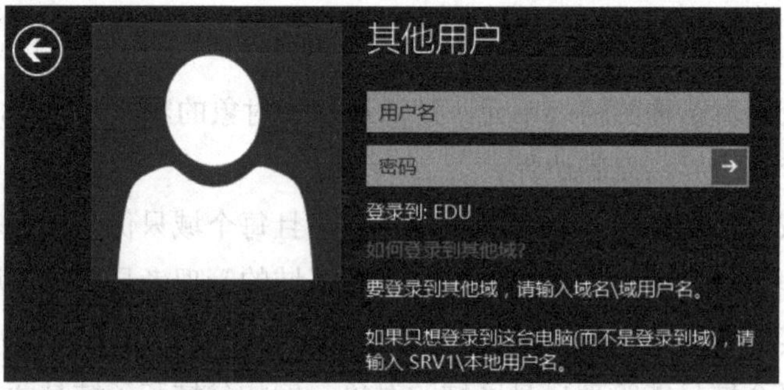

图 14-4　在域上的计算机登录界面

在登录到本机时必须输入这台计算机上的本地用户账户的信息，在【计算机管理】窗口中可以查看这些用户账户的信息，登录验证也是由这台计算机完成的。本地登录账户通常为“计算机名\用户名”，如 SRV1\candy。

在登录到域时必须输入域用户账户的信息，而域用户账户的信息只保存在域控制器上。因此用户无论使用哪台域客户机，其登录验证都是由域控制器来完成的。也就是说在默认情况下，域用户可以使用任何一台域客户机。域登录账户通常为“用户名@域名”，如candy@EDU.CN。

在域的管理中，基于安全考虑，客户机的所有账户都会被域管理员统一回收，企业员工仅能通过域账户使用客户机。

3. 域树

域树是由一组具有连续命名空间的域组成的。

例如，EDU 公司最初只有一个域名 EDU.CN，后来公司发展了，在北京成立了一个分公司，出于安全考虑需要新创建一个域，如果把这个新域加入域中，BJ.EDU.CN 就是 EDU.CN 的子域，EDU.CN 是 BJ.EDU.CN 的父域。

组成一棵域树的第一个域成为树的根域，图 14-1 中第一棵树的根域为 EDU.CN，树中其他域称为该树的结点域。

4. 树和信任关系

域树是由多个域组成的，而域的安全边界使得域和其他域之间的通信需要获得授权。在活动目录中这种授权是通过信任关系来实现的。在活动目录的域树中，父域和子域之间可以自动建立一种双向可传递的信任关系。

如果 A/B 两个域之间有双向信任关系，则可以实现以下效果。

- 这两个域就像在同一个域一样，A 域中的账号可以在 B 域中登录 A 域，反之亦然。
- A 域中的用户可以访问 B 域中有权限访问的资源，反之亦然。
- A 域中的全局组可以加入 B 域中的本地组，反之亦然。

这种双向信任关系淡化了不同域之间的界限，而且在 AD 中父子域之间的信任关系是可以传递的。可传递的意思是，如果 A 域信任 B 域，B 域信任 C 域，那么 A 域也就信任 C 域。例如，在图 14-1 中的 GD.EDU.CN 域和 BJ.EDU.CN 域，由于各自同 EDU.CN 建立了父子域关系，所以它们也相互信任并允许相互访问，因此可以称它们为兄弟域关系。由于有这种双向可传递信任关系的存在，这几个域就被融为一体了。

5. 域目录林

域目录林是由一棵或多棵域树组成的，每棵域树使用自身连续的命名空间，不同域树之间没有命名空间的连续性，如图 14-5 所示。

域目录林具有以下特点。

- 目录林中的第一个域称为该目录林的根域，根域的名字将作为目录林的名字。

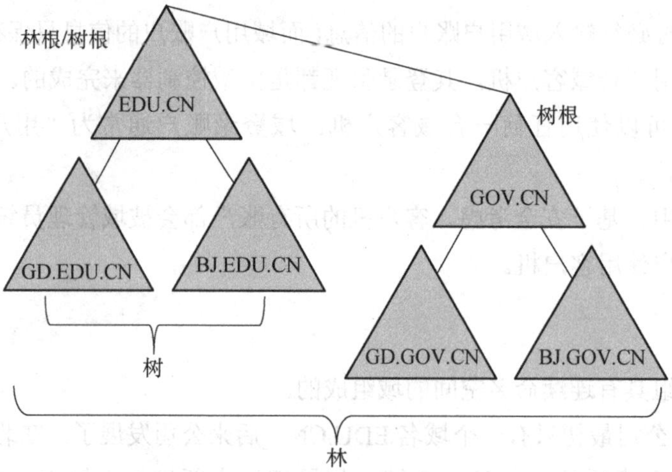

图 14-5　AD 的逻辑结构——域目录林

- 目录林的根域和该目录林中其他域树的根域之间存在双向可传递的信任关系。
- 目录林中的所有域树拥有相同的架构和全局编录。

在活动目录中，如果只有一个域，那么这个域也称为一个目录林，因此单域是最小的林。前面介绍了域的安全边界，如果一个域用户要对其他域进行管理，则必须得到其他域的授权，但在目录林中有一个特殊情况，那就是在默认情况下目录林的根域管理员可以对目录林中所有域执行管理权限，这个管理员也称为整个目录林的管理员。

6. 组织单位

组织单位是活动目录中的一个特殊容器，它可以把用户、组、计算机等对象组织起来。与一般仅能容纳对象的容器不同，组织单位不仅可以包含对象，而且可以进行组策略的设置和委派管理，这是普通容器不能办到的。关于组策略和委派将在后续内容中介绍。

组织单位是活动目录中最小的管理单元。如果一个域中的对象数目非常多时，可以用组织单位把一些具有相同管理要求的对象组织在一起，这样就可以实现分级管理了。而且作为域管理员还可以委托某个用户去管理某个域（OU），管理权限可以根据需要配置，这样就可以减轻管理员的工作负担。

组织单位可以和公司的行政机构相结合，这样可以方便管理员对活动目录对象的管理，而且组织单位可以像域一样设计成树状的结构，即一个 OU 下面还可以有子 OU。

在规划单位时可以根据两个原则：地点和部门职能。如果一个公司的域由北京总公司和广州分公司组成，而且每个城市都有市场部、财务部、技术部 3 个部门，则可以按照如图 14-6 左边所示的结构来组织域中的子域（在 AD 中，组织单位用圆来表示），图 14-6 的右边则是在 AD 中根据左边的结构创建的域结果。

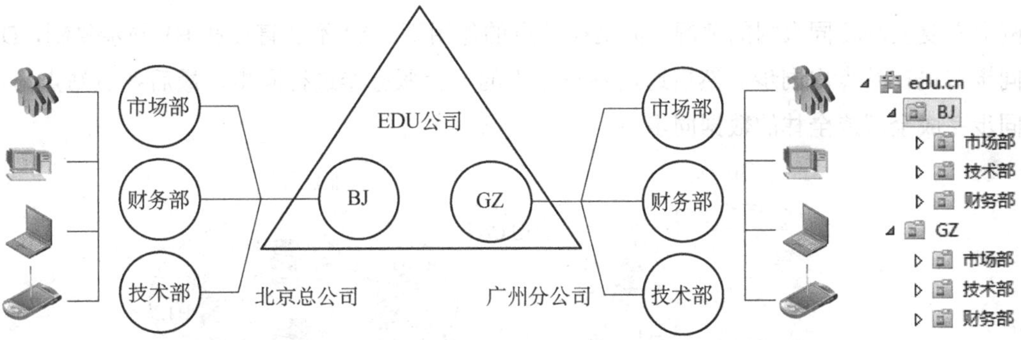

图 14-6　活动目录的逻辑结构——组织单位

7. 全局编录

一个域的活动目录只能存储该域的信息，相当于这个域的目录。而当一个目录林中有多个域时，由于每个域都有一个活动目录，因此如果一个域的用户要在整个目录林范围内查找一个对象时就需要搜索目录林中的所有域，这时用户就需要较长时间的等待了。

全局编录（Global Catalog，GC）相当于一个总目录，就像一个书架的图书有一个总目录一样，全局编录存储已有活动目录中所有域（林）对象的子集。默认情况下，存储在全局编录中的对象属性是那些经常用到的内容，而非全部属性。整个目录林会共享相同的全局编录信息。GC 中的对象包含访问权限，用户只能看见有访问权限的对象，如果一个用户对某个对象没有权限，在查找时将看不到这个对象。

14.6　活动目录的物理结构

前面所述的都是活动目录的逻辑结构，在 AD 中，逻辑结构是用来组织网络资源的，而物理结构则是用来设置和管理网络流量的。活动目录的物理结构由域控制器和站点组成。

1. 域控制器

域控制器（DC，Domain Controller）是存储活动目录信息的地方，用来管理用户的登录、进程、验证和目录搜索等任务。一个域中可以有一台或多台 DC，为了保证用户访问活动目录信息的一致性，就需要在各 DC 之间实现活动目录数据的复制，以保持同步。

2. 站点

站点（Site）一般与地理位置相对应，它由一个或几个物理子网组成。创建站点的目的是为了优化 DC 间复制的网络流量。

如图 14-7 所示的活动目录的站点结构中，在没有配置站点的 AD 中，所有的域控制器都将相互复制数据以保持同步，那么广州的 A1 和 A2 与北京的 B1、B2 和 B3 间相互复制数据就会占用较长时间。例如，A1 和 B1 的同步复制与 A2 与 B1 的同步复制就明显存在在公网上重复复制相同数据的情况。但是在站点的作用下，A2 不能直接和 B1 同步复制，DC 的同步首先在站点内同步，然后通过各自站点的一台服务器进行同步，最后各自站点内进行同步完成全域或全林的数据同步。

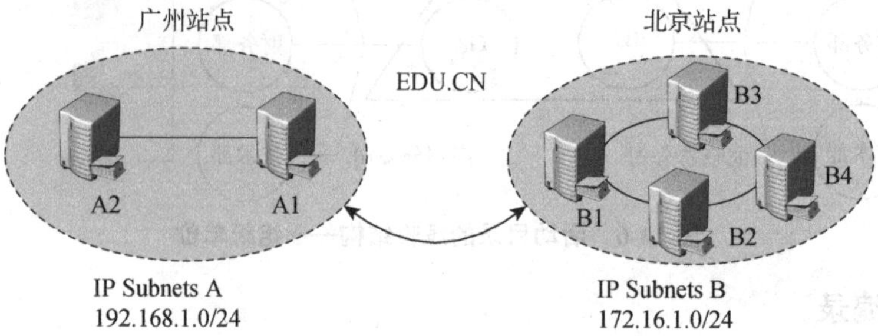

图 14-7　活动目录的站点结构

显然通过站点优化了 DC 间数据同步的网络流量，站点具有以下特点。

- 一个站点可以有一个或多个 IP 子网。
- 一个站点中可以有一个或多个域。
- 一个域可以属于多个站点。

利用站点可以控制 DC 的复制是同一站点内的复制还是不同站点间的复制，而且利用站点链接可以有效地组织活动目录的复制流，控制 AD 复制的时间和经过的链路。

需要注意的是：站点和域之间没有必然的联系，站点映射了网络的物理拓扑结构，域映射网络的逻辑拓扑结构，AD 允许一个站点可以有多个域，一个域也可以有多个站点。

14.7 DNS 服务与活动目录

DNS 是 Internet 的重要服务之一，它用于实现 IP 地址和域名的相互解析。同时 DNS 为互联网提供了一种逻辑的分层结构，利用这个结构可以标识互联网的所有计算机，同时这个结构也为人们使用互联网提供了便捷。

与之类似，AD 的逻辑结构也是分层的，因此可以把 DNS 和 AD 结合起来，这样就便于访问和管理 AD 中的资源。图 14-8 显示了 DNS 和 AD 名称空间的对应关系。

在 AD 中，域控制器会自动向 DNS 服务器注册 SRV（服务资源记录），SRV 中包含了服务器所提供服务的信息及服务器的主机名与 IP 地址等。利用 SRV 客户端可以通过 DNS 服务器查找域控制器、应用服务器。图 14-9 是活动目录中的一台域控制器的 DNS 管理器窗口，通过该窗口可以看到 EDU.CN 区域下有_msdcs、_sites、_tcp、_udp、DomainDnsZones 和 ForestDnsZones 6 个子文件夹，这些文件夹中存放的就是 SRV 记录。

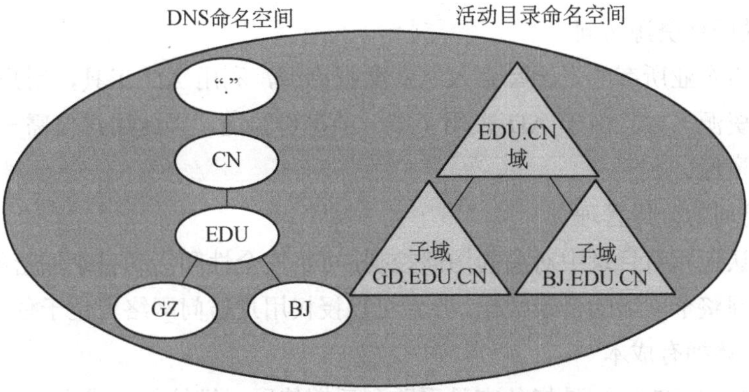

图 14-8　DNS 和 AD 名称空间的对应关系

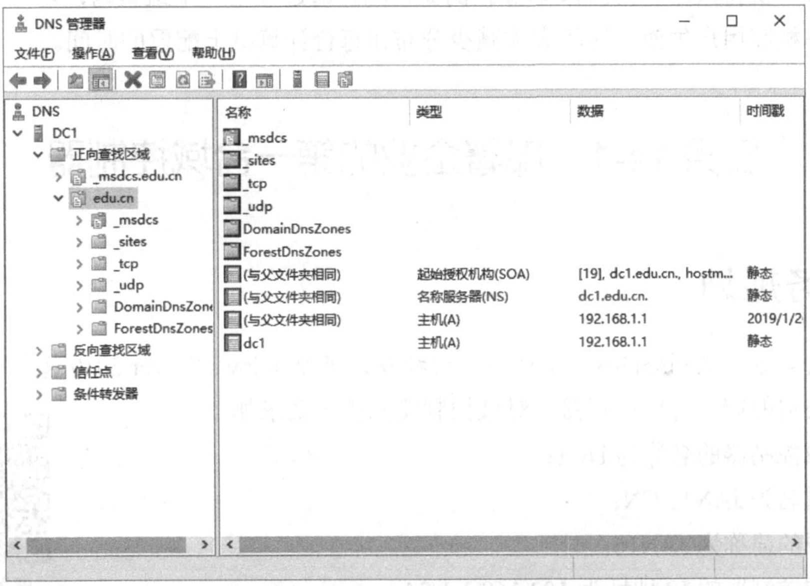

图 14-9　在 DC 中的 DNS 管理器窗口

综上，DNS 是活动目录的基础，要实现活动目录，就必须安装 DNS 服务。在安装域的第一台 DC 时，应该把本机设置为 DNS 服务器，并且在活动目录的安装过程中，DNS 会自动创建与 AD 域名相同的正向查找区域。

14.8　活动目录的特点与优势

与非域环境下独立的管理方式相比，利用 AD 管理网络资源有以下特点。

1）资源的统一管理

活动目录的目录是一个能存储大量对象的容器，它可以统一管理企业中分布于异地的计算机、用户等资源，如统一升级软件等。而且管理员还可以通过委派下放一部分管理权限给某个用户账户，让该用户替管理员执行特定的用户管理。

2）便捷的网络资源访问

活动目录将企业所有的资源都存入 AD 数据库中，利用 AD 工具，用户可以方便地查找和使用这些资源。并且由于 AD 采用了统一的身份验证，因此用户仅需一次登录就可以访问整个网络资源。

3）资源访问的分级管理

通过登录认证和对目录中对象的访问控制，可将安全性和活动目录加密的集成在一起。管理员能够管理整个网络的目录数据，并且可以授权用户访问网络上位于任何位置的资源。

4）减低总体拥有成本

总体拥有成本（TCO）是指从产品采购到后期使用、维护的总成本，包括计算机采购的成本、技术支持成本、升级成本等。例如，AD 通过应用一个组策略，可以对整个域中的所有计算机和用户生效，这将大大减少分布在每台计算机上配置的时间。

任务 14-1　部署企业的第一台域控制器

任务规划

根据公司域测试网络的拓扑，在一台已经安装了 Windows Server 2019 操作系统的服务器上部署公司的第一台域控制器，对域控制器的相关要求如下：

（1）域控制器的名称为 DC1；

（2）域名为 JAN16.CN；

（3）域的简称为 JAN16；

（4）域控制器的 IP 地址为 192.168.1.1/24。

公司域控制器的网络拓扑如图 14-10 所示。

部署企业的第一台域控制器

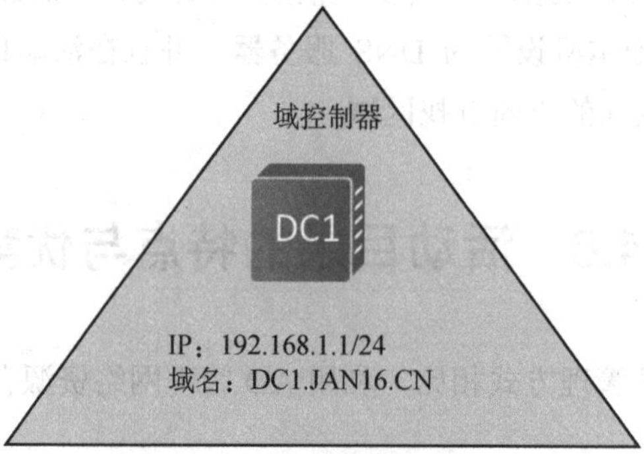

图 14-10　域控制器的网络拓扑

将一台 Windows Server 2019 服务器升级为公司的第一台域控制器，那么这台域控制器就是该公司所创建的第一棵树的树根，同时也是公司域的林根。

在创建公司的第一台域控制器时，首先需要确定公司域控制器使用的根域名称，如果公司已向互联网组织申请了域名，为保证内外网域名的一致性，通常公司也会在 AD 中使用该域名，因此在本任务中，公司的根域是 JAN16.CN。

综上，在一台新安装的 Windows Server 2019 服务器上部署公司的第一台域控制器需要以下几个步骤。

（1）为服务器配置主机名、IP 地址。

（2）在服务器安装 DNS 角色和功能。

（3）在服务器安装活动目录角色和功能。

（4）通过 AD 安装向导将服务器升级为企业的第一台域控制器。

任务实施

1. 为服务器配置计算机名和 IP 地址

将 Windows Server 2019 服务器的计算机名称改为“DC1”，重启后设置服务器的“IP 地址”为“192.168.1.1/24”，【DNS】为“192.168.1.1”。

2. 在服务器安装活动目录角色和功能

（1）在【服务器管理器】窗口，单击【添加角色和功能】链接，在【服务器角色】界面勾选【Active Directory 域服务】复选框并添加其所需要的功能，如图 14-11 所示。

（2）等待安装完成之后，在【服务器管理器】窗口中会看到事件标识中多了一个黄色的感叹号，表示域的服务角色和功能安装完成，如图 14-12 所示。

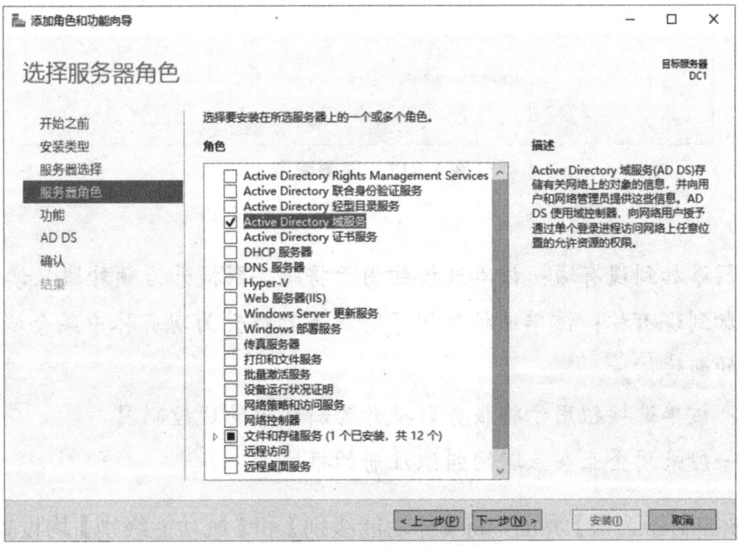

图 14-11　选择服务器角色

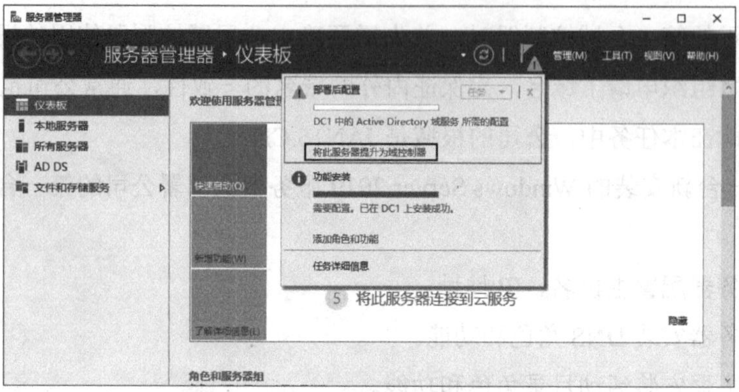

图 14-12　查看服务器管理器中的事件

4. 通过 AD 安装向导将服务器升级为企业的第一台域控制器

（1）在图 14-12 所示的窗口中单击【将此服务器提升为域控制器】链接，在弹出的【Active Directory 域服务配置向导】对话框，选中【添加新林(F)】单选按钮，在【根域名(R)】文本框中输入企业的根域 JAN16.CN，如图 14-13 所示。

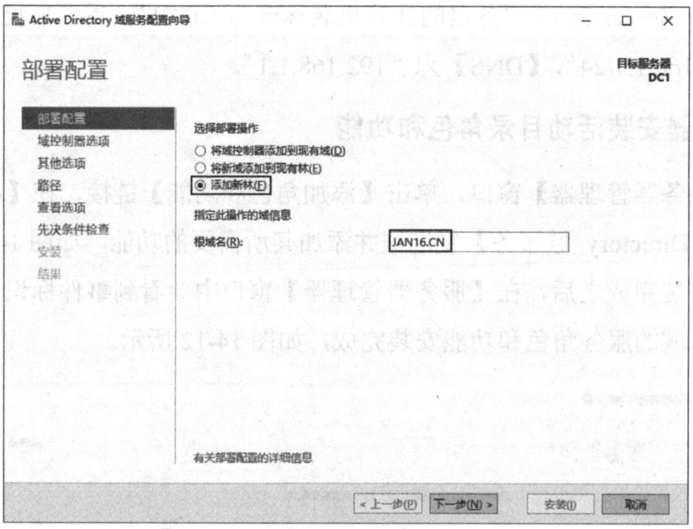

图 14-13　部署配置

注意：

将域控制器添加到现有域：该单选按钮用于将服务器提升为额外域只读域控制器。

将新域添加到现有林：该单选按钮用于将服务器提升为现有林中某个域的子域，或提升为现有林中的新域树。

添加新林：该单选按钮用于将服务器提升为新林中的域控制器。

根域名：一般采用企业在互联网组织注册的根域名。

（2）在【域控制器选项】界面，将【林功能级别】和【域功能级别】均设置为【Windows

Server 2019】，并在【键入目录服务还原模式(DSRM)密码】下的文本框中输入密码，如图 14-14 所示。

> 注意：
>
> 域功能级别：若将域功能级别设置为 Windows Server 2019，那么该域内的其他域控制器必须安装 Windows Server 2019 或以上操作系统。
>
> 林功能级别：若将林功能级别设置为 Windows Server 2019，它要求域功能级别必须为 Windows Server 2019 或以上。
>
> 目录服务还原模式（DSRM）密码：该密码在域控制器降级为普通服务器时使用，密码要满足复杂性要求。

（3）在【DNS 选项】界面，采用默认设置，单击【下一步】按钮。

（4）在【其它选项】界面，系统会自动推荐 NetBIOS 域名，通常这个推荐名为末级域名名称。在本任务中，JAN16.CN 的末级域名为 JAN16，它表示新建域的简称。在本任务中，域的简称就是 JAN16，因此，保持默认设置，并单击【下一步】按钮。

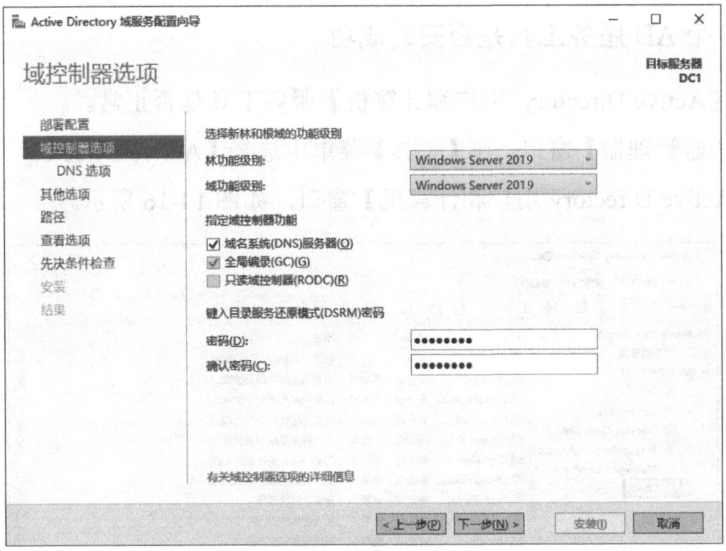

图 14-14　域控制器选项

（5）在【路径】界面，采用默认的域安装路径，并单击【下一步】按钮。

（6）在【查看选项】界面，管理员可以查看即将生效的域配置是否正确，确认无误后，单击【下一步】按钮。

（7）在【先决条件检查】界面，系统会检查 AD 域升级的所有配置是否满足要求，检查通过则【安装】按钮为可单击状态；如果不通过，则需要根据检查提示完成相关配置。单击【安装】按钮开始安装。

（8）安装完成之后，系统会自动重启计算机。重启后就可以进入登录界面，如图 14-15 所示。

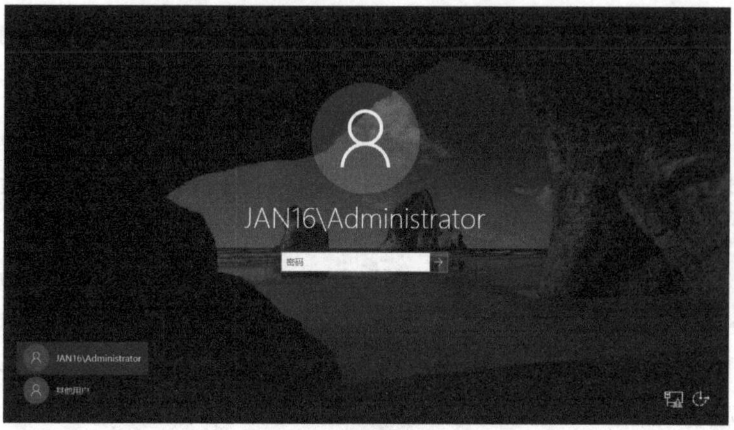

图 14-15　登录界面

任务验证

域服务安装成功与否，可以通过以下 3 种方法进行验证。

1. 查看 3 个 AD 服务工具是否安装成功

（1）查看【Active Directory 用户和计算机】服务工具是否正常。

打开【服务器管理器】窗口，在【工具】菜单中选择【Active Directory 用户和计算机】命令，打开【Active Directory 用户和计算机】窗口，如图 14-16 所示。

图 14-16　【Active Directory 用户和计算机】窗口

（2）查看【Active Directory 域和信任关系】服务工具是否正常。

打开【服务器管理器】窗口，在【工具】菜单中选择【Active Directory 域和信任关系】命令，打开【Active Directory 域和信任关系】窗口，如图 14-17 所示。

（3）查看【Active Directory 站点和服务】服务工具是否正常。

打开【服务器管理器】窗口，在【工具】菜单中选择【Active Directory 站点和服务】命令，打开【Active Directory 站点和服务】窗口，如图 14-18 所示。

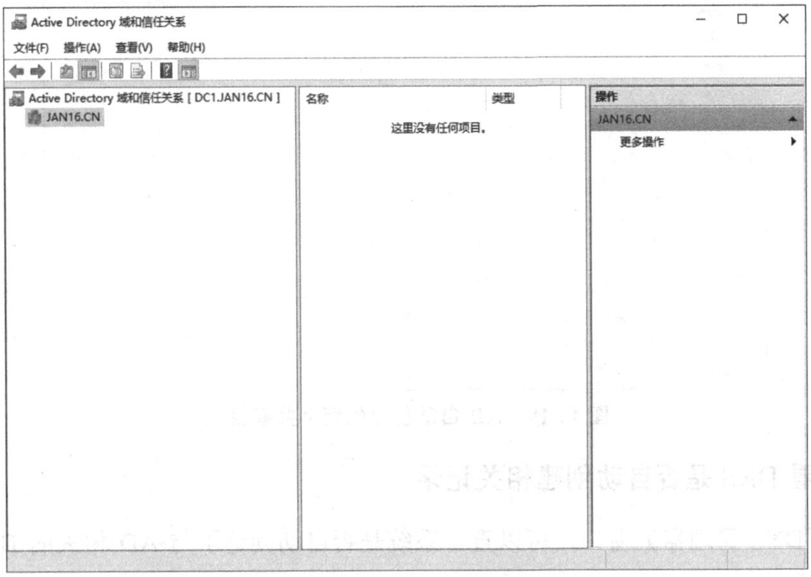

图 14-17 【Active Directory 域和信任关系】窗口

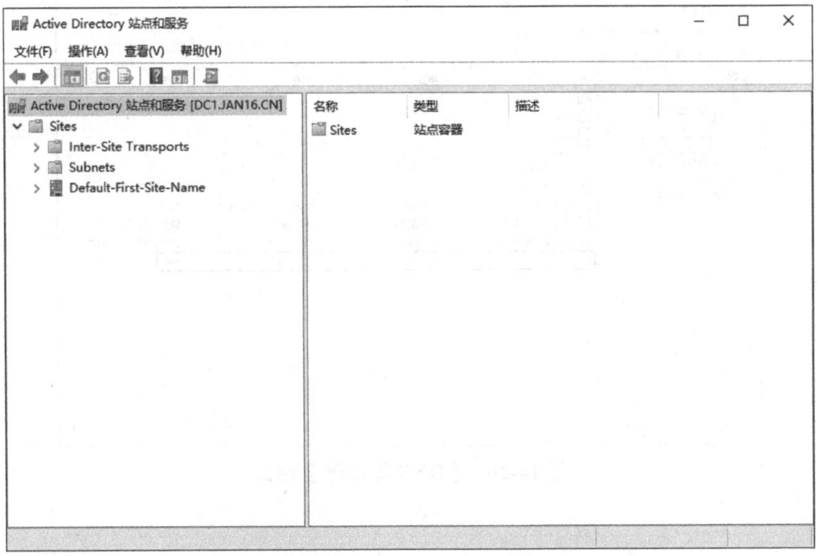

图 14-18 【Active Directory 站点和服务】窗口

2. 查看 AD 默认共享是否创建

在【运行】对话框中输入\\JAN16.CN，查看 AD 默认共享目录【netlogon】和【sysvol】是否创建成功，如图 14-19 所示。

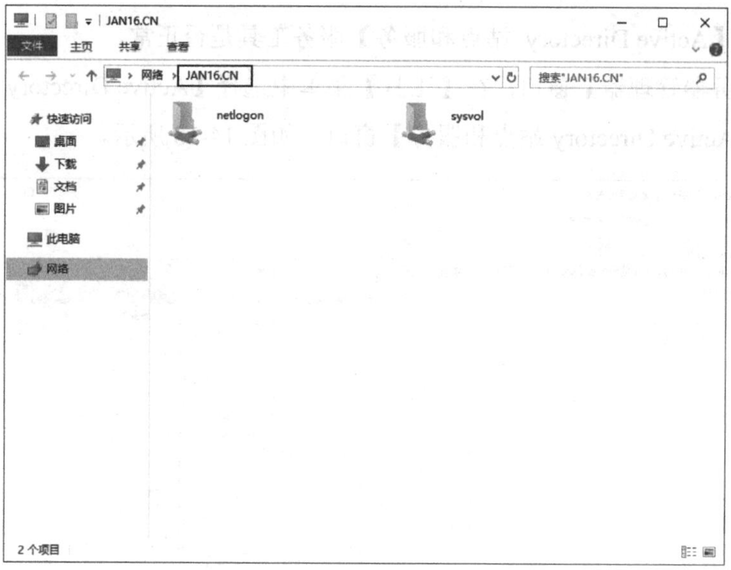

图 14-19　AD 自动创建的两个共享目录

3. 查看 DNS 是否自动创建相关记录

打开【DNS 管理器】窗口，可以查看系统是否自动创建了与 AD 相关的 DNS 记录，如图 14-20 所示。

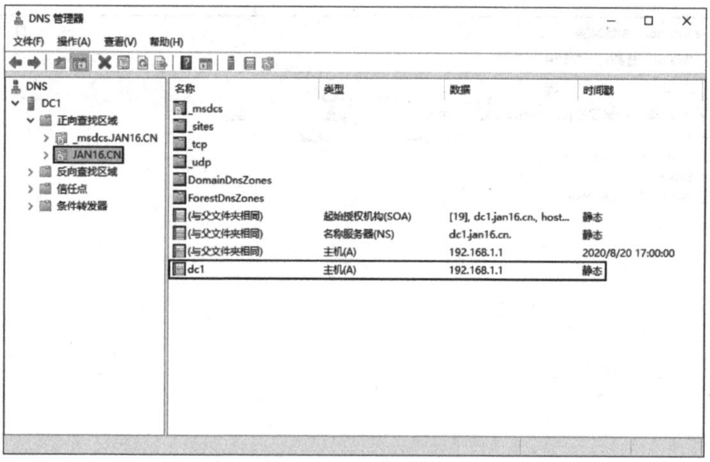

图 14-20　【DNS 管理器】窗口

任务 14-2　将用户和计算机加入域中

任务规划

公司已经建立了第一台域控制器，接下来需要将公司的客户机加入到域，即注册普通员工账户和实习生账户，并限制实习生账户只能在上班时间登录到域。域测试环境的网络拓扑如图 14-21。

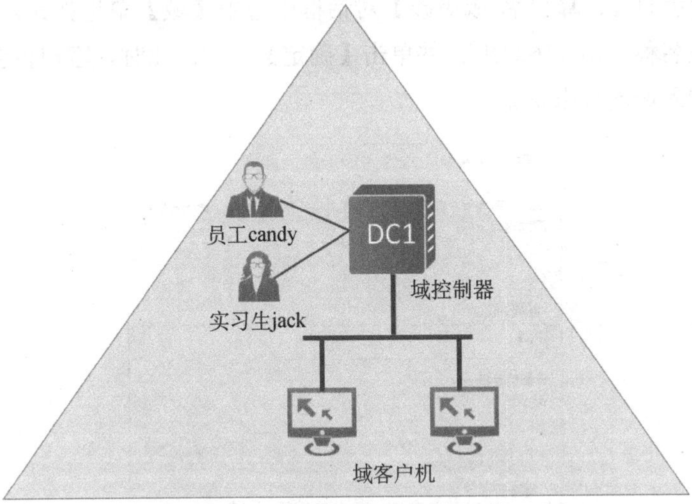

图 14-21　域测试环境的网络拓扑

在非域环境，用户通过客户机的内部账户进行登录和使用该客户机，如果一个员工需要使用多台客户机，那么就必须在这些客户机上都创建一个账户供该员工使用。如果有更多的员工存在类似需求，那么网络管理员就需要管理大量客户机上的大量账户，此时最为简单的操作都需要花费管理员大量的时间。例如，更改员工的账户密码。

在域环境，域管理员会将公司的客户机都加入域。为防止员工脱离域环境使用客户机，管理员往往会禁用客户机的所有本地账户。因此，对于员工，域管理员会为每位员工创建一个域账户，员工就可以使用自己的域账户登录到任何客户机。在实际应用中，如果需要限制用户仅能使用特定的客户机，或者仅能在特定时间使用客户机，域管理员可以在域用户管理中直接进行配置，而无须在客户机上做任何操作。

因此，实现本任务目标可以通过以下几个步骤完成。

（1）将客户机加入到域。

（2）注册普通员工域账户 candy 和实习生域账户 jack。

（3）限制 jack 只能在上班时间登录到域。

将用户和计算机加入域中

任务实施

1. 将客户机加入域

（1）在 PC1 计算机上配置【IP 地址】为“192.168.1.101/24”，【DNS】指向域控制的 IP 地址为“192.168.1.1”。

（2）右击桌面上【我的电脑】图标，在弹出的快捷菜单中选择【属性】命令，打开客户机的系统设置对话框。

（3）单击【更改设置】命令，在弹出的系统属性对话框中单击【更改】按钮，在弹出的如图 14-22 所示的【计算机名/域更改】对话框中选中【域】单选按钮，然后在文本框中输入企业的根域名称“JAN16.CN”，并单击【确定】按钮。此时，客户机会联系域控制器，并被要求进行加入域的权限认证。

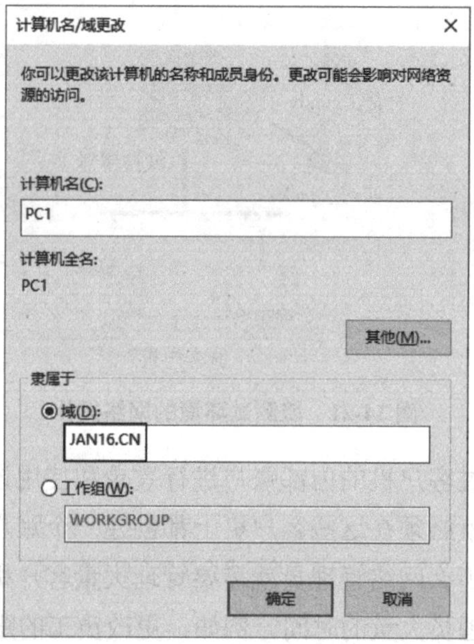

图 14-22 【计算机名/域更改】对话框

（4）在弹出的如图 14-23 所示【Windows 安全中心】对话框中，输入域管理员账户和密码，然后单击【确定】按钮。

（5）域控制器完成权限确认后，将允许该客户机加入域，并自动完成该客户机的注册工作。在弹出如图 14-24 所示的对话框中单击【确定】按钮，系统将提示重启计算机，重启后即完成客户机加入域的任务。

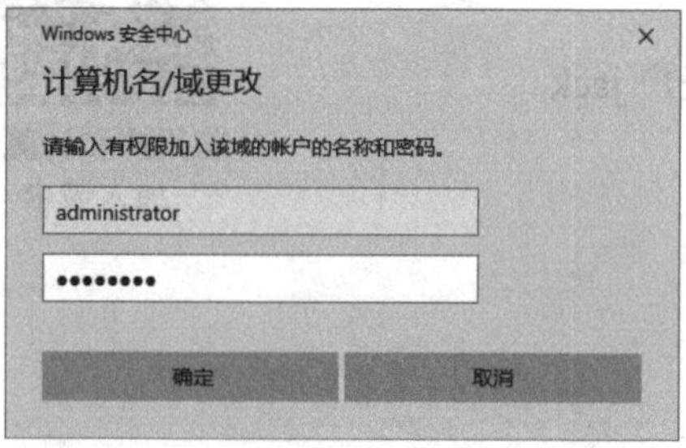

图 14-23 【Windows 安全中心】对话框

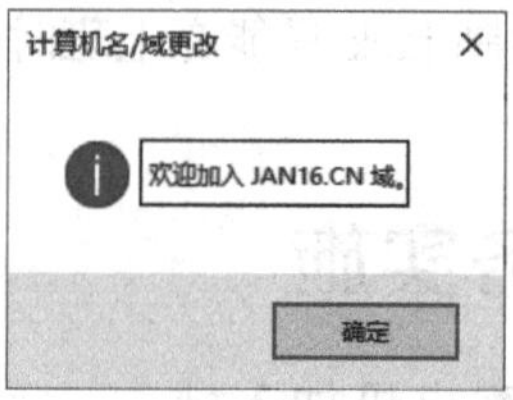

图 14-24 【计算机名/域更改】对话框

2. 注册普通员工域账户 candy 和实习生域账户 jack

（1）打开域控制器的【服务器管理器】窗口，在【工具】菜单中选择【Active Directory

用户和计算机】命令，打开【Active Directory 用户和计算机】窗口。

（2）在如图 14-25 所示的【Active Directory 用户和计算机】窗口中选择【Users】，在右键快捷菜单中选择【新建(N)】→【用户】命令，打开【新建对象-用户】对话框。

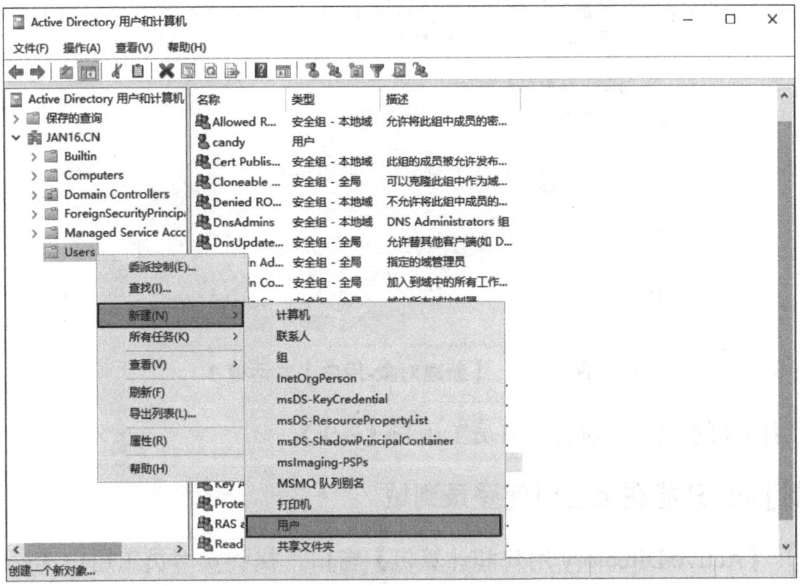

图 14-25　【Active Directory 用户和计算机】窗口

（3）在如图 14-26 所示的【新建对象-用户】对话框中输入普通员工【candy】的账户信息，然后单击【下一步(N)】按钮。

图 14-26　【新建对象-用户】对话框 1

（4）在如图 14-27 所示的对话框中输入账户和密码，其他采用默认设置，然后单击【下一步(N)】按钮，确认注册信息无误后，接着单击【完成】按钮，完成普通用户【candy】的注册。

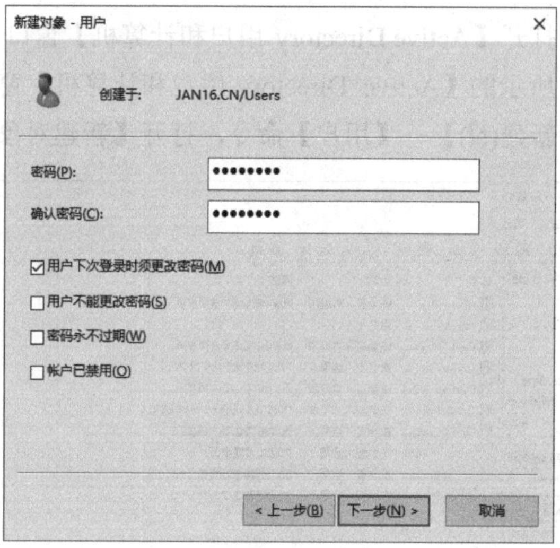

图 14-27　【新建对象-用户】对话框 2

（5）使用同样的方式，创建实习员工用户【jack】。

3. 限制 jack 只能在上班时间登录到域

（1）打开【Active Directory 用户和计算机】窗口，找到实习员工用户【jack】，并在该用户的右键快捷菜单中选择【属性】命令，打开如图 14-28 所示的【jack 属性】对话框。

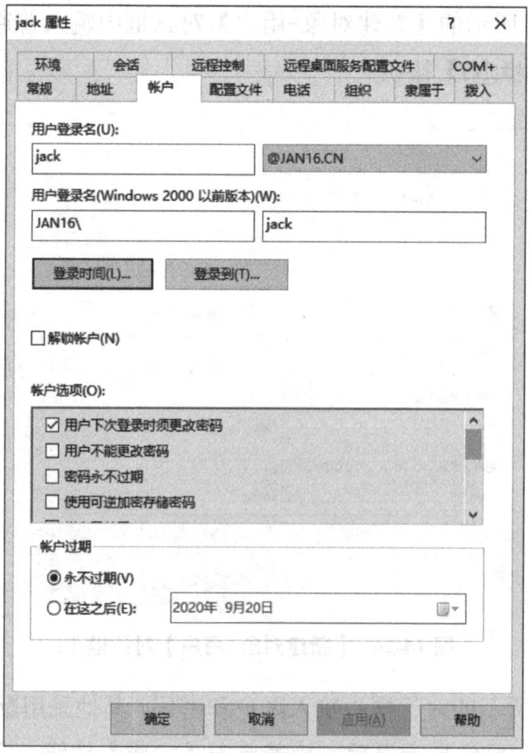

图 14-28　【jack 属性】对话框

（2）打开【账户】选项卡，单击【登录时间(L)】按钮，在弹出的如图 14-29 所示的对话框中设置允许 jack 登录的时间为上班时间（周一～周五的 8:00～17:00），然后单击【确定】按钮完成配置。

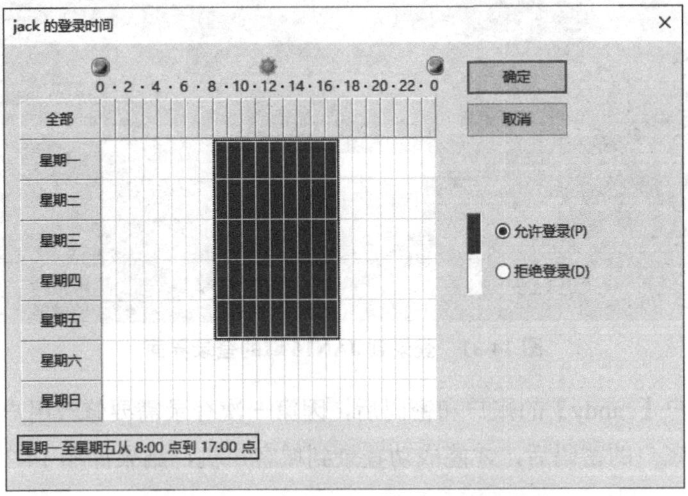

图 14-29　【jack 的登录时间】配置界面

任务验证

1. 在域客户机上使用普通员工用户【candy】登录

（1）域客户机启动后，在登录界面中，默认还是本地登录，如图 14-30 所示。要登录到域需要先单击【其它用户】，在切换后的界面中可以看到如图 14-31 所示的登录到 JAN16 域的登录界面。

图 14-30　登录到本机的登录界面

图 14-31　登录到 JAN16 域的登录界面

（2）输入用户【candy】的账户和密码后，因第一次登录需要修改用户的密码，所以需按系统提示修改账户的密码后，才能成功登录到域客户机，结果如图 14-32 所示。

图 14-32　域用户【candy】登录成功

2. 在域客户机上使用实习生账户【jack】登录

在非上班时间，使用【jack】登录到域后，系统提示【你的账户有时间限制，因此现在不能登录，请稍后再试】，如图 14-33 所示。

图 14-33　实习生账户【jack】无法在下班时间登录到域

练习与实践 14

一、理论题

1. 以下关于活动目录的描述正确的是（　　）。

A. 目录是一个容器　　B. 目录可以存储用户账户

C. 目录可以存放计算机账户　　D. 目录可以有子目录（OU）

2. 以下关于活动目录的概念描述正确的是（　　）。

A. 活动目录的对象可以增加和删除

B. 活动目录的对象可以是计算机账户

C. 活动目录架构由对象类和对象属性构成

D. 活动目录基于 LDAP 协议来访问

3. 活动目录的逻辑结构主要包括（　　）。

A. 域（Domain）　　B. 域树（Domain Tree）

C. 域目录林（Forest）　　D. 组织单位（Organization Unit）

4. 域的三大边界是指（　　）。

A. 安全边界　　B. 控制边界

C. 管理边界　　D. 复制边界

5. 关于域的组织单位，以下说法正确的是（　　）。

A. OU 可以存放 OU　　B. OU 可以存放用户和计算机

C. OU 是 AD 中最小的管理单元　　D. OU 的管理权限是按需配置

6. 关于域的优势与特点，以下说法正确的是（　　）。

A. AD 有利于资源的统一管理　　B. AD 提供了便捷的网络资源访问

C. AD 提供了资源访问的分级管理　　D. AD 降低了企业的总体拥有成本

二、项目实训题

1. 项目背景与要求

Jan16 公司网络管理部将引入全新的 Windows Server 2019 域来管理公司的用户和计算机。为了让网络管理部的员工尽快熟悉 Windows Server 2019 域环境，将在一台新安装的 Windows Server 2019 服务器上建立公司的第一台域控制器。

公司 AD 域的信息规划如下。

（1）域控制器名称为 DC1。

（2）域名为 JAN16.CN。

（3）域的简称为 JAN16。

（4）域控制器 IP 为 172.16.1.1/24。

（5）域客户机 1 的名称和 IP 地址分别为 PC1、172.16.1.10/24

（6）域客户机 2 的名称和 IP 地址分别为 PC2、172.16.1.11/24

（5）域用户为 tom、mike，其中 mike 为实习生，仅允许他登录到 PC1。

域测试环境的网络拓扑如图 14-34 所示。

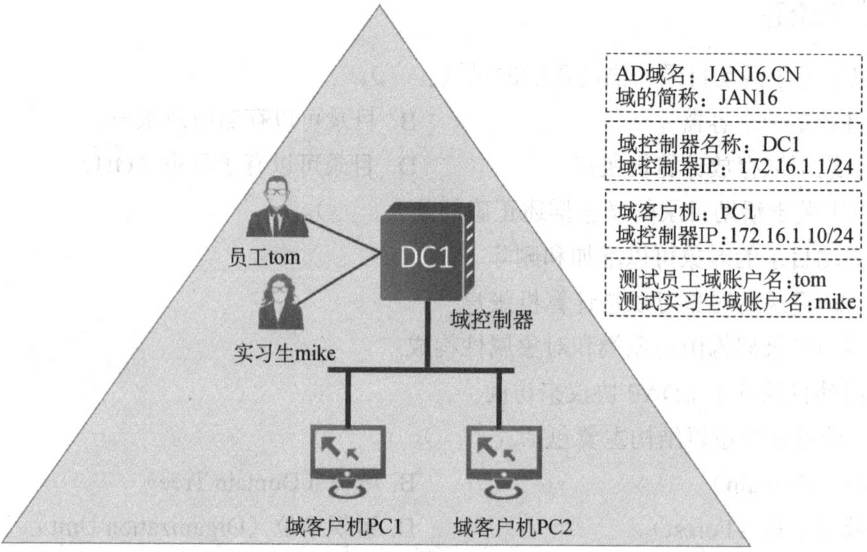

图 14-34 JAN16 公司域测试环境的网络拓扑

2. 项目实施要求

（1）根据项目拓扑背景，补充完成以下计算机的 TCP/IP 配置信息。

表 14-2　域控制器 DC1 的 IP 信息规划表

域控制器 DC1 的 IP 信息	
计算机名	
IP/掩码	
网关	
DNS	

表 14-3 域客户机 PC1 的 IP 信息规划表

域客户机 PC1 的 IP 信息	
计算机名	
IP/掩码	
网关	
DNS	

表 14-4 域客户机 PC2 的 IP 信息规划表

域客户机 PC2 的 IP 信息	
计算机名	
IP/掩码	
网关	
DNS	

（2）根据项目要求，需要给各计算机配置 IP、DNS、路由等来实现相互通信和 AD 配置，完成后，截取以下结果。

① 在域控制器 DC1 截取 DNS 服务器管理器的正向查找区域管理视图。

② 查看域控制器 DC1 的【Active Directory 用户和计算机】窗口中的【user】组织视图。

③ 在域控制器 DC1 的【Active Directory 用户和计算机】窗口中，查看用户 mike 仅允许登录到 PC1 的配置界面。